信号与系统教程及实验

第2版

杜尚丰 主编
赵龙莲 苏娟 刘春红 位耀光 副主编

清华大学出版社
北京

内容简介

本书以全新的编排方式，由浅入深、循序渐进，并引入现代计算方法，介绍信号与系统的基本内容，包括：信号与系统分析的基本概念与方法；连续时间系统与离散时间系统的时域分析；连续信号的傅里叶变换与系统的频域分析；连续信号的拉普拉斯变换与系统的 S 域分析；离散信号与系统的 Z 变换域分析；在上述内容的基础上介绍了系统的状态空间分析方法。每章都配有例题与 MATLAB 仿真实验源程序。本书配有两个附录：附录 A——信号流图；附录 B——哈密顿-凯莱定理。

本书可作为高等学校工科（理科）的自动化类、电子类、通信类和电气类专业学生的教材，也可供相关科研与工程技术人员自学参考。

图书在版编目（CIP）数据

信号与系统教程及实验/杜尚丰主编. —2 版. —北京：清华大学出版社，2018（2019.4重印）
ISBN 978-7-302-49662-5

Ⅰ. ①信… Ⅱ. ①杜… Ⅲ. ①信号理论－高等学校－教材 ②信号系统－实验－高等学校－教材
Ⅳ. ①TN911.6

中国版本图书馆 CIP 数据核字（2018）第 033856 号

责任编辑：王一玲
封面设计：常雪影
责任校对：梁 毅
责任印制：刘海龙

出版发行：清华大学出版社
网 址：http://www.tup.com.cn，http://www.wqbook.com
地 址：北京清华大学学研大厦 A 座　　邮 编：100084
社 总 机：010-62770175　　邮 购：010-62786544
投稿与读者服务：010-62776969，c-service@tup.tsinghua.edu.cn
质量反馈：010-62772015，zhiliang@tup.tsinghua.edu.cn
课件下载：http://www.tup.com.cn，010-62795954

印 装 者：北京富博印刷有限公司
经 销：全国新华书店
开 本：185mm×260mm　　印 张：20.5　　字 数：501 千字
版 次：2012 年 12 月第 1 版　2018 年 4 月第 2 版　　印 次：2019 年 4 月第 2 次印刷
定 价：59.00 元

产品编号：077765-01

前言

信号与系统课程是电子类、通信类、自动化类、电气工程类及计算机类等专业非常重要的专业基础课。本书写作贯穿时域与变换域的思想，内容安排循序渐进，概念介绍直观形象，同时配以大量的图形解释、例题和习题，并给出了 MATLAB 实现的例子，极大地方便了教与学。

二十几年的教学，跨越了"九五""十五""十一五""十二五"，见证了信号与系统教学内容的演变历程。在信息处理量庞大的今天，信号与系统的教授内容也必须与时俱进，才能满足现代教学的需求。

在教授课程知识时，对专业基础课、专业课、专业选修课的教学方法是不同的，因此在编制教材时，也应反映这种区别。

注重信号与系统这门基础课对后续课程的作用，有针对性地组织内容，避免冗余，以提高教学效率。如在时域分析中，注重微分、差分方程的解法与卷积(卷积和)的作用；而在变换域分析中，注重三种变换的重要性。在教学实践中验证是非常有效的。

注重掌握本书内容的学习方法与手段，传统依靠手工做题和适量的模拟实验，在本次修订时，增加了用计算机来求解问题的手段，节约了大量时间。我们认为，在信息技术发达的今天，过于传统会降低我们获取更多知识的效率。因此，在编写教材时，注重讲解计算机工具在信号与系统分析时的作用，同时也丰富了学生的实践环节。

第 1 版教材，经过五年的使用，积累许多经验，在本次更新教材内容的过程中，注重了以下几个方面：

第 1 章，应用领域的范例在拓宽，例如在农业工程领域，强调信号、系统分类和方法描述，指明常用奇异信号的重要性。

第 2 章，突出系统的经典解和零输入、零状态响应；系统的冲激响应；过渡到在任意信号作用下的响应；修正了原版中的符号错误等。

第 3 章，结合工程数学，淡化数学味道，给出傅里叶变换的基本性质与应用，配备大量的例题展示在信号与系统分析中的作用。重点改编傅里叶变换的应用：分析系统；系统函数与频率特性；信号的无失真传输与滤波器；采样定理；稳态响应。

第 4 章，突出系统函数零、极点的重要性，如对时域特性有何影响；对自由响应、强迫响应、稳态响应、暂态响应特征的影响；与频域响应的关系；对稳定性的影响。

第 5 章，强化系统函数零、极点的重要性，如对时域特性有何影响；对自由响应、强迫响应、稳态响应、暂态响应特征的影响；与频域响应的关系；对稳定性的影响。

第 6 章，修改了第 1 版的符号问题。

第 7 章，删除了原来第 7 章，保留的部分变成附录 A——信号流图；原来的第 8 章改为第 7 章。状态空间模型描述这个章节修改后有：模型意义、建立、转换；模型的分析方法(时域法与变换域法)，每个内容的描述均配以适量的例题给予展示，丰富了本章内容。

正文最后增加了附录 A——信号流图，附录 B——哈密顿-凯莱定理。

本书第 1 章、附录 A、B 由杜尚丰改编，第 2 章由苏娟改编，第 3、4、5 章由赵龙莲改编，第 6 章由刘春红改编，第 7 章由位耀光改编。全书由杜尚丰、赵龙莲统稿。

本书的编写基于一些知名的教材与教学中积累的资料，由于水平有限，因此书中的不足之处在所难免，恳切希望广大读者提出批评与指正，帮助我们不断修改、完善本书。

杜尚丰

2017 年 9 月 5 日

目录

第1章 信号与系统概述

本章介绍信号与系统的概念以及它们的分类方法，并讨论了线性时不变(LTI)系统的特性和分析方法。深入地研究了阶跃函数、冲激函数及其特性，它们在信号和LTI系统分析中占有十分重要的地位。

1.1 绪言

在近代，人们在自然科学(如物理、化学、生物等)以及工程、经济、社会等许多领域中，广泛地引用“系统”的概念、理论和方法，并根据各学科自身的规律，建立相应的数学模型，研究各自的问题。一般认为，**系统**是指由若干相互关联、互相作用的事物按一定规律组合而成的具有特定功能的整体。系统可具有不同的属性和规模。

通信系统的任务是传输消息(如语言、文字、图像、数据、指令等)。为了便于传输，先由转换设备将所传消息按一定规则变换为相对应的信号(如电信号、光信号，它们通常是随时间变化的电流、电压或光强等)，经过适当的信道(即信号传输的通道，如传输线、电缆、空间、光纤、光缆等)将信号传送到接收方，再转换为声音、文字、图像等。通信设备中的滤波器是一个简单系统，而由同步卫星和地面站组成的卫星通信是一个庞大的复合系统，它不仅包括为完成通信任务的通信系统，还包括保障卫星正常运行的各类子系统。

工业部门常采用计算机控制的过程控制系统，用以实时检测、调节或控制工艺流程的各种参数(温度、压力、流量等)，保证设备正常运转，生产出合格产品。

工商部门将产品的产量(或进货量)与库存、销售速率等的关系看作是经济系统，以研究如何根据市场销售的状况调节生产(或进货)速度，使产品既不脱销又不积压，节省资金提高效益。

生态学家将生物种群(如细菌、害虫、鱼类等)数量与有关制约因素(如药物、捕捞等)之间的关系看作是生态系统，用以研究药物效能、生物资源开发以及不同种群相互依存、相互竞争的关系等。

农业生产活动中，也有很多系统，如植业物联网系统、养殖业物联网系统、农村能源物联网系统等。

在分析属性各异的各类系统时，常常抽去具体系统物理的或社会的含义而把它抽象化为理想化的模型，将系统中运动、变化的各种量(电压、电流、光强、力、位移、生物数量等)统称为**信号**，宏观地研究信号作用于系统的运动变化规律，揭示系统的一般性能，而不关心它内部的各种细节。

信号的概念与系统的概念是紧密相连的。信号在系统中按一定规律运动、变化,系统在输入信号的驱动下对它进行"加工""处理"并发送输出信号,如图1.1所示。输入信号常称为激励,输出信号常称为响应。

图1.1 信号与系统

在电子系统中,系统通常是电子线路,信号通常是随时间变化的电压或电流(有时可能是电荷或磁通)。从数学观点而言,这类信号是独立变量 t 的函数 $f(t)$。在光学成像系统(如照相机)中,系统由透镜组成,信号是分布于空间各点的灰度,它是二维空间坐标(x,y)的函数 $f(x,y)$。如果图像信号是运动的,则可表示为空间坐标(x,y)和时间 t 的函数 $f(x,y,t)$等。农业设施环境调控系统由控制系统与温室系统组成,其中控制系统由传感器、执行器、控制器构成;温室系统通常由作物、温室结构和温室材料组成。传感器检测的信号通常为温室环境温度、湿度、二氧化碳浓度、光照,经过控制系统处理,最后控制各种温室环境调节机构,使温室内环境值达到作物需要的设定值,这是一个复杂的系统。

信号是一个独立变量的函数时,称为一维信号。如果信号是 n 个独立变量的函数,就称为 n 维信号。

信号理论和系统理论涉及范围广泛,内容十分丰富。信号理论包括信号分析、信号处理和信号综合;系统理论包括系统分析和系统综合。信号分析主要讨论信号的表示(描述)和信号的性质等;系统分析主要研究对于给定的系统(它也是信号的变换器或处理器),它在输入信号(激励)的作用下产生的输出信号(响应)。信号分析与系统分析关系紧密又各有侧重,前者侧重于信号的解析表示、性质、特征等,后者则着眼于系统的特性、功能等。

一般而言,信号分析和系统分析是信号处理、信号综合及系统综合的共同理论基础。本书主要研究信号分析和系统分析的基本概念和基本分析方法,以便为读者进一步学习、研究有关网络理论、通信理论、数字信号处理、计算机控制、控制理论、现代信号处理和信号检测理论等打下基础。

1.2 信号

信号常可表示为时间函数(或序列),该函数的图像称为信号的波形。在讨论信号的有关问题时,"信号"与"函数(或序列)"两个词常互相通用。

如果信号可以用一个确定的时间函数(或序列)表示,就称其为确定信号(或规则信号)。当给定某一时刻的值时,这种信号有确定的数值。

实际上,由于种种原因,在信号传输过程中存在着某些"不确定性"或"不可预知性"。例如,在通信系统中,收信者在收到所传送的消息之前,对信息源所发出的消息总是不可能完全知道的,否则通信就没有意义了。此外,信号在传输处理的各个环节中不可避免地要受到各种干扰和噪声的影响,使信号失真(畸变),而这些干扰和噪声的情况总是不可能完全知道的。这类"不确定性"或"不可预知性"统称为随机性。因此,严格来说,在实践中经常遇到的信号一般都是随机信号。研究随机信号要用概率、统计的观点和方法。虽然如此，研究确定信号仍是十分重要的，这是因为它是一种理想化的模型，不仅适用于工程应用，也是研究随机信号的重要基础。本书只讨论确定信号。

1. 连续信号和离散信号

根据信号定义域的特点可分为连续时间信号和离散时间信号。

1）连续时间信号

在连续时间范围内（$-\infty<t<\infty$）有定义的信号称为连续时间信号，简称连续信号。这里"连续"是指函数的定义域——时间（或其他量）是连续的，至于信号的值域可以是连续的，也可以不是连续的。例如，图 1.2(a)中的信号

$$f_1(t)=10\sin(\pi t),\quad -\infty<t<\infty$$

其定义域$(-\infty,\infty)$和值域$[-10,10]$都是连续的。图 1.2(b)中的信号

$$f_2(t)=\begin{cases}0, & t<-1\\ 1, & -1<t<1\\ -1, & 1<t<3\\ 0, & t>3\end{cases}\tag{1.1}$$

其定义域$(-\infty,\infty)$是连续的，但其函数值只取-1、0、1 三个离散的数值。

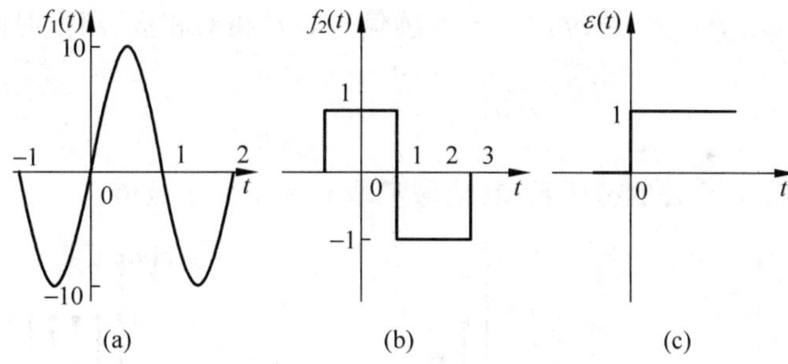

图 1.2　连续时间信号

信号在 $t=-1$、$t=1$ 和 $t=3$ 处有间断点，一般可不定义间断点处的函数值，如式(1.1)所示。为了使函数定义更加完整，此处规定：若函数在 $t=t_0$ 处有间断点，则函数在该点的值等于其左极限 $f(t_{0-})$与右极限 $f(t_{0+})$之和的$\frac{1}{2}$，即

$$f(t_0)=\frac{1}{2}[f(t_{0-})+f(t_{0+})]\tag{1.2}$$

这样，信号在定义域$(-\infty,\infty)$均有确定的函数值。如图 1.2(c)所示的单位阶跃函数定义为

$$\varepsilon(t)\overset{\text{def}}{=}\begin{cases}0, & t<0\\ \frac{1}{2}, & t=0\\ 1, & t>0\end{cases}\tag{1.3}$$

2）离散时间信号

仅在一些离散的瞬间才有定义的信号称为离散时间信号，简称离散信号。这里"离散"

是指信号的定义域——时间(或其他量)是离散的,它只取某些规定的值。如果信号的自变量是时间 t,那么离散信号是定义在一些离散时刻 $t_n(n=0,\pm1,\pm2,\cdots)$ 的信号,在其余时间,不予定义。时刻 t_n 与 t_{n+1} 之间的间隔 $T_n=t_{n+1}-t_n$ 可以是常数,也可以随 n 而变化。本书只讨论 T_n 等于常数的情况。若令相继时刻 t_{n+1} 与 t_n 之间的间隔为 T,则离散信号只在均匀离散时刻 $t=\cdots,-2T,-T,0,T,2T,\cdots$ 时有定义,它可表示为 $f(nT)$。为了简便,不妨把 $f(nT)$ 简记为 $f(n)$。这样的离散信号也常称为序列。

序列 $f(n)$ 的数学表示式可以写成闭合形式,也可逐个列出 $f(n)$ 的值。通常把对应某序号 m 的序列值称为第 m 个样点的"样值"。如图 1.3(a)所示的信号为

$$f_1(n)=\begin{cases}0, & n<-1\\1, & n=-1\\2, & n=0\\0.5, & n=1\\-1, & n=2\\0, & n\geqslant 3\end{cases}$$

列出了各样点的值。如图 1.3(b)所示为单边指数序列,以闭合形式表示为

$$f_2(n)=\begin{cases}0, & n<0\\\mathrm{e}^{-\alpha n}, & n\geqslant 0,\alpha>0\end{cases}\tag{1.4}$$

对于不同的 α,其值域[0,1]是连续的。与连续信号 $\varepsilon(t)$ 相对相应,离散时间信号

$$\varepsilon(n)=\begin{cases}0, & n<0\\1, & n\geqslant 0\end{cases}\tag{1.5}$$

称为单位阶跃序列,如图 1.3(c)所示,其值域只取 0 和 1 两个数值。

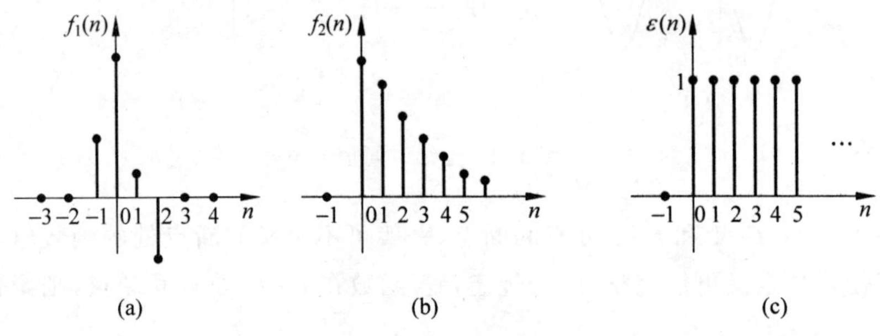

图 1.3 离散时间信号

综上所述,信号的自变量(时间或其他量)的取值可以是连续的或离散的,信号的幅值(函数值或序列值)也可以是连续的或离散的。时间和幅值均为连续的信号称为模拟信号,时间和幅值均为离散的信号,称为数字信号。在实际应用中,连续信号与模拟信号两个词常常不予区分,离散信号与数字信号两个词也常互相通用。

2. 周期信号和非周期信号

周期信号是定义在$(-\infty,\infty)$区间,每隔一定时间 T(或整数 N),按相同规律重复变化的信号,如图 1.4 所示。连续周期信号可表示为

$$f(t)=f(t+mT),\quad m=0,\pm 1,\pm 2,\cdots \tag{1.6}$$

离散周期信号可表示为

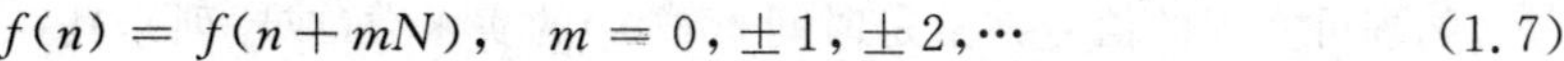

$$f(n)=f(n+mN),\quad m=0,\pm 1,\pm 2,\cdots \tag{1.7}$$

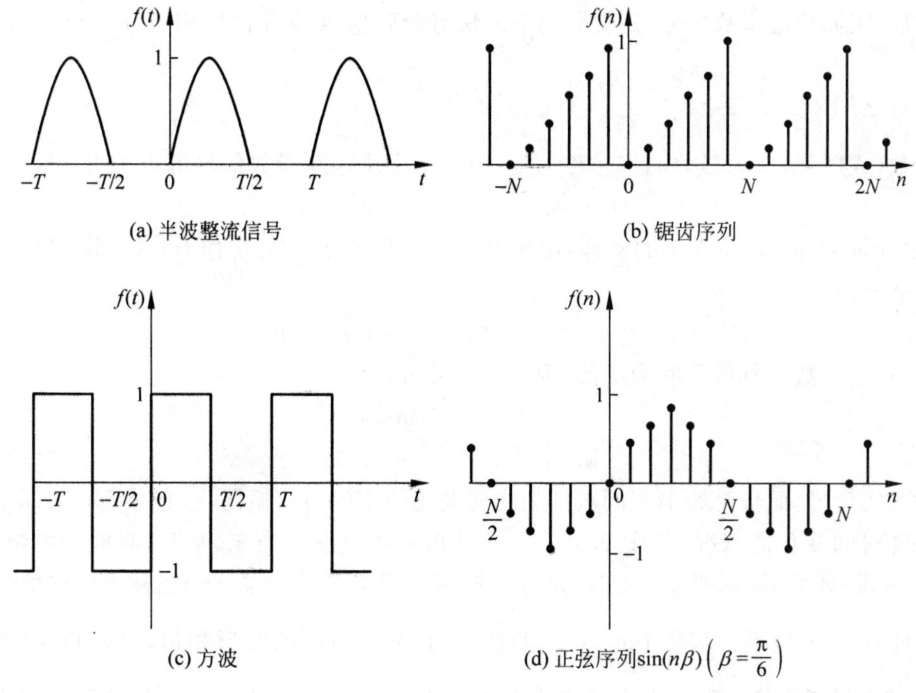

(a) 半波整流信号　(b) 锯齿序列

(c) 方波　(d) 正弦序列$\sin(n\beta)\left(\beta=\frac{\pi}{6}\right)$

图 1.4　周期信号

满足以上关系式的最小 T(或 N)值称为该信号的重复周期,简称周期。只要给出周期信号在任意一个周期内的函数式或波形,便可确知它在任意一个时刻的值。不具有周期性的信号称为非周期信号。

对于正弦序列(或余弦序列)

$$\begin{aligned}f(n)&=\sin(\beta n)=\sin(\beta n+2m\pi)\\&=\sin\left[\beta\left(n+m\frac{2\pi}{\beta}\right)\right]\\&=\sin[\beta(n+mN)],\quad m=0,\pm 1,\pm 2,\cdots\end{aligned}$$

式中,β 称为正弦序列的数字角频率(或角频率)。由上式可见,仅当$\frac{2\pi}{\beta}$为整数时,正弦序列才具有周期 $N=\frac{2\pi}{\beta}$。图 1.4(d)画出了 $\beta=\frac{\pi}{6}$,周期 $N=12$ 的情形,它每经过 12 个单位循环一次。当$\frac{2\pi}{\beta}$为有理数时$\left(例如当\frac{2\pi}{\beta}=\frac{N}{M}时, M 为无公因子的整数\right)$,正弦序列仍具有周期性,但其周期 $N=M\frac{2\pi}{\beta}$。当$\frac{2\pi}{\beta}$为无理数时,该序列不具有周期性,但其样值的包络线仍为正弦函数。

3. 实信号和复信号

物理可实现的信号常常是时间 t(或 n)的实函数(或序列),其在各时刻的函数(或序列)值为实数,例如单边指数信号、正弦信号$\left(\text{正弦与余弦信号两者相位相差}\frac{\pi}{2}\text{,统称为正弦信号}\right)$等,称它们为实信号。

函数(或序列)值为复数的信号称为复信号,最常用的复指数信号可表示为

$$f(t)=\mathrm{e}^{st},\quad -\infty<t<\infty \tag{1.8}$$

式中,复变量 $s=\sigma+\mathrm{j}\omega$,$\sigma$ 是 s 的实部,记作 $\mathrm{Re}[s]$,ω 是 s 的虚部,记作 $\mathrm{Im}[s]$,根据欧拉公式,上式可展开为

$$f(t)=\mathrm{e}^{(\sigma+\mathrm{j}\omega)t}=\mathrm{e}^{\sigma t}\cos(\omega t)+\mathrm{j}\mathrm{e}^{\sigma t}\sin(\omega t) \tag{1.9}$$

可见,一个复指数信号可分解为实部、虚部两部分,即

$$\mathrm{Re}[f(t)]=\mathrm{e}^{\sigma t}\cos(\omega t) \tag{1.10}$$

$$\mathrm{Im}[f(t)]=\mathrm{e}^{\sigma t}\sin(\omega t) \tag{1.11}$$

两者均为实信号,而且是频率相同振幅随时间变化的正(余)弦振荡。s 的实部 σ 表示了该信号振幅随时间变化的状况,其虚部 ω 表示了其振荡角频率。当 $\sigma>0$ 时,它们是增幅振荡;当 $\sigma<0$ 时,是衰减振荡;当 $\sigma=0$ 时,是等幅振荡。图 1.5 画出了 σ 的三种不同取值时实部信号 $\mathrm{Re}[f(t)]$的波形。信号 $\mathrm{Im}[f(t)]$的波形与 $\mathrm{Re}[f(t)]$的波形相似,只是相位相差$\frac{\pi}{2}$。当 $\omega=0$ 时,复指数信号就成为实指数信号 $\mathrm{e}^{\sigma t}$,如果 $\sigma=\omega=0$,则 $f(t)=1$,这时就成为直流信号。可见,复指数信号概括了许多常用信号。复指数信号的重要特性之一是它对时间的导数和积分仍然是复指数信号。

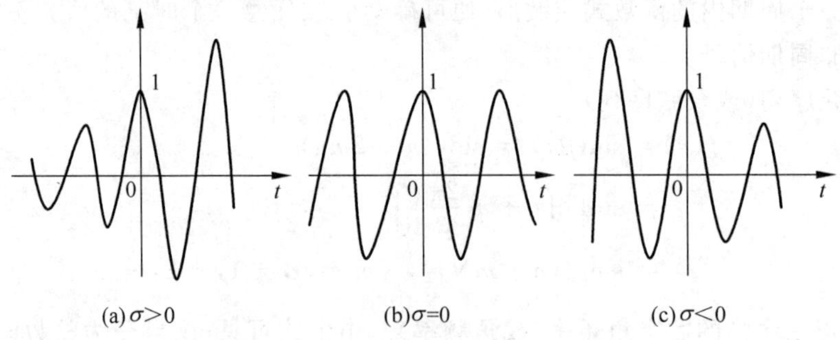

图 1.5 复指数函数的实部 $\mathrm{e}^{\sigma t}\cos(\omega t)$

离散时间的复指数序列可表示为

$$f(n)=\mathrm{e}^{(\alpha+\mathrm{j}\beta)n}=\mathrm{e}^{\alpha n}\mathrm{e}^{\mathrm{j}\beta n}=a^{n}\mathrm{e}^{\mathrm{j}\beta n} \tag{1.12}$$

式中,$a=\mathrm{e}^{\alpha}$。上式可展开为

$$f(n)=a^{n}\cos(\beta n)+\mathrm{j}a^{n}\sin(\beta n) \tag{1.13}$$

其实部、虚部分别为

$$\mathrm{Re}[f(n)]=a^{n}\cos(\beta n) \tag{1.14}$$

$$\mathrm{Im}[f(n)]=a^{n}\sin(\beta n) \tag{1.15}$$

可见，复指数序列的实部和虚部均为幅值随 n 变化的正(余)弦序列。式中 $a(a=e^{\alpha})$ 反映了信号振幅随 n 变化的状况，而 β 是振荡角频率。当 $a>1(\alpha>0)$ 时，它们是幅值增长点的正(余)弦序列；当 $a<1(\alpha<0)$ 时，则是衰减的正(余)弦序列；当 $a=1(\alpha=0)$ 时是等幅正(余)弦序列。图 1.6 画出了 a 的三种不同取值时复指数序列实部的波形，其中 $\beta=\frac{\pi}{4}$。当 $\beta=0$ 时，它就成为实指数序列 a^n(或 $e^{\alpha n}$)。

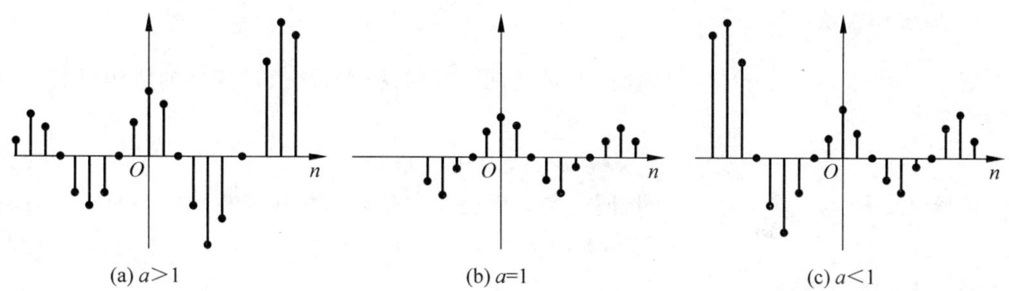

图 1.6 复指数序列的实部 $a^{-n}\cos(\beta n)\left(\beta=\frac{\pi}{4}\right)$

4. **能量信号和功率信号**

为了知道信号能量或功率的特性，常常研究信号(电流或电压)在单位电阻上的能量或功率，亦称为归一化能量或功率。信号 $f(t)$ 在单位电阻上的瞬时功率为 $|f(t)|^2$，在区间 $-a<t<a$ 的能量为

$$\int_{-a}^{a}|f(t)|^2\mathrm{d}t$$

在区间 $-a<t<a$ 的平均功率为

$$\frac{1}{2a}\int_{-a}^{a}|f(t)|^2\mathrm{d}t$$

信号能量定义为在区间 $(-\infty,\infty)$ 信号 $f(t)$ 的能量，用 E 表示，即

$$E\overset{\text{def}}{=}\lim_{a\to\infty}\int_{-a}^{a}|f(t)|^2\mathrm{d}t \tag{1.16}$$

信号功率定义为在区间 $(-\infty,\infty)$ 信号 $f(t)$ 的平均功率，用 P 表示，即

$$P\overset{\text{def}}{=}\lim_{a\to\infty}\frac{1}{2a}\int_{-a}^{a}|f(t)|^2\mathrm{d}t \tag{1.17}$$

若信号 $f(t)$ 的能量有界(即 $0<E<\infty$，这时 $P=0$)则称其为**能量有限信号**，简称为能量信号。若信号 $f(t)$ 的功率有界(即 $0<P<\infty$，这时 $E=\infty$)则称其为**功率有限信号**，简称功率信号。仅在有限时间区间不为零的信号是能量信号，例如图 1.2(b)中的 $f_2(t)$、单个矩形脉冲等，这些信号的平均功率为零，因此只能从能量的角度去考查。周期信号、阶跃信号是功率信号，它们的能量为无穷，只能从功率的角度去考查。

离散信号有时也需要讨论能量，序列 $f(n)$ 的能量定义为

$$E\overset{\text{def}}{=}\sum_{n=-\infty}^{\infty}|f(n)|^2 \tag{1.18}$$

1.3 信号的基本运算

在系统分析中，常遇到信号(连续的或离散的)的某些基本运算——加、乘、平移、反转和尺度变换等。

1. 加法和乘法

信号 $f_1(\cdot)$与 $f_2(\cdot)$之和(瞬时和)是指同一瞬时**两信号之值对应相加**所构成的"和信号"即

$$f(\cdot)=f_1(\cdot)+f_2(\cdot) \tag{1.19}$$

信号 $f_1(\cdot)$与 $f_2(\cdot)$之积是指同一瞬时**两信号之值对应相乘**所构成的"积信号"，即

$$f(\cdot)=f_1(\cdot)\cdot f_2(\cdot) \tag{1.20}$$

例 1.1 已知序列

$$f_1(n)=\begin{cases}2^n, & n<0\\ n+1, & n\geqslant 0\end{cases};\quad f_2(n)=\begin{cases}0, & n<-2\\ 2^{-n}, & n\geqslant -2\end{cases}$$

求 $f_1(n)$与 $f_2(n)$之和，$f_1(n)$与 $f_2(n)$之积。

解 $f_1(n)$与 $f_2(n)$之和为

$$f_1(n)+f_2(n)=\begin{cases}2^n, & n<-2\\ 2^n+2^{-n}, & n=-2,-1\\ n+1+2^{-n}, & n\geqslant 0\end{cases}$$

$f_1(n)$与 $f_2(n)$之积为

$$f_1(n)\cdot f_2(n)=\begin{cases}2^n\cdot 0\\ 2^n\cdot 2^{-n}\\ (n+1)\cdot 2^{-n}\end{cases}=\begin{cases}0, & n<-2\\ 1, & n=-2,-1\\ (n+1)2^{-n}, & n\geqslant 0\end{cases}$$

2. 反转和平移

将信号 $f(t)$或 $f(n)$中的自变量 t (或 n)换为$-t$ 或$(-n)$，其几何含义是将信号 $f(\cdot)$以纵坐标为轴反转(或称反折)，如图 1.7 所示。

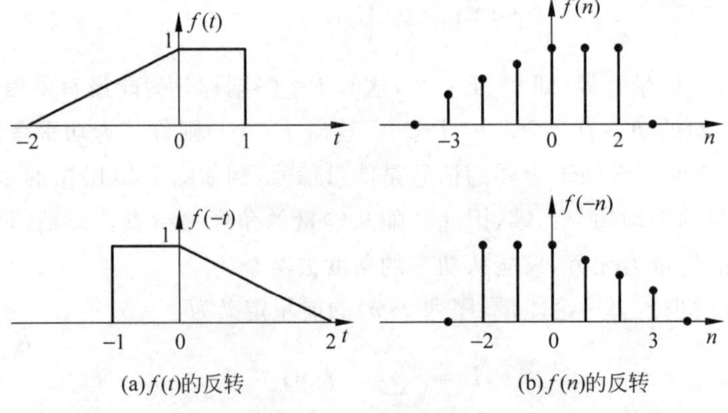

(a) $f(t)$的反转　(b) $f(n)$的反转

图 1.7 信号的反转

平移也称为移位。对于连续信号 $f(t)$，若有常数 $t_0>0$，延时信号 $f(t-t_0)$ 是将原信号沿正 t 轴平移 t_0 时间，而 $f(t+t_0)$ 是将原信号向负 t 轴方向移动 t_0 时间，如图 1.8(a)所示。对于离散信号 $f(n)$，若有整常数 $n_0>0$，延时信号 $f(n-n_0)$ 是将原序列沿正 n 轴移动 n_0 个单位，而 $f(n+n_0)$ 是将原序列沿负 n 方向移动 n_0 个单位，如图 1.8(b)所示。

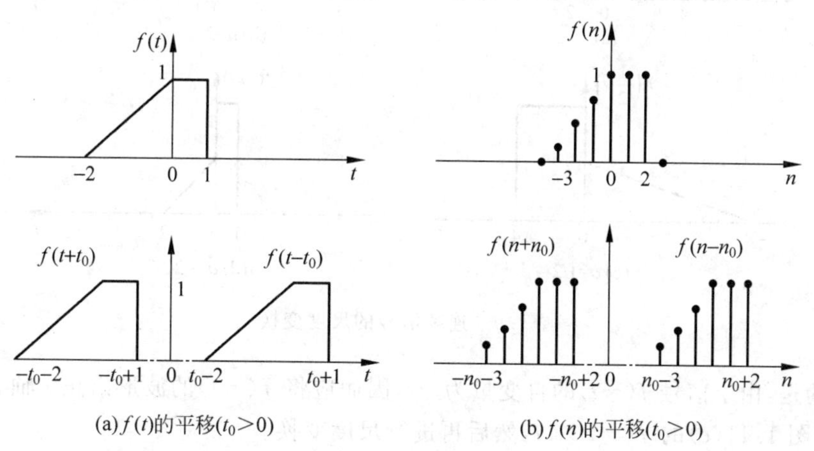

图 1.8　信号的平移

3. 尺度变换(横坐标展缩)

设信号 $f(t)$ 的波形如图 1.9(a)所示。如需将信号横坐标的尺寸展宽或压缩(常称为尺度变换)，可用变量 at(a 为非零常数)替代原信号 $f(t)$ 的自变量 t，得到信号 $f(at)$。若 $a>1$，则信号 $f(at)$ 是将原信号 $f(t)$ 以原点($t=0$)为基准，沿横轴压缩到原来的 $\frac{1}{a}$，若 $0<a<1$，则 $f(at)$ 表示将 $f(t)$ 沿横轴展宽至 $\frac{1}{a}$ 倍。图 1.9(b)和图 1.9(c)分别画出了 $f(2t)$ 和 $f\left(\frac{1}{2}t\right)$ 的波形。若 $a<0$，则 $f(at)$ 表示将 $f(t)$ 的波形反转并压缩或展宽至 $\frac{1}{|a|}$。图 1.9(d)画出了信号 $f(-2t)$ 的波形。

离散信号通常不作展缩运算，这是因为 $f(an)$ 仅在 an 为整数时才有定义，而当 $a>1$ 或当 $a<1$，且 $a\neq\frac{1}{m}$ (m 为整数)时，它常常丢失原信号 $f(n)$ 的部分信息。例如，图 1.10(a)的序列 $f(n)$，当 $a=\frac{1}{2}$ 时，得 $f\left(\frac{1}{2}n\right)$，如图 1.10(c)所示。但当 $a=2$ 和 $a=\frac{2}{3}$ 时，其序列如图 1.10(b)和图 1.10(d)所示。由图可见，它们丢失了原信号的部分信息，因而不能看作是 $f(n)$ 的压缩或展宽。

信号 $f(at+b)$ (式中 $a\neq0$)的波形可以通过对信号 $f(t)$ 的平移、反转(若 $a<0$)和尺度变换获得。

例 1.2　信号 $f(t)$ 的波形如图 1.11(a)所示，画出信号 $f(-2t+4)$ 的波形。

解　将信号 $f(t)$ 平移，得 $f(t+4)$，如图 1.11(b)所示；然后反转，得 $f(-t+4)$，如图 1.11(c)所示；再进行尺度变换。得 $f(-2t+4)$，其波形如图 1.11(d)所示。

也可以先将信号 $f(t)$ 的波形反转得到 $f(-t)$，然后对信号 $f(-t)$ 平移得到 $f(-t+4)$。

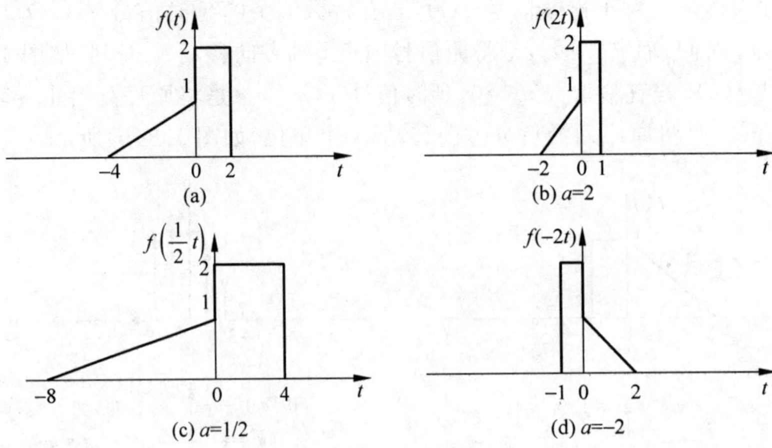

图 1.9　连续信号的尺度变换

需要注意的是,由于信号 $f(-t)$ 的自变量为 $-t$,因而应将 $f(-t)$ 的波形沿正 t 轴方向移动 4 个单位,得图 1.11(c)的 $f(-t+4)$,然后再进行尺度变换。

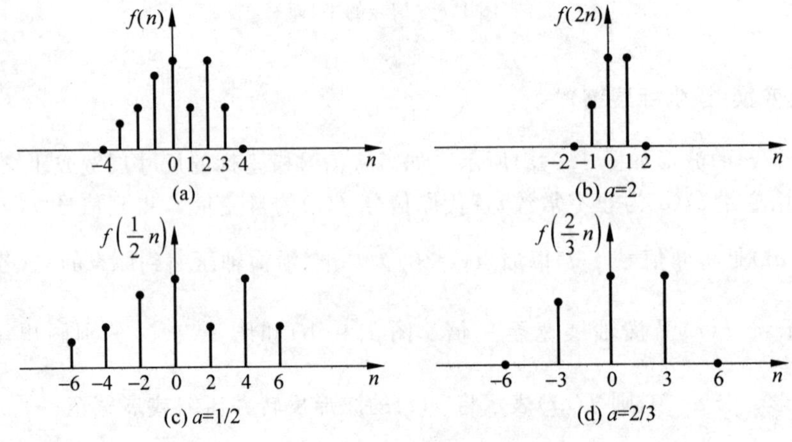

图 1.10　离散信号的尺度变换

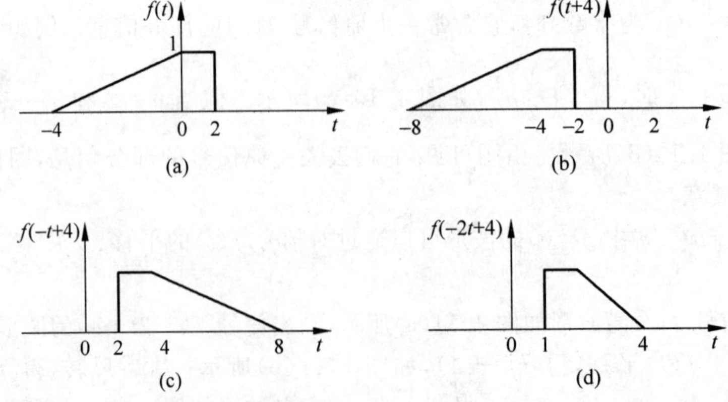

图 1.11　例 1.2 图

1.4 阶跃函数和冲激函数

阶跃函数和冲激函数不同于普通函数，称为奇异函数。普通函数描述的是自变量与因变量间的数值对应关系(如质量、电荷的空间分布，电流、电压随时间变化的关系等)。如果要考查某些物理量在空间或时间坐标上集中于一点的物理现象(如质量集中于一点的密度分布，作用时间趋于零的冲击力，宽度趋于零的电脉冲等)，普通函数的概念就不够用了，而冲激函数就是描述这类现象的数学模型。在信号与系统理论等许多学科中引入奇异函数后，不仅使一些分析方法更加完美、灵活，而且更为简捷。

研究奇异函数要用广义函数(或分配函数)的理论，这里将直观地引出阶跃函数和冲激函数，然后引入广义函数的基本概念，讨论冲激函数的性质。

1. 阶跃函数和冲激函数

选定一个函数序列(如图 1.12(a)中实线所示)

$$\gamma_n=\begin{cases}0, & t<-\dfrac{1}{n}\\ \dfrac{1}{2}+\dfrac{n}{2}t, & -\dfrac{1}{n}<t<\dfrac{1}{n}\quad (n=2,3,\cdots)\\ 1, & t>\dfrac{1}{n}\end{cases}\tag{1.21}$$

它是在区间$(-\infty,\infty)$上都有定义的可微函数，在区间$\left(-\dfrac{1}{n},\dfrac{1}{n}\right)$直线上升，其斜率为$\dfrac{n}{2}$；在$t=0$处，$\gamma_n(0)=\dfrac{1}{2}$。图 1.12(c)的波形(实线)是$\gamma_n(t)$的导数，它是幅度为$\dfrac{n}{2}$，宽度为$\dfrac{2}{n}$的矩形脉冲，令其为$p_n(t)$，即

$$p_n(t)=\begin{cases}0, & t<-\dfrac{1}{n}\\ \dfrac{n}{2}, & -\dfrac{1}{n}<t<\dfrac{1}{n}\\ 0, & t>\dfrac{1}{n}\end{cases}\tag{1.22}$$

该脉冲波形下的面积为 1，不妨称其为函数$p_n(t)$的强度。

当n增大时，$\gamma_n(t)$在区间$\left(-\dfrac{1}{n},\dfrac{1}{n}\right)$的斜率增大，在$t=0$处的值仍为$\dfrac{n}{2}$；其导数$p_n(t)$的幅度增大而宽度减小，其强度仍等于 1，如图 1.12(a)和图 1.12(c)中虚线所示。

当$n\to\infty$时，函数$\gamma_n(t)$在$t=0$处由 0 立即跃变到 1，其斜率为无限大，而在$t=0$处的值仍可认为是$\dfrac{1}{2}$。这个函数就定义为单位阶跃函数，用$\varepsilon(t)$表示(如图 1.12(b)所示)，即

$$\varepsilon(t)\overset{\text{def}}{=}\lim_{n\to\infty}\gamma_n(t)=\begin{cases}0, & t<0\\ \dfrac{1}{2}, & t=0\\ 1, & t>0\end{cases}\tag{1.23}$$

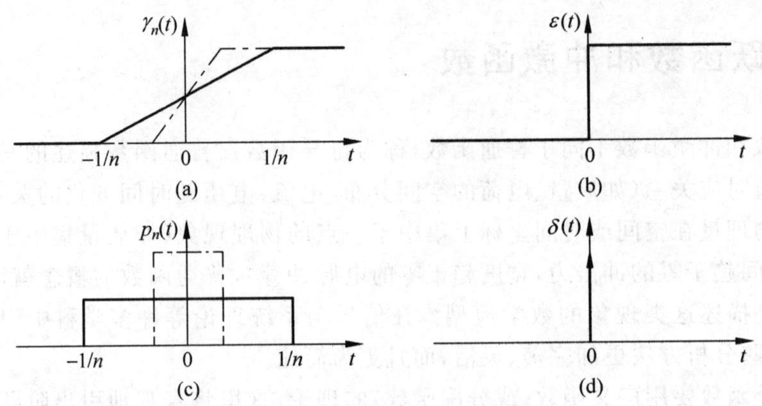

图 1.12　阶跃函数和冲激函数

当 $n\to\infty$ 时，函数 $p_n(t)$ 的宽度趋于零，而幅度趋于无限大，但其强度仍等于 1。这个函数就定义为单位冲激函数，用 $\delta(t)$ 表示，如图 1.12(d)所示，即

$$\delta(t) \overset{\text{def}}{=} \lim_{n\to\infty} p_n(t) \tag{1.24}$$

根据以上讨论可知，阶跃函数与冲激函数的关系是

$$\delta(t) = \frac{\mathrm{d}\varepsilon(t)}{\mathrm{d}t} \tag{1.25}$$

$$\varepsilon(t) = \int_{-\infty}^{t} \delta(x)\mathrm{d}x \tag{1.26}$$

式(1.26)中，积分号内的变量 t 用 x 代替，以免积分上限混淆。

狄拉克(Dirac)给出了冲激函数的另一种定义

$$\begin{cases} \delta(t) = 0, & t \neq 0 \\ \displaystyle\int_{-\infty}^{\infty} \delta(t)\mathrm{d}t = 1 \end{cases}$$

式中，$\int_{-\infty}^{\infty} \delta(t)\mathrm{d}t = 1$ 的含义是该函数波形下的面积等于 1，此定义与式(1.24)相符合。

冲激函数 $\delta(t)$ 表示在 $t=0$ 处的冲激，在 $t=t_1$ 处出现的冲激可写为 $\delta(t-t_1)$。如果 a 是常数，则 $a\delta(t)$ 表示出现在 $t=0$ 处，强度为 a 的冲激函数。如 a 为负值，则表示强度为 $|a|$ 的负冲激。

上面以函数序列极限的方式定义了冲激函数，可是它不符合普通函数的定义。对于普通函数，当自变量 t 取某值时，除间断点外，函数有确定的值，而 $\delta(t)$ 其唯一不等于零的点 $t=0$ 处，函数值为无限大；阶跃函数 $\varepsilon(t)$ 在 $t=0$ 处的导数也不符合通常导数的定义(在通常意义上，该点导数不存在)。因此，数学家一直在寻求这类奇异函数的严格数学定义。1945—1950 年间，施瓦兹(L. schwarz)发表了论文和专著，建立了分配函数(广义函数)理论，为研究奇异函数奠定了基础。下面介绍广义函数的初步概念和冲激函数的严格定义和性质。

2. 冲激函数的广义函数定义

普通函数，如 $y=f(x)$ 是将一维实数空间的数 x 经过 f 所规定的运算映射为一维实数

空间的数 y。普通函数的概念可以推广。若将某类函数集(如连续函数集、可微函数集等)中的每个函数看作是空间的一个点,这类函数的全体就构成某一函数空间(如连续函数空间、可微函数空间等)。

粗浅地说,广义函数是这样定义的。选择一类性能良好的函数 $\varphi(t)$,称为检验函数(它相当于定义域),一个广义函数 $g(t)$ 是对检验函数空间中每个函数 $\varphi(t)$ 赋予一个数值 N 的映射,该数与广义函数 $g(t)$ 和检验函数 $\varphi(t)$ 有关,记作 $N[g(t),\varphi(t)]$。通常广义函数 $g(t)$ 可写为

$$\int_{-\infty}^{\infty} g(t)\varphi(t)\mathrm{d}t = N[g(t),\varphi(t)] \tag{1.27}$$

式中,检验函数 $\varphi(t)$ 是连续的,具有任意阶导数,且 $\varphi(t)$ 及其各阶导数在无限远处急速下降 $\left(\text{即}|t|\to\infty\text{时,比}\frac{1}{|t|^m}\text{下降更快}\right)$ 的普通函数(例如 $\mathrm{e}^{-|t|^2}$ 等),这类函数的全体构成的检验函数空间称为**急降函数空间**,用 Φ 表示。在 Φ 上定义的广义函数称为缓增广义函数(在某种意义上,当 $|t|\to\infty$ 时,它即使增长也不比多项式快),它的全体构成缓增广义函数空间,用 Φ' 表示。这类广义函数之所以受到重视,是因为它有良好的性质,如缓增广义函数的极限、各阶导数、傅里叶变换等都存在并仍属于 Φ' 等。需要注意,式(1.27)中的 $g(t)$ 如果是普通的可积函数(例如 $\varepsilon(t)$),它可看作是积分运算,如果 $g(t)$ 不是可积函数,式(1.27)只是一种表示形式。

根据以上定义,如有另一广义函数 $f(t)$,它与 $\varphi(t)$ 作用也赋给相同的值,即若

$$\int_{-\infty}^{\infty} f(t)\varphi(t)\mathrm{d}t = N[g(t),\varphi(t)] = \int_{-\infty}^{\infty} g(t)\varphi(t)\mathrm{d}t$$

就认为两个广义函数相等,并记作 $f(t)=g(t)$。

按广义函数理论,冲激函数 $\delta(t)$ 由式

$$\int_{-\infty}^{\infty} \delta(t)\varphi(t)\mathrm{d}t = \varphi(0) \tag{1.28}$$

定义,即冲激函数 $\delta(t)$ 作用于检验函数 $\varphi(t)$ 的效果是给它赋值 $\varphi(0)$。如将式(1.22)中的函数 $p_n(t)$ 看作是广义函数,则有

$$\int_{-\infty}^{\infty} p_n(t)\varphi(t)\mathrm{d}t = \frac{n}{2}\int_{-\frac{1}{n}}^{\frac{1}{n}} \varphi(t)\mathrm{d}t$$

当 $n\to\infty$ 时,在 $\left(-\frac{1}{n},\frac{1}{n}\right)$ 区间 $\varphi(t)\approx\varphi(0)$,取广义函数 $p_n(t)$ 的极限(广义极限),得

$$\lim_{x\to\infty}\int_{-\infty}^{\infty} p_n(t)\varphi(t)\mathrm{d}t = \lim_{n\to\infty}\frac{n}{2}\varphi(0)\int_{-\frac{1}{n}}^{\frac{1}{n}}\mathrm{d}t = \varphi(0)$$

与式(1.28)相比较可得

$$\int_{-\infty}^{\infty} \delta(t)\varphi(t)\mathrm{d}t = \varphi(0) = \lim_{n\to\infty}\int_{-\infty}^{\infty} p_n(t)\varphi(t)\mathrm{d}t \tag{1.29}$$

它可简写为

$$\delta(t) = \lim_{n\to\infty} p_n(t) \tag{1.30}$$

就是说,冲激函数 $\delta(t)$ 可定义为函数序列 $p_n(t)$ 的广义极限,即式(1.24)。

由式(1.28)和以上讨论可知,冲激函数 $\delta(t)$ 与检验函数的作用效果是从 $\varphi(t)$ 中筛选出它在 $t=0$ 时刻的函数值 $\varphi(0)$,这常称为冲激函数的采样性质(或筛选件质)。简言之,能从

检验函数 $\varphi(t)$ 中筛选出函数值 $\varphi(0)$ 的广义函数就称为冲激函数 $\delta(t)$。

按广义函数理论,单位阶跃函数 $\varepsilon(t)$ 的定义为

$$\int_{-\infty}^{\infty}\varepsilon(t)\varphi(t)\mathrm{d}t=\int_{0}^{\infty}\varphi(t)\mathrm{d}t \tag{1.31}$$

即单位阶跃函数 $\varepsilon(t)$ 作用于检验函数 $\varphi(t)$ 的效果是赋予它一个数值,该值等于 $\varphi(t)$ 在 $(0,\infty)$ 区间的定积分。不难验证,按广义极限的概念,对于式(1.21)的函数序列 $\gamma_n(t)$ 有

$$\lim_{n\to\infty}\int_{-\infty}^{\infty}\gamma_n(t)\varphi(t)\mathrm{d}t=\int_{0}^{\infty}\varphi(t)\mathrm{d}t$$

即有

$$\varepsilon(t)=\lim_{n\to\infty}\gamma_n(t) \tag{1.32}$$

3. 冲激函数的导数和积分

冲激函数 $\delta(t)$ 的一阶导数 $\delta'(t)$ 或 $\delta^{(1)}(t)$ 可定义为

$$\int_{-\infty}^{\infty}\delta'(t)\varphi(t)\mathrm{d}t=-\int_{-\infty}^{\infty}\delta(t)\varphi'(t)\mathrm{d}t=-\varphi'(0) \tag{1.33}$$

它也符合普通函数的运算规则。如果冲激函数 $\delta(t)$ 是可微的(在广义函数意义下可微),利用分部积分有

$$\int_{-\infty}^{\infty}\delta'(t)\varphi(t)\mathrm{d}t=\delta(t)\varphi(t)\Big|_{-\infty}^{\infty}-\int_{-\infty}^{\infty}\delta(t)\varphi'(t)\mathrm{d}t$$

由于检验函数 $\varphi(t)$ 是急降的,故上式第一项为零,利用冲激函数的采样性质,得

$$\int_{-\infty}^{\infty}\delta'(t)\varphi(t)\mathrm{d}t=-\int_{-\infty}^{\infty}\delta(t)\varphi'(t)\mathrm{d}t=-\varphi'(0)$$

即式(1.33)。

此外,还可以定义 $\delta(t)$ 的 n 阶导数 $\delta^{(n)}(t)=\dfrac{\mathrm{d}^n\delta(t)}{\mathrm{d}t^n}$ 为

$$\int_{-\infty}^{\infty}\delta^{(n)}(t)\varphi(t)\mathrm{d}t=(-1)^n\int_{-\infty}^{\infty}\delta(t)\varphi^n(t)\mathrm{d}t=(-1)^n\varphi^{(n)}(0) \tag{1.34}$$

广义函数理论表明,由于选取了性能良好的检验函数空间 Φ,广义函数的各阶导数都存在并且仍属于缓增广义函数空间 Φ'。广义函数的求导运算与求极限运算可以交换次序,这就摆脱了普通函数求导、求极限运算等的限制,使分析运算更加灵活、简便。

按广义函数理论,单位阶跃函数 $\varepsilon(t)$ 的导数可定义为(考虑到 $t<0$ 时 $\varepsilon(t)=0$ 及 $\varphi(t)$ 是急降的)

$$\int_{-\infty}^{\infty}\varepsilon'(t)\varphi(t)\mathrm{d}t=-\int_{-\infty}^{\infty}\varepsilon(t)\varphi'(t)\mathrm{d}t=-\int_{0}^{\infty}\varphi'(t)\mathrm{d}t=\varphi(0)$$

与式(1.28)相比较,按广义函数相等的概念,得

$$\delta(t)=\varepsilon'(t)=\frac{\mathrm{d}\varepsilon(t)}{\mathrm{d}t} \tag{1.35}$$

按普通函数的导数定义,阶跃函数 $\varepsilon(t)$ 在 $t=0$ 处的导数不存在,而按广义函数的概念,其导数在区间 $(-\infty,\infty)$ 都存在并等于 $\delta(t)$。

下面讨论广义函数的积分。设广义函数 $G(t)$ 的导数为 $g(t)$,即 $g(t)=\dfrac{\mathrm{d}G(t)}{\mathrm{d}t}$ 或写为 $\mathrm{d}G(t)=g(t)\mathrm{d}t$,就称 $G(t)$ 是 $g(t)$ 的原函数(广义函数理论表明,原函数一定存在),取

$-\infty \sim t$ 的积分，有

$$\int_{G(-\infty)}^{G(t)} \mathrm{d}G(t) = \int_{-\infty}^{t} g(x)\mathrm{d}x$$

上式积分变量 t 用 x 代替，以免与积分上限相混，上式可写为

$$G(t) = \int_{-\infty}^{t} g(x)\mathrm{d}x + G(-\infty) \tag{1.36}$$

若常数 $G(-\infty)=0$，则有

$$G(t) = \int_{-\infty}^{t} g(x)\mathrm{d}x \tag{1.37}$$

单位阶跃函数 $\varepsilon(t)$ 是可积函数，它的积分

$$\int_{-\infty}^{t} \varepsilon(x)\mathrm{d}x = \begin{cases} 0, & t < 0 \\ t, & t > 0 \end{cases}$$

称为斜升(斜坡)函数，用 $r(t)$ 表示，上式可写为

$$r(t) = \int_{-\infty}^{t} \varepsilon(x)\mathrm{d}x = t\varepsilon(t) \tag{1.38}$$

类似地，$\delta(t)$ 和 $\delta'(t)$ 的积分为

$$\varepsilon(t) = \int_{-\infty}^{t} \delta(x)\mathrm{d}x \tag{1.39}$$

$$\delta(t) = \int_{-\infty}^{t} \delta'(x)\mathrm{d}x \tag{1.40}$$

式(1.38)可认为是普通积分，而式(1.39)和式(1.40)不能看作是普通的积分运算，这是由于 $\delta(t)$、$\delta'(t)$ 除在 $t=0$ 外处处为零，因而作为普通积分是无意义的，这里仅是一种表达形式，它表明 $\delta(t)$ 的原函数是 $\varepsilon(t)$，$\delta'(t)$ 的原函数是 $\delta(t)$。当 $t\to\infty$ 时，由以上两式可得

$$\int_{-\infty}^{\infty} \delta(t)\mathrm{d}t = 1 \tag{1.41}$$

$$\int_{-\infty}^{\infty} \delta'(t)\mathrm{d}t = 0 \tag{1.42}$$

4. 冲激函数的性质

1) 与普通函数的乘积

如有普通函数 $f(t)$，将它与冲激函数的乘积 $f(t)\delta(t)$ 看作是广义函数，则按广义函数定义和冲激函数的采样性质，有

$$\int_{-\infty}^{\infty} [\delta(t)f(t)]\varphi(t)\mathrm{d}t = \int_{-\infty}^{\infty} \delta(t)[f(t)\varphi(t)]\mathrm{d}t = f(0)\varphi(0)$$

另一方面

$$\int_{-\infty}^{\infty} [f(0)\delta(t)]\varphi(t)\mathrm{d}t = f(0)\varphi(0)$$

按广义函数相等的原理，得

$$f(t)\delta(t) = f(0)\delta(t) \tag{1.43}$$

考虑到式(1.41)，有

$$\int_{-\infty}^{\infty} f(t)\delta(t)\mathrm{d}t = \int_{-\infty}^{\infty} f(0)\delta(t)\mathrm{d}t = f(0) \tag{1.44}$$

当然,为使式(1.43)和式(1.44)成立,$f(t)\varphi(t)$也必须属于急降的检验函数。不过由于$\varphi(t)$是急降的,因而即使$f(t)$是缓升的(如t,t^2等),只要$f(t)$在$t=0$处连续,那么$f(t)\varphi(t)$仍属于急降函数,因而上式成立。式(1.43)和式(1.44)也称为$\varphi(t)$的采样性质,即冲激函数$\delta(t)$从$f(t)$中选出函数值$f(0)$。

如果将$f(t)$与$\delta'(t)$的乘积看作为广义函数,有广义函数的定义及式(1.44),有

$$\begin{aligned}\int_{-\infty}^{\infty}[f(t)\delta'(t)]\varphi(t)\mathrm{d}t &= \int_{-\infty}^{\infty}\delta'(t)[f(t)\varphi(t)]\mathrm{d}t = -\int_{-\infty}^{\infty}\delta(t)[f(t)\varphi(t)]'\mathrm{d}t \\ &= -\int_{-\infty}^{\infty}\delta(t)[f(t)\varphi'(t)+f'(t)\varphi(t)]\mathrm{d}t \\ &= -f(0)\varphi'(0)-f'(0)\varphi(0)\end{aligned}$$

另一方面

$$\int_{-\infty}^{\infty}[f(0)\delta'(t)-f'(0)\delta(t)]\varphi(t)\mathrm{d}t = -f(0)\varphi'(0)-f'(0)\varphi(0)$$

比较以上两式,按广义函数相等的原理,得

$$f(t)\delta'(t) = f(0)\delta'(t)-f'(0)\delta(t) \tag{1.45}$$

考虑到式(1.41)和式(1.42),有

$$\begin{aligned}\int_{-\infty}^{\infty}f(t)\delta'(t)\mathrm{d}t &= \int_{-\infty}^{\infty}[f(0)\delta'(t)-f'(0)\delta(t)]\mathrm{d}t \\ &= f(0)\int_{-\infty}^{\infty}\delta'(t)\mathrm{d}t - f'(0)\int_{-\infty}^{\infty}\delta(t)\mathrm{d}t \\ &= -f'(0)\end{aligned} \tag{1.46}$$

普通函数$f(t)$与$\delta'(t)$的高阶导数的乘积的情况也可类似求得,不再赘述。

需要强调指出,广义函数间的乘积,如$\varepsilon(t)\delta(t)$,$\delta(t)\delta(t)$,$\delta(t)\delta'(t)$等没有定义。

例 1.3 分别化简函数t、$\mathrm{e}^{-\alpha t}$(α为常数)与$\delta(t)$、$\delta'(t)$的乘积。

解 根据式(1.43)和式(1.45)不难求得

$$\begin{aligned}&t\delta(t) = 0 \\ &\mathrm{e}^{-\alpha t}\delta(t) = \delta(t) \\ &t\delta'(t) = -\delta(t) \\ &\mathrm{e}^{-\alpha t}\delta'(t) = \delta'(t)+\alpha\delta(t)\end{aligned}$$

2) 移位

$\delta(t)$表示在$t=0$处的冲激,在$t=t_1$处的冲激函数可表示为$\delta(t-t_1)$,式中t_1为常数。按冲激函数的定义式(1.28)并令$x=t-t_1$,有

$$\int_{-\infty}^{\infty}\delta(t-t_1)\varphi(t)\mathrm{d}t = \int_{-\infty}^{\infty}\delta(x)\varphi(x+t_1)\mathrm{d}x = \varphi(t_1) \tag{1.47}$$

即冲激函数$\delta(t-t_1)$给检验函数的赋值为$\varphi(t_1)$。

由式(1.33)可得

$$\int_{-\infty}^{\infty}\delta'(t-t_1)\varphi(t)\mathrm{d}t = \int_{-\infty}^{\infty}\delta'(x)\varphi(x+t_1)\mathrm{d}x = -\varphi'(t_1) \tag{1.48}$$

仿前,对于普通函数$f(t)$(它在$t=t_1$处连续且是缓升的)也有

$$f(t)\delta(t-t_1) = f(t_1)\delta(t-t_1) \tag{1.49}$$

$$\int_{-\infty}^{\infty}f(t)\delta(t-t_1)\mathrm{d}t = f(t_1) \tag{1.50}$$

和

$$f(t)\delta'(t-t_1)=f(t_1)\delta'(t-t_1)-f'(t_1)\delta(t-t_1) \tag{1.51}$$

$$\int_{-\infty}^{\infty}f(t)\delta'(t-t_1)\mathrm{d}t=-f'(t_1) \tag{1.52}$$

按广义函数的概念，分段连续函数在区间$(-\infty,\infty)$的导数均存在（普通函数则不然），这给分析运算带来方便。

设 $f(t)$是分段连续函数，它在 $t=t_i(i=1,2,\cdots)$处有第一类间断点（在普通函数的意义下，间断点 $t=t_i$ 处的导数不存在），设 $f(t)$各连续段的广义导数为 $f'_c(t)$，在间断点 $t=t_i$ 处，其左、右极限分别为 $f(t_{i_})$和 $f(t_{i_+})$（如图 1.13 所示），两者之差常称为跳跃度，用 J_i 表示，即

$$J_i=f(t_{i_+})-f(t_{i\_}) \tag{1.53}$$

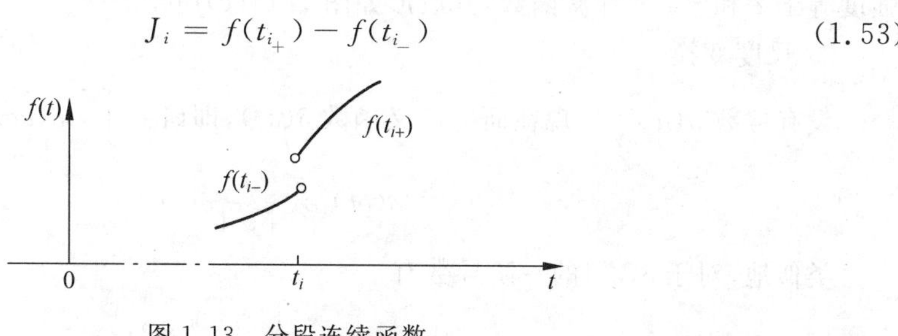

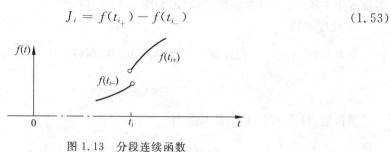

图 1.13　分段连续函数

按广义函数的概念，$f(t)$在各间断点的导数为 $J_i\delta(t-t_i)$，于是分段连续函数 $f(t)$的导数

$$f'(t)=f'_c(t)+\sum_i J_i\delta(t-t_i) \tag{1.54}$$

例 1.4　函数 $f(t)$如图 1.14(a)所示，求其导数 $f'(t)$。

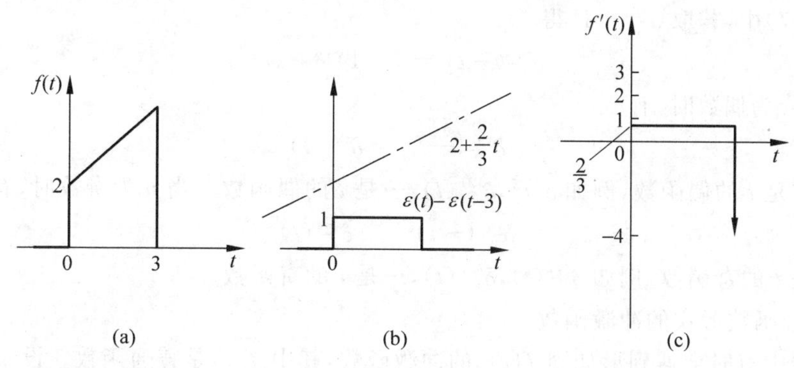

图 1.14　例 1.4 图

解　图 1.14(a)的函数可写为

$$f(t)=\begin{cases}0, & t<0,t>3\\ 2+\dfrac{2}{3}t, & 0<t<3\end{cases}$$

它可看作是函数 $2+\frac{2}{3}t$ 与$[\varepsilon(t)-\varepsilon(t-3)]$的乘积，如图 1.14(b)所示，即

$$f(t)=\left(2+\frac{2}{3}t\right)[\varepsilon(t)-\varepsilon(t-3)]$$

对上式求导,得

$$f'(t)=\left(2+\frac{2}{3}t\right)'[\varepsilon(t)-\varepsilon(t-3)]+\left(2+\frac{2}{3}t\right)[\varepsilon(t)-\varepsilon(t-3)]'$$
$$=\frac{2}{3}[\varepsilon(t)-\varepsilon(t-3)]+\left(2+\frac{2}{3}t\right)[\delta(t)-\delta(t-3)]$$

考虑到 $\delta(t)$的采样性质,得 $f(t)$的广义导数

$$f'(t)=\frac{2}{3}[\varepsilon(t)-\varepsilon(t-3)]+2\delta(t)-4\delta(t-3)$$

式中第一项与广义导数相同,它在区间(0,3)等于$\frac{2}{3}$,后两项表明,$f'(t)$在 $t=0$ 和 $t=3$ 处为强度等于 2 和 -4 的冲激函数,其波形如图 1.14(c)所示。

3) 尺度变换

设有常数 $a(a\neq 0)$,现在研究广义函数 $\delta(at)$,即研究 $\int_{-\infty}^{\infty}\delta(at)\varphi(t)\mathrm{d}t$。

$$\delta(at)=\frac{1}{|a|}\delta(t) \tag{1.55}$$

类似地,对于 $\delta(at)$的一阶导数有

$$\delta^{(1)}(at)=\frac{1}{|a|}\cdot\frac{1}{a}\delta^{(1)}(t) \tag{1.56}$$

类推,可得 $\delta(at)$的 n 阶导数

$$\delta^{(n)}(at)=\frac{1}{|a|}\cdot\frac{1}{a^n}\delta^{(n)}(t) \tag{1.57}$$

4) 奇偶性

式(1.57)中,若取 $a=-1$,得

$$\delta^{(n)}(-t)=(-1)^n\delta^{(n)}(t) \tag{1.58}$$

这表明,当 n 为偶数时,有

$$\delta^{(n)}(-t)=\delta^{(n)}(t)$$

它们可看作是 t 的偶函数,例如 $\delta(t)$,$\delta^{(2)}(t)$,…是 t 的偶函数。当 n 为奇数时,有

$$\delta^{(n)}(-t)=-\delta^{(n)}(t)$$

它可看作是 t 的奇函数,例如 $\delta^{(1)}(t)$,$\delta^{(3)}(t)$,…是 t 的奇函数。

5) 复合函数形式的冲激函数

在实践中有时会遇到形如 $\delta[f(t)]$的冲激函数,其中 $f(t)$是普通函数。设 $f(t)=0$ 有 n 个互不相等的实根 $t_i(i=1,2,\cdots)$,则在任意一个单根 t_i 附近足够小的邻域内,$f(t)$可展开为泰勒级数,考虑到 $f(t_i)=0$,并忽略高次项,有

$$f(t)=f(t_i)+f'(t)(t-t_i)+\frac{1}{2}f''(t_i)(t-t_i)^2+\cdots$$
$$\approx f'(t_i)(t-t_i)$$

式中 $f'(t_i)$表示 $f(t)$在 $t-t_i$ 处的导数。由于 $t-t_i$ 是 $f(t)$的单根,故 $f'(t_i)\neq 0$,于是在 $t=t_i$ 附近,$\delta[f(t)]$可写为(考虑到式(1.55))

$$\delta[f(t)]=\delta[f'(t_i)(t-t_i)]=\frac{1}{|f'(t_i)|}\delta(t-t_i)$$

这样，若 $f(t)=0$ 的 n 个根 $t=t_i$ 均为单根，即在 $t=t_i$ 处 $f'(t_i)\neq 0$，则有

$$\delta[f(t)] = \sum_{i=1}^{n} \frac{1}{|f'(t_i)|}\delta(t-t_i) \tag{1.59}$$

这表明，$\delta[f(t)]$是由位于各 t_i 处，强度为$\frac{1}{|f'(t_i)|}$的 n 个冲激函数构成的冲激函数序列。例如，若 $f(t)=4t^2-1$，则有

$$\delta(4t^2-1) = \frac{1}{4}\delta\left(t+\frac{1}{2}\right)+\frac{1}{4}\delta\left(t-\frac{1}{2}\right)$$

如果 $f(t)=0$ 有重根，$\delta[f(t)]$没有意义。

1.5 系统的描述

要分析一个系统，首先要建立描述该系统基本特性的数学模型，然后用数学方法（或计算机仿真等）求出它的解答，并对所得结果赋予实际含义。按数学模型的不同，系统可分为即时系统与动态系统，连续系统与离散系统，线性系统与非线性系统，时变系统与时不变（非时变）系统，因果系统与反因果系统等。

如果系统在任意时刻的响应（输出信号）仅决定于该时刻的激励（输入信号），而与它过去的历史状况无关，就称其为即时系统（或无记忆系统）。全部由无记忆元件（例如电阻）组成的系统是即时系统，即时系统可用**代数方程描述**。如果系统在任意时刻的响应不仅与该时刻的激励有关，而且与它过去的历史状况有关，就称为动态系统（或记忆系统）。含有记忆元件（如电感、电容、寄存器等）的系统是动态系统。动态系统可用**微分方程/差分方程**描述（系统函数）。本书主要讨论动态系统。

1. 系统的数学模型

当系统的激励是连续信号时，若其响应也是连续信号，则称其为连续系统。当系统的激励是离散信号时，若其响应也是离散信号，则称其为离散系统。连续系统与离散系统常组合使用，可称为混合系统。

描述连续系统的数学模型是微分方程，而描述离散系统的数学模型是差分方程。

如果系统的输入、输出信号都只有一个，称为单输入-单输出系统，如果系统的输入、输出信号有多个，称为多输入-多输出系统。

图1.15是RLC串联电路。如将电压源 $u_S(t)$看作是激励，选电容两端电压 $u_C(t)$为响应，则由基尔霍夫电压定律（KVL）有

$$u_L(t)+u_R(t)+u_C(t)=u_S(t) \tag{1.60}$$

根据各元件端电压与电流的关系

$$i(t)=Cu'_C(t)$$

$$u_R(t)=Ri(t)=RCu'_C(t)$$

$$u_L(t)=Li'(t)=LCu''_C(t)$$

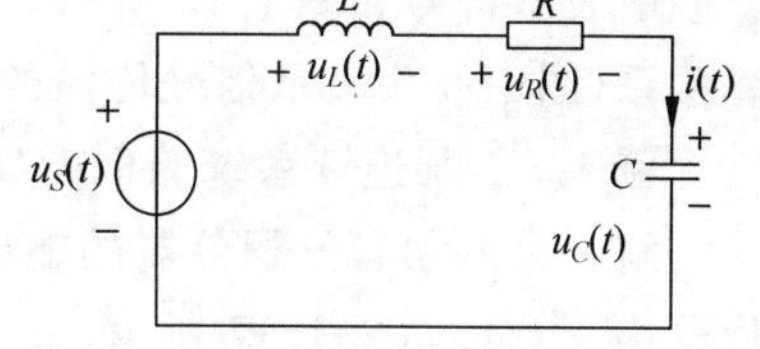

图1.15 RLC串联电路

将它们代入式(1.60)并稍加整理，得

$$u''_C(t)+\frac{R}{L}u'_C(t)+\frac{1}{LC}u_C(t)=\frac{1}{LC}u_S(t) \tag{1.61}$$

它是二阶线性微分方程,为求得该方程的解,还需已知初始条件 $u_C(0)$ 和 $u'_C(0)$。

设某地区在第 n 年的人口为 $y(n)$,人口的正常出生率和死亡率分别为 a 和 b,而第 n 年从外地迁入的人口为 $f(n)$,那么该地区第 n 年的人口总数为

$$y(n)=y(n-1)+ay(n-1)-by(n-1)+f(n)$$

或写为

$$y(n)-(1+a-b)y(n-1)=f(n) \tag{1.62}$$

这是一阶差分方程。为求得上述方程的解,除系数 a、b 和 $f(n)$ 外,尚需已知计算起始年 $(n=0)$ 该地区的人口数 $y(0)$,它也称为初始条件。

又如在观测信号时,所得的观测值不仅包含有用信号还混杂有噪声,为滤除观测数据中的噪声常采用滤波(或平滑)处理。设第 n 次的观测值为 $f(n)$,经处理后的估计值为 $y(n)$。一种简单的处理方法是,在收到本次观测数据 $f(n)$ 后,就将 $f(n)$ 与前一次的估计值 $y(n-1)$ 的算术平均值作为本次的估计值 $y(n)$,即

$$y(n)=\frac{1}{2}[f(n)+y(n-1)]$$

或写为

$$y(n)-\frac{1}{2}y(n-1)=\frac{1}{2}f(n)$$

更一般地,是根据信号和噪声的特性,选择常数 a,其估计值与观测值间的差分方程为

$$y(n)-\alpha y(n-1)=(1-\alpha)f(n) \tag{1.63}$$

这常称为指数平滑。

由以上数例可见,虽然系统的内容各不相同,但描述这些系统的数学模型都是微分方程或差分方程。

2. 系统的框图表示

连续或离散系统除用数学方程描述外,还可用框图表示系统的激励与响应之间的数学运算关系。一个方框(或其他形状)可以表示一个具有某种功能的部件,也可表示一个子系统。每个方框内部的具体结构并非考查重点,只注重其输入、输出之间的关系。因而在用框图描述的系统中,各单元在系统中的作用和地位可以一目了然。

表示系统框图构成的基本单元有:积分器(用于连续系统)或延迟单元(用于离散系统)以及加法器和数乘器(标量乘法器),对于连续系统,有时还需用延迟时间为 T 的延迟器。它们的表示符号如图 1.16 所示。图中表示出各单元的激励 $f(\cdot)$ 与其响应 $y(\cdot)$ 之间的运算关系(图中箭头表示信号传输的方向)。

例 1.5 某连续系统的框图如图 1.17 所示,写出系统的微分方程。

解 设图中右方积分器的输出信号为 $y(t)$,则其输入信号为 $y'(t)$,左方积分器的输入信号为 $y''(t)$,如图 1.17 所示。

由加法器的输出,得

$$y''(t)=-a_1y'(t)-a_0y(t)+f(t)$$

将上式中除 $f(t)$ 以外的各项移到等号左端,得

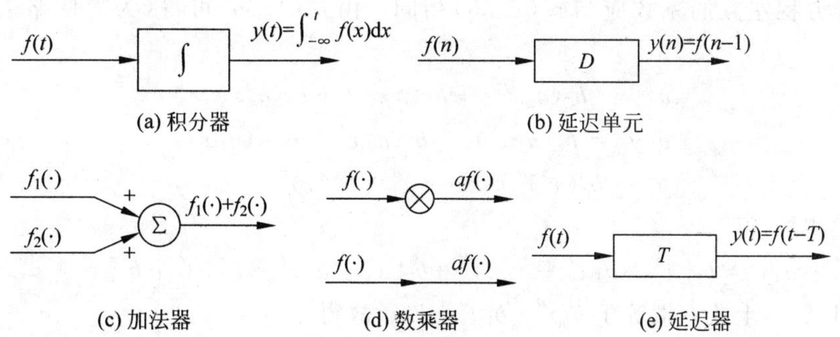

图 1.16 框图的基本单元

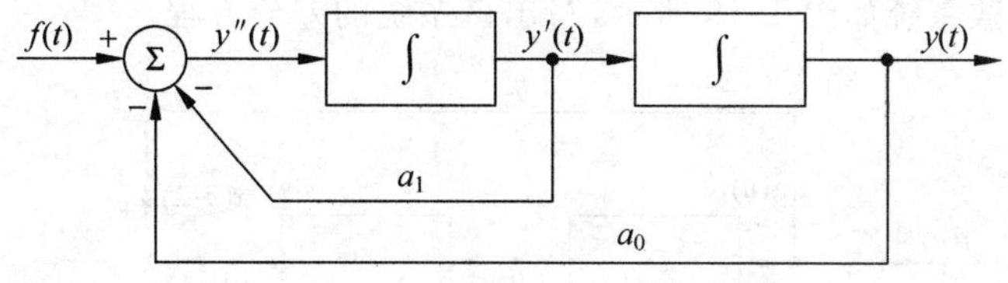

图 1.17 例 1.5 图

$$y''(t)+a_1y'(t)+a_0y(t)=f(t) \tag{1.64}$$

上式就是描述图 1.17 所示系统的微分方程。

例 1.6 某连续系统的框图如图 1.18 所示，写出系统的微分方程。

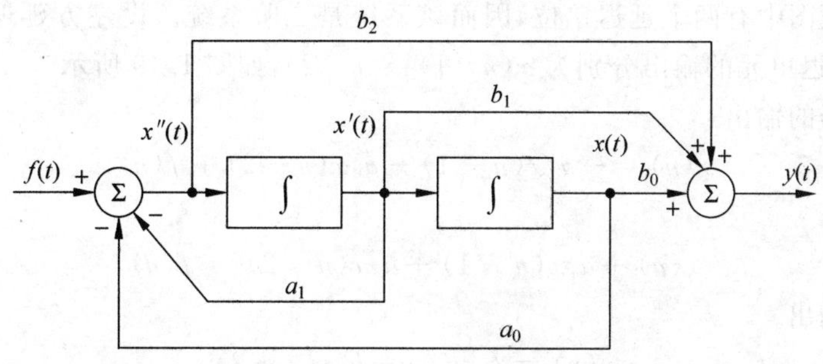

图 1.18 例 1.6 图

解 设右方积分器的输出为 $x(t)$，那么两个积分器的输入分别为 $x'(t)$，$x''(t)$，如图 1.18 所示。

左方加法器的输出为

$$x''(t)=-a_1x'(t)-a_0x(t)+f(t)$$

即

$$x''(t)+a_1x'(t)+a_0x(t)=f(t) \tag{1.65}$$

由右方加法器的输出，得

$$y(t)=b_2x''(t)+b_1x'(t)+b_0x(t) \tag{1.66}$$

为求得响应 $y(t)$ 与激励 $f(t)$ 之间关系的方程，应从式(1.65)和式(1.66)中消去中间变量 $x(t)$ 及其导数。由式(1.66)知，响应 $y(t)$ 及其各阶导数的线性组合，因而以 $y(t)$ 为未知

变量的微分方程左方的系数应与式(1.65)相同。由式(1.66)可得(为简便略去了自变量 t),即

$$a_0 y = b_2(a_0 x'') + b_1(a_0 x') + b_0(a_0 x)$$
$$a_1 y' = b_2(a_1 x'')' + b_1(a_0 x')' + b_0(a_1 x)'$$
$$y'' = b_2(x'')'' + b_1(x')'' + b_0(x)''$$

将以上三式相加,得

$$y'' + a_1 y' + a_0 y = b_2[x'' + a_1 x' + a_0 x]'' + b_1[x'' + a_1 x' + a_0 x]' + b_0[x'' + a_1 x' + a_0 x]$$

考虑到式(1.65),上式右端等于 $b_2 f'' + b_1 f' + b_0 f$,故得

$$y''(t) + a_1 y'(t) + a_0 y(t) = b_2 f''(t) + b_1 f'(t) + b_0 f(t) \tag{1.67}$$

上式即为描述图 1.18 所示系统的微分方程。

例 1.7 某离散系统如图 1.19 所示,写出该系统的差分方程。

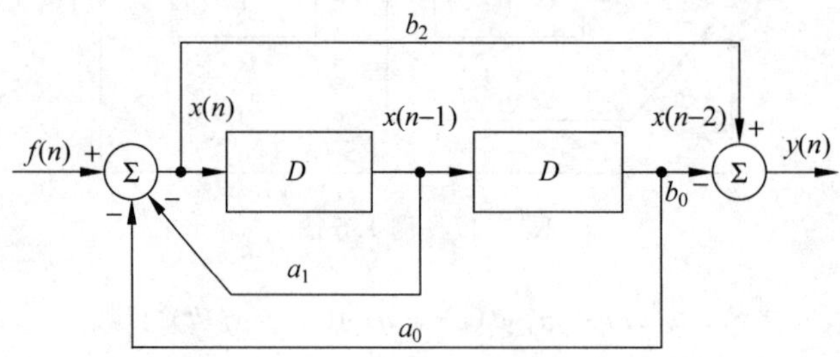

图 1.19 例 1.7 图

解 系统框图中有两个延迟单位,因而该系统是二阶系统。设左方延迟单元的输入为 $x(n)$,那么各延迟单元的输出分别为 $x(n-1)$、$x(n-2)$,如图 1.19 所示。

左方加法器的输出

$$x(n) = -a_1 x(n-1) - a_0 x(n-2) + f(n)$$

即

$$x(n) + a_1 x(n-1) + a_0 x(n-2) = f(n) \tag{1.68}$$

右方加法器的输出

$$y(n) = b_2 x(n) - b_0 x(n-2) \tag{1.69}$$

为消去中间变量 $x(n)$ 及其移位项,由式(1.69)可得

$$\begin{cases} a_1 y(n-1) = b_2 a_1 x(n-1) - b_0 a_1 x(n-3) \\ a_0 y(n-2) = b_2 a_0 x(n-2) - b_0 a_0 x(n-4) \end{cases} \tag{1.70}$$

将式(1.69)和式(1.70)相加,得

$$\begin{aligned} y(n) + a_1 y(n-1) + a_0 y(n-2) = & b_2[x(n) + a_1 x(n-1) + a_0 x(n-2)] \\ & - b_0[x(n-2) + a_1 x(n-3) + a_0(n-4)] \end{aligned}$$

考虑到式(1.68)及延迟项,可得

$$y(n) + a_1 y(n-1) + a_0 y(n-2) = b_2 f(n) - b_0 f(n-2) \tag{1.71}$$

上述即为描述图 1.19 所示离散系统的差分方程。

由以上例题可见,如已知描述系统的框图,列写其微分方程或差分方程的一般步骤是:

(1) 选中间变量 $x(\cdot)$。对于连续系统,设其最右端积分器的输出为 $x(t)$;对于离散系

统,设其最左端延迟单元的输入为 $x(n)$;

(2) 写出各加法器输出信号的方程;

(3) 消去中间变量 $x(\cdot)$。

如果已知系统的微分方程或差分方程,也可画出其相应的框图。

1.6 系统的性质

连续的或离散的动态系统,按其基本特性可分为线性的与非线性的,时变的与时不变(非时变),因果的与非因果的,稳定的与不稳定的等。本书主要讨论线性时不变系统,简称LTI(Linear Timer Invariant)系统。

1. 线性

系统的激励 $f(\cdot)$与响应 $y(\cdot)$之间的关系可简记为

$$y(\cdot)=T[f(\cdot)] \tag{1.72}$$

式中,T 为算子,它的意思是 $f(\cdot)$经过算子 T 所规定的运算,得到 $y(\cdot)$。它可理解为激励 $f(\cdot)$作用于系统所引起的响应 $y(\cdot)$。

线性性质包含两个内容:齐次性和可加性。

设 α 为任意常数,若系统的激励 $f(\cdot)$增大 α 倍时,其响应 $y(\cdot)$也增大 α 倍,即

$$T[\alpha f(\cdot)]=\alpha T[f(\cdot)] \tag{1.73}$$

则称该系统是齐次的或均匀的。

若系统对于 $f_1(\cdot)$与 $f_2(\cdot)$之和的响应等于各激励所引起的响应之和,即

$$T[f_1(\cdot)+f_2(\cdot)]=T[f_1(\cdot)]+T[f_2(\cdot)] \tag{1.74}$$

则称该系统是可加的。可加性是指,当有多个激励(多个激励用集合符号简记为$\{f(\cdot)\}$)作用于系统时,系统的总响应等于各激励单独作用(其余激励为零)时所引起的响应之和。

如果系统即是齐次的又是可加的,则称该系统为线性的。如有激励 $f_1(\cdot)$、$f_2(\cdot)$和任意常数 α_1、α_2,则对于任意线性系统有

$$T[\alpha_1 f_1(\cdot)+\alpha_2 f_2(\cdot)]=\alpha_1 T[f_1(\cdot)]+\alpha_2 T[f_2(\cdot)] \tag{1.75}$$

上式包含了式(1.73)和式(1.74)的全部含义。

动态系统的响应不仅决定于系统的激励$\{f(\cdot)\}$,而且与系统的初始状态有关。为简便,不妨设初始时刻为 $t=t_0=0$ 或 $n=n_0=0$。系统在初始时刻的状态用 $x(0)$表示,如果系统有多个初始状态 $x_1(0),x_2(0),\cdots,x_n(0)$,就简记为$\{x(0)\}$。这样,动态系统在任意时刻 $t\geqslant 0$(或 $n\geqslant 0$)的响应 $y(\cdot)$可以由初始状态$\{x(0)\}$和区间$[0,t]$或$[0,n]$上的激励$\{f(\cdot)\}$完全地确定。初始状态可以看作是系统另一种激励,这样系统的响应将取决于两种不同的激励,输入信号$\{f(\cdot)\}$和初始状态$\{x(0)\}$。引用式(1.72)的记号,系统的全响应可写为

$$y(\cdot)=T[\{x(0)\},\{f(\cdot)\}] \tag{1.76}$$

根据线性性质,线性系统的响应是$\{f(\cdot)\}$与$\{x(0)\}$单独作用所引起的响应之和。若令输入信号全为零时,仅有初始状态$\{x(0)\}$引起的响应为零输入响应,用 $y_x(\cdot)$表示,即

$$y_x(\cdot)=T[\{x(0)\},\{0\}] \tag{1.77}$$

令初始状态全为零时,仅有输入信号$\{f(\cdot)\}$引起的响应为零状态响应,用$y_f(\cdot)$表示,即

$$y_f(\cdot)=T[\{0\},\{f(\cdot)\}] \tag{1.78}$$

则线性系统的完全响应为

$$y(\cdot)=y_x(\cdot)+y_f(\cdot) \tag{1.79}$$

上式表明,线性系统的全响应可以分成两个分量,分量$y_x(\cdot)$是零输入全为零时得到的,它完全由初始状态决定,称为零输入响应;第二个分量$y_f(\cdot)$是令初始状态全为零时得到的,它完全由输入信号引起,称为零输入响应。线性系统的这一性质,可称为**分解特性**。

但是,仅依据分解特性还不足以把系统看作是线性的。当系统具有多个初始状态或多个输入信号时,它必须对所有的初始状态响应和所有的输入信号分别呈现线性性质。也就是说,当所有初始状态均为零时,系统的零状态响应对于各输入信号应呈现线性(包括齐次性和可加性),这可称为零状态线性;当所有的输入信号为零时,系统的零输入响应对于各初始状态应呈现线性,这可称为零输入线性。

综上所述,**一个既具有分解特性,又具有零状态线性和零输入线性的系统称为线性系统,否则称为非线性系统**。

线性性质是线性系统所具有的本质特征,它是分析和研究线性系统的重要基础,以后各章所讨论的内容就是建立在线性性质的基础上的。

2. 时不变性

如果系统的参数都是常数,它们不随时间变化,则称该系统为时不变(或非时变)系统或常参量系统,否则称为时变系统。线性系统可以是时不变的,也可以是时变的。描述线性时不变(LTI)系统的数学模型是常系数微分(或差分)方程,而描述线性时变系统的数学模型是变系数微分(或差分)方程。

由于时不变系统的参数不随时间变化,故系统的零状态响应$y_f(\cdot)$的形式就与输入信号接入的时间无关,也就是说,如果激励$f(\cdot)$作用于系统所引起的响应为$y_f(\cdot)$,那么当激励延迟一定时间t_d(或n_d)接入时,它所引起的零状态响应也是延迟相同的时间,即若

$$T[\{0\},\{f(\cdot)\}]=y_f(\cdot) \tag{1.80}$$

则有

$$\left.\begin{aligned}T[\{0\},\{f(t-t_d)\}]&=y_f(t-t_d)\\T[\{0\},\{f(n-n_d)\}]&=y_f(n-n_d)\end{aligned}\right\} \tag{1.81}$$

图1.20画出了线性时不变系统(连续系统)的示意图。线性时不变系统的这种性质称为时不变性(或移位不变性),对离散系统也相类似。

非线性系统也有时变和时不变两类,本书只讨论线性时不变系统。

例 1.8 某连续系统和离散系统的全响应分别为:

(1) $y(t)=ax(0)+b\int_0^t f(\tau)\mathrm{d}\tau, t\geqslant 0$;

(2) $y(n)=a^n x(0)+b|f(n)|, n\geqslant 0$。

其中,a,b为常数,$x(0)$为初始状态,在$t=0$或$n=0$时接入激励$f(\cdot)$。上述系统是否为线性的,时不变的?

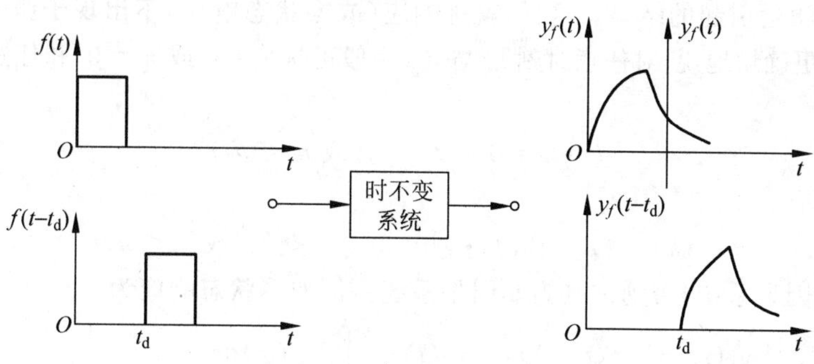

图 1.20　LTI 系统的时不变性

解

(1) 该系统的零输入响应和零状态响应分别为

$$y_x(t) = ax(0)$$

$$y_f(t) = b\int_0^t f(\tau)\mathrm{d}\tau,\quad t \geqslant 0$$

显然全响应 $y(t)$ 符合分解特性，而且不难看出，$y_x(t)$、$y_f(t)$ 满足输入线性和零状态线性，因而该系统是线性的。

设 $f_1(t)=f(t-t_0)$，$t\geqslant t_0$，即 $f_1(t)$ 比 $f(t)$ 延迟了时间 $t_0(t_0>0)$，其零状态响应

$$y_{f_1}(t) = b\int_0^t f(\tau - t_0)\mathrm{d}\tau,\quad t \geqslant t_0$$

令 $x=\tau-t_0$，则 $\mathrm{d}x=\mathrm{d}\tau$，代入上式，相应的积分限改写为 $-t_0$ 到 $t-t_0$，得

$$y_{f_1}(t) = b\int_{-t_0}^{t-t_0} f(x)\mathrm{d}x,\quad t \geqslant t_0$$

由于 $f(t)$ 是在 $t=0$ 时接入的，在 $t<0$ 时，$f(t)=0$，故上式可改写为

$$y_{f_1}(t) = b\int_0^{t-t_0} f(x)\mathrm{d}x,\quad t \geqslant t_0$$

不难看出，上式

$$y_{f_1}(t) = b\int_0^{t-t_0} f(x)\mathrm{d}x = y_{f_1}(t - t_0)$$

故该系统是时不变的。

(2) 该系统的零输入响应和零状态响应分别为

$$y_x(n) = a^n x(0)$$

$$y_f(n) = b \mid f(n) \mid$$

显然，$y_x(n)$ 和 $y_f(n)$ 符合分解特性，而且零输入响应 $y_x(n)$ 满足零输入线性。可是其零状态响应虽然满足齐次性，但不满足可加性，因为一般而言 $|\alpha f_1(n)+\beta f_2(n)| \neq \alpha|y_1(n)|+\beta|y_2(n)|$，故该系统是非线性的。

设 $f_1(n)=f(n-n_0)$，$n\geqslant n_0$。该系统的零状态响应

$$y_{f_1}(n) = b \mid f_1(n) \mid = b \mid f(n-n_0) \mid = y_f(n-n_0)$$

故该系统是时不变的。

3. 因果性

人们将激励与零状态响应的关系看成是因果关系，即把激励看作是产生响应的原因，而

零状态响应是激励引起的结果。这样,就称响应(或零状态响应)**不出现于**激励之前的系统为因果系统。更确切地说,对任意时刻 t_0 与 n_0(一般可选 $t_0=0$ 或 $n_0=0$)和任意输入 $f(\cdot)$,如果

$$f(\cdot)=0,\quad t<t_0(\text{或 } n<n_0)$$

若其零状态响应

$$y_f(k)=T[\{0\},f(\cdot)]=0,\quad t<t_0(\text{或 } n<n_0)$$

就称该系统为因果系统,否则称其为非因果系统。例如零状态响应为

$$y_f(t)=3f(t-1),\quad y_f(t)=\int_{-\infty}^{t}f(x)\mathrm{d}x$$

$$y_f(n)=3f(n-1)+2f(n-2),\quad y_f(n)=\sum_{i=-\infty}^{n}f(i)$$

等系统都满足因果条件的,故都是因果系统。

零状态响应 $y_f(n)=f(n+1)$ 的系统是非因果的。例如,零状态响应 $y_f(1)=f(2)$ 的系统也是非因果的。

许多以时间为自变量的实际系统都是因果系统,如收音机、电视机、数据采集系统等。

需要指出的是,如果自变量不是时间而是空间位置等,如光学成像系统、图像处理系统等,因果就失去意义。

借用"因果"一词,常把 $t=0$ 时接入的信号(即在 $t<0$, $f(t)=0$ 的信号)称为因果信号或有始信号。

4. 稳定性

系统的稳定性是指,对有界的激励 $f(\cdot)$,系统的零状态响应 $y_f(\cdot)$ 也是有界的,通常称为有界输入有界输出稳定,简称为稳定。否则,一个小的激励(如干扰电压)就会使系统的响应发散。更确切地说,若系统的激励 $|f(\cdot)|<\infty$ 时,其零状态响应

$$|y_f(\cdot)|<\infty \tag{1.82}$$

显然,无论激励是何种形式的序列,只要它是有界的,那么 $y_f(n)$ 也是有界的,因而该系统是稳定的。

1.7 LTI 系统分析方法概述

这里简要地概述 LTI 系统分析的一些主要内容,以便给读者提供一个概貌,便于阅读以后各章。

简言之,系统分析就是建立表征系统的数学方程式并求出它的解答。

描述系统的方法**有输入-输出法和状态变量法**。

系统的输入-输出描述就是对给定的系统建立其激励与响应之间的直接关系。描述 LTI 系统输出-输出关系的是常系数线性微分方程(对于连续系统)或常系数差分方程(对于离散系统)。输入-输出法可以直接给出关于某一激励作用于系统所引起的响应,它对于研究常遇到的单输入-单输出系统是很有用的。由于输入-输出法只把输入变量与输出变量联系起来,因而它不适于从内部去考查系统的各种问题,而在这方面,状态变量法却有它的

独到之处。

状态变量法用两组方程描述系统：①状态方程，它描述了系统内部状态变量（例如电网络中各电容端电压和电感的电流等）与激励之间的关系；②输出方程，它描述了系统的响应与状态变量以及激励之间的关系。状态变量法不仅能给出系统的响应，它还揭示了系统内部的数学结构。用状态变量法研究 LTI 系统，特别是用于研究多输入-多输出系统更显示出它的优越性。

LTI 系统的输入-输出分析方法有可分为时域法和变换法。

时域分析法是直接分析时间变量（t 或 n）函数（或序列），研究时间响应特性。除了微分（或差分）方程的经典解法外，引入冲激响应和单位序列响应的概念，重点讨论卷积方法。激励 $f(\cdot)$ 作用于 LTI 系统所引起的零状态响应是输入 $f(\cdot)$ 与冲激响应的卷积和（离散系统）。

变换域分析法将信号和系统模型时间变量函数（或序列）变换为相应变换域的某变量的函数，并研究它们的特性。分析连续系统的方法有傅里叶变换和拉普拉斯变换，分析离散系统的方法有 Z 变换。变换域方法将时域分析中的微分（和差分）方程变换为代数方程，这给分析问题带来许多方便。

系统函数在分析 LTI 系统中占有十分重要的地位。它不仅是连接响应和激励之间的纽带和桥梁，而且用它来研究系统的稳定性。通过信号流图把描述系统的方程、框图和系统函数联系在一起，并把系统的时域响应与频域响应联系起来。这将使读者能从更高的位置、更广的视角观察和理解 LTI 系统分析中的各种问题以及它们之间的联系。

习题

1.1　绘出下列各时间函数的波形图。

(1) $f_1(t)=t\varepsilon(t-1)$　　(2) $f_2(t)=t[\varepsilon(t)-\varepsilon(t-1)]+\varepsilon(t-1)$

(3) $f_3(t)=-(t-1)[\varepsilon(t)-\varepsilon(t-1)]$　　(4) $f_4(t)=t[\varepsilon(t-2)-\varepsilon(t-3)]$

(5) $f_5(t)=(t-2)[\varepsilon(t-2)-\varepsilon(t-3)]$　　(6) $f_6(t)=\varepsilon(t)-2\varepsilon(t-1)+\varepsilon(t-2)$

1.2　已知 $f(t)$ 波形如图 1.21 所示，试画出下列信号的波形图。

(1) $f_1(t)=f(3t+6)$　　(2) $f_2(t)=f\left(-\frac{1}{3}t-\frac{1}{6}\right)$

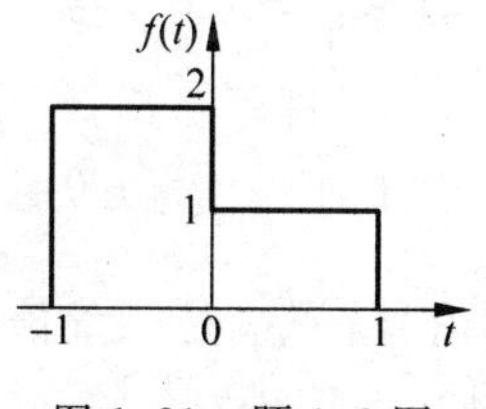

图 1.21　题 1.2 图

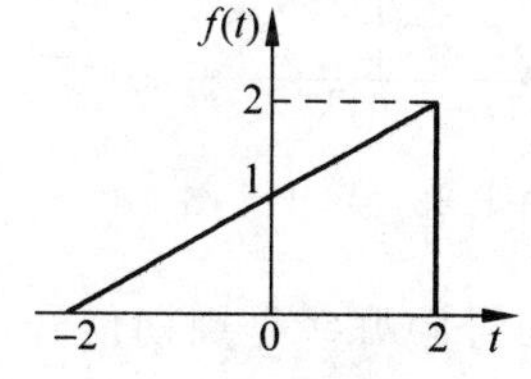

图 1.22　题 1.3 图

1.3　已知 $f(t)$ 波形如图 1.22 所示，试画出下列信号的波形图。

(1) $f_1(t)=f(2-t)\varepsilon(2-t)$　　(2) $f_2(t)=f(t-1)[\varepsilon(t)-\varepsilon(t-2)]$

1.4 计算下列各式。

(1) $f(t+t_0)\delta(t)$　　(2) $\int_{-\infty}^{\infty} f(t+t_0)\delta(t-t_0)\mathrm{d}t$

(3) $\int_{-4}^{2} \mathrm{e}^{t}\delta(t+3)\mathrm{d}t$　　(4) $\int_{0}^{\infty} \mathrm{e}^{-t}\sin t\delta(t+1)\mathrm{d}t$

(5) $\frac{\mathrm{d}}{\mathrm{d}t}[\mathrm{e}^{-t}\delta(t)]$　　(6) $\int_{-\infty}^{\infty} f(t-t_0)\delta(t)\mathrm{d}t$

(7) $\int_{-\infty}^{\infty} f(t_0-t)\delta(t)\mathrm{d}t$　　(8) $\int_{-\infty}^{\infty} \delta(t-t_0)\varepsilon\left(t-\frac{t_0}{2}\right)\mathrm{d}t$

(9) $\int_{-\infty}^{\infty} \delta(t-t_0)\varepsilon(t-2t_0)\mathrm{d}t$　　(10) $\int_{-\infty}^{\infty} (\mathrm{e}^{t}+t)\delta(t+2)\mathrm{d}t$

(11) $\int_{-\infty}^{\infty} (t+\sin t)\delta\left(t-\frac{\pi}{6}\right)\mathrm{d}t$　　(12) $\int_{-\infty}^{\infty} \mathrm{e}^{-\mathrm{j}\Omega t}[\delta(t)-\delta(t-t_0)]\mathrm{d}t$

1.5 计算下列积分

(1) $\int_{-\infty}^{\infty} (t+2)\delta(t)\mathrm{d}t$　　(2) $\int_{-\infty}^{t} (\tau+2)\delta(\tau)\mathrm{d}\tau$

(3) $\int_{-t}^{\infty} (\tau+2)\delta(\tau)\mathrm{d}\tau$　　(4) $\int_{-\infty}^{\infty} \mathrm{e}^{-t}\delta'(t)\mathrm{d}t$

(5) $\int_{0}^{3\pi} t\sin(0.5t)\delta(\pi-t)\mathrm{d}t$　　(6) $\int_{1}^{3} (4t^4+3t^2+2t+1)\delta(t)\mathrm{d}t$

(7) $\int_{0}^{t} [\delta(\tau^2-\tau)-2\delta(\tau-2)]\mathrm{d}\tau$　　(8) $\int_{-\infty}^{t} \delta(\tau+1)\cos\omega_0\tau\mathrm{d}\tau$

1.6 已知 $f(t)=\mathrm{e}^{-t}\varepsilon(t)$，求 $f'(t)$的表达式，试画出 $f'(t)$的波形图。

1.7 已知 $f(t)$的波形如图 1.23 所示，求 $f'(t)$和 $f''(t)$，试分别画出 $f'(t)$和 $f''(t)$的波形图。

1.8 对下列函数进行积分运算 $\int_{-\infty}^{t} f(\tau)\mathrm{d}\tau$，试画出积分后的波形图。

(1) $f_1(t)=\varepsilon(t-1)-\varepsilon(t-3)$　　(2) $f_2(t)=\delta(t-1)$

(3) $f_3(t)=\sin\pi t\varepsilon(t)$

1.9 若 $f\left(2-\frac{t}{3}\right)$的波形图如图 1.24 所示，试概略画出 $f(t)$的波形图。

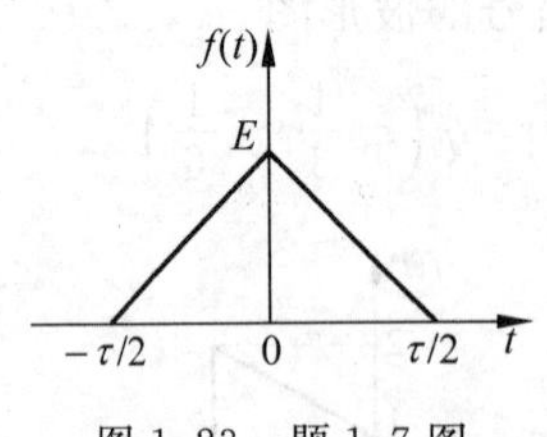

图 1.23　题 1.7 图

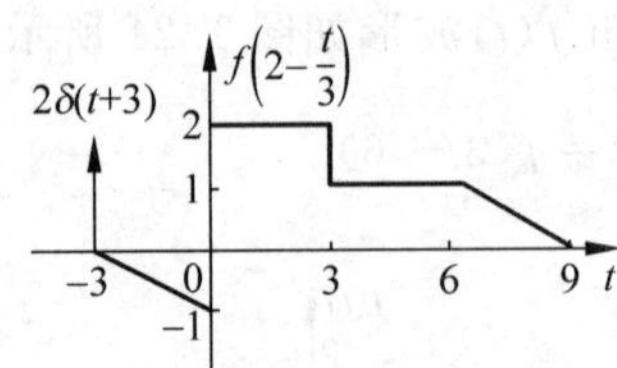

图 1.24　题 1.9 图

1.10 下列信号中哪些是周期信号，哪些是脉冲信号，哪些是能量信号，哪些是功率信号？计算信号能量，平均功率，并判断是能量信号还是功率信号？

(1) $f(t)=\varepsilon(t+1)-\varepsilon(t-1)$　　(2) $f(t)=\mathrm{e}^{-2|t|}$

(3) $f(t)=\varepsilon(t)$　　(4) $f(t)=\mathrm{e}^{-\mathrm{j}\omega_0 t}$

(5) $f(t)=-10$　　(6) $f(t)=4\cos20\pi t+2\cos30\pi t$

1.11 已知信号波形如图 1.25,试画出下列各信号波形。

(1) $f(-t)$ (2) $f(2t)$ (3) $f(t-3)$

(4) $f(2t-6)$ (5) $f(t)\varepsilon(t)$

1.12 已知信号波形如图 1.26,试画出下列各信号波形。

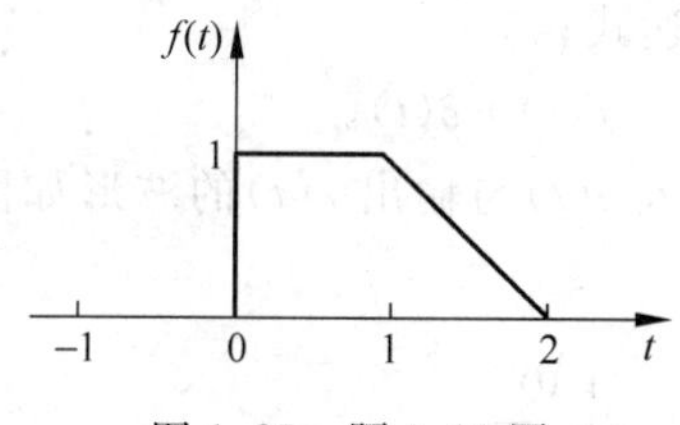

图 1.25 题 1.11 图

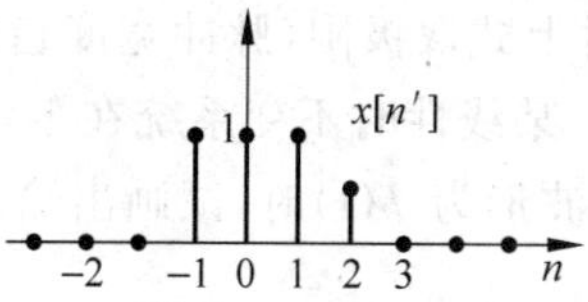

图 1.26 题 1.12 图

(1) $f(4-n)$ (2) $f(2n+1)$

(3) $f(2n-2)$ (4) $f(n+1)$

1.13 判别下列系统是否为线性系统。

(1) $y(t)=y(t_0)+f(t)$ (2) $y(n)=y(n_0)+f(n)$

(3) $y(t)=\sin t\cdot f(t)$ (4) $y(n)=\sin\dfrac{n\pi}{2}f(n)$

(5) $y''(t)+3y'(t)+2y(t)=f(t)$ (6) $y(n)+3y(n-1)+2y(n-2)=f(n)$

1.14 判别下列系统是否为时不变系统。

(1) $y(t)=f^2(t)$ (2) $y(n)=f^2(n)$

(3) $y(t)=\sin t\cdot f(t)$ (4) $y(n)=\sin\dfrac{n\pi}{2}f(n)$

1.15 判定下列信号是否为线性时不变系统。

(1) $y'(t)+2y(t)=f'(t)+f(t)$

(2) $y'(t)+ty(t)=f(t)$

(3) $y'(t)+y^2(t)=f'(t)$

(4) $y''(t)+3y'(t)+2y(t)=f(t)+2$

(5) $y(n)+2y(n-1)=f(n)-f(n-1)$

(6) $y(n)+2y(n-1)+2y(n-2)=nf(n)$

(7) $y(t)=\sum\limits_{n=-\infty}^{\infty}f(t)\delta(t-nT)$

(8) $y(t)=2f(t)+3$

(9) $y(n)=\sin\left(\dfrac{2\pi}{7}n+\dfrac{\pi}{6}\right)f(n)$

(10) $y(t)=\int_{-\infty}^{t}f(\tau-1)\mathrm{d}\tau$

(11) $y(n)=\sum\limits_{m=-\infty}^{n}f(m)$

1.16 某系统当输入为 $\delta(t-\tau)$时,输出为 $h(t)=\varepsilon(t-\tau)-\varepsilon(t-3\tau)$,问系统是否为因果系统?是否为时变系统?说明理由。

1.17 已知一个 LTI 系统,在相同初始条件下,当激励为 $f(t)$时,其全响应 $y(t)=$

$[2e^{-3t}+\sin 2t]\varepsilon(t)$,当激励为 $2f(t)$时,其全响应为 $y(t)=[e^{-3t}+2\sin 2t]\varepsilon(t)$,求:

(1) 初始条件不变,求当激励为 $f(t-t_0)$时的全响应;

(2) 初始条件增大一倍,激励为 $0.5f(t)$时的全响应。

1.18 设 $f(t)$是一个连续信号,则:

(1) 写出用一系列矩形脉冲叠加逼近 $f(t)$的表达式;

(2) 对上式取极限(脉冲宽度趋近 0),证明 $f(t)=f(t)*\delta(t)$。

1.19 某线性时不变系统在零状态条件下的输入 $e(t)$与输出 $r(t)$的波形如图 1.27 所示,当输入波形为 $f(t)$时,试画出输出波形 $y(t)$。

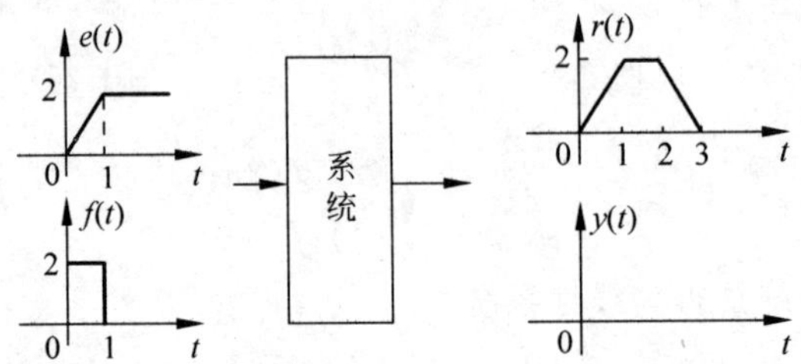

图 1.27 题 1.19 图

1.20 一线性连续系统在相同的初始条件下,当输入为 $f(t)$时,全响应为 $y(t)=2e^{-t}+\cos 2t$,当输入为 $2f(t)$时,全响应为 $y(t)=e^{-t}+2\cos 2t$,求系统在相同初始条件下,当输入 $4f(t)$时的全响应。

1.21 一个 LTI 系统,当输入 $f(t)=\varepsilon(t)$时,输出为 $y(t)=e^{-t}\varepsilon(t)+\varepsilon(-1-t)$,求当系统输入为 $f(t)=\varepsilon(t-1)-\varepsilon(t-2)$时,系统的响应。

1.22 已知下列微分/差分方程,试画出对应的时域框图。

(1) $y'(t)+2y(t)=f(t)$　　(2) $y''(t)+6y'(t)+8y(t)=f'(t)+25f(t)$

(3) $y(n)+1.2y(n-1)+0.32y(n-2)=f(n-2)$

(4) $y(n)+a_1y(n-1)+a_0y(n-2)=b_2f(n)-b_0f(n-2)$

1.23 已知系统描述框图如图 1.28 所示,写出对应的微分/差分方程。

1.24 已知系统描述框图如图 1.29 所示,写出对应的微分/差分方程。

1.25 设系统的初始状态为 $x_1(0)$和 $x_2(0)$,输入为 $f(\cdot)$,完全响应为 $y(\cdot)$,试判断下列系统的性质(线性/非线性,时变/时不变,因果/非因果,稳定/不稳定)。

(1) $y(t)=x_1(0)+2x_2(0)+3f(t)$

(2) $y(t)=x_1(0)x_2(0)+\int_0^t 3f(\tau)\mathrm{d}t$

(3) $y(t)=x_1(0)+\sin[f(t)]+f(t-2)$

(4) $y(t)=x_2(0)+f(2t)+f(t+1)$

(5) $y(n)=x_1(0)+2x_2(0)+f(n)f(n-2)$

(6) $y(n)=\left(\frac{1}{2}\right)^n x_1(0)+(n-1)f(n+2)$

1.26 证明连续时间线性时不变系统具有以下微分特性和积分特性。

若 $f(t)\rightarrow y_f(t)$则

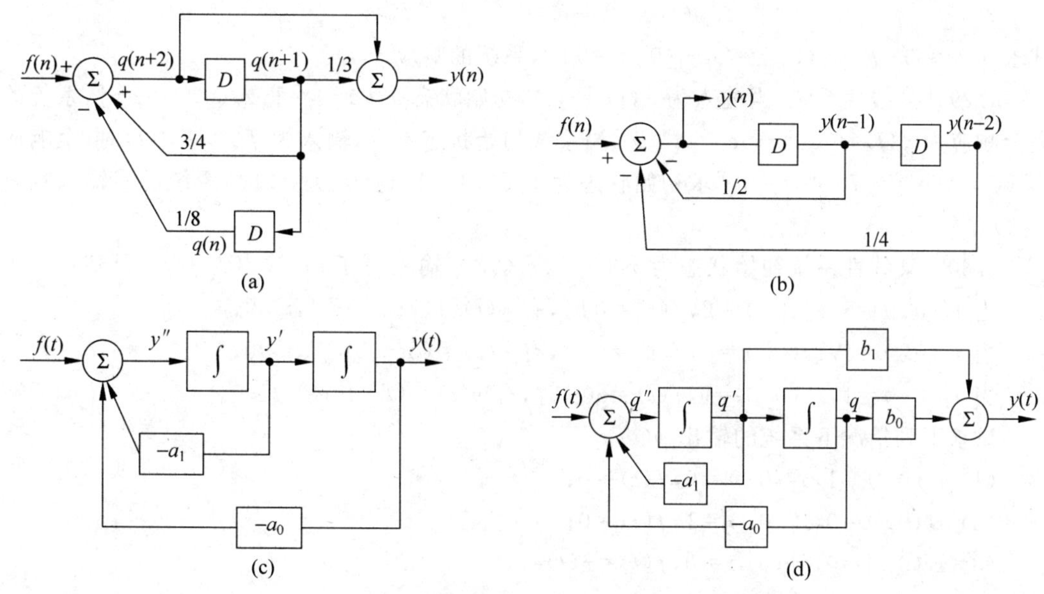

图 1.28　题 1.23 图

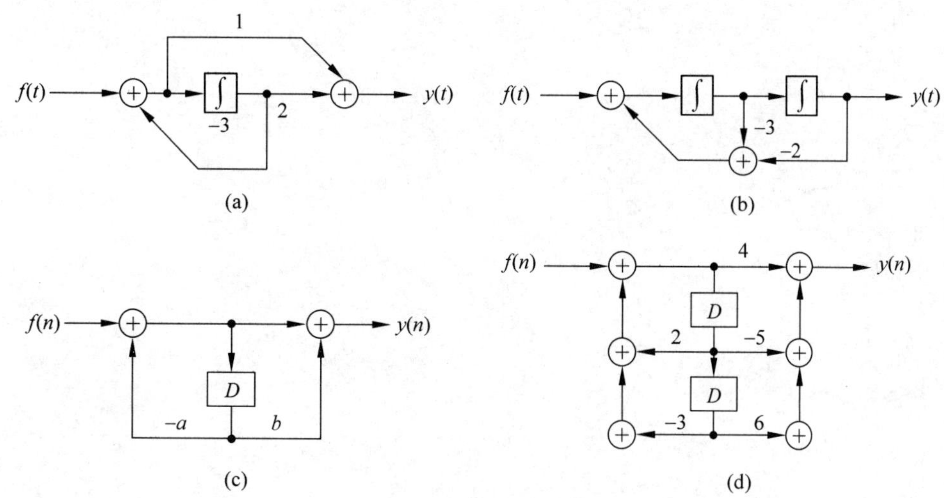

图 1.29　题 1.24 图

$$\frac{\mathrm{d}f(t)}{\mathrm{d}t} \to \frac{\mathrm{d}y_f(t)}{\mathrm{d}t}; \qquad \int_0^t f(\tau)\mathrm{d}\tau \to \int_0^t y_f(\tau)\mathrm{d}\tau$$

其中，$y_f(t)$为系统在激励 $f(t)$作用下产生的零状态响应，初始观察时刻 $t_0=0$。

1.27　设某线性系统的初始状态为 $x_1(0_-)$、$x_2(0_-)$，输入为 $f(t)$，全响应为 $y(t)$，且已知：

(1) 当 $f(t)=0, x_1(0_-)=1, x_2(0_-)=0$ 时，有 $y(t)=2\mathrm{e}^{-t}+3\mathrm{e}^{-3t}, t\geqslant 0$；

(2) 当 $f(t)=0, x_1(0_-)=0, x_2(0_-)=1$ 时，有 $y(t)=4\mathrm{e}^{-t}-2\mathrm{e}^{-3t}, t\geqslant 0$。

试求当 $f(t)=0, x_1(0_-)=5, x_2(0_-)=3$ 时，系统的响应 $y(t)$。

1.28　在题 1.27 的基础上，若还已知 $f(t)=\varepsilon(t), x_1(0_-)=0, x_2(0_-)=0$ 时，有

$$y(t) = 2 + e^{-t} + 2e^{-3t}, \quad t \geqslant 0$$

试求 $f(t)=3\varepsilon(t)$，$x_1(0_-)=2$，$x_2(0_-)=5$ 时，系统的响应 $y(t)$。

1.29 某线性系统，当输入为 $f(t)=\varepsilon(t)$，初始状态 $x_1(0_-)=1$，$x_2(0_-)=2$ 时，系统的完全响应为 $y(t)=6e^{-2t}-5e^{-3t}$，$t\geqslant 0$；当系统初始状态不变，输入为 $f(t)=3\varepsilon(t)$ 时，全响应为 $y(t)=8e^{-2t}-7e^{-3t}$，$t\geqslant 0$。求初始状态为 $x_1(0_-)=1$，$x_2(0_-)=2$ 时，系统的零输入响应 $y_x(t)$。

1.30 某线性系统初始状态为 $x_1(0_-)$、$x_2(0_-)$，输入为 $f(t)$，输出为 $y(t)$，已知：

当 $x_1(0_-)=5$，$x_2(0_-)=2$，$f(t)=0$ 时，有 $y(t)=(7t+5)e^{-t}$，$t\geqslant 0$；

当 $x_1(0_-)=1$，$x_2(0_-)=4$，$f(t)=0$ 时，有 $y(t)=(5t+1)e^{-t}$，$t\geqslant 0$；

当 $x_1(0_-)=1$，$x_2(0_-)=1$，$f(t)=\varepsilon(t)$ 时，有 $y(t)=(t+1)e^{-t}$，$t\geqslant 0$。

试求下列情况下系统的输出 $y(t)$。

(1) $x_1(0_-)=1$，$x_2(0_-)=0$，$f(t)=0$；

(2) $x_1(0_-)=0$，$x_2(0_-)=1$，$f(t)=0$；

(3) $x_1(0_-)=0$，$x_2(0_-)=0$，$f(t)=\varepsilon(t)$；

(4) $x_1(0_-)=2$，$x_2(0_-)=1$，$f(t)=3\varepsilon(t)$。

第2章 系统的时域分析

第 2 章将研究线性时不变(LTI)连续系统和离散系统的时域分析方法,即对于给定的激励,根据描述系统响应与激励之间关系的微分方程或差分方程求得其响应的方法。由于分析是在时间域内进行的,称为时域分析。

本章将在用经典法求解微分方程或差分方程的基础上,讨论零输入响应和零状态响应的求解。在引入系统的冲激响应后,在任意信号作用下的零状态响应等于冲激响应与激励的卷积积分或卷积和。冲激响应和卷积积分或卷积和概念的引入,使 LTI 系统分析更加简捷、明晰,它们在系统理论中有重要作用。

2.1 LTI 连续系统的响应

2.1.1 微分方程的经典解

一般而言,如果单输入-单输出系统的激励为 $f(t)$,响应为 $y(t)$,则描述 LTI 连续系统激励与响应之间关系的数学模型是 n 阶常系数线性微分方程,它可写为

$$\begin{aligned} &y^{(n)}(t)+a_{n-1}y^{(n-1)}(t)+\cdots+a_1y^{(1)}(t)+a_0y(t)\\ &=b_mf^{(m)}(t)+b_{m-1}f^{(m-1)}(t)+\cdots+b_1f^{(1)}(t)+b_0f(t) \end{aligned} \tag{2.1}$$

或缩写为

$$\sum_{i=0}^{n}a_iy^{(i)}(t)=\sum_{j=0}^{m}b_jf^{(j)}(t) \tag{2.2}$$

其中,$a_i(i=0,1,\cdots,n)$和$b_j(j=0,1,\cdots,m)$均为常数,$a_n=1$。该微分方程的全解由齐次解 $y_h(t)$和特解$y_p(t)$组成,即

$$y(t)=y_h(t)+y_p(t) \tag{2.3}$$

1. 齐次解

齐次解是齐次微分方程

$$y^{(n)}(t)+a_{n-1}y^{(n-1)}(t)+\cdots+a_1y^{(1)}(t)+a_0y(t)=0 \tag{2.4}$$

的解,它是形式为 $Ce^{\lambda t}$ 的一些函数的线性组合。将 $Ce^{\lambda t}$ 代入式(2.4),得

$$C\lambda^ne^{\lambda t}+Ca_{n-1}\lambda^{(n-1)}e^{\lambda t}+\cdots+Ca_1\lambda e^{\lambda t}+Ca_0e^{\lambda t}=0$$

由于 $C\neq0$,且对任意 t 上式均成立,上式可简化为

$$\lambda^n+a_{n-1}\lambda^{(n-1)}+\cdots+a_1\lambda+a_0=0 \tag{2.5}$$

上式称为微分方程式(2.1)和式(2.4)的特征方程,其 n 个根 $\lambda_i(i=1,2,\cdots,n)$ 称为微分方程的特征根。齐次解 $y_h(t)$ 的函数形式由特征根确定,表 2.1 列出了特征根取不同值时所对应的齐次解,其中 C、D、C_i、D_i、A_i 和 θ_i 等为待定系数。

表 2.1 不同特征根所对应的齐次解

特征根 λ	齐次解 $y_h(t)$
单实根	$Ce^{\lambda t}$
r 重实根	$C_{r-1}t^{r-1}e^{\lambda t}+C_{r-2}t^{r-2}e^{\lambda t}+\cdots+C_1te^{\lambda t}+C_0e^{\lambda t}$
一对共轭复根 $\lambda_{1,2}=\alpha\pm j\beta$	$e^{\alpha t}[C\cos(\beta t)+D\sin(\beta t)]$ 或 $Ae^{\alpha t}\cos(\beta t-\theta)$,其中 $Ae^{j\theta}=C+jD$
r 重共轭复根	$A_{r-1}t^{r-1}e^{\alpha t}\cos(\beta t+\theta_{r-1})+A_{r-2}t^{r-2}e^{\alpha t}\cos(\beta t+\theta_{r-2})+\cdots+A_0e^{\alpha t}\cos(\beta t+\theta_0)$

如方程式(2.1)的 n 个特征根 λ_i 均为实单根,则其齐次解

$$y_h(t)=\sum_{i=1}^{n}C_ie^{\lambda_i t} \tag{2.6}$$

其中,常数 C_i 将在求得全解后,由初始条件确定。

2. 特解

特解的函数形式与激励函数的形式有关。表 2.2 列出了几种激励及其所对应的特解。选定特解后,将它代入原微分方程,求出各待定系数 P_i,就得出方程的特解。

表 2.2 不同激励所对应的特解

激励 $f(t)$	特解 $y_p(t)$	
t^m	$P_mt^m+P_{m-1}t^{m-1}+\cdots+P_1t+P_0$	所有的特征根均不等于 0
	$t^r[P_mt^m+P_{m-1}t^{m-1}+\cdots+P_0]$	有 r 重等于 0 的特征根
$e^{\alpha t}$	$Pe^{\alpha t}$	α 不等于特征根
	$P_1te^{\alpha t}+P_0e^{\alpha t}$	α 等于特征单根
	$P_rt^re^{\alpha t}+P_{r-1}t^{r-1}e^{\alpha t}+\cdots+P_1te^{\alpha t}+P_0e^{\alpha t}$	α 等于 r 重特征根
$\cos(\beta t)$ 或 $\sin(\beta t)$	$P\cos(\beta t)+Q\sin(\beta t)$ 或 $A\cos(\beta t-\theta)$ 其中 $Ae^{j\theta}=P+jQ$	所有的特征根均不等于 $\pm j\beta$

3. 全解

式(2.1)的常系数线性微分方程的完全解是齐次解和特解之和。如果微分方程的特征根均为实单根 λ_i,则其全解为

$$y(t)=y_h(t)+y_p(t)=\sum_{i=1}^{n}C_ie^{\lambda_i t}+y_p(t) \tag{2.7}$$

设激励信号 $f(t)$ 是在 $t=0$ 时接入的,微分方程的全解 $y(t)$ 也适合于区间 $[0,\infty)$。对于 n 阶常系数线性微分方程,利用已知的 n 个初始条件 $y(0)$、$y^{(1)}(0)$、$y^{(2)}(0)$、$\cdots$、$y^{(n-1)}(0)$ 就可求得全部待定系数 C_i。

例 2.1 描述某 TLI 系统的微分方程为

$$y''(t)+5y'(t)+6y(t)=f(t) \tag{2.8}$$

求：(1) 当 $f(t)=2\mathrm{e}^{-t}, t\geqslant 0$；$y(0)=2, y'(0)=-1$ 时的全解；

(2) 当 $f(t)=\mathrm{e}^{-2t}, t\geqslant 0$；$y(0)=1, y'(0)=0$ 时的全解。

解

(1) 式(2.8)的特征根方程为

$$\lambda^2+5\lambda+6=0$$

其特征根$\lambda_1=-2, \lambda_2=-3$。微分方程的齐次解

$$y_{\mathrm{h}}(t)=C_1\mathrm{e}^{-2t}+C_2\mathrm{e}^{-3t} \tag{2.9}$$

由表 2.2 可知，当输入 $f(t)=2\mathrm{e}^{-t}$时，其特解可设为

$$y_{\mathrm{p}}(t)=P\mathrm{e}^{-t}$$

将 $y_{\mathrm{p}}''(t)$、$y_{\mathrm{p}}'(t)$、$y_{\mathrm{p}}(t)$和 $f(t)$代入式(2.8)，得

$$P\mathrm{e}^{-t}+5(-P\mathrm{e}^{-t})+6P\mathrm{e}^{-t}=2\mathrm{e}^{-t}$$

由上式可解得 $P=1$。于是得微分方程的特解

$$y_{\mathrm{p}}(t)=\mathrm{e}^{-t}$$

微分方程的全解

$$y(t)=y_{\mathrm{h}}(t)+y_{\mathrm{p}}(t)=C_1\mathrm{e}^{-2t}+C_2\mathrm{e}^{-3t}+\mathrm{e}^{-t}$$

其一阶导数

$$y'(t)=-2C_1\mathrm{e}^{-2t}-3C_2\mathrm{e}^{-3t}-\mathrm{e}^{-t}$$

令 $t=0$，并将初始值代入，得

$$y(0)=C_1+C_2+1=2$$

$$y'(0)=-2C_1-3C_2-1=-1$$

由上式可解得$C_1=3, C_2=-2$，最后得微分方程的全解

$$y(t)=3\mathrm{e}^{-2t}-2\mathrm{e}^{-3t}+\mathrm{e}^{-t},\quad t\geqslant 0 \tag{2.10}$$

由以上可见，LTI 系统的数学模型——常系数线性微分方程的全解由齐次解和特解组成。齐次解的函数形式仅依赖于系统本身的特性，而与激励 $f(t)$的函数形式无关，称为系统的自由响应或固有响应。但应注意，齐次解的系数C_i是与激励有关的。特解的形式由激励信号确定，称为强迫响应。

(2) 由于微分方程与问题(1)相同，故特征根也相同，齐次解仍如式(2.9)，即

$$y_{\mathrm{h}}(t)=C_1\mathrm{e}^{-2t}+C_2\mathrm{e}^{-3t}$$

当激励 $f(t)=\mathrm{e}^{-2t}$时，其指数幂 (-2)与特征根之一相重。由表 2.2 知，其特解应为

$$y_{\mathrm{p}}(t)=P_1t\mathrm{e}^{-2t}+P_0\mathrm{e}^{-2t}$$

将 $y_{\mathrm{p}}''(t)$、$y_{\mathrm{p}}'(t)$、$y_{\mathrm{p}}(t)$和 $f(t)$代入式(2.8)并稍加整理，得

$$(4P_1-10P_1+6P_1)t\mathrm{e}^{-2t}+(-4P_1+4P_0+5P_1-10P_0+6P_0)\mathrm{e}^{-2t}=\mathrm{e}^{-2t}$$

由上式可解得$P_1=1$，但P_0未能求得(这是因为激励的指数与特征根相重)，于是微分方程的特解

$$y_{\mathrm{p}}(t)=t\mathrm{e}^{-2t}+P_0\mathrm{e}^{-2t}$$

微分方程的全解为

$$y(t)=C_1\mathrm{e}^{-2t}+C_2\mathrm{e}^{-3t}+t\mathrm{e}^{-2t}+P_0\mathrm{e}^{-2t}=(C_1+P_0)\mathrm{e}^{-2t}+C_2\mathrm{e}^{-3t}+t\mathrm{e}^{-2t}$$

其一阶导数

$$y'(t)=-2(C_1+P_0)\mathrm{e}^{-2t}-3C_2\mathrm{e}^{-3t}+\mathrm{e}^{-2t}-2t\mathrm{e}^{-2t}$$

令 $t=0$,将初始条件代入,得

$$y(0) = (C_1 + P_0) + C_2 = 1$$
$$y'(0) = -2(C_1 + P_0) - 3C_2 + 1 = 0$$

由上式解得$C_1+P_0=2$,$C_2=-1$,最后得微分方程的全解

$$y(t) = 2e^{-2t} - e^{-3t} + te^{-2t}, \quad t \geqslant 0 \tag{2.11}$$

上式第一项的系数$C_1+P_0=2$中,不能区分C_1和P_0,因而也不能区分自由响应和强迫响应。

4. 关于0_-与0_+的初始值

在用经典法解微分方程时,若输入 $f(t)$是在 $t=0$(或 $t=t_0$)时接入的,那么方程的解也适用于 $t\geqslant0$(或 $t\geqslant t_0$)。为确定解得待定系数所需的一组初始条件,通常也需要求 $t=0_+$(或 $t=t_{0+}$)时的值,即$y^{(j)}(0_+)$或$y^{(j)}(t_{0+})$($j=0,1,\cdots,n-1$)。在系统分析中,$t=0_+$(或$t=t_{0+}$)时,激励已经接入,因而$y^{(j)}(0_+)$或$y^{(j)}(t_{0+})$包含输入信号的作用,它不便于描述系统的历史信息。

在系统分析中,当 $t=0_-$(或 $t=t_{0\_}$)时,激励尚未接入,因而响应及其各阶导数在该时刻的值$y^{(j)}(0_-)$或$y^{(j)}(t_{0_})$反映了系统的历史情况而与激励无关,它们为求得 $t\geqslant0$(或 $t\geqslant t_0$)的响应 $y(t)$提供了以往历史的全部信息,称这些值为初始状态。通常对于具体的系统,初始状态常容易求得。这样,为求解描述 LTI 系统的微分方程时,就需要从已知的初始状态$y^{(j)}(0_-)$或$y^{(j)}(t_{0_})$设法求得$y^{(j)}(0_+)$或$y^{(j)}(t_{0+})$,作为确定微分方程解的待定系数。下面以二阶系统为例具体说明。

例 2.2 描述某 LTI 系统的微分方程为

$$y''(t) + 3y'(t) + 2y(t) = 2f'(t) + 6f(t) \tag{2.12}$$

已知 $y(0_-)=2$,$y'(0_-)=0$,$f(t)=\varepsilon(t)$,求 $y(0_+)$和$y'(0_+)$。

解 将输入 $f(t)$代入以上微分方程,得

$$y''(t) + 3y'(t) + 2y(t) = 2\delta(t) + 6\varepsilon(t) \tag{2.13}$$

如果式(2.13)对 $t=0_-$也成立,那么在$0_-<t<0_+$区间等号两端 $\delta(t)$项的系数应相等。由于等号右端为 $2\delta(t)$,故$y''(t)$应包含冲激函数,从而$y'(t)$在 $t=0$ 处将跃变,即$y'(0_+)\neq y'(0_-)$。但$y'(t)$不含冲激函数,否则$y''(t)$将含有 $\delta'(t)$项。由于$y'(t)$含有阶跃函数,故$y(t)$在 $t=0$ 处是连续的。

对式(2.13)等号两端从0_-到0_+进行积分,有

$$\int_{0_-}^{0_+} y''(t)\mathrm{d}t + 3\int_{0_-}^{0_+} y'(t)\mathrm{d}t + 2\int_{0_-}^{0_+} y(t)\mathrm{d}t = 2\int_{0_-}^{0_+} \delta(t)\mathrm{d}t + 6\int_{0_-}^{0_+} \varepsilon(t)\mathrm{d}t \tag{2.14}$$

由于积分是在无穷小区间$[0_-,0_+]$进行的,而且 $y(t)$是连续的,故$\int_{0_-}^{0_+} y(t)\mathrm{d}t = 0$,$\int_{0_-}^{0_+} \varepsilon(t)\mathrm{d}t = 0$,于是上式得

$$[y'(0_+) - y'(0_-)] + 3[y(0_+) - y(0_-)] = 2 \tag{2.15}$$

考虑到 $y(t)$在 $t=0$ 是连续的,将 $y(0_-)$,$y'(0_-)$代入上式得

$$y(0_+) - y(0_-) = 0, \quad 即\ y(0_+) = y(0_-) = 2$$
$$y'(0_+) - y'(0_-) = 2, \quad 即\ y'(0_+) = y'(0_-) + 2 = 2$$

由上可见,当微分方程式等号右端含有冲激函数(及其各阶导数)时,响应 $y(t)$及其各阶导

数中，**有些将发生跃变**。这可利用微分方程两端各奇异函数项的系数项的系数相平衡的方法来判断，并从0_-到0_+积分，求得0_+时刻的初始值。

2.1.2　零输入响应和零状态响应

LTI系统的完全响应$y(t)$也可分为零输入响应和零状态响应。零输入响应是激励为零时仅由系统的初始状态$\{x(0)\}$所引起的响应，用$y_x(t)$表示；零状态响应是系统的初始状态为零时，仅由输入信号$f(t)$所引起的响应，用$y_f(t)$表示。这样，LTI系统的全响应将是零输入响应和零状态响应之和，即

$$y(t)=y_x(t)+y_f(t) \tag{2.16}$$

在零输入条件下，微分方程式(2.1)等号右端为零，化为齐次方程。若其特征根均为单根，则其零输入响应

$$y_x(t)=\sum_{i=1}^{n}C_{xi}\mathrm{e}^{\lambda_i t} \tag{2.17}$$

其中，C_{xi}为待定系数。

若系统的初始状态为零，这时方程式(2.1)仍是非齐次方程。若其特征根均为单根，则其零状态响应

$$y_f(t)=\sum_{i=1}^{n}C_{fi}\mathrm{e}^{\lambda_i t}+y_{\mathrm{p}}(t) \tag{2.18}$$

其中，C_{fi}为待定系数。

系统的全响应可以分为自由响应和强迫响应，也可分为零输入响应和零状态响应，它们的关系式

$$y(t)=\underbrace{\sum_{i=1}^{n}C_i\mathrm{e}^{\lambda_i t}}_{\text{自由响应}}+\underbrace{y_{\mathrm{p}}(t)}_{\text{强迫响应}}=\underbrace{\sum_{i=1}^{n}C_{xi}\mathrm{e}^{\lambda_i t}}_{\text{零输入响应}}+\underbrace{\sum_{i=1}^{n}C_{fi}\mathrm{e}^{\lambda_i t}+y_{\mathrm{p}}(t)}_{\text{零状态响应}} \tag{2.19}$$

其中

$$\sum_{i=1}^{n}C_i\mathrm{e}^{\lambda_i t}=\sum_{i=1}^{n}C_{xi}\mathrm{e}^{\lambda_i t}+\sum_{i=1}^{n}C_{fi}\mathrm{e}^{\lambda_i t} \tag{2.20}$$

在用经典法求零输入响应和零状态响应时，也需要响应及其各阶导数的初始值，以确定待定系数C_{xi}和C_{fi}。由式(2.16)可得其各阶导数

$$y^{(j)}(t)=y_x^{(j)}(t)+y_f^{(j)}(t),\quad j=0,1,2,\cdots,n-1 \tag{2.21}$$

如果上式对$t=0_-$也成立，则有

$$y^{(j)}(0_-)=y_x^{(j)}(0_-)+y_f^{(j)}(0_-) \tag{2.22}$$

$$y^{(j)}(0_+)=y_x^{(j)}(0_+)+y_f^{(j)}(0_+) \tag{2.23}$$

对于零状态响应，在$t=0_-$时刻激励尚未接入，故应有

$$y_f^{(j)}(0_-)=0 \tag{2.24}$$

对于零输入响应，由于激励为零，故应有

$$y_x^{(j)}(0_+)=y_x^{(j)}(0_-)=y^{(j)}(0_-) \tag{2.25}$$

根据给定的初始状态(即0_-值)，利用式(2.22)和式(2.24)可求得零输入响应和零状态响应的有关0_+初始值。

如果输入是在$t=t_0$时接入的，则式(2.22)和式(2.24)中0_-换为t_{0_-}，0_+换为t_{0_+}即可。

例 2.3 描述某 LTI 系统的微分方程为

$$y''(t)+3y'(t)+2y(t)=2f'(t)+6f(t) \tag{2.26}$$

已知$y(0_-)=2$，$y'(0_-)=0$，$f(t)=\varepsilon(t)$，求该系统的零输入响应和零状态响应。

解

(1) 零输入响应$y_x(t)$

零输入响应是激励为零，仅由初始状态引起的响应，故$y_x(t)$是方程

$$y''_x(t)+3y'_x(t)+2y_x(t)=0 \tag{2.27}$$

且满足$y_x(0_+)$、$y'_x(0_+)$值的解。由式(2.22)和式(2.24)可知，由于$y_f(0_-)=y'_f(0_-)=0$，且激励也为零，故有

$$y_x(0_+)=y_x(0_-)=y(0_-)=2$$
$$y'_x(0_+)=y'_x(0_-)=y'(0_-)=0$$

式(2.27)的特征根$\lambda_{1,2}$为-1，-2，故零输入响应

$$y_x(t)=C_{x1}\mathrm{e}^{-t}+C_{x2}\mathrm{e}^{-2t} \tag{2.28}$$

将初始值代入上式及其导数，得

$$y_x(0_+)=C_{x1}+C_{x2}=2$$
$$y'_x(0_+)=-C_{x1}-2C_{x2}=0$$

由上式解得$C_{x1}=4$，$C_{x2}=-2$。将它们代入式(2.28)，得系统的零输入响应

$$y_x(t)=4\mathrm{e}^{-t}-2\mathrm{e}^{-2t},\quad t\geqslant 0$$

(2) 零状态响应$y_f(t)$

零状态响应时初始状态为零，仅由激励引起的响应，它是方程(考虑到$f(t)=\varepsilon(t)$)

$$y''_f(t)+3y'_f(t)+2y_f(t)=2\delta(t)+6\varepsilon(t) \tag{2.29}$$

且满足$y_f(0_-)=y'_f(0_-)=0$的解。由于上式等号右端含有$\delta(t)$的项，故$y''_f(t)$应含有冲激函数，从而$y'_f(t)$将跃变，即$y'_f(0_+)\neq y'_f(0_-)$；而$y_f(t)$在$t=0$处是连续的，即$y_f(0_+)=y_f(0_-)$。对式(2.29)从0_-到0_+积分，得

$$[y'_f(0_+)-y'_f(0_-)]+3[y_f(0_+)-y_f(0_-)]+2\int_{0_-}^{0_+}y_f(t)\mathrm{d}t=2+6\int_{0_-}^{0_+}\varepsilon(t)\mathrm{d}t$$

考虑到$\int_{0_-}^{0_+}y_f(t)\mathrm{d}t=0$，$\int_{0_-}^{0_+}\varepsilon(t)\mathrm{d}t=0$以及$y_f(t)$在$t=0$处是连续的，得

$$\begin{aligned}y_f(0_+)&=y_f(0_-)=0\\ y'_f(0_+)&=2+y'_f(0_-)=2\end{aligned} \tag{2.30}$$

对于$t>0$时，式(2.29)可写为

$$y''_f(t)+3y'_f(t)+2y_f(t)=6$$

不难求得其齐次解为$C_{f1}\mathrm{e}^{-t}+C_{f2}\mathrm{e}^{-2t}$，其特解为常数 3，于是有

$$y_f(t)=C_{f1}\mathrm{e}^{-t}+C_{f2}\mathrm{e}^{-2t}+3$$

将初始值代入上式及其导数，得

$$y_f(0_+)=C_{f1}+C_{f2}+3=0$$
$$y'_f(0_+)=-C_{f1}-2C_{f2}=2$$

由上式解得$C_{f1}=-4$，$C_{f2}=1$。最后得系统的零状态响应

$$y_f(t) = -4e^{-t} + e^{-2t} + 3, \quad t \geqslant 0 \tag{2.31}$$

例 2.4 描述某 LTI 系统的微分方程为

$$y'(t) + 2y(t) = f''(t) + f'(t) + 2f(t) \tag{2.32}$$

若 $f(t)=\varepsilon(t)$，求该系统的零状态响应。

解 设仅由 $f(t)$作用于上述系统所引起的零状态响应为$y_1(t)$，即

$$y_1(t) = T[0, f(t)]$$

显然，它满足方程

$$y_1'(t) + 2y_1(t) = f(t) \tag{2.33}$$

且初始状态为零，即$y_1(0_-)=0$。根据零状态响应的微分特性，有

$$y_1'(t) = T[0, f'(t)]$$
$$y_1''(t) = T[0, f''(t)]$$

根据线性性质，式(2.32)的零状态响应

$$y_f(t) = y_1''(t) + y_1'(t) + 2y_1(t) \tag{2.34}$$

现在求当 $f(t)=\varepsilon(t)$时方程式(2.33)的解。由于当 $f(t)=\varepsilon(t)$时，等号右端仅有阶跃函数，故$y_1'(t)$含有跳跃，而$y_1(t)$在 $t=0$ 处是连续的，从而有$y_1(0_+)=y_1(0_-)=0$。

不难求得式(2.33)的齐次解为 Ce^{-2t}，特解为常数$\frac{1}{2}$，代入初始值$y_1(0_+)=0$ 后，得

$$y_1(t) = \frac{1}{2}(1 - e^{-2t}), \quad t \geqslant 0$$

上式可写为

$$y_1(t) = \frac{1}{2}(1 - e^{-2t})\varepsilon(t) \tag{2.35}$$

其一阶和二阶导数分别为

$$y_1'(t) = \frac{1}{2}(1 - e^{-2t})\delta(t) + e^{-2t}\varepsilon(t) = e^{-2t}\varepsilon(t) \tag{2.36}$$

$$y_1''(t) = e^{-2t}\delta(t) - 2e^{-2t}\varepsilon(t) = \delta(t) - 2e^{-2t}\varepsilon(t) \tag{2.37}$$

将式(2.35)～式(2.37)代入式(2.34)，得该系统的零状态响应

$$y_f(t) = \delta(t) + (1 - 2e^{-2t})\varepsilon(t)$$

例 2.5 电路及参数如图 2.1(a)所示，已知电容上初始电压 $u_C(0\_)=3\text{V}$，电感初始电流 $i_L(0\_)=1\text{A}$，激励电流源 $i_S(t)$是单位阶跃函数。试求电感电流 $i_L(t)$的零输入响应和零状态响应。

解 首先描述出图 2.1(a)电路的微分方程。

由元件的伏安特性和电路的 KVL，有

$$\frac{1}{C}\int_{-\infty}^{t} i_C(\tau)\mathrm{d}\tau + R_1 i_C(t) = u_L + R_2 i_L = L\frac{\mathrm{d}i_L}{\mathrm{d}t} + R_2 i_L \tag{2.38}$$

对式(2.38)求导，得

$$\frac{1}{C}i_C(t) + R_1\frac{\mathrm{d}i_C}{\mathrm{d}t} = L\frac{\mathrm{d}^2 i_L}{\mathrm{d}t^2} + R_2\frac{\mathrm{d}i_L}{\mathrm{d}t} \tag{2.39}$$

又由 KCL，有

$$i_C(t) = i_S(t) - i_L(t)$$

将其代入式(2.39),得到

$$\frac{1}{C}[i_S(t)-i_L(t)]+R_1\frac{\mathrm{d}i_S}{\mathrm{d}t}-R_1\frac{\mathrm{d}i_L}{\mathrm{d}t}=L\frac{\mathrm{d}^2 i_L}{\mathrm{d}t^2}+R_2\frac{\mathrm{d}i_L}{\mathrm{d}t} \tag{2.40}$$

对式(2.40)进行整理,得

$$\frac{\mathrm{d}^2 i_L}{\mathrm{d}t^2}+\frac{(R_1+R_2)}{L}\frac{\mathrm{d}i_L}{\mathrm{d}t}+\frac{1}{LC}i_L=\frac{R_1}{L}\frac{\mathrm{d}i_S}{\mathrm{d}t}+\frac{1}{LC}i_S \tag{2.41}$$

将其给定的参数值代入,得到输入 $i_S(t)$与输出 $i_L(t)$的二阶线性常系数微分方程为

$$\frac{\mathrm{d}^2 i_L}{\mathrm{d}t^2}+3\frac{\mathrm{d}i_L}{\mathrm{d}t}+2i_L=\frac{1}{2}\frac{\mathrm{d}i_S}{\mathrm{d}t}+2i_S \tag{2.42}$$

(1) 零输入响应

当输入为零时,电感电流的零输入响应 $i_{Lx}(t)$满足齐次方程

$$\frac{\mathrm{d}^2 i_{Lx}}{\mathrm{d}t^2}+3\frac{\mathrm{d}i_{Lx}}{\mathrm{d}t}+2i_{Lx}=0$$

其特征根为 $\lambda_1=-1,\lambda_2=-2$,所以零输入响应

$$i_{Lx}(t)=c_{x1}\mathrm{e}^{-t}+c_{x2}\mathrm{e}^{-2t} \tag{2.43}$$

系数 c_{x1}、c_{x2}由初始状态导出的初始值决定。为此,可画出为求解零输入响应的初始值等效电路,如图 2.1(b)所示。其中,输入电流源为零,相当于开路。由于 $u_L=L\frac{\mathrm{d}i_L(t)}{\mathrm{d}t}$,所以$\left.\frac{\mathrm{d}i_{Lx}(t)}{\mathrm{d}t}\right|_{t=0_+}=\frac{1}{L}u_{Lx}(0_+)$。根据 KVL 可得

$$u_{Lx}(0_+)=3-(R_1+R_2)i_{Lx}(0_+)=-3$$

所以

$$\left.\frac{\mathrm{d}i_{Lx}(t)}{\mathrm{d}t}\right|_{t=0_+}=-\frac{3}{2}$$

将 $i_{Lx}(0_+)$和$\left.\frac{\mathrm{d}i_{Lx}(t)}{\mathrm{d}t}\right|_{t=0_+}$代入式(2.43)及其导数,得

$$i_{Lx}(0_+)=c_{x1}+c_{x2}=1$$

$$i_{Lx}(0_+)=-c_{x1}-2c_{x2}=-\frac{3}{2}$$

解以上两式,得 $c_{x1}=\frac{1}{2},c_{x2}=\frac{1}{2}$,将它们代回式(2.43),得电感电流的零输入响应

$$i_{Lx}(t)=\frac{1}{2}\mathrm{e}^{-t}+\frac{1}{2}\mathrm{e}^{-2t},\quad t\geqslant 0 \tag{2.44}$$

(2) 零状态响应

输入 $i_S(t)=\varepsilon(t)$,当 $t>0$ 时,$i_S(t)=1,\frac{\mathrm{d}i_S(t)}{\mathrm{d}t}=0$。将它们代入式(2.42)可得电感电流的零状态响应 $i_{Lf}(t)$满足非齐次方程

$$\frac{\mathrm{d}^2 i_{Lf}}{\mathrm{d}t^2}+3\frac{\mathrm{d}i_{Lf}}{\mathrm{d}t}+2i_{Lf}=2 \tag{2.45}$$

于是可得系统的零状态响应

$$i_{Lf}(t)=c_{f1}\mathrm{e}^{-t}+c_{f2}\mathrm{e}^{-2t}+1 \tag{2.46}$$

系数的 c_{f1}、c_{f2}由 $t=0_+$时的输入和零初始值确定。为此,可画出为求解零状态响应的初始

值等效电路如图 2.1(c)所示。其中，输入电流 $i_S(0_+)=1\text{A}$。根据图 2.1(c)的等效电路可得

$$i_{Lf}(0_+)=0$$

$$i'_{Lf}(0_+)=\frac{1}{L}u_{Lf}(0_+)=\frac{1}{L}R_1 i_S(0_+)=\frac{1}{2}$$

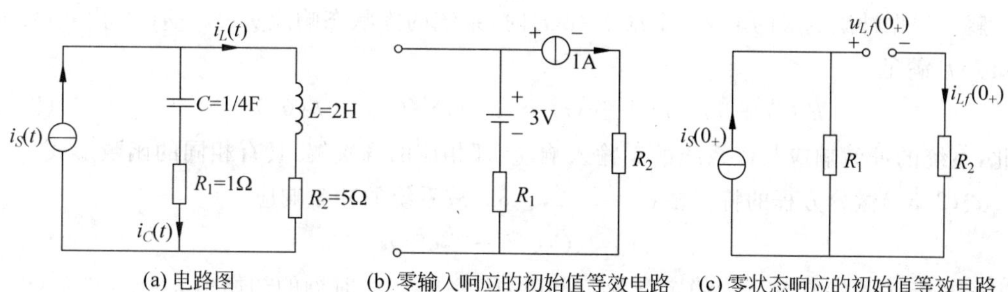

(a) 电路图　(b) 零输入响应的初始值等效电路　(c) 零状态响应的初始值等效电路

图 2.1　例 2.5 图

将 $i_{Lf}(0_+)$和 $i'_{Lf}(0_+)$代入式(2.46)，得 $C_{f1}=-\frac{3}{2}$，$C_{f2}=\frac{1}{2}$。故得电感电流的零状态响应

$$i_{Lf}(t)=-\frac{3}{2}\mathrm{e}^{-t}+\frac{1}{2}\mathrm{e}^{-2t}+1,\quad t\geqslant 0 \tag{2.47}$$

最后，电感电流的完全响应

$$\begin{aligned} i_L(t)&=i_{Lx}(t)+i_{Lf}(t)\\ &=\overbrace{\underbrace{\frac{1}{2}\mathrm{e}^{-t}+\frac{1}{2}\mathrm{e}^{-2t}}_{\text{零输入响应}}-\frac{3}{2}\mathrm{e}^{-t}+\frac{1}{2}\mathrm{e}^{-2t}}^{\text{自由响应}}+\overbrace{1}^{\text{强迫响应}}\\ &=\underbrace{-\mathrm{e}^{-t}+\mathrm{e}^{-2t}}_{\text{暂态响应}}+\underbrace{1}_{\text{稳态响应}},\quad t\geqslant 0 \end{aligned} \tag{2.48}$$

通过解微分方程来确定系统响应的方法称为经典法。由以上举例看出，经典法中的难点是待定数要由初始条件确定，而这个初始条件容易得到的是 $t=0_-$时刻的值，如果变量发生跃变，确定 0_+时刻的初始值比较麻烦。零输入响应是由系统非零初始条件引起的响应，易于求解。而零状态响应需要写出齐次解和特解，再求待定系数。当起始值有跳变时，必须判断 0_+时刻的值。在系统的时域分析中，零状态响应常采用另一方法——卷积积分法求得。它避开了求 0_+时刻值的问题。同时，如果系统激励是任意信号，特解不易用确定的函数解析式表示，经典法无法得到零状态响应，所以采用卷积积分法。

2.1.3　冲激响应和阶跃响应

1. 冲激响应

一个 LTI 系统，当其初始状态为零时，输入为单位冲激函数 $\delta(t)$所引起的响应称为单位冲激响应，简称冲激响应，用 $h(t)$表示。就是说，冲激响应是激励为单位冲激函数 $\delta(t)$时，系统的零状态响应，即

$$h(t) \stackrel{\text{def}}{=} T[\{0\},\delta(t)] \tag{2.49}$$

下面研究系统冲激响应的求解方法。

例 2.6 设描述某二阶 LTI 系统的微分方程为

$$y''(t)+5y'(t)+6y(t)=f(t) \tag{2.50}$$

求其冲激响应 $h(t)$。

解 根据冲激响应的定义，当 $f(t)=\delta(t)$时，系统的零状态响应$y_f(t)=h(t)$，由式(2.50)可知 $h(t)$满足

$$h''(t)+5h'(t)+6h(t)=\delta(t),h'(0_-)=h(0_-)=0 \tag{2.51}$$

因此，系统的冲激响应与该系统的零输入响应(即相应的齐次解)具有相同的函数形式。

式(2.51)微分方程的特征根$\lambda_{1,2}=-2,-3$。故系统的冲激响应

$$h(t)=(C_1\mathrm{e}^{-2t}+C_2\mathrm{e}^{-3t})\varepsilon(t) \tag{2.52}$$

其中，C_1，C_2为待定常数。为确定常数C_1和C_2，需要求出0_+时刻的初始值 $h(0_+)$和 $h'(0_+)$。由式(2.51)可见，等号两端奇异函数要平衡，$h''(t)$中应含有 $\delta(t)$，相应地，$h''(t)$的积分项 $h'(t)$中含有 $\varepsilon(t)$，即$h'(0_+)\neq h'(0_-)$，但它不含 $\delta(t)$(否则$h''(t)$将含有 $\delta'(t)$)，从而 $h(t)$在 $t=0$ 处连续，即 $h(0_+)=h(0_-)$。对式(2.51)从0_-到0_+逐项积分，得

$$[h'(0_+)-h'(0_-)]+5[h(0_+)-h(0_-)]+6\int_{0_-}^{0_+}h(t)\mathrm{d}t=1$$

由于 $h(t)$在 $t=0$ 处连续，故 $h(0_+)=h(0_-)$，且 $\int_{0_-}^{0_+}h(t)\mathrm{d}t=0$，考虑到 $h(0_-)=h'(0_-)=0$，由上式得

$$h(0_+)=h(0_-)=0$$

$$h'(0_+)=1+h'(0_-)=1$$

将以上初始值代入式(2.52)，得

$$h(0_+)=C_1+C_2=0$$

$$h'(0_+)=-2C_1-3C_2=1$$

解得$C_1=1$，$C_2=-1$，最后得系统的冲激响应

$$h(t)=(\mathrm{e}^{-2t}-\mathrm{e}^{-3t})\varepsilon(t)$$

对于由常系数微分方程描述的系统，它的冲激响应 $h(t)$满足微分方程

$$\begin{aligned}&h^{(n)}(t)+a_{n-1}h^{(n-1)}(t)+\cdots+a_1h'(t)+a_0h(t)\\&=b_m\delta^{(m)}(t)+b_{m-1}\delta^{(m-1)}(t)+\cdots+b_1\delta'(t)+b_0\delta(t)\end{aligned} \tag{2.53}$$

及初始状态 $h^{(i)}(0^-)=0(i=0,1,\cdots,n-1)$。由于 $\delta(t)$及其各阶导数在 $t\geqslant 0^+$ 时都等于零，因此式(2.53)右端各项在 $t\geqslant 0^+$ 时恒等于零，这时式(2.53)成为齐次微分方程，这样冲激响应 $h(t)$形式应与齐次解的形式相同。当 $n>m$ 时，$h(t)$可以表示为

$$h(t)=\left(\sum_{i=1}^{n}K_i\mathrm{e}^{s_it}\right)\varepsilon(t) \tag{2.54}$$

其中，待定系数 $K_i(i=1,2,\cdots,n)$可以采用冲激平衡法确定，即将式(2.54)代入式(2.53)中，为保持系统对应的动态方程式恒等，方程式两边所具有的冲激信号及其高阶导数必须相等，根据此规则即可求得系统的冲激响应 $h(t)$中的待定系数。当 $n\leqslant m$ 时，要使方程式两边

所具有的冲激信号及其高阶导数相等，则 $h(t)$ 表示式中还应含有 $\delta(t)$ 及其相应阶的导数 $\delta^{(m-n)}(t),\delta^{(m-n-1)}(t),\cdots,\delta'(t)$ 等项。

例 2.7　已知某线性时不变系统的动态方程为

$$\frac{\mathrm{d}y(t)}{\mathrm{d}t}+6y(t)=2f(t)+3f'(t),\quad t\geqslant 0$$

试求系统的冲激响应 $h(t)$。

解　根据系统冲激响应 $h(t)$ 的定义，当 $f(t)=\delta(t)$ 时，$y(t)$ 即为 $h(t)$，即原动态方程式

$$\frac{\mathrm{d}h(t)}{\mathrm{d}t}+6h(t)=2\delta(t)+3\delta'(t),\quad t\geqslant 0 \tag{2.55}$$

由于动态方程式的特征根 $s_1=-6$，且存在 $n=m$，为了保持动态方程式的左右平衡，冲激响应 $h(t)$ 必含有 $\delta(t)$ 项，因此冲激响应 $h(t)$ 的形式为

$$h(t)=A\mathrm{e}^{-6t}\varepsilon(t)+B\delta(t)$$

式中，A,B 为待定系数。将 $h(t)$ 代入原动态方程式(2.55)有

$$\frac{\mathrm{d}}{\mathrm{d}t}[A\mathrm{e}^{-6t}\varepsilon(t)+B\delta(t)]+6[A\mathrm{e}^{-6t}\varepsilon(t)+B\delta(t)]=2\delta(t)+3\delta'(t)$$

$$(A+6B)\delta(t)+B\delta'(t)=2\delta(t)+3\delta'(t)$$

即

$$\begin{cases}A+6B=2\\B=3\end{cases}$$

解得 $A=-16,B=3$，因此可得系统的冲激响应为

$$h(t)=3\delta(t)-16\mathrm{e}^{-6t}\varepsilon(t)$$

从例 2.7 可以看出，冲激响应 $h(t)$ 中是否含有冲激信号 $\delta(t)$ 及其高阶导数，是通过观察动态方程右边的 $\delta(t)$ 的导数最高次与方程左边 $h(t)$ 的导数最高次来决定。对于 $h(t)$ 中的 $\varepsilon(t)$ 项，其形式由特征方程的特征根来决定，其设定形式与零输入响应的设定方式相同，即特征根分为不等根、重根、共轭复根等几种情况分别设定。

2. 阶跃响应

一个 LTI 系统，当其初始状态为零时，输入为单位阶跃函数所引起的响应称为单位阶跃响应，简称阶跃响应，用 $g(t)$ 表示。就是说，阶跃响应是激励为单位阶跃函数 $\varepsilon(t)$ 时，系统的零状态响应，即

$$g(t)\stackrel{\mathrm{def}}{=}T[\{0\},\varepsilon(t)] \tag{2.56}$$

若 n 阶微分方程等号右端只含激励 $f(t)$，当激励 $f(t)=\varepsilon(t)$ 时，系统的零状态响应(即阶跃响应 $g(t)$)满足方程

$$g^{(n)}(t)+a_{n-1}g^{(n-1)}(t)+\cdots+a_0g(t)=\varepsilon(t) \tag{2.57}$$

$$g^{(j)}(0_-)=0,\quad j=0,1,2,\cdots,n-1$$

由于等号右端只含 $\varepsilon(t)$，故除 $g^{(n)}(t)$ 外，$g(t)$ 及其直到 $n-1$ 阶导数均连续，即有

$$g^{(j)}(0_+)=g^{(j)}(0_-)=0,\quad j=0,1,2,\cdots,n-1$$

若方程式(2.57)的特征根均为单根，则阶跃响应

$$g(t)=\left(\sum_{i=1}^{n}C_i\mathrm{e}^{\lambda_i t}+\frac{1}{a_0}\right)\varepsilon(t) \tag{2.58}$$

其中,$\frac{1}{a_0}$为式(2.57)的特解系数,待定常数C_i由式(2.57)的0_+初始值确定。

如果微分方程的等号右端含有 $f(t)$及其各阶导数,则可根据 LTI 系统的线性性质和微分特性求得其阶跃响应。

由于单位阶跃函数 $\varepsilon(t)$与单位冲激函数 $\delta(t)$的关系为

$$\delta(t) = \frac{\mathrm{d}\varepsilon(t)}{\mathrm{d}t}$$

$$\varepsilon(t) = \int_{-\infty}^{t} \delta(x)\mathrm{d}x$$

根据 LTI 系统的微(积)分特性,同一系统的阶跃响应与冲激响应的关系为

$$h(t) = \frac{\mathrm{d}g(t)}{\mathrm{d}t} \tag{2.59}$$

$$g(t) = \int_{-\infty}^{t} h(x)\mathrm{d}x \tag{2.60}$$

例 2.8 LTI 系统,$y''(t)+3y'(t)+2y(t)=-f'(t)+2f(t)$,求其阶跃响应。

解 设系统在 $\varepsilon(t)$作用下响应为$g_x(t)$,则

$$g(t) =- g'_x(t) + 2g_x(t)$$

阶跃响应$g_x(t)$满足方程

$$g''_x(t) + 3g'_x(t) + 2g_x(t) = \varepsilon(t)$$
$$g_x(0_-) = g'_x(0_-) = 0$$

其特征根$\lambda_{1,2}=-1,-2$,其特解为$\frac{1}{2}$,于是得

$$g_x(t) = \left(C_1\mathrm{e}^{-t} + C_2\mathrm{e}^{-2t} + \frac{1}{2}\right)\varepsilon(t)$$

考虑0_+初始值均为零,即$g_x(0_+)=g'_x(0_+)=0$。将它们代入上式,有

$$g_x(0_+) = C_1 + C_2 + \frac{1}{2} = 0$$

$$g'_x(0_+) =- C_1 - 2\,C_2 = 0$$

可解得$C_1=-1,C_2=\frac{1}{2}$,于是得

$$g_x(t) = \left(-\mathrm{e}^{-t} + \frac{1}{2}\mathrm{e}^{-2t} + \frac{1}{2}\right)\varepsilon(t)$$
$$g(t) =- g'_x(t) + 2g_x(t) = (-3\mathrm{e}^{-t} + 2\mathrm{e}^{-2t} + 1)\varepsilon(t)$$

实际上,系统的冲激响应

$$h(t) = (3\mathrm{e}^{-t} - 4\mathrm{e}^{-2t})\varepsilon(t)$$

2.1.4 卷积积分

卷积方法在信号和系统理论中占有重要地位。这里所要讨论的卷积积分是将输入信号分解为众多的冲激响应之和(这里是积分),利用冲激响应,求解 LTI 系统对任意激励的零状态响应。

1. 卷积积分

在第 1 章的 1.4 节中定义了强度为 1(即脉冲波形下的面积为 1)，宽度很窄的脉冲 $p_n(t)$。设当 $p_n(t)$ 作用于 LTI 系统时，其零状态响应为 $h_n(t)$，如图 2.2(a)所示。

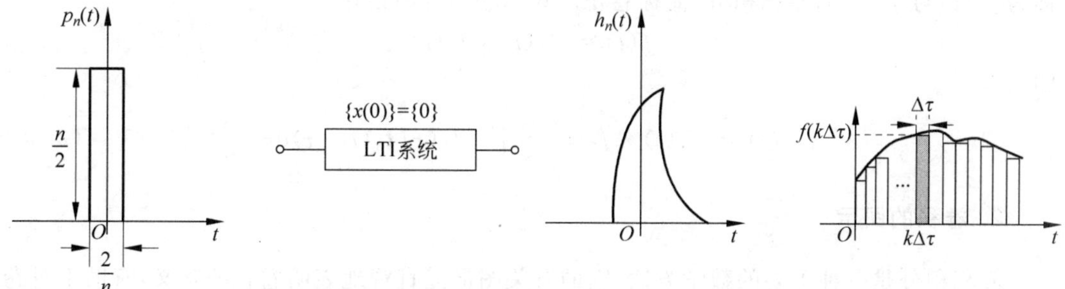

(a) $p_n(t)$的零状态响应示意图　　(b) 宽度为$\Delta\tau$的窄脉冲示意图

图 2.2　示意图

显然，由于

$$\delta(t) = \lim_{n\to\infty} p_n(t) \tag{2.61}$$

所以，对于 LTI 系统，其冲激响应

$$h(t) = \lim_{n\to\infty} h_n(t) \tag{2.62}$$

现在考虑任意激励信号 $f(t)$。为了方便令 $\Delta\tau=\frac{2}{n}$，把激励 $f(t)$ 分解为许多宽度为 $\Delta\tau$ 的窄脉冲，如图 2.2(b)所示。其中第 n 个脉冲出现在 $t=k\Delta\tau$ 时，其强度为 $f(k\Delta\tau)\cdot\Delta\tau$。

这样，可以将 $f(t)$ 近似地看作是由一系列强度不同，接入时刻不同的窄脉冲组成。所有这些窄脉冲的和近似地等于 $f(t)$，即

$$f(t) \approx \sum_{k=-\infty}^{\infty} f(k\Delta\tau)\, p_n(t-k\Delta\tau)\Delta\tau \tag{2.63}$$

其中，k 为整数。

如果 LTI 系统在窄脉冲 $p_n(t)$ 作用下的零状态响应为 $h_n(t)$，那么根据 LTI 系统的零状态线性性质和激励与响应之间的时不变特性，在以上一系列窄脉冲作用下，系统的零状态响应近似为

$$y_f(t) \approx \sum_{k=-\infty}^{\infty} f(k\Delta\tau)\, h_n(t-k\Delta\tau)\Delta\tau \tag{2.64}$$

在 $\Delta\tau\to 0$(即 $n\to\infty$)的极限情况下，将 $\Delta\tau$ 写作 $\mathrm{d}\tau$，$k\Delta\tau$ 写作 τ，它是时间变量，同时求和符号应改写为积分符号。利用式(2.61)和式(2.62)，则 $f(t)$ 和 $y_f(t)$ 可写为

$$f(t) = \lim_{\substack{\Delta\tau\to 0\\ n\to\infty}} \sum_{k=-\infty}^{\infty} f(k\Delta\tau)\, p_n(t-k\Delta\tau)\Delta\tau = \int_{-\infty}^{\infty} f(\tau)\delta(t-\tau)\mathrm{d}\tau \tag{2.65}$$

$$y_f(t) = \lim_{\substack{\Delta\tau\to 0\\ n\to\infty}} \sum_{k=-\infty}^{\infty} f(k\Delta\tau)\, h_n(t-k\Delta\tau)\Delta\tau = \int_{-\infty}^{\infty} f(\tau)h(t-\tau)\mathrm{d}\tau \tag{2.66}$$

它们称为卷积积分。式(2.66)表明，LTI 系统的零状态响应 $y_f(t)$ 是激励 $f(t)$ 与冲激响应

$h(t)$的卷积积分。

一般而言,如有两个函数 $f_1(t)$和 $f_2(t)$,积分

$$f(t)=\int_{-\infty}^{\infty}f_1(\tau)f_2(t-\tau)\mathrm{d}\tau \tag{2.67}$$

称为 $f_1(t)$与 $f_2(t)$的卷积积分,简称卷积。式(2.67)常简记作

$$f(t)=f_1(t)*f_2(t)$$

即

$$f(t)=f_1(t)*f_2(t)\overset{\text{def}}{=}\int_{-\infty}^{\infty}f_1(\tau)f_2(t-\tau)\mathrm{d}\tau \tag{2.68}$$

2. 卷积的图示

卷积积分是一种重要的数学方法,它的有关图形能直观地表明卷积的含义,有助于对卷积概念的理解。

设有函数 $f_1(t)$与 $f_2(t)$如图 2.3 所示。函数 $f_1(t)$是幅度为 2 的矩形脉冲, $f_2(t)$是锯齿波。

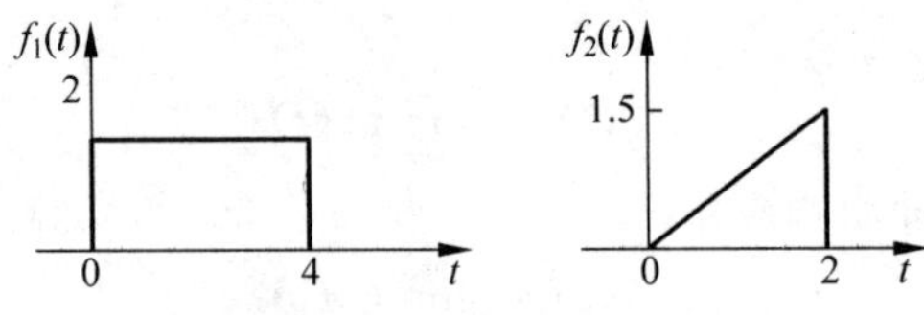

图 2.3 矩形脉冲和锯齿波

在卷积积分式(2.68)中,积分变量是 τ,函数 $f_1(\tau)$、$f_2(\tau)$与原波形完全相同,只需要将横坐标换为 τ 即可。

为了求出 $f_1(t)*f_2(t)$在任意时刻(如 $t=t_1$,这里 $0<t_1<2$)的值,其步骤如下:

(1) 将函数 $f_1(t)$、$f_2(t)$的自变量用 τ 代换,然后将函数 $f_2(\tau)$以纵坐标为轴线反转,就得到与 $f_2(\tau)$镜像对称的函数 $f_2(-\tau)$,如图 2.4(b)所示。

(2) 将函数 $f_2(-\tau)$沿正 τ 轴平移时间 $t_1(0<t_1<2)$,就得到函数 $f_2(t_1-\tau)$,如图 2.4(c)中实线所示。请注意,当参变量 t 的值不同时,$f_2(t-\tau)$的位置将不同(如 $t=t_2$ 这里 $4<t_2<6$),$f_2(t-\tau)$的波形如图 2.4(c)虚线所示。

(3) 将函数 $f_1(\tau)$与反转并平移后的函数 $f_2(t_1-\tau)$相乘,得函数 $f_1(\tau)f_2(t_1-\tau)$,如图 2.4(d)实线所示。然后求积分值

$$f(t_1)=\int_0^{t_1}f_1(\tau)f_2(t_1-\tau)\mathrm{d}\tau$$

由图 2.4(a)和图 2.4(c)可见,当 $\tau<0$ 及 $\tau>t_1$ 时被积函数 $f_1(\tau)f_2(t_1-\tau)$等于零,因而上式积分限为由 0 到 t_1,其积分值为 $f(t_1)$,如图 2.4(e)所示。该数值恰好是乘积 $f_1(\tau)f_2(t_1-\tau)$曲线下的面积。需要注意,当参变量 t 取值不同时,上式的积分限也不相同,如 $t=t_2$,由图 2.4(d)可见,其积分限由 t_2-2 到 4。

(4) 将波形 $f_2(t-\tau)$连续地沿 τ 轴平移,就得到在任意时刻 t 的卷积积分 $f(t)=f_1(t)*f_2(t)$,它是 t 的函数。

由上可见,当参变量 t 取不同的值时,卷积积分中被积函数 $f_1(\tau)f_2(t-\tau)$的波形不同,

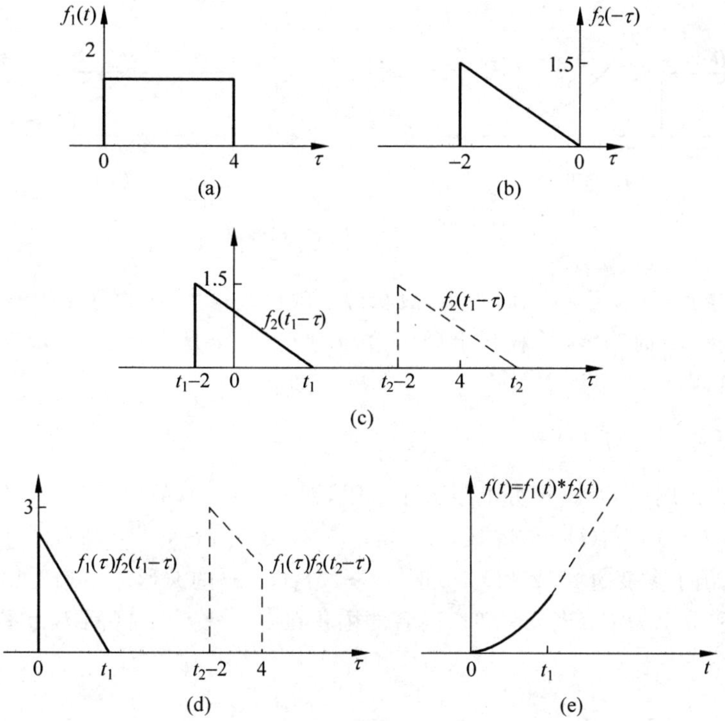

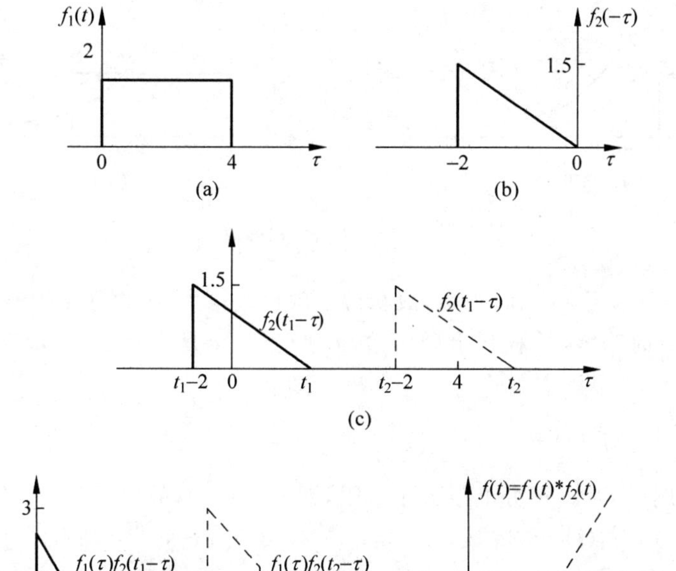

图 2.4　矩形脉冲和锯齿波

积分的上下限也不同。因此，正确地选取参变量 t 的取值区间和相应的积分上下限是十分关键的步骤。这可借助于简略的图形协助确定。

例 2.9　设 $f_1(t)=3e^{-2t}\varepsilon(t)$，$f_2(t)=2\varepsilon(t)$，$f_3(t)=2\varepsilon(t-2)$。求卷积积分：(1) $f_1(t)*f_2(t)$；(2) $f_1(t)*f_3(t)$。

解

(1) 将 $f_1(t)$、$f_2(t)$代入卷积积分公式(2.68)有

$$f_1(t)*f_2(t)=\int_{-\infty}^{\infty}3e^{-2\tau}\varepsilon(\tau)\cdot 2\varepsilon(t-\tau)d\tau$$

上式中，对于 $\varepsilon(\tau)$，当 $\tau<0$ 时为零，故从 $-\infty$ 到 0 的积分为零，因而积分下限可改写为 0；对于 $\varepsilon(t-\tau)$，当 $t-\tau<0$，即 $\tau>t$ 时为零，故从 t 到 ∞ 的积分为零，因而积分上限可改写为 t。考虑到在区间 $0<\tau<t$，$\varepsilon(\tau)=\varepsilon(t-\tau)=1$，于是有

$$f_1(t)*f_2(t)=6\int_0^t e^{-2t}d\tau=3(1-e^{-2t})$$

显然，上式适用于 $t\geqslant 0$(积分上限大于下限)，故应写为

$$f_1(t)*f_2(t)=3e^{-2t}\varepsilon(t)*2\varepsilon(t)=3(1-e^{-2t})\varepsilon(t)$$

图 2.5 画出了参变量 $t<0$ 和 $t>0$ 时 $f_1(\tau)$、$f_2(t-\tau)$的波形。不难看出，当 $t<0$ 时，两者的乘积等于零，因而积分为零；当 $t>0$ 时，两者的乘积在 $0<\tau<t$ 区间不等于零，因而积分应由 0 到 t。

(2) 将 $f_1(t)$、$f_3(t)$代入式(2.68)有

$$f_1(t)*f_3(t)=\int_{-\infty}^{\infty}3e^{-2t}\varepsilon(\tau)\cdot 2\varepsilon(t-\tau-2)d\tau$$

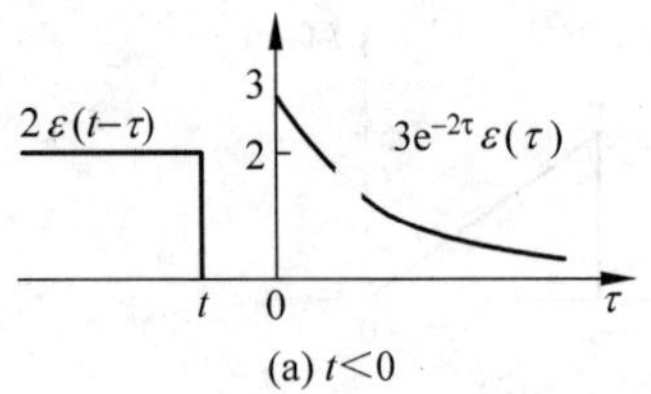

(a) $t<0$

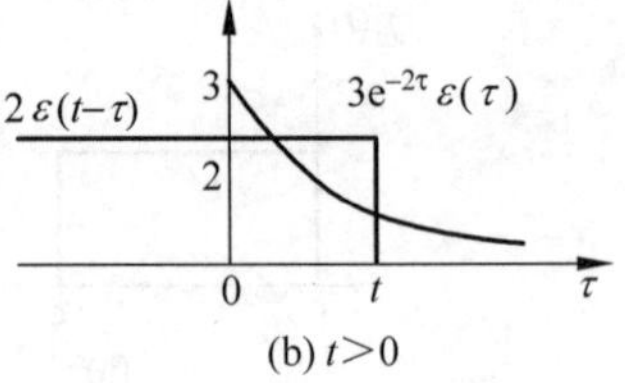

(b) $t>0$

图 2.5 $f_1(\tau)$、$f_2(t-\tau)$的波形

上式中,对于$\varepsilon(\tau)$,当$\tau<0$时为零,故积分下限可改写为0;对于$\varepsilon(t-\tau-2)$,当$t-\tau-2<0$,即当$\tau>t-2$时为零,故积分上限可改写为$t-2$,于是得在区间$0<\tau<t-2$,$\varepsilon(\tau)=\varepsilon(t-\tau-2)=1$,则

$$f_1(t)*f_3(t)=6\int_0^{t-2}\mathrm{e}^{-2t}\mathrm{d}\tau=3[1-\mathrm{e}^{-2(t-2)}]$$

显然,上式适用于$t\geqslant 2$(积分上限大于下限,即$t-2>0$),故应写为

$$f_1(t)*f_3(t)=3\mathrm{e}^{-2t}\varepsilon(t)*2\varepsilon(t-2)=3[1-\mathrm{e}^{-2(t-2)}]\varepsilon(t-2)$$

图 2.6 画出了参变量$t<2$和$t>2$时$f_1(\tau)$、$f_3(t-\tau)$的波形。不难看出,当$t<2$时,两者乘积为零,积分也为零;当$t>2$时,两者的乘积在$0<\tau<t-2$区间不为零,故积分应由0到$t-2$。

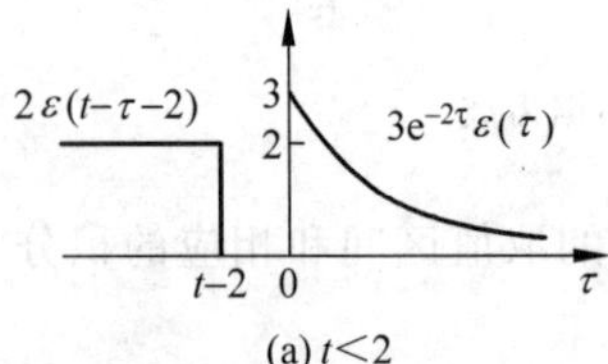

(a) $t<2$

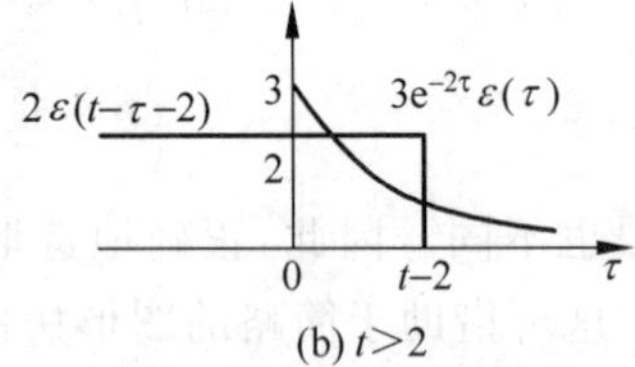

(b) $t>2$

图 2.6 $f_1(\tau)$、$f_3(t-\tau)$的波形

例 2.10 设信号$f_1(t)=p_2(t)$,$f_2(t)=p_1(t-0.5)$。$p_2(t)$表示宽度为2高度为1的方波,$p_1(t)$表示宽度为1高度为1的方波,波形如图 2.7(a)、图 2.7(b)所示。计算卷积积分$y(t)=f_1(t)*f_2(t)$。

解 首先将$f_1(t)$、$f_2(t)$中自变量用τ代换,如图 2.7(a)、图 2.7(b)所示,再将$f_2(\tau)$翻转平移为$f_2(t-\tau)$,如图 2.7(c)所示。然后观察$f_1(\tau)$与$f_2(t-\tau)$乘积随着参变量t变化而变化的情况,从而将t分成不同的区间,分别计算其卷积积分的结果,计算过程如下。

(1) 当$t<-1$时,$f_2(t-\tau)$的波形与$f_1(\tau)$的波形没有相遇,因此$f_1(\tau)f_2(t-\tau)=0$,故

$$y(t)=f_1(t)*f_2(t)=\int_{-\infty}^{\infty}f_1(\tau)f_2(t-\tau)\mathrm{d}\tau=0$$

(2) 当$-1\leqslant t<0$时,$f_2(t-\tau)$的波形与$f_1(\tau)$的波形相遇,而且随着t的增加,其重合区间增大,如图 2.7(d)所示。从图中可见,在$-1\leqslant t<0$区间,其重合区间为$(-1,t)$。因此卷积积分的上下限取t与-1,即有

$$y(t)=f_1(t)*f_2(t)=\int_{-\infty}^{\infty}f_1(\tau)f_2(t-\tau)\mathrm{d}\tau=\int_{-1}^{t}1\cdot 1\mathrm{d}\tau=t+1$$

(3) 当$0\leqslant t<1$时,$f_2(t-\tau)$的波形与$f_1(\tau)$的波形一直相遇,随着t的增加,其重合区间的长度不变,如图 2.7(e)所示。在$0\leqslant t<1$区间,其重合区间为$(-1+t,t)$,且仍是$f_1(\tau)=1$,

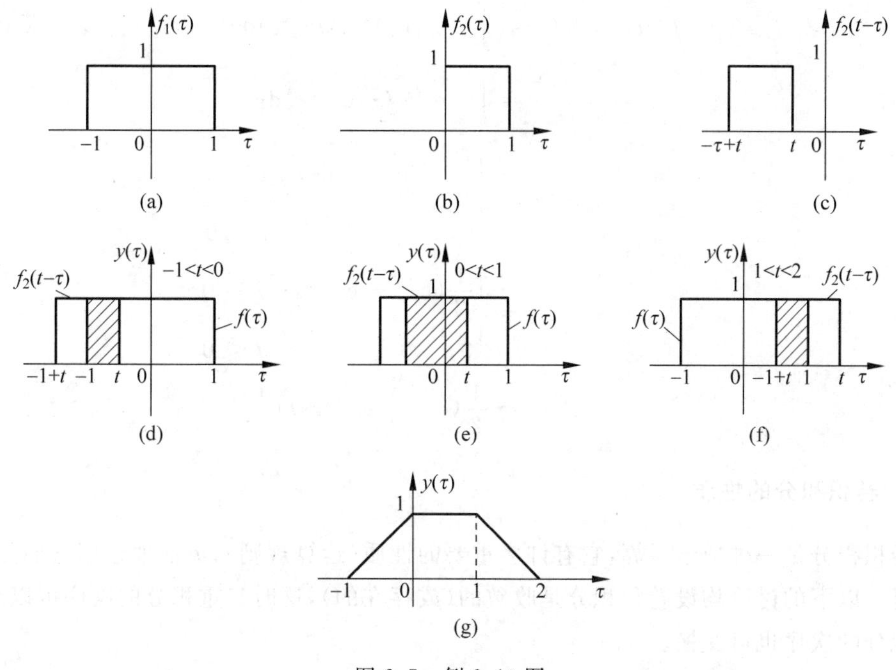

图 2.7　例 2.10 图

$f_2(t-\tau)=1$。因此卷积积分的上下限取 t 与 $-1+t$，即有

$$y(t)=f_1(t)*f_2(t)=\int_{-\infty}^{\infty}f_1(\tau)f_2(t-\tau)\mathrm{d}\tau=\int_{-1+t}^{t}1\cdot 1\mathrm{d}\tau=1$$

(4) 当 $1\leqslant t<2$ 时，$f_2(t-\tau)$的波形与$f_1(\tau)$的波形继续相遇，但随着 t 的增加，其重合区间逐渐减小，如图 2.7(f)所示。在 $1\leqslant t<2$ 区间，其重合区间为$(-1+t,1)$，因此卷积积分的上下限取 1 与$-1+t$，即有

$$y(t)=f_1(t)*f_2(t)=\int_{-\infty}^{\infty}f_1(\tau)f_2(t-\tau)\mathrm{d}\tau=\int_{-1+t}^{1}1\cdot 1\mathrm{d}\tau=2-t$$

(5) 当 $t\geqslant 2$ 时，$f_2(t-\tau)$与$f_1(\tau)$的波形不再相遇。此时$f_1(\tau)f_2(t-\tau)=0$，故有

$$y(t)=f_1(t)*f_2(t)=\int_{-\infty}^{\infty}f_1(\tau)f_2(t-\tau)\mathrm{d}\tau=0$$

卷积积分 $y(t)=f_1(t)*f_2(t)$的各段积分结果如图 2.7(g)所示。可见两个不等宽的矩形脉的卷积为一个等腰梯形。

从以上信号卷积积分的图形计算过程可以清楚地看到，卷积积分包括信号的翻转、平移、乘积、再积分四个过程，在此过程中关键是确定积分区间与被积分函数的表达式。卷积结果 $y(t)$的起点等于$f_1(t)$与$f_2(t)$的终点之和。若卷积的两个信号不含有冲激信号或其各阶导数，则卷积的结果必定为一个连续函数，不会出现间断点。此外，翻转信号时，尽可能翻转较简单的信号，以简化运算过程。

若待卷积的两个信号$f_1(t)$与$f_2(t)$能用解析函数式表达，则可以采用解析法，直接按照卷积的积分表达式进行计算。

例 2.11　已知$f_1(t)=\mathrm{e}^{-3t}\varepsilon(t)$，$f_2(t)=\mathrm{e}^{-5t}\varepsilon(t)$，试计算卷积$f_1(t)*f_2(t)$。

解　根据卷积积分的定义，可得

$$\begin{aligned}
f_1(t) * f_2(t) &= \int_{-\infty}^{\infty} f_1(\tau) f_2(t-\tau)\mathrm{d}\tau \\
&= \int_{-\infty}^{\infty} \mathrm{e}^{-3\tau}\varepsilon(\tau)\mathrm{e}^{-5(t-\tau)}\mathrm{d}\tau \\
&= \begin{cases} \int_0^t \mathrm{e}^{-3\tau}\mathrm{e}^{-5(t-\tau)}\mathrm{d}\tau, & t > 0 \\ 0, & t \leqslant 0 \end{cases} \\
&= \begin{cases} \frac{1}{2}(\mathrm{e}^{-3t} - \mathrm{e}^{-5t}), & t > 0 \\ 0, & t \leqslant 0 \end{cases} \\
&= \frac{1}{2}(\mathrm{e}^{-3t} - \mathrm{e}^{-5t})\varepsilon(t)
\end{aligned}$$

3. 卷积积分的性质

卷积积分是一种数学运算,它有许多重要的性质(运算规则),灵活地运用它们能简化系统分析。以下的讨论均设卷积积分是收敛的(或存在的),这时二重积分的次序可以交换,导数与积分的次序也可交换。

1) 卷积的代数运算

(1) 交换率

$$f_1(t) * f_2(t) = f_2(t) * f_1(t) \tag{2.69}$$

例 2.12 设 $f_1(t)=\mathrm{e}^{-\alpha t}\varepsilon(t)$,$f_2(t)=\varepsilon(t)$,分别求 $f_1(t) * f_2(t)$和 $f_2(t) * f_1(t)$。

解

$$f_1(t) * f_2(t) = \int_{-\infty}^{\infty} \mathrm{e}^{-\alpha\tau}\varepsilon(\tau) \cdot \varepsilon(t-\tau)\mathrm{d}\tau$$

考虑到 $\tau<0$ 时 $\varepsilon(\tau)=0$,而 $\tau>t$ 时 $\varepsilon(t-\tau)=0$,故上式为

$$f_1(t) * f_2(t) = \int_0^t \mathrm{e}^{-\alpha\tau}\mathrm{d}\tau = \frac{1}{\alpha}(1-\mathrm{e}^{-\alpha t})\varepsilon(t)$$

而

$$f_2(t) * f_1(t) = \int_{-\infty}^{\infty} \varepsilon(\tau) \cdot \mathrm{e}^{-\alpha(t-\tau)}\varepsilon(t-\tau)\mathrm{d}\tau = \int_0^t \mathrm{e}^{-\alpha(t-\tau)}\mathrm{d}\tau = \frac{1}{\alpha}(1-\mathrm{e}^{-\alpha t})\varepsilon(t)$$

(2) 分配律

$$f_1(t) * [f_2(t) + f_3(t)] = f_1(t) * f_2(t) + f_1(t) * f_3(t) \tag{2.70}$$

(3) 结合律

$$[f_1(t) * f_2(t)] * f_3(t) = f_1(t) * [f_2(t) * f_3(t)] \tag{2.71}$$

2) 函数与冲激函数的卷积

卷积积分中最简单的情况是两个函数之一是冲激函数。利用冲激函数的采样性质和卷机运算的交换律,可得

$$f(t) * \delta(t) = \delta(t) * f(t) = f(t) \tag{2.72}$$

$$f(t) * \delta(t-t_1) = \delta(t-t_1) * f(t) = f(t-t_1) \tag{2.73}$$

$$f_1(t-t_1) * f_2(t-t_2) = f_1(t-t_2) * f_2(t-t_1) = f(t-t_1-t_2) \tag{2.74}$$

例 2.13 计算卷积积分：$\varepsilon(t+3)*\varepsilon(t-5)$。

解

按卷积定义式

$$\varepsilon(t+3)*\varepsilon(t-5)=\int_{-\infty}^{\infty}\varepsilon(\tau+3)*\varepsilon(t-\tau-5)\mathrm{d}\tau$$

考虑到 $\tau<-3$ 时，$\varepsilon(t+3)=0$，而 $\tau>t-5$ 时，$\varepsilon(t-\tau-5)=0$，故上式可写为

$$\varepsilon(t+3)*\varepsilon(t-5)=\int_{-3}^{t-5}\mathrm{d}\tau=t-2$$

由于积分上限大于下限，故上式适用于 $t-5\geqslant-3$ 区间，即 $t\geqslant2$ 区间，有

$$\varepsilon(t+3)*\varepsilon(t-5)=(t-2)\varepsilon(t-2)$$

也可直接利用 $\varepsilon(t)*\varepsilon(t)=t\varepsilon(t)$，再应用式(2.74)，可得

$$\begin{aligned}\varepsilon(t+3)*\varepsilon(t-5)&=\varepsilon(t)*\varepsilon(t)*\delta(t+3-5)\\&=t\varepsilon(t)*\delta(t-2)\\&=(t-2)\varepsilon(t-2)\end{aligned}$$

可见计算结果相同。

3）卷积的微分与积分

上述卷积代数运算的规律与普通乘法类似，但卷积的微分或积分运算都与普通两函数乘积的微分、积分运算不同。

对任一函数 $f(t)$，用符号 $f^{(1)}(t)$表示其一阶导数，用符号 $f^{(-1)}(t)$表示一次积分，即

$$f^{(1)}(t)\overset{\text{def}}{=}\frac{\mathrm{d}f(t)}{\mathrm{d}t}\tag{2.75}$$

$$f^{(-1)}(t)\overset{\text{def}}{=}\int_{-\infty}^{t}f(x)\mathrm{d}x\tag{2.76}$$

式中，设 $f^{(-1)}(\infty)=0$。若

$$f(t)=f_1(t)*f_2(t)=f_2(t)*f_1(t)\tag{2.77}$$

则其导数

$$f^{(1)}(t)=f_1^{(1)}(t)*f_2(t)=f_1(t)*f_2^{(1)}(t)\tag{2.78}$$

积分

$$f^{(-1)}(t)=f_1^{(-1)}(t)*f_2(t)=f_1(t)*f_2^{(-1)}(t)\tag{2.79}$$

$$f(t)=f_1^{(1)}(t)*f_2^{(-1)}(t)=f_1^{(-1)}(t)*f_2^{(1)}(t)\tag{2.80}$$

用类似推导还可得出

$$f^{(i)}(t)=f_1^{(j)}(t)*f_2^{(i-j)}(t)\tag{2.81}$$

其中，当 i 或 j 取正整数时表示导数的阶数，取负整数时为重积分的次数。式(2.81)表明了卷积的高阶导数和多重积分的运算规则。

LTI 系统的零状态响应等于激励与系统冲激响应的卷积积分

$$\begin{aligned}y_f(t)&=f(t)*h(t)=f^{(1)}(t)*h^{(-1)}(t)=f^{(1)}(t)*g(t)\\&=\int_{-\infty}^{\infty}f'(\tau)g(t-\tau)\mathrm{d}\tau\end{aligned}$$

上式称为杜阿密尔积分，它表示 LTI 系统的零状态响应等于激励的导数 $f'(t)$与系统的阶跃响应 $g(t)$的卷积积分。其物理含义是：把激励 $f(t)$分解成一系列接入时间不同，幅

值不同的阶跃函数,在时刻 τ 时为 $f'(\tau)\mathrm{d}\tau\cdot\varepsilon(t-\tau)$,根据 LTI 系统的零状态线性和时不变性,在激励 $f(t)$ 作用下,系统的零状态响应等于相应的一系列阶跃响应的积分。

例 2.14 求图 2.8 中函数 $f_1(t)$ 与 $f_2(t)$ 的卷积。

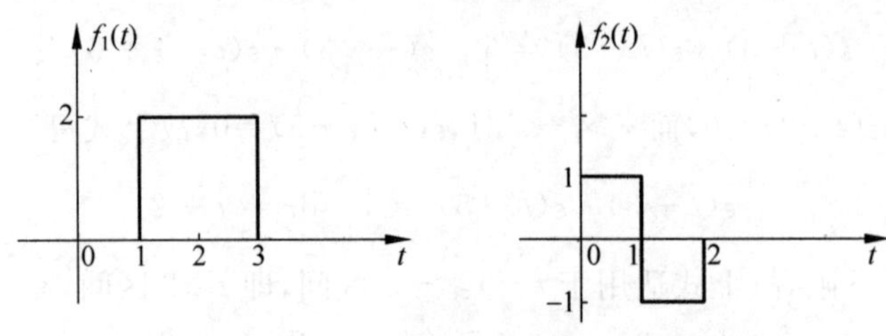

图 2.8 例 2.14 图

解 直接求 $f_1(t)$ 与 $f_2(t)$ 的卷积比较复杂,如果根据式(2.80),并利用函数与冲激函数的卷积将较为简单。

对 $f_1(t)$ 求导数得 $f_1^{(1)}(t)$,对 $f_2(t)$ 求积分得 $f_2^{(-1)}(t)$,其波形如图 2.9(a)所示。卷积 $f_1^{(1)}(t)*f_2^{(-1)}(t)=f_1(t)*f_2(t)$,如图 2.9(b)所示。

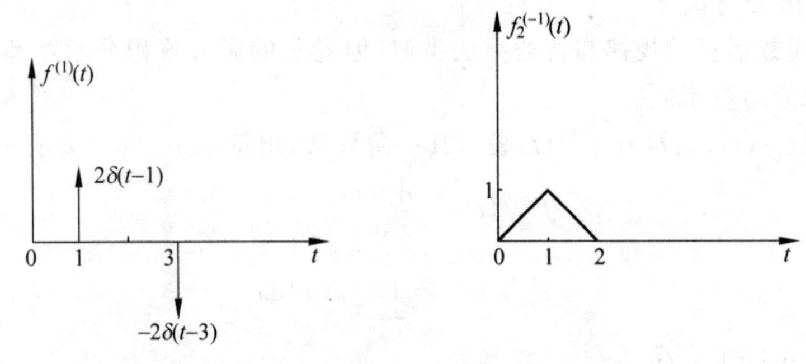

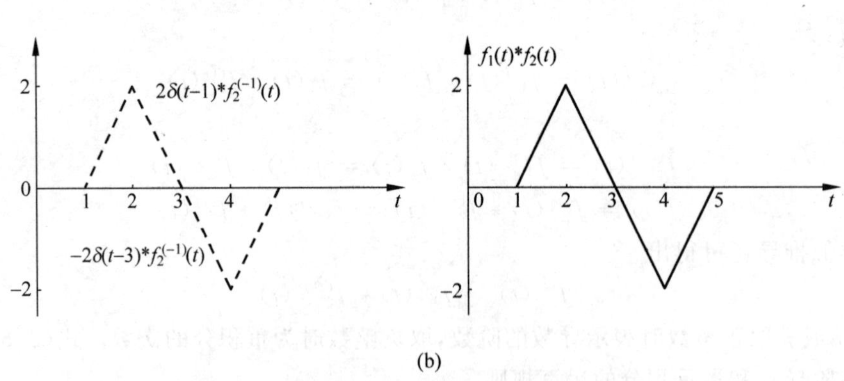

图 2.9 $f_1(t)$ 与 $f_2(t)$ 卷积求解过程

例 2.15 已知 $x(t)=\sin t\varepsilon(t)$,$h(t)=\delta'(t)+\varepsilon(t)$,试求 $x(t)*h(t)$。

解 根据卷积的分配率

$$x(t)*h(t)=x(t)*[\delta'(t)+\varepsilon(t)]=x(t)*\delta'(t)+x(t)*\varepsilon(t)$$

$$= x'(t) + \int_{-\infty}^{t} x(\tau)\mathrm{d}\tau$$

$$= \frac{\mathrm{d}}{\mathrm{d}t}[\sin t\varepsilon(t)] + \left(\int_{0}^{t} \sin\tau \mathrm{d}\tau\right)\varepsilon(t)$$

$$= \sin t\delta(t) + \cos t\varepsilon(t) + (1 - \cos t)\varepsilon(t) = \varepsilon(t)$$

2.2 离散系统的时域分析

离散系统分析与连续系统分析在多方面是相互平行的，有许多类似之处。连续系统可用微分方程描述，离散系统可用差分方程描述。差分方程和微分方程的求解方法在许多方面是相互对应的。在连续系统分析中，卷积积分具有重要的意义，在离散系统中，卷积和也具有同等重要的地位。连续系统分析与离散系统分析的相似性为读者学习本章提供了有力条件。但是，读者应该十分注意它们之间存在着的重要差异。

在离散系统分析中，激励（输入）用 $f(n)$ 表示，响应（输出）用 $y(n)$ 表示，其中 n 为整数；初始状态用 $\{x(n_0)\}$ 表示，其中 n_0 为常数，通常取 $n_0=0$。

下面，从离散系统的差分方程（或系统框图）及其求解开始，研究 LTI 离散系统的时域分析。

2.2.1 LTI 离散系统的响应

与连续时间信号的微分与积分运算相对应，离散时间信号有差分及序列求和运算。设有序列 $f(n)$，则称…，$f(n+2)$，$f(n+1)$，…，$f(n-1)$，$f(n-2)$，…为 $f(n)$ 的位移序列。序列的差分可分为前向差分和后向差分。一阶前向差分定义为

$$\Delta f(n) \overset{\mathrm{def}}{=} f(n+1) - f(n) \tag{2.82}$$

一阶后向差分定义为

$$\nabla f(n) \overset{\mathrm{def}}{=} f(n) - f(n-1) \tag{2.83}$$

其中，Δ 和 ∇ 称为差分算子。由式(2.82)和式(2.83)可见，前向差分与后向差分的关系为

$$\nabla f(n) = \Delta f(n-1) \tag{2.84}$$

两者仅位移不同，没有原则的差别，因而它们的性质也相同。本书主要采用后向差分，并简称其为差分。

由差分的定义，若有序列 $f_1(n)$、$f_2(n)$ 和常数 a_1、a_2，则

$$\begin{aligned}\nabla[a_1 f_1(n) + a_2 f_2(n)] &= [a_1 f_1(n) + a_2 f_2(n)] - [a_1 f_1(n-1) + a_2 f_2(n-2)] \\ &= a_1[f_1(n) - f_1(n-1)] + a_2[f_2(n) - f_2(n-1)] \\ &= a_1 \nabla f_1(n) + a_2 \nabla f_2(n)\end{aligned} \tag{2.85}$$

这表明差分运算具有线性性质。

二阶差分可定义为

$$\begin{aligned}\nabla^2 f(n) &\overset{\mathrm{def}}{=} \nabla[\nabla f(n)] = \nabla[f(n) - f(n-1)] = \nabla f(n) - \nabla f(n-1) \\ &= f(n) - 2f(n-1) + f(n-2)\end{aligned} \tag{2.86}$$

类似地，可定义三阶差分、四阶差分、五阶差分等。一般地，k 阶差分

$$\nabla^k f(n) \overset{\text{def}}{=} \nabla[\nabla^{k-1} f(n)] = \sum_{j=0}^{k} (-1)^j \binom{k}{j} f(n-j) \tag{2.87}$$

其中

$$\binom{k}{j} = \frac{k!}{(k-j)!j!}, \quad j = 0,1,2,\cdots,k \tag{2.88}$$

为二项式系数。

序列 $f(n)$的求和运算为

$$\sum_{i=-\infty}^{n} f(i) \tag{2.89}$$

差分方程是包含关于变量 n 的未知序列 $f(n)$及各阶差分方程的方程式，它的一般形式可写为

$$F[n, f(n), \nabla f(n), \cdots, \nabla^r f(n), \nabla y(n), \cdots, \nabla^N y(n)] = 0 \tag{2.90}$$

其中，差分的最高阶为 n 阶，称为 n 阶差分方程。由式(2.87)可知，各阶差分均可写成 $y(n)$及其各位移序列的线性组合，故上式常写为

$$F[n, f(n), f(n-1), \cdots, f(n-r), y(n), y(n-1), \cdots, y(n-N)] = 0 \tag{2.91}$$

通常所说的差分方程是指式(2.90)与式(2.91)形式的方程。

差分方程是具有递推关系的代数方程，若已知初始条件和激励，利用迭代法可求得差分方程的数值解。

例 2.16 若描述某离散系统的差分方程为

$$y(n) + 3y(n-1) + 2y(n-2) = f(n)$$

已知初始条件 $y(0)=0, y(1)=2$，激励 $f(n)=2^n\varepsilon(n)$，求 $y(n)$。

解 将差分方程中除 $y(n)$以外的各项都移到等号右端，得

$$y(n) = -3y(n-1) - 2y(n-2) + f(n)$$

对于 $n=2$，将已知初始值 $y(0)=0, y(1)=2$ 代入上式，得

$$y(2) = -3y(1) - 2y(0) + f(2) = -2$$

类似地，一次迭代可得

$$y(3) = -3y(2) - 2y(1) + f(3) = 10$$
$$y(4) = -3y(3) - 2y(2) + f(4) = -10$$
$$\vdots$$

由例 2.16 可见，用迭代法求解差分方程思路清楚，便于编写计算机程序，能得到方程的数值解，但它常常不宜得出解析形式(或称闭式)的解。

2.2.2 差分方程的经典解

一般而言，如果单输入-单输出的 LTI 系统的激励为 $f(n)$，其全响应为 $y(n)$，那么描述该系统激励 $f(n)$与响应 $y(n)$之间的关系的数学模型是 n 阶常系数线性差分方程，它可以写为

$$\begin{aligned} &y(n) + a_{N-1} y(n-1) + \cdots + a_0 y(n-N) \\ &= b_M f(n) + b_{M-1} f(n-1) + \cdots + b_0 f(n-M) \end{aligned} \tag{2.92}$$

其中

$a_i(i=0,1,2,\cdots,N-1)$，$b_j(j=0,1,\cdots,M)$都是常数。上式可缩写为

$$\sum_{i=0}^{N} a_{N-i} y(n-i) = \sum_{j=0}^{M} b_{M-j} f(n-j)$$

其中

$$a_N = 1 \tag{2.93}$$

与微分方程的经典解相类似，上述差分方程的解由齐次节和特解两部分组成。齐次解用$y_h(n)$表示，特解用$y_p(n)$表示。即

$$y(n) = y_h(n) + y_p(n) \tag{2.94}$$

1. 齐次解

当式(2.92)中的$f(n)$及其各位移项均为零时，齐次方程

$$y(n) + a_{n-1} y(n-1) + \cdots + a_0 y(n-N) = 0 \tag{2.95}$$

式(2.95)的解称为齐次解。

首先分析最简单的一阶差分方程，若一阶差分方程的齐次方程为

$$y(n) + ay(n-1) = 0 \tag{2.96}$$

它可改写为

$$\frac{y(n)}{y(n-1)} = -a$$

$y(n)$与$y(n-1)$之比等于$(-a)$级数序列，序列$y(n)$是一个公比为$(-a)$的等比序列，因此$y(n)$应有如下形式

$$y(n) = C(-a)^n \tag{2.97}$$

其中，C为常数，由初始条件确定。

对于n阶齐次差分方程，它的齐次解由形式为$C\lambda^n$的序列组合而成，将$C\lambda^n$代入式(2.95)，得

$$C\lambda^n + a_{n-1} C\lambda^{n-1} + \cdots + a_1 C\lambda^{n-N-1} + a_0 C\lambda^{n-N} = 0$$

由于$C\neq 0$，消去C；且$\lambda\neq 0$，以λ^{n-N}除上式，得

$$\lambda^N + a_{n-1}\lambda^{N-1} + \cdots + a_1\lambda + a_0 = 0 \tag{2.98}$$

上式称为差分方程式(2.92)和式(2.95)的特征方程，它有n个根$\lambda_i(i=1,2,\cdots,n)$，称为差分方程的特征根。显然，形式$C_i\lambda_i^n$的序列都满足式(2.95)，因而它们是式(2.92)方程的解。根据特征根的不同取值，差分方程齐次解的形式如表2.3所示，其中C_i、D_i、A_i、θ_i等为待定常数。

表 2.3 不同特征根所对应的齐次解

特征根λ	齐 次 解
单实根	$C\lambda^n$
r重实根	$C_{r-1}n^{r-1}\lambda^n + C_{r-2}n^{r-2}\lambda^n + \cdots + C_1 n\lambda^n + C_0\lambda^n$
一对共轭复根$\lambda_{1,2}=a\pm \mathrm{j}b=\rho \mathrm{e}^{\pm \mathrm{j}\beta}$	$\rho^n[C\cos(\beta n)+D\sin(\beta n)]$或$A\rho^n\cos(\beta n-\theta)$，其中$A\mathrm{e}^{\mathrm{j}\theta}=C+\mathrm{j}D$

2. 特解

特解的函数形式与激励的函数形式有关，表2.4列出了几种典型的激励$f(n)$所对应的

特解的 $y_p(n)$。选定特解后代入原差分方程,求出其待定系数 P_i(或 A、θ)等,就得出方程的特解。

表 2.4 不同激励所对应的特解

激励 $f(n)$	特 解
n^m	$P_m n^m + P_{m-1} n^{m-1} + \cdots + P_1 n + P$,所有特征根均不等于1时; $n^r[P_m n^m + P_{m-1} n^{m-1} + \cdots + P_1 n + P_0]$,当有 r 重等于1的特征根
a^n	Pa^n,当 a 不等于特征根时; $P_1 na^n + P_0 a^n$,当 a 是特征根时; $P_r n^r a^n + P_{r-1} n^{r-1} a^n + \cdots + P_1 na^n + P_0 a^n$,当 a 是 r 重特征根时
$\cos(\beta n)$或$\sin(\beta n)$	$P\cos(\beta n) + Q\sin(\beta n)$当所有的特征根均不等于 $e^{\pm j\theta}$ 或 $A\cos(\beta n - \theta)$,其中 $Ae^{j\theta} = P + jQ$

3. 全解

式(2.92)的线性差分方程的完全解是其齐次解与特解之和。如果方程的特征根均为单根,则差分方程的全解为

$$y(n) = y_h(n) + y_p(n) = \sum_{i=1}^{N} C_i \lambda_i^n + y_p(n) \tag{2.99}$$

如果特征根 λ_i 为 r 重根,而其余$(n-r)$个特征根为单根时,差分方程的全解为

$$y(n) = \sum_{i=1}^{r} C_i n^{r-i} \lambda_i^n + \sum_{j=r+1}^{N} C_j \lambda_j^n + y_p(n) \tag{2.100}$$

其中,系数 C_i、C_j 由初始条件确定。

如果激励信号是在 $n=0$ 时接入的,差分方程的解适用于 $n \geqslant 0$。对于 N 阶差分方程,用给定的 n 初始条件 $y(0), y(1), \cdots, y(N-1)$ 就可确定全部待定系数 C_i 和 C_j。如果差分方程的特征根都是单根,则方程的全解为式(2.99),将给定的初始条件 $y(0), y(1), \cdots, y(N-1)$ 分别代入式(2.99),可得

$$\left.\begin{aligned} y(0) &= C_1 + C_2 + \cdots + C_N + y_p(0) \\ y(1) &= \lambda_1 C_1 + \lambda_2 C_2 + \cdots + \lambda_N C_N + y_p(1) \\ &\vdots \\ y(N-1) &= \lambda_1^{N-1} C_1 + \lambda_2^{N-1} C_2 + \cdots + \lambda_N^{N-1} C_N + y_p(N-1) \end{aligned}\right\} \tag{2.101}$$

由以上方程可求得全部待定系数 $C_i (i=1,2,\cdots,N)$。

例 2.17 若描述某系统的差分方程为

$$y(n) + 4y(n-1) + 4y(n-2) = f(n) \tag{2.102}$$

已知初始条件 $y(0)=0, y(1)=-1$; 激励 $f(n)=2^n, n \geqslant 0$,求方程的全解。

解 首先求齐次解。上述差分方程的特征方程为

$$\lambda^2 + 4\lambda + 4 = 0$$

可解得特征根 $\lambda_1 = \lambda_2 = -2$,为二重根,由表 2.3 可知,其齐次解

$$y_h(n) = C_1 n(-2)^n + C_2(-2)^n$$

其次求特解。由表 2.4,根据 $f(n)$的形式可知特解

$$y_p(n) = P2^n, \quad n \geqslant 0$$

将 $y_p(n)$、$y_p(n-1)$和 $y_p(n-2)$代入式(2.102)，得

$$P2^n + 4P2^{n-1} + 4P2^{n-2} = f(n) = 2^n$$

上式中消去 2^n，可解得 $P=\frac{1}{4}$，于是得特解

$$y_p(n) = \frac{1}{4}(2)^n, \quad n \geqslant 0$$

差分方程的全解

$$y(n) = y_h(n) + y_p(n) = C_1 n(-2)^n + C_2(-2)^n + \frac{1}{4}(2)^n, \quad n \geqslant 0$$

将已知的初始条件代入上式，有

$$y(0) = C_2 + \frac{1}{4} = 0$$

$$y(1) = -2C_1 - 2C_2 + \frac{1}{4} \cdot 2 = -1$$

由上式可求得 $C_1=1, C_2=-\frac{1}{4}$，最后得方程的全解为

$$y(n) = \underbrace{n(-2)^n + \frac{1}{4}(-2)^n}_{\text{自由响应}} + \underbrace{\frac{1}{4}(2)^n}_{\text{强迫响应}}, \quad n \geqslant 0 \tag{2.103}$$

差分方程的齐次解也称为系统的自由响应，特解也称为强迫响应。本例中由于$|\lambda|>1$，故其自由响应随着 n 的增大而增大。

例 2.18 若描述某离散系统的差分方程为

$$6y(n) - 5y(n-1) + y(n-2) = f(n) \tag{2.104}$$

已知初始条件 $y(0)=0, y(1)=1$，激励为有始的周期序列 $f(n)=10\cos\left(\frac{n\pi}{2}\right), n\geqslant 0$，求其全解。

解 首先求齐次解。差分方程的特征方程为

$$6\lambda^2 - 5\lambda + 1 = 0$$

其特征根为 $\lambda_1=\frac{1}{2}, \lambda_2=\frac{1}{3}$，方程的齐次解

$$y_h(n) = C_1\left(\frac{1}{2}\right)^n + C_2\left(\frac{1}{3}\right)^n$$

其次求特解。由表 2.4 可知，特解

$$y_p(n) = P\cos\left(\frac{n\pi}{2}\right) + Q\sin\left(\frac{n\pi}{2}\right)$$

其移位序列

$$y_p(n-1) = P\cos\left[\frac{(n-1)\pi}{2}\right] + Q\sin\left[\frac{(n-1)\pi}{2}\right] = P\cos\left(\frac{n\pi}{2}\right) - Q\sin\left(\frac{n\pi}{2}\right)$$

$$y_p(n-2) = P\cos\left[\frac{(n-2)\pi}{2}\right] + Q\sin\left[\frac{(n-2)\pi}{2}\right] = -P\cos\left(\frac{n\pi}{2}\right) - Q\sin\left(\frac{n\pi}{2}\right)$$

将 $y_p(n)$、$y_p(n-1)$、$y_p(n-2)$代入式(2.102)并稍加整理，得

$$(6P + 5Q - P)\cos\left(\frac{n\pi}{2}\right) + (6Q - 5P - Q)\sin\left(\frac{n\pi}{2}\right) = f(n) = 10\cos\left(\frac{n\pi}{2}\right)$$

由于上式对于任何 $n\geqslant 0$ 成立,因为等号两端的正弦、余弦序列的系数应相等,于是有

$$6P+5Q-P=10$$

$$6Q-5P-Q=0$$

由上式可解得 $P=Q=1$,于是特解

$$y_{\mathrm{p}}(n)=\cos\left(\frac{n\pi}{2}\right)+\sin\left(\frac{n\pi}{2}\right)=\sqrt{2}\cos\left(\frac{n\pi}{2}-\frac{\pi}{4}\right),\quad n\geqslant 0 \tag{2.105}$$

方程的全解

$$y(n)=y_{\mathrm{h}}(n)+y_{\mathrm{p}}(n)=C_1\left(\frac{1}{2}\right)^n+C_2\left(\frac{1}{3}\right)^n+\cos\left(\frac{n\pi}{2}\right)+\sin\left(\frac{n\pi}{2}\right),\quad n\geqslant 0$$

将已知的初始条件代入上式,有

$$y(0)=C_1+C_2+1=0$$

$$y(1)=\frac{1}{2}C_1+\frac{1}{3}C_2+1=1$$

由上式可解得 $C_1=2, C_2=-3$,最后解得全解

$$\begin{aligned}y(n)&=2\left(\frac{1}{2}\right)^n-3\left(\frac{1}{3}\right)^n+\cos\left(\frac{n\pi}{2}\right)+\sin\left(\frac{n\pi}{2}\right)\\&=\underbrace{2\left(\frac{1}{2}\right)^n-3\left(\frac{1}{3}\right)^n}_{\substack{\text{自由响应}\\\text{(瞬态响应)}}}+\underbrace{\sqrt{2}\cos\left(\frac{n\pi}{2}-\frac{\pi}{4}\right)}_{\substack{\text{强迫响应}\\\text{(稳态响应)}}},\quad n\geqslant 0\end{aligned} \tag{2.106}$$

由上式可见,由于本例中特征根 $|\lambda_{1,2}|<1$,因而其自由响应是衰减的。一般而言,如果差分方程所有特征根均满足 $|\lambda_i|<1(i=1,2,\cdots,n)$,那么自由响应将随着 n 的增大而逐渐衰减趋近于零,这样系统称为稳定的系统,这时自由响应也称为瞬态响应。稳定系统在阶跃序列或有始周期序列作用下,其强迫响应也称为稳态响应。

2.2.3 零输入响应和零状态响应

LTI 系统的全响应 $y(n)$ 也可分为零输入响应和零状态响应。零输入响应是激励为零时仅由初始状态所引起的响应,用 $y_x(n)$ 表示;零状态响应是系统的初始状态为零时,仅由输入信号 $f(n)$ 所引起的响应,用 $y_f(n)$ 表示。这样 LTI 系统的全响应将是零输入响应与零状态响应之和,即

$$y(n)=y_x(n)+y_f(n) \tag{2.107}$$

在零输入条件下,式(2.92)等号右端为零,化为齐次方程。若其特征根均为单根,则其零状态响应

$$y_x(k)=\sum_{i=1}^{N}C_{xi}\lambda_i^n \tag{2.108}$$

其中,C_{xi} 为待定常数。

若系统的初始状态为零,这时方程式(2.92)仍是非齐次方程,若其特征根均为单根,则其零状态响应

$$y_f(n)=\sum_{i=1}^{N}C_{fi}\lambda_i^n+y_{\mathrm{p}}(n) \tag{2.109}$$

其中,C_{fi} 为待定常数。

系统的全响应可分为自由响应和强迫响应，也可分为零输入响应和零状态响应，它们的关系是

$$y(n)=\underbrace{\sum_{i=1}^{n}C_i\lambda_i^n}_{\text{自由响应}}+\underbrace{y_p(n)}_{\text{强迫响应}}=\underbrace{\sum_{i=1}^{N}C_{xi}\lambda_i^n}_{\text{零输入响应}}+\underbrace{\sum_{i=1}^{N}C_{fi}\lambda_i^n+y_p(n)}_{\text{零状态响应}} \tag{2.110}$$

其中

$$\sum_{i=1}^{N}C_i\lambda_i^n=\sum_{i=1}^{N}C_{xi}\lambda_i^n+\sum_{i=1}^{N}C_{fi}\lambda_i^n \tag{2.111}$$

可见，两种分解方式有明显的区别。虽然自由响应与零输入响应都是齐次解的形式，但它们的系数并不相同，C_{xi} 仅由系统的初始状态所决定，而 C_i 是由初始状态和激励共同决定。

在用经典法分别求解系统的零输入响应和零状态响应时，需要已知各响应的初始值，用以分别确定常数 C_{xi} 和 C_{fi}。由式(2.107)可知，在时刻 $n=j$，则

$$y(j)=y_x(j)+y_f(j),\quad j=0,1,2,\cdots,N-1 \tag{2.112}$$

这时各初始值 $y(j)$ 中不仅包含有零输入响应的初始值 $y_x(j)$，也包含零状态响应的初始值 $y_f(j)$，这常常不便区分。为此，如果激励是在 $n=0$ 时接入的，通常以 $y(-1),y(-2),\cdots,y(-N)$ 描述系统的初始状态。因为在 $n<0$ 时，激励尚未接入，显然零状态响应在这些时刻的值为零，即

$$y_f(-1)=y_f(-2)=\cdots=y_f(-N)=0 \tag{2.113}$$

由式(2.110)可知，这时

$$y(-1)=y_x(-1),y(-2)=y_x(-2),\cdots,y(-N)=y_x(-N) \tag{2.114}$$

它们给出了该系统已往历史的全部信息，称其为系统的初始状态。这样，在求解时可分别根据 $y_x(-1),\cdots,y_x(N)$ 和 $y_f(-1),\cdots,y_f(-N)$，利用该系统所满足的差分方程，用迭代法分别求得零输入响应和零状态响应的初始值 $y_x(j)$ 和 $y_x(j)(j=0,1,2,\cdots,N-1)$，并进一步确定系数 C_{xi} 和 C_{fi}。

例 2.19 若描述某离散系统的差分方程为

$$y(n)+3y(n-1)+2y(n-2)=f(n) \tag{2.115}$$

已知激励 $f(n)=2^n,n\geqslant 0$，初始状态 $y(-1)=0,y(-2)=\dfrac{1}{2}$，求系统的零输入响应、零状态响应和全响应。

解

(1) 零输入响应

根据定义，零输入响应满足方程

$$y_x(n)+3y_x(n-1)+2y_x(n-2)=0 \tag{2.116}$$

由式(2.115)，其初始状态

$$y_x(-1)=y(-1)=0,\quad y_x(-2)=y(-2)=\frac{1}{2}$$

首先求出初始值 $y_x(0),y_x(1)$，式(2.116)可写为

$$y_x(n)=-3y_x(n-1)-2y_x(n-2)$$

令 $n=0,1$，并将 $y_x(-1),y_x(-2)$ 代入，得

$$y_x(0)=-3y_x(n-1)-2y_x(n-2)=-1$$

$$y_x(1)=-3y_x(0)-2y_x(-1)=3$$

式(2.116)的特征值为$\lambda_1=-1,\lambda_2=-2$,由表2.3可知,其齐次解

$$y_x(n)=C_{x1}(-1)^n+C_{x2}(-2)^n \tag{2.117}$$

将初始值代入得

$$y_x(0)=C_{x1}+C_{x2}=-1$$

$$y_x(1)=-C_{x1}-2C_{x2}=3$$

可解得$C_{x1}=1,C_{x2}=-2$,于是得该系统的零输入响应

$$y_x(n)=(-1)^n-2(-2)^n,\quad n\geqslant 0 \tag{2.118}$$

实际上,式(2.117)满足齐次方程式(2.116),而初始值$y_x(0)$、$y_x(1)$也是有该方程递推出的,因而直接用$y_x(-1)$、$y_x(-2)$确定待定常数C_{x1}、C_{x2}将更加简便。即在式(2.117)中令$n=-1,-2$,有

$$y_x(-1)=-C_{x1}-\frac{1}{2}C_{x2}=0$$

$$y_x(-2)=C_{x1}+\frac{1}{4}C_{x2}=\frac{1}{2}$$

可解得$C_{x1}=1,C_{x2}=-2$,与前述结果相同。

(2) 零状态响应

根据定义,零状态响应满足方程

$$y_f(n)+3y_f(n-1)+2y_f(n-2)=f(n) \tag{2.119}$$

和初始状态$y_f(-1)=y_f(-2)=0$。

首先求出初始值$y_f(0),y_f(1)$,将式(2.119)写为

$$y_f(n)=-3y_f(n-1)-2y_f(n-2)+f(n)$$

令$n=0,1$,并代入$y_f(-1)=y_f(-2)=0$和$f(0),f(1)$,得

$$\begin{cases}y_f(0)=-3y_f(-1)-2y_f(-2)+f(0)=1\\ y_f(1)=-3y_f(0)-2y_f(-1)+f(1)=-1\end{cases} \tag{2.120}$$

系统的零状态响应是非齐次差分方程式(2.119)的全解,分别求出方程的齐次解和特解,得

$$y_f(n)=C_{f1}(-1)^n+C_{f2}(-2)^n+y_p(n)=C_{f1}(-1)^n+C_{f2}(-2)^n+\frac{1}{3}(2)^n$$

将式(2.120)的初始值代入上式,有

$$y_f(0)=C_{f1}+C_{f2}+\frac{1}{3}=1$$

$$y_f(1)=-C_{f1}-2C_{f2}+\frac{2}{3}=-1$$

可解得$C_{f1}=-\frac{1}{3},C_{f2}=1$,于是得零状态响应

$$y_f(n)=-\frac{1}{3}(-1)^n+(-2)^n+\frac{1}{3}(2)^n,\quad n\geqslant 0 \tag{2.121}$$

系统的全响应是零输入响应与零状态响应之和,即

$$y(n)=y_x(n)+y_f(n)=\underbrace{\overbrace{(-1)^n-2(-2)^n}^{\text{自由响应}}}_{\text{零输入响应}}\underbrace{\overbrace{-\frac{1}{3}(-1)^n+(-2)^n}^{\text{自由响应}}+\overbrace{\frac{1}{3}(2)^n}^{\text{强迫响应}}}_{\text{零状态响应}}$$

$$=\frac{2}{3}(-1)^n-(-2)^n+\frac{1}{3}(2)^n,\quad n\geqslant 0 \tag{2.122}$$

例 2.20 若描述 LTI 系统的差分方程为

$y(n)+4y(n-1)+4y(n-2)=f(n)$，$y(-1)=-1$，$y(-2)=2$，求系统的零输入响应。

解 系统的特征根为 $\lambda_1=\lambda_2=-2$，零输入响应为 $y_x(n)=c_{x1}(-2)^n+c_{x2}n(-2)^n$

代初始状态有

$$y(-1)=-\frac{1}{2}c_{x1}+\frac{1}{2}c_{x2}=-1$$

$$y(-2)=\frac{1}{4}c_{x1}-\frac{1}{2}c_{x2}=2$$

解得 $c_{x1}=-4$，$c_{x2}=-6$，故系统的零输入响应为

$$y_x(n)=-4(-2)^n-6n(-2)^n,\quad n\geqslant 0$$

2.2.4 单位序列和单位序列响应

1. 单位序列响应

当 LTI 离散系统的激励为单位序列 $\delta(n)$ 时，系统的零状态响应称为单位序列响应（或单位样值响应、单位采样响应、单位函数响应），用 $h(n)$ 表示，它的作用与连续系统的冲激响应 $h(t)$ 相类似。

例 2.21 $y(n)-y(n-1)-2y(n-2)=f(n)$，求离散系统的单位序列响应 $h(n)$。

解

$$y(n)-y(n-1)-2y(n-2)=f(n) \tag{2.123}$$

根据单位序列响应 $h(n)$ 的定义，它应满足方程

$$h(n)-h(n-1)-2h(n-2)=\delta(n) \tag{2.124}$$

且初始状态 $h(-1)=h(-2)=0$。将上式移项有

$$h(n)=h(n-1)+2h(n-2)+\delta(n)$$

令 $n=0,1$，并考虑到 $\delta(0)=1$，$\delta(1)=0$，可求得单位序列响应 $h(n)$ 的初始值

$$\begin{aligned}h(0)&=h(-1)+2h(-2)+\delta(0)=1\\h(1)&=h(0)+2h(-1)+\delta(1)=1\end{aligned} \tag{2.125}$$

对于 $n>0$，由式(2.124)知 $h(n)$ 满足齐次方程

$$h(n)-h(n-1)-2h(n-2)=0$$

其特征方程为

$$\lambda^2-\lambda-2=(\lambda+1)(\lambda-2)=0$$

其特征值 $\lambda_1=-1$，$\lambda_2=2$，得方程的齐次解

$$h(n)=C_1(-1)^n+C_2(2)^n,\quad n>0$$

将初始值式(2.125)代入，有

$$h(0)=C_1+C_2=1$$
$$h(1)=-C_1+2C_2=1$$

请注意,这时已将 $h(0)$,$h(1)$代入,因为方程的解也满足 $n=0$。由上式可解得 $C_1=\frac{1}{3}$,$C_2=\frac{2}{3}$。于是得系统的单位序列响应

$$h(n)=\frac{1}{3}(-1)^n+\frac{2}{3}(2)^n,\quad n\geqslant 0$$

或写为

$$h(n)=\left[\frac{1}{3}(-1)^n+\frac{2}{3}(2)^n\right]\varepsilon(n)$$

2. 阶跃响应

当 LTI 离散系统的激励为单位阶跃序列 $\varepsilon(n)$时,系统的零状态响应称为单位阶跃响应或阶跃响应,用 $g(n)$表示。若已知系统的差分方程,那么利用经典法可以求得系统的单位阶跃响应 $g(n)$。

例 2.22 求 $y(n)-y(n-1)-2y(n-2)=f(n)$系统的单位阶跃响应。

解 用经典法,系统的差分方程为

$$y(n)-y(n-1)-2y(n-2)=f(n)$$

根据阶跃响应的定义,$g(n)$满足方程

$$g(n)-g(n-1)-2g(n-2)=\varepsilon(n) \tag{2.126}$$

和初始状态 $g(-1)=g(-2)=0$。式(2.126)可写为

$$g(n)=g(n-1)+2g(n-2)+\varepsilon(n)$$

将 $n=0,1$ 和 $\varepsilon(0)=\varepsilon(1)=1$ 代入上式,得初始值

$$g(0)=g(-1)+2g(-2)+\varepsilon(0)=1$$
$$g(1)=g(0)+2g(-1)+\varepsilon(1)=2$$

式(2.126)的特征根 $\lambda_1=-1$,$\lambda_2=2$,容易求得它的特解 $g_p(n)=-\frac{1}{2}$,$n\geqslant 0$。于是得

$$g(n)=C_1(-1)^n+C_2(2)^n-\frac{1}{2},\quad n\geqslant 0$$

将初始值代入上式,可求得 $C_1=\frac{1}{6}$,$C_2=\frac{4}{3}$,最后得该系统的阶跃响应

$$g(n)=\left[\frac{1}{6}(-1)^n+\frac{4}{3}(2)^n-\frac{1}{2}\right]\varepsilon(n)$$

2.2.5 卷积和

1. 卷积和

在 LTI 连续时间系统中,把激励信号分解为一系列冲激函数,求出各冲激函数单独作用于系统时的冲激响应,然后将这些响应相加就得到系统对于该激励信号的零状态响应。这个相加的过程表现为求卷积积分。在 LTI 离散系统中,可用与上述大致相同的方法进行

分析。由于离散信号本身是一个序列，因此激励信号分解为单位序列的工作很容易完成。如果系统的单位序列响应为已知，那么也不难求得每个单位序列单独作用于系统的响应。把这些序列相加就得到系统对于该激励信号的零状态响应，这个相加的过程表现为求卷积和。

任意离散时间序列 $f(n)(\cdots,-2,-1,0,1,2,\cdots)$ 可表示为

$$\begin{aligned} f(n) &= \cdots + f(-2)\delta(n+2) + f(-1)\delta(n+1) + f(0)\delta(n) \\ &\quad + f(1)\delta(n-1) + \cdots + f(i)\delta(n-i) + \cdots \\ &= \sum_{i=-\infty}^{\infty} f(i)\delta(n-i) \end{aligned} \tag{2.127}$$

如果LTI系统的单位序列响应为 $h(n)$，那么由线性系统的齐次性和时不变系统的移位不变性可知，系统在 $f(i)\delta(n-i)$ 作用下响应 $f(i)h(n-i)$。根据系统的零状态线性性质，式(2.127)的序列 $f(n)$ 作用于系统所引起的零状态响应 $y_f(n)$ 应为

$$\begin{aligned} y_f(n) &= \cdots + f(-2)h(n+2) + f(-1)h(n+1) + f(0)h(n) \\ &\quad + f(1)h(n-1) + \cdots + f(i)h(n-i) + \cdots \\ &= \sum_{i=-\infty}^{\infty} f(i)h(n-i) \end{aligned} \tag{2.128}$$

式(2.128)称为序列 $f(n)$ 和 $h(n)$ 的卷积和。式(2.128)表明，LTI系统对于任何激励 $f(n)$ 的零状态响应是激励与系统单位序列响应 $h(n)$ 的卷积和。

一般而言，若有两个序列 $f_1(n)$ 和 $f_2(n)$，和式

$$f(n) = \sum_{i=-\infty}^{\infty} f_1(i) f_2(n-i) \tag{2.129}$$

称为 $f_1(n)$ 与 $f_2(n)$ 的卷积和，简称为卷积。卷积常用符号“ * ”表示，即

$$f(n) = f_1(n) * f_2(n) \overset{\text{def}}{=} \sum_{i=-\infty}^{\infty} f_1(i) f_2(n-i) \tag{2.130}$$

如果序列 $f_1(n)$ 是因果序列，即有 $n<0, f_1(n)=0$，则式(2.130)中求和下限可改写为零，即若 $f_1(n)=0, n<0$，则

$$f_1(n) * f_2(n) = \sum_{i=0}^{\infty} f_1(i) f_2(n-i) \tag{2.131}$$

如果 $f_1(n)$ 不受限制，而 $f_2(n)$ 为因果序列，那么式(2.130)中，当 $n-i<0$，即 $i>n$ 时，$f(n-i)=0$，因而求和的上限可改写为 n，即

若 $f_2(n)=0, n<0$，则

$$f_1(n) * f_2(n) = \sum_{i=-\infty}^{n} f_1(i) f_2(n-i) \tag{2.132}$$

如果 $f_1(n), f_2(n)$ 均为因果序列，即

若 $f_1(n)=f_2(n)=0, n<0$，则

$$f_1(n) * f_2(n) = \sum_{i=0}^{n} f_1(i) f_2(n-i) \tag{2.133}$$

例 2.23　如 $f_1(n)=\left(\frac{1}{2}\right)^n \varepsilon(n), f_2(n)=1, -\infty<n<\infty, f_3(n)=\varepsilon(n)$，求：(1) $f_1(n) * f_2(n)$；(2) $f_1(n) * f_3(n)$。

解

由卷积和的定义式(2.129),考虑到 $f_2(k-i)=1$ 得

$$f_1(k)*f_2(k)=\sum_{i=-\infty}^{\infty}\left(\frac{1}{2}\right)^i\varepsilon(i)\times 1=\sum_{i=-\infty}^{n}\left(\frac{1}{2}\right)^i=2$$

$$f_1(n)*f_3(n)=\sum_{i=-\infty}^{\infty}\left(\frac{1}{2}\right)^i\varepsilon(i)\varepsilon(n-i)$$

上式中,当 $i<0$ 时 $\varepsilon(i)=0$,故求和下限可改写为 0;当 $k-i<0$,即 $i>k$ 时 $\varepsilon(n-i)=0$,因而从 $n+1$ 到 ∞ 的和为 0,故求和上限可改写为 n;而当 $0\leqslant i\leqslant n$ 时 $\varepsilon(i)=\varepsilon(n-i)=1$,于是上式可写为

$$f_1(n)*f_3(n)=\sum_{i=0}^{n}\left(\frac{1}{2}\right)^i=\frac{1-\left(\frac{1}{2}\right)^{n+1}}{1-\frac{1}{2}}=2\left[1-\left(\frac{1}{2}\right)^{n+1}\right]$$

显然,上式中 $n\geqslant 0$,故应写为

$$f_1(n)*f_3(n)=\left(\frac{1}{2}\right)^n\varepsilon(n)*\varepsilon(n)=2\left[1-\left(\frac{1}{2}\right)^{n+1}\right]\varepsilon(n)$$

2. 卷积和的性质

离散信号卷积和的运算也服从某些代数运算规则,则

$$f_1(n)*f_2(n)=f_2(n)*f_1(n) \tag{2.134}$$

即离散序列的卷积和也服从交换律。类似地,两序列的卷积和也服从分配率和结合律,即有

$$f_1(n)*[f_2(n)+f_3(n)]=f_1(n)*f_2(n)+f_1(n)*f_3(n) \tag{2.135}$$

$$f_1(n)*[f_2(n)*f_3(n)]=[f_1(n)*f_2(n)]*f_3(n) \tag{2.136}$$

如果两序列之一是单位序列,由于 $\delta(n)$ 仅当 $n=0$ 时等于 1,$n\neq 0$ 时全为 0,因而有

$$f(n)*\delta(n)=\delta(n)*f(n)=\sum_{i=-\infty}^{\infty}\delta(i)f(n-i)=f(n) \tag{2.137}$$

即序列 $f(n)$ 与单位序列 $\delta(n)$ 的卷积和就是序列 $f(n)$ 本身。

将式(2.137)推广,$f(n)$ 与移位序列 $\delta(n-n_1)$ 的卷积和

$$f(n)*\delta(n-n_1)=\sum_{i=-\infty}^{\infty}f(i)\delta(n-i-n_1)=f(n-n_1)$$

考虑到交换律,有

$$f(n)*\delta(n-n_1)=\delta(n-n_1)*f(n) \tag{2.138}$$

此外还有

$$f(n-n_1)*\delta(n-n_2)=f(n-n_2)*\delta(n-n_1)=f(n-n_1-n_2) \tag{2.139}$$

若

$$f(n)=f_1(n)*f_2(n)$$

则

$$f_1(n-n_1)*f_2(n-n_2)=f_1(n-n_2)*f_2(n-n_1)=f(n-n_1-n_2) \tag{2.140}$$

以上各式中 n_1、n_2 均为整常数,各式的证明和图示与连续系统相似,不多赘述。

例 2.24　复合系统由两个子系统级联组成，已知子系统的单位序列响应分别为 $h_1(n)=a^n\varepsilon(n)$，$h_2(n)=b^n\varepsilon(n)$（a，b 为常数），求复合系统的单位序列响应 $h(n)$。

解　根据单位序列响应的定义，复合系统的单位序列响应 $h(n)$ 是激励 $f(n)=\delta(n)$ 时系统的零状态响应，即 $y_f(n)=h(n)$。

令 $f(n)=\delta(n)$，则子系统 1 的零状态响应

$$x_f(n)=f(n)*h_1(n)=\delta(n)*h_1(n)=h_1(n)$$

当子系统 2 的输入为 $x_f(k)$ 时，子系统 2 的零状态响应即复合系统的零状态响应

$$y_f(n)=h(n)=x_f(n)*h_2(n)=h_1(n)*h_2(n)$$

即复合系统的单位序列响应

$$h(n)=h_1(n)*h_2(n)=\sum_{i=-\infty}^{\infty}a^i\varepsilon(i)\cdot b^{n-i}\varepsilon(n-i)$$

考虑到当 $i<0$ 时 $\varepsilon(i)=0$，当 $i>n$ 时 $\varepsilon(n-i)=0$ 以及在 $0\leqslant i\leqslant n$ 区间 $\varepsilon(i)=\varepsilon(n-i)=1$，以上各式可写为如下几式。

当 $a\neq b$ 时

$$h(n)=a^n\varepsilon(n)*b^n\varepsilon(n)=\sum_{i=0}^{n}a^ib^{n-i}=b^n\sum_{i=0}^{n}\left(\frac{a}{b}\right)^i$$

$$=b^n\frac{1-\left(\frac{a}{b}\right)^{n+1}}{1-\frac{a}{b}}=\frac{b^{n+1}-a^{n+1}}{b-a}$$

当 $a=b$ 时

$$h(n)=b^n\sum_{i=0}^{n}1=(n+1)b^n$$

显然上面两个式子在 $n\geqslant 0$ 成立，故得

$$h(n)=a^n\varepsilon(n)*b^n\varepsilon(n)=\begin{cases}\dfrac{b^{n+1}-a^{n+1}}{b-a}\varepsilon(n), & a\neq b\\(n+1)b^n\varepsilon(n), & a=b\end{cases}$$

上式中，若 $a\neq 1$，$b=1$，则有

$$a^n\varepsilon(n)*\varepsilon(n)=\frac{1-a^{n+1}}{1-a}\varepsilon(n)$$

若 $a=b=1$，有

$$\varepsilon(n)*\varepsilon(n)=(n+1)\varepsilon(n)$$

最后举例说明时域分析求解 LTI 离散系统全响应的有关问题。

例 2.25　如图 2.10 所示离散系统，已知初始状态 $y(-1)=0$，$y(-2)=\dfrac{1}{6}$，激励 $f(n)=\cos(n\pi)\varepsilon(n)=(-1)^n\varepsilon(n)$，求系统的全响应 $y(n)$。

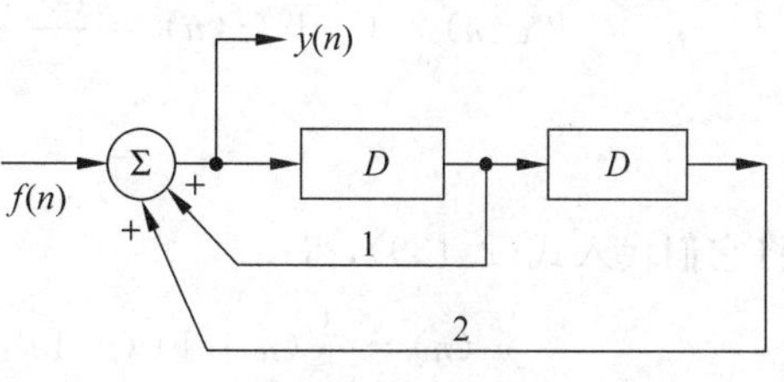

图 2.10　离散系统

解　如图 2.10 所示，不难写出描述系统的差分方程为

$$y(n)-y(n-1)-2y(n-2)=f(n)$$

求零输入响应。

根据零输入响应的定义,它满足方程

$$y_x(n)-y_x(n-1)-2y_x(n-2)=0$$

和初始状态 $y_x(-1)=y(-1)=0, y_x(-2)=y(-2)=\frac{1}{6}$。可推得其初始条件

$$y_x(0)=y_x(-1)+2y_x(-2)=\frac{1}{3}$$

$$y_x(1)=y_x(0)+2y_x(-1)=\frac{1}{3}$$

差分方程的特征根为 $\lambda_1=-1, \lambda_2=-2$,故有

$$y_x(n)=C_{x1}(-1)^n+C_{x2}(2)^n$$

将初始条件代入,有

$$y_x(0)=C_{x1}+C_{x2}=\frac{1}{3}$$

$$y_x(1)=-C_{x1}+2C_{x2}=\frac{1}{3}$$

解得 $C_{x1}=\frac{1}{9}, C_{x2}=\frac{2}{9}$,得零输入响应

$$y_x(n)=\frac{1}{9}(-1)^n+\frac{2}{9}(2)^n,\quad n\geqslant 0$$

求单位序列响应和零状态响应。

根据单位序列响应的定义,系统的单位序列响应 $h(n)$满足方程

$$h(n)-h(n-1)-2h(n-2)=\delta(n)$$

和初始状态 $h(-1)=h(-2)=0$。

$$h(n)=\left[\frac{1}{3}(-1)^n+\frac{2}{3}(2)^n\right]\varepsilon(n)$$

系统的零状态响应等于激励 $f(n)$与单位序列响应 $h(n)$的卷积和,即

$$\begin{aligned} y_f(n)=h(n)*f(n)&=\left[\frac{1}{3}(-1)^n+\frac{2}{3}(2)^n\right]\varepsilon(n)*(-1)^n\varepsilon(n) \\ &=\frac{1}{3}(-1)^n\varepsilon(n)*(-1)^n\varepsilon(n)+\frac{2}{3}(2)^n\varepsilon(n)*(-1)^n\varepsilon(n) \end{aligned} \tag{2.141}$$

由于

$$(-1)^n\varepsilon(n)*(-1)^n\varepsilon(n)=(n+1)(-1)^n\varepsilon(n)$$

$$\begin{aligned} 2^n\varepsilon(n)*(-1)^n\varepsilon(n)&=\frac{(-1)^{n+1}-(2)^{n+1}}{-1-2}=\frac{1}{3}\left[(2)^{n+1}-(-1)^{n+1}\right] \\ &=\left[\frac{2}{3}(2)^n+\frac{1}{3}(-1)^n\right]\varepsilon(n) \end{aligned}$$

将它们代入式(2.139),得

$$\begin{aligned} y_f(n)&=\frac{1}{3}(n+1)(-1)^n\varepsilon(n)+\frac{2}{3}\left[\frac{2}{3}(2)^n+\frac{1}{3}(-1)^n\right]\varepsilon(n) \\ &=\left[\frac{1}{3}n(-1)^n+\frac{5}{9}(-1)^n+\frac{4}{9}(2)^n\right]\varepsilon(n) \end{aligned}$$

最后得到系统的全响应

$$y(n)=y_x(n)+y_f(n)=\frac{1}{9}(-1)^n+\frac{2}{9}(2)^n+\frac{1}{3}n(-1)^n+\frac{5}{9}(-1)^n+\frac{4}{9}(2)^n$$
$$=\left[\frac{1}{3}(n+2)(-1)^n+\frac{2}{3}(2)^n\right]\varepsilon(n)$$

习题

2.1　已知描述系统的微分方程和初始状态如下，求系统的零输入响应。

(1) $y''(t)+5y'(t)+6y(t)=f(t),y(0_-)=1,y'(0)=-1$

(2) $y''(t)+y(t)=f(t),y(0_-)=2,y'(0_-)=0$

2.2　已知描述系统的微分方程和初始状态如下，求系统的全响应。

(1) $y''(t)+3y'(t)+2y(t)=f(t),y(0_-)=1,y'(0)=-1,f(t)=\varepsilon(t)$

(2) $y''(t)+4y'(t)+3y(t)=f(t),y(0_-)=1,y'(0)=-1,f(t)=e^{-5t}\varepsilon(t)$

2.3　已知描述系统的微分方程和初始状态如下，求系统的零输入响应，零状态响应与系统的全响应。

(1) $y''(t)+4y'(t)+4y(t)=f'(t),+3f(t),y(0_-)=1,y'(0)=2,f(t)=e^{-t}\varepsilon(t)$

(2) $y''(t)+2y'(t)+2y(t)=f'(t),y(0_-)=0,y'(0)=1,f(t)=\varepsilon(t)$

2.4　已知描述系统的微分方程如下，求系统的冲激响应 $h(t)$ 与阶跃响应 $g(t)$。

(1) $y'(t)+2y(t)=f'(t)-f(t)$

(2) $y'(t)+2y(t)=f''(t)$

(3) $y''(t)+6y'(t)+8y(t)=f'(t)+2f(t)$

(4) $y'''(t)+6y''(t)+11\,y'(t)+6y(t)=6f'(t)+2f(t)$

2.5　计算下列函数卷积积分。

(1) $f_1(t)=t\varepsilon(t),f_2(t)=\varepsilon(t)$

(2) $f_1(t)=e^{-2t}\varepsilon(t),f_2(t)=\varepsilon(t)$

(3) $f_1(t)=e^{-2t}\varepsilon(t),f_2(t)=e^{-2t}\varepsilon(t)$

2.6　已知

(1) $f_1(t)*t\varepsilon(t)=(t+e^{-t}-1)\varepsilon(t)$

(2) $f_2(t)*e^{-t}\varepsilon(t)=(1-e^{-t})\varepsilon(t)-(1-e^{-t+1})\varepsilon(t-1)$

求$f_1(t),f_2(t)$。

2.7　已知系统$y_1(t)=f(t)*h(t)=e^{-t},t\geqslant 0$，求$y_2(t)=f(2t)*h(2t)$。

2.8　某 LTI 系统，当激励 $f(t)=\varepsilon(t)$时，零状态响应为

$$g(t)=e^{-t}\cos t\varepsilon(t)+\cos t\left[(\varepsilon(t-\pi)-\varepsilon(t-2\pi)\right]$$

求冲激响应 $h(t)$。

2.9　计算 $y(t)=(\varepsilon(t-1)-\varepsilon(t-2))*\sin\pi t(\varepsilon(t)-\varepsilon(t-2))$

2.10　求系统的零状态响应$y'(t)+3y(t)=f(t),t>0;f(t)=e^{-3t}\cos t\varepsilon(t)$。

2.11　已知描述某连续时间 LTI 系统的微分方程 $y'(t)+3y(t)=f(t),t>0,y(0)=1$，求系统在系列输入激励作用下系统的固有响应、强迫响应及完全响应。

(1) $f(t)=\varepsilon(t)$　　　　(2) $f(t)=e^{-t}\varepsilon(t)$

(3) $f(t)=\mathrm{e}^{-3t}\varepsilon(t)$　　(4) $f(t)=t\varepsilon(t)$

(5) $f(t)=\cos t\varepsilon(t)$　　(6) $f(t)=\mathrm{e}^{-3t}\cos t\varepsilon(t)$

2.12　已知图 2.11 所示 RLC 电路，$R=2\Omega$，$L=1/2\mathrm{H}$，$C=1/2\mathrm{F}$，电容上的初始储能为 $V_C(0^-)=1\mathrm{V}$，电感上的初始储能为 $I_L(0^-)=1\mathrm{A}$，试求输入激励 $f(t)$ 为零时的电容电压 $V_C(t)$。

2.13　求图 2.12 所示 RC 电路中电容电压的冲激响应和阶跃响应。

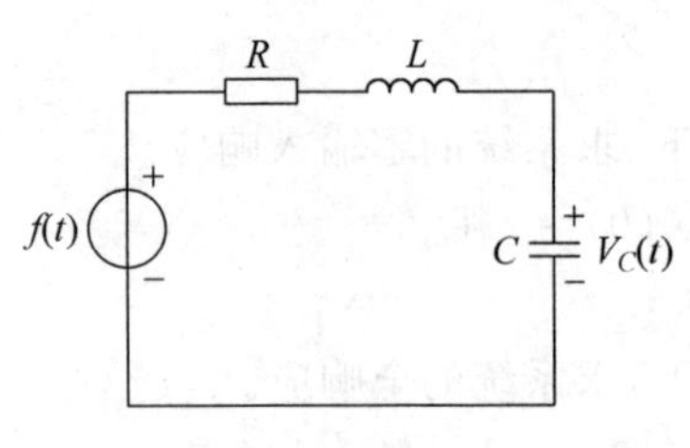

图 2.11　题 2.12 图

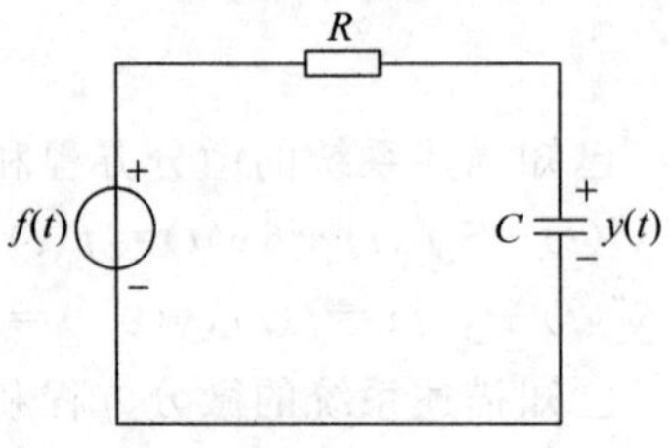

图 2.12　题 2.13 图

2.14　求图 2.13 中 RL 电路中电感电流的冲激响应和阶跃响应。

2.15　一个连续时间 LTI 系统的阶跃响应为 $g(t)=\mathrm{e}^{-t}\varepsilon(t)$，确定该系统对图 2.14 所示输入 $x(t)$ 的输出。

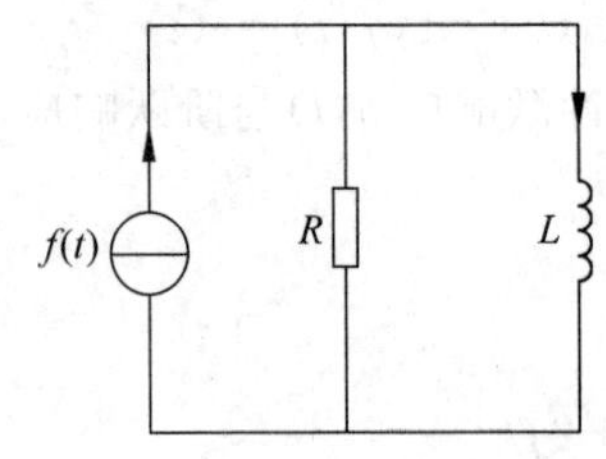

图 2.13　题 2.14 图

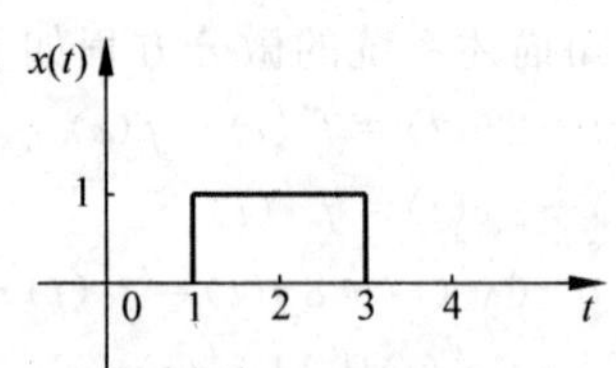

图 2.14　题 2.15 图

2.16　用直接计算或图解法计算图 2.15 信号的卷积积分。

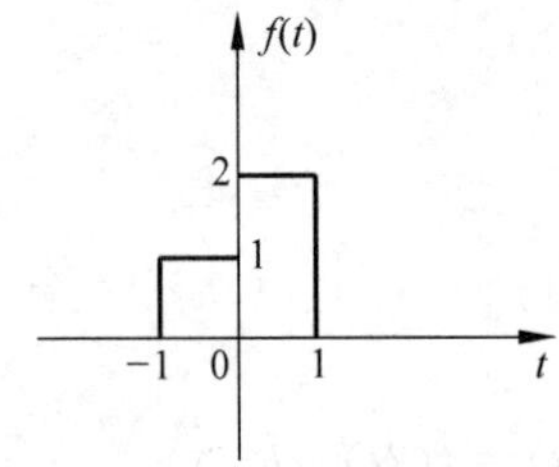

*

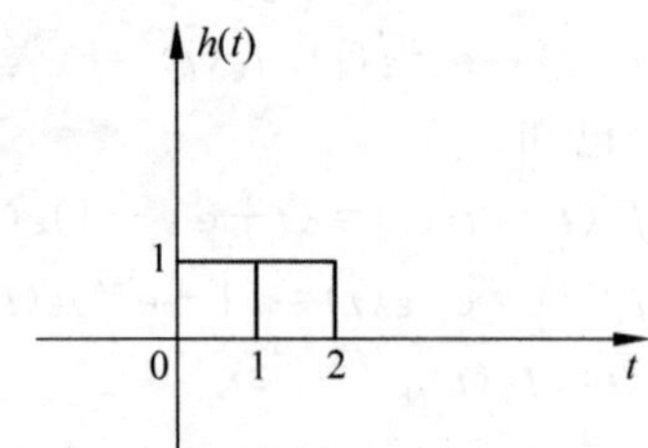

图 2.15　题 2.16 图

2.17　已知某连续因果 LTI 系统的微分方程为 $y'(t)+7y'(t)+12y(t)=f(t)$，$t>0$，$f(t)=\varepsilon(t)$，$y(0_{-})=1$，$y'(0_{-})=2$，则

(1) 求系统的冲激响应 $h(t)$；

(2) 求系统的零输入响应 $y_x(t)$，零状态响应 $y_f(t)$ 及完全响应 $y(t)$。

2.18　已知描述某离散时间 LTI 系统的差分方程 $y(n)-0.5y(n-1)=f(n)$，$n>0$，$y(0)=1$，求系统在 $f(n)=\varepsilon(n)$ 作用下的固有响应、强迫响应及完全响应。

2.19　求以下系统的零输入响应。

$y(n)-2ay(n-1)+y(n-2)=f(n)$，　$n>0$，　$y(-1)=0$，　$y(-2)=1$

(1) $a=\frac{1}{2}$　　(2) $a=-1$　　(3) $a=\frac{5}{4}$

2.20　求系统的零状态响应。

(1) $y(n)-\frac{1}{4}y(n-1)=(-1)^n\varepsilon(n)$

(2) $y(n)-\frac{1}{4}y(n-1)=\cos\left(\frac{\pi}{2}n\right)\varepsilon(n)$

(3) $y(n)-\frac{3}{4}y(n-1)+\frac{1}{8}y(n-2)=\varepsilon(n)$

2.21　求下列方程描述的离散时间系统的单位脉冲响应。

(1) $y(n)-0.5y(n)=f(n)$

(2) $y(n)=f(n)-f(n-1)$

(3) $y(n)-\frac{3}{4}y(n-1)+\frac{1}{8}y(n-2)=f(n)$

2.22　求系统的差分方程。

(1) $h(n)=\delta(n)+\delta(n-1)$

(2) $h(n)=\left(\frac{1}{2}\right)^n\varepsilon(n)$

(3) $h(n)=\left(\frac{1}{2}\right)^n\varepsilon(n)+\left(\frac{1}{3}\right)^n\varepsilon(n)$

2.23　计算卷积。

(1) $\{1,2,1\}*\{1,2,1\}$

(2) $\{1,0,2,0,1\}*\{1,0,2,0,1\}$

(3) $\{1,2,1\}*\{1,0,2,0,1\}$

2.24　计算卷积。

(1) $\delta(n-3)*\delta(n-4)$

(2) $\left(\frac{1}{2}\right)^n\varepsilon(n-2)*\delta(n-1)$

(3) $\sin\left(\frac{\pi k}{2}\right)^n*[\delta(n)-\delta(n-1)]$

2.25　已知离散时间系统的差分方程为

$$y(n)-\frac{5}{6}y(n-1)+\frac{1}{6}y(n-2)=f(n)+f(n-1)$$

$$y(-1)=0,\quad y(-2)=1,\quad f(n)=\varepsilon(n)$$

求全响应。

2.26　计算卷积。

(1) $2^n\varepsilon(n)*\varepsilon(n-4)$

(2) $\varepsilon(n)*\varepsilon(n-2)$

(3) $\left(\frac{1}{2}\right)^n\varepsilon(n)*\varepsilon(n)$

(4) $\left(\frac{1}{2}\right)^n\varepsilon(n) * 2^n\varepsilon(n)$

(5) $\alpha^n\varepsilon(n) * \beta^n\varepsilon(n)$

2.27 已知某离散因果 LTI 系统的差分方程为

$$y(n)-3y(n-1)+2y(n-2)=f(n),\quad f(n)=3^n\varepsilon(n),\quad y(-1)=2,\quad y(-2)=1$$

求:(1) 单位脉冲响应 $h(n)$;

(2) 零输入响应 $y_x(n)$,零状态响应 $y_f(n)$ 及完全响应 $y(n)$。

2.28 求图 2.16 所示系统在下列激励下的零状态响应。

(1) $f(n)=\delta(n)$

(2) $f(n)=n\varepsilon(n)$

(3) $f(n)=2^n\varepsilon(n)$

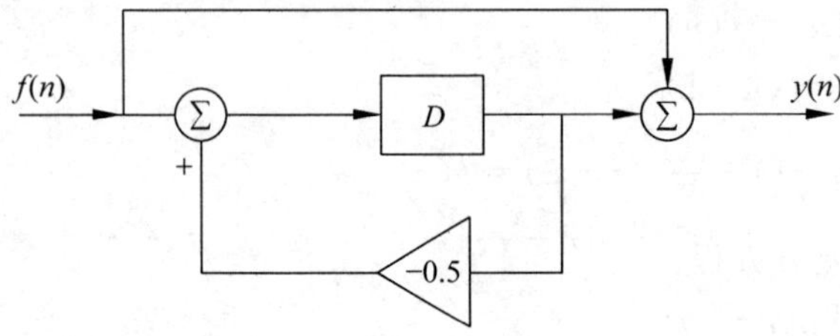

图 2.16 题 2.28 图

2.29 求下列系统的零输入响应、零状态响应和单位脉冲响应。

(1) $y(n)+2y(n-1)=(n-2)\varepsilon(n-1),y(-1)=1$

(2) $y(n)+2y(n-1)+y(n-2)=3^n\varepsilon(n-2),y(-2)=0,y(-1)=0$

(3) $y(n)-2y(n-1)=4\varepsilon(n-1),y(-1)=0$

2.30 已知某离散时间 LTI 系统在 $f_1(n)$ 的激励下的零状态响应为 $y_1(n)$,求该系统在 $f_2(n)$ 的激励下零状态响应为 $y_2(n)$。$f_1(n)$、$y_1(n)$ 和 $f_2(n)$ 如图 2.17 所示,画出 $y_2(n)$ 图形。

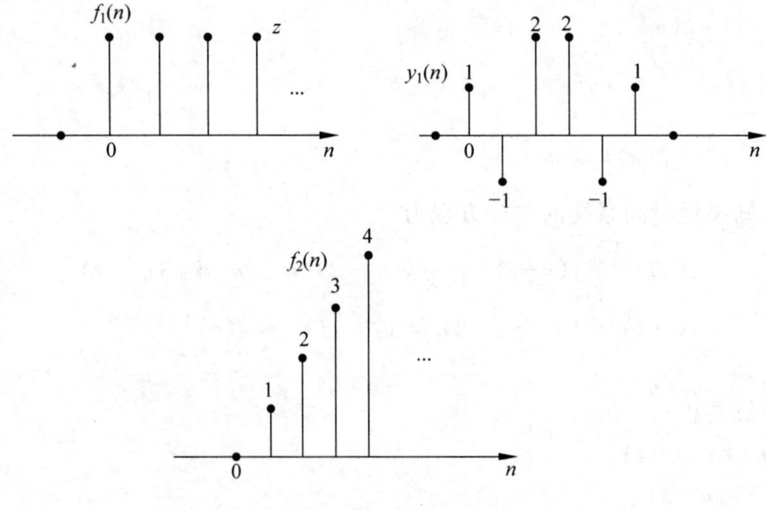

图 2.17 题 2.30 图

第3章 连续信号的傅里叶变换与频域分析

3.1 非周期信号的傅里叶变换

1. 傅里叶变换的定义

在高等数学以及电路等课程中已熟悉了周期信号的傅里叶级数：一个周期为 T $\left(\text{角频率为 } \omega_1=\frac{2\pi}{T}\right)$的周期信号 $f(t)$，可展开成指数形式的傅里叶级数，即

$$f(t)=\sum_{n=-\infty}^{\infty} F_n \mathrm{e}^{\mathrm{j} n \omega_1 t} \tag{3.1}$$

其中，$F_n=\frac{1}{T} \int_{-\frac{T}{2}}^{\frac{T}{2}} f(t) \mathrm{e}^{-\mathrm{j} n \omega_1 t} \mathrm{d} t$。

为了直观地表示出信号中所含各频率分量的大小，以各频率分量$(n\omega_1)$为横坐标，以各分量的幅度$|F_n|$为纵坐标，可画出信号的幅度谱。周期信号的频谱是一条条的离散谱线，相邻谱线之间的间隔是 ω_1，每条谱线的幅度是 F_n。现在由周期信号的傅里叶级数推导出非周期信号的傅里叶变换。

显然，当周期信号的周期 $T\to\infty$时可作为非周期信号来处理。此时，周期信号的频谱发生如下变化：

(1) 相邻谱线的间隔 $\omega_1=\frac{2\pi}{T}$趋近于无穷小，从而周期信号的离散谱密集成为连续谱；

(2) 各频率分量的幅度 F_n 也趋于无穷小。因此，非周期信号的频谱不能再用周期信号的频谱 F_n 来表示。

式中，ω_1 和 F_n 都趋于无穷小，但两个无穷小量的比值有望不趋于 0，因此 $2\pi\frac{F_n}{\omega_1}$有望不趋于 0。为了描述非周期信号的频谱特性，引入频谱密度的概念，令

$$F(\mathrm{j}\omega)=\lim_{T\to\infty} 2\pi \frac{F_n}{\omega_1}=\lim_{T\to\infty} F_n T \tag{3.2}$$

函数 $F(\mathrm{j}\omega)$可以看作是单位频带的振幅，类似于物质单位体积的质量是密度，称 $F(\mathrm{j}\omega)$为频谱密度函数。

下面由周期信号的傅里叶级数推导出 $F(\mathrm{j}\omega)$的表达式。

由式(3.1)可得

$$\begin{cases} F_n T = \int_{-\frac{T}{2}}^{\frac{T}{2}} f(t)\mathrm{e}^{-\mathrm{j}n\omega_1 t}\mathrm{d}t & (3.3) \\ f(t) = \sum_{n=-\infty}^{\infty} F_n T \mathrm{e}^{\mathrm{j}n\omega_1 t}\cdot\frac{1}{T} & (3.4) \end{cases}$$

当周期 $T\to\infty$ 时,ω_1 趋近于无穷小,取其为 $\mathrm{d}\omega$,式中 $n\omega_1$ 是变量,当 $\omega_1\neq 0$ 时,是离散值,当 ω_1 趋近于无穷小时,它就成为连续变量,取为 ω。因为 $T\to\infty$,所以式(3.3)中积分限变为 $-\infty$ 到 ∞,式(3.4)中求和符号也要相应改写为积分,同时 $\frac{1}{T}=\frac{\omega_1}{2\pi}$ 将趋近于 $\frac{\mathrm{d}\omega}{2\pi}$。于是,式(3.3)和式(3.4)成为

$$\lim_{T\to\infty} F_n T = \int_{-\infty}^{\infty} f(t)\mathrm{e}^{-\mathrm{j}\omega t}\mathrm{d}t \overset{\mathrm{def}}{=} F(\mathrm{j}\omega) \tag{3.5}$$

$$f(t) = \frac{1}{2\pi}\int_{-\infty}^{\infty} F(\mathrm{j}\omega)\mathrm{e}^{\mathrm{j}\omega t}\mathrm{d}\omega \tag{3.6}$$

式(3.5)称为函数 $f(t)$ 的傅里叶变换,有些教材中将 $F(\mathrm{j}\omega)$ 记为 $F(\omega)$ 或 $F(\mathrm{e}^{\mathrm{j}\omega})$,都是相同的含义。式(3.6)称为函数 $F(\mathrm{j}\omega)$ 的傅里叶逆变换(或逆变换)。$F(\mathrm{j}\omega)$ 称为 $f(t)$ 的频谱密度函数,简称为频谱函数,而 $f(t)$ 称为 $F(\mathrm{j}\omega)$ 的原函数。式(3.5)和式(3.6)也可用符号简记作

$$F(\mathrm{j}\omega) = \mathscr{F}[f(t)] \tag{3.7}$$

$$f(t) = \mathscr{F}^{-1}[F(\mathrm{j}\omega)] \tag{3.8}$$

$f(t)$ 与 $F(\mathrm{j}\omega)$ 的对应关系还可简记为

$$f(t)\leftrightarrow F(\mathrm{j}\omega) \tag{3.9}$$

频谱密度函数 $F(\mathrm{j}\omega)$ 是一个复函数,它可写为

$$F(\mathrm{j}\omega) = |F(\mathrm{j}\omega)|\mathrm{e}^{\mathrm{j}\varphi(\omega)} = R(\omega) + \mathrm{j}X(\omega) \tag{3.10}$$

其中,$F(\mathrm{j}\omega)$ 和 $\varphi(\omega)$ 分别是模和相位,谱图 $|F(\mathrm{j}\omega)|\sim\omega$ 称为幅度谱,谱图 $\varphi(\omega)\sim\omega$ 称为相位谱。$R(\omega)$ 和 $X(\omega)$ 分别是 $F(\mathrm{j}\omega)$ 的实部和虚部。

下面对傅里叶变换的公式作进一步分析,以说明信号傅里叶变换的意义。

式(3.6)可写成三角函数形式,即

$$\begin{aligned} f(t) &= \frac{1}{2\pi}\int_{-\infty}^{\infty} F(\mathrm{j}\omega)\mathrm{e}^{\mathrm{j}\omega t}\mathrm{d}\omega = \frac{1}{2\pi}\int_{-\infty}^{\infty} |F(\mathrm{j}\omega)|\mathrm{e}^{\mathrm{j}[\omega t+\varphi(\omega)]}\mathrm{d}\omega \\ &= \frac{1}{2\pi}\int_{-\infty}^{\infty} |F(\mathrm{j}\omega)|\cos[\omega t+\varphi(\omega)]\mathrm{d}\omega \\ &\quad + \mathrm{j}\frac{1}{2\pi}\int_{-\infty}^{\infty} |F(\mathrm{j}\omega)|\sin[\omega t+\varphi(\omega)]\mathrm{d}\omega \end{aligned} \tag{3.11}$$

3.2 节将证明,$F(\mathrm{j}\omega)$ 是 ω 的偶函数,$\varphi(\omega)$ 是 ω 的奇函数,因此 $|F(\mathrm{j}\omega)|\sin[\omega t+\varphi(\omega)]$ 是 ω 的奇函数,而 $|F(\mathrm{j}\omega)|\cos[\omega t+\varphi(\omega)]$ 是 ω 的偶函数。因此,式(3.11)中第二项积分的被积函数是 ω 的奇函数,其积分为零,而第一个积分中的被积函数是 ω 的偶函数,有

$$f(t) = \frac{1}{\pi}\int_{0}^{\infty} |F(\mathrm{j}\omega)|\cos[\omega t+\varphi(\omega)]\mathrm{d}\omega \tag{3.12}$$

式(3.12)表明,非周期信号 $f(t)$ 和周期信号一样,也可以分解成许多不同频率的正、余弦分量的和。不同的是,由于非周期信号的 $T\to\infty$,$\omega\to 0$,于是它包含了从零到无穷大的所有频率分量。

需要说明的是，前面在推导傅里叶变换时并未遵循数学上的严格步骤。数学证明指出，函数 $f(t)$ 的傅里叶变换存在的充分条件是在无限区间内 $f(t)$ 绝对可积，即

$$\int_{-\infty}^{\infty} |f(t)| \mathrm{d}t < \infty$$

但它并非必要条件。当引入奇异函数（如冲激函数）的概念后，许多不满足绝对可积条件的函数也能进行傅里叶变换，这给信号与系统分析带来很大方便。

2. 典型非周期信号的傅里叶变换

下面利用傅里叶变换的表达式求几种典型非周期信号的频谱。

1）矩形脉冲信号

图 3.1(a)所示为矩形脉冲信号（也称门函数），用符号 $g_\tau(t)$ 表示，其脉冲宽度为 τ，脉冲幅度为 A，求其频谱函数。

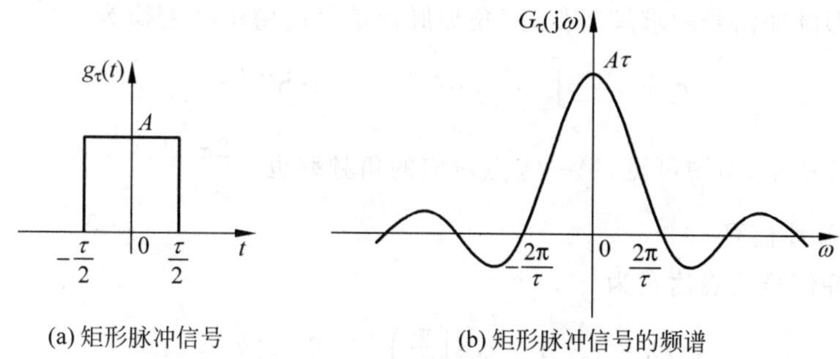

(a) 矩形脉冲信号 (b) 矩形脉冲信号的频谱

图 3.1 矩形脉冲信号及其频谱

解 图 3.1(a)的矩形脉冲信号可表示为

$$g_\tau(t) = \begin{cases} A, & |t| < \frac{\tau}{2} \\ 0, & |t| > \frac{\tau}{2} \end{cases} \tag{3.13}$$

由式(3.5)可求得其频谱函数为

$$\begin{aligned} G_\tau(\mathrm{j}\omega) &= \int_{-\infty}^{\infty} g_\tau(t)\mathrm{e}^{-\mathrm{j}\omega t}\mathrm{d}t = \int_{-\frac{\tau}{2}}^{\frac{\tau}{2}} A\mathrm{e}^{-\mathrm{j}\omega t}\mathrm{d}t = A\,\frac{\mathrm{e}^{-\mathrm{j}\frac{\omega\tau}{2}} - \mathrm{e}^{\mathrm{j}\frac{\omega\tau}{2}}}{-\mathrm{j}\omega} \\ &= \frac{2A\sin\left(\frac{\omega\tau}{2}\right)}{\omega} = A\tau\,\mathrm{Sa}\left(\frac{\omega\tau}{2}\right) \end{aligned} \tag{3.14}$$

其频谱图如图 3.1(b)所示。分析该频谱的特点如下：

(1) 非周期的矩形脉冲信号其频谱是连续谱，其形状与周期矩形脉冲信号离散频谱的包络线相似。

(2) 在时域里占据有限范围 $\left[-\frac{\tau}{2}, \frac{\tau}{2}\right]$ 的矩形脉冲信号，其频谱以 $\mathrm{Sa}\left(\frac{\omega\tau}{2}\right)$ 的规律变化，分布在无限宽的频率范围上。信号在**时域**中**有限**，则在**频域**将**无限**延续。

(3) 频谱图中第一个零点对应的角频率为 $\frac{2\pi}{\tau}$ $\left(频率为\frac{1}{\tau}\right)$。因为信号的能量主要集中在第一零点内，常取从零到第一个零点 $\left(\frac{1}{\tau}\right)$ 之间的频段为信号的频带宽度。这样，矩形脉

冲信号的带宽 $\Delta f=\frac{1}{\tau}$,脉冲宽度 τ 越窄,其占有的频带 Δf 越宽,高频分量越多。即信号传输速度越快,传送信号所需要占用的频带越宽。

2) 三角形脉冲信号

三角形脉冲信号的脉冲宽度为 2τ,幅度为 A,如图 3.2 所示,求其频谱。

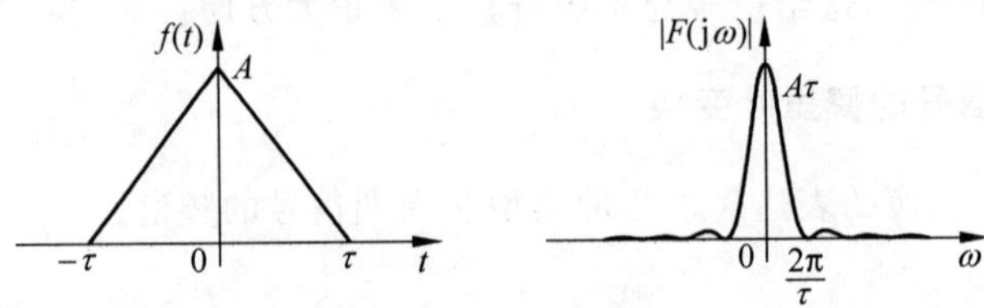

图 3.2　三角形脉冲信号及其频谱

解　与矩形脉冲信号的求解类似,三角形脉冲信号的傅里叶变换为

$$F(\mathrm{j}\omega)=\int_{-\infty}^{\infty}f(t)\mathrm{e}^{-\mathrm{j}\omega t}\,\mathrm{d}t=A\tau\mathrm{Sa}^2\left(\frac{\omega\tau}{2}\right)\tag{3.15}$$

其频谱如图 3.2 所示,由图可见,第一零点对应的角频率也为 $\frac{2\pi}{\tau}$。

3) 升余弦脉冲信号

升余弦脉冲信号的表达式为

$$f(t)=\frac{A}{2}\left[1+\cos\left(\frac{\pi t}{\tau}\right)\right],\quad 0\leqslant|t|\leqslant\tau$$

其波形如图 3.3 所示,求其频谱。

解

$$F(\mathrm{j}\omega)=\int_{-\infty}^{\infty}f(t)\mathrm{e}^{-\mathrm{j}\omega t}\,\mathrm{d}t=\int_{-\tau}^{\tau}\frac{A}{2}\left[1+\cos\left(\frac{\pi t}{\tau}\right)\right]\mathrm{e}^{-\mathrm{j}\omega t}\,\mathrm{d}t=\frac{A\tau\mathrm{Sa}(\omega\tau)}{1-\left(\frac{\omega\tau}{\pi}\right)^2}\tag{3.16}$$

其频谱如图 3.3 所示,由图可见,第一零点对应的角频率仍然为 $\frac{2\pi}{\tau}$。

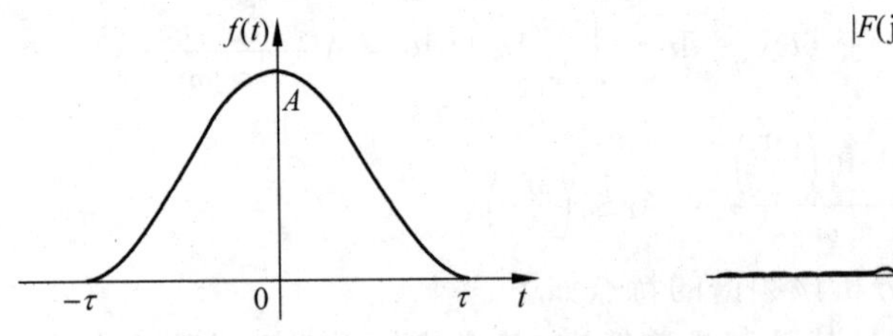

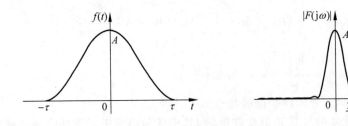

图 3.3　升余弦脉冲信号及其频谱

上述三个非周期信号:矩形脉冲、三角形脉冲和升余弦脉冲,在时域中呈现越来越光滑的趋势(以出现不连续点的导数阶次来表示:矩形脉冲原函数出现不连续点,三角形脉冲一阶导数出现不连续点,升余弦脉冲二阶导数出现不连续点),其频谱的第一零点都位于 $\frac{2\pi}{\tau}$,但第一零点内频率分量的能量越来越高,第一零点以外的高次谐波越来越小。因此,时域函

数越来越光滑，频域能量越来越集中。基于此，数字通信系统中，在传输带宽有限的情况下，信号用升余弦脉冲信号编码传输比矩形脉冲和三角形脉冲受到的损伤将会较小。

4）单边指数函数

求图 3.4 所示**单边指数函数** $f(t)=\mathrm{e}^{-\alpha t}\varepsilon(t)(\alpha>0)$的频谱函数。

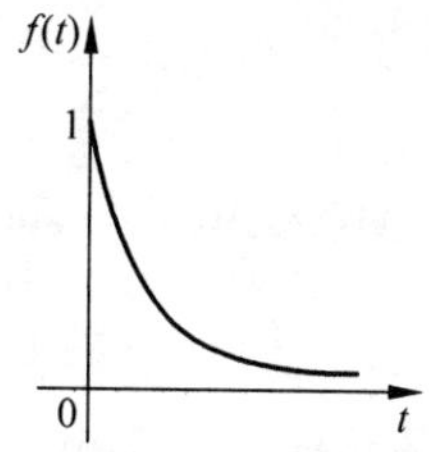

图 3.4　单边指数函数($\alpha>0$)

解　将单边指数函数的表达式 $\mathrm{e}^{-\alpha t}\varepsilon(t)$代入式(3.5)，得

$$F(\mathrm{j}\omega)=\int_{-\infty}^{\infty}f(t)\mathrm{e}^{-\mathrm{j}\omega t}\mathrm{d}t=\int_{0}^{\infty}\mathrm{e}^{-\alpha t}\mathrm{e}^{-\mathrm{j}\omega t}\mathrm{d}t=\frac{1}{\alpha+\mathrm{j}\omega}\tag{3.17}$$

其幅度谱和相位频谱分别为

$$|F(\mathrm{j}\omega)|=\frac{1}{\sqrt{\alpha^2+\omega^2}}$$

$$\varphi(\omega)=-\arctan\left(\frac{\omega}{\alpha}\right)$$

幅度谱和相位谱分别如图 3.5(a)和图 3.5(b)所示。

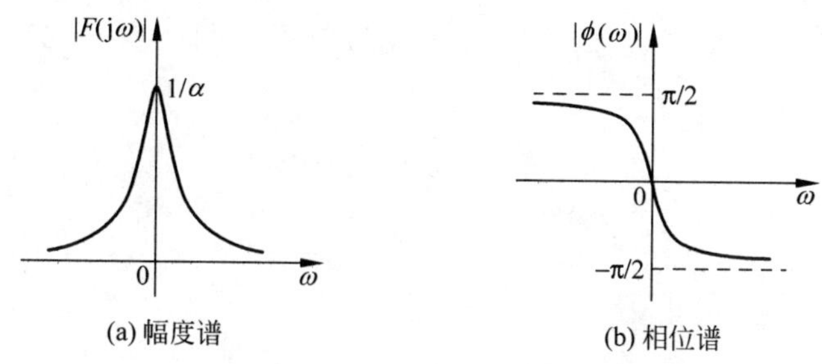

(a) 幅度谱　(b) 相位谱

图 3.5　单边指数函数的幅度谱和相位谱($\alpha>0$)

5）双边指数函数

(1) 求图 3.6(a)所示**双边指数函数**的频谱函数。

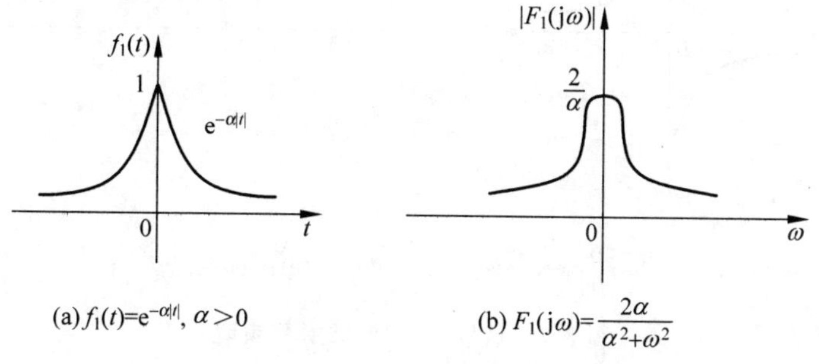

(a) $f_1(t)=\mathrm{e}^{-\alpha|t|},\ \alpha>0$　(b) $F_1(\mathrm{j}\omega)=\dfrac{2\alpha}{\alpha^2+\omega^2}$

图 3.6　双边指数函数及其频谱

解　图 3.6(a)所示的信号可表示为

$$f_1(t)=\mathrm{e}^{-\alpha|t|},\quad \alpha>0\tag{3.18}$$

或者写为

$$f_1(t)=\begin{cases}e^{\alpha t}, & t<0\\ e^{-\alpha t}, & t>0\end{cases}\quad (其中\ \alpha>0) \tag{3.19}$$

将 $f_1(t)$ 代入式(3.5),可得其频谱函数为

$$F_1(j\omega)=\int_{-\infty}^{0}e^{\alpha t}e^{-j\omega t}dt+\int_{0}^{\infty}e^{-\alpha t}e^{-j\omega t}dt=\frac{1}{\alpha-j\omega}+\frac{1}{\alpha+j\omega}=\frac{2\alpha}{\alpha^2+\omega^2} \tag{3.20}$$

$f_1(t)$ 的频谱如图 3.6(b)所示。

(2) 求图 3.7(a)所示信号的频谱函数。

解 图 3.7(a)所示的信号可写为

$$f_2(t)=\begin{cases}-e^{\alpha t}, & t<0\\ e^{-\alpha t}, & t>0\end{cases}\quad (其中\ \alpha>0) \tag{3.21}$$

由式(3.5)可得其频谱函数为

$$\begin{aligned}F_2(j\omega)&=-\int_{-\infty}^{0}e^{\alpha t}e^{-j\omega t}dt+\int_{0}^{\infty}e^{-\alpha t}e^{-j\omega t}dt\\&=-\frac{1}{\alpha-j\omega}+\frac{1}{\alpha+j\omega}=-j\frac{2\omega}{\alpha^2+\omega^2}\end{aligned} \tag{3.22}$$

$F_2(j\omega)$ 的模与相位分别为

$$|F_2(j\omega)|=\frac{2\omega}{\alpha^2+\omega^2}$$

$$\varphi_2(\omega)=\begin{cases}\dfrac{\pi}{2}, & \omega<0\\ -\dfrac{\pi}{2}, & \omega>0\end{cases} \tag{3.23}$$

$F_2(j\omega)$ 如图 3.7(b)所示。

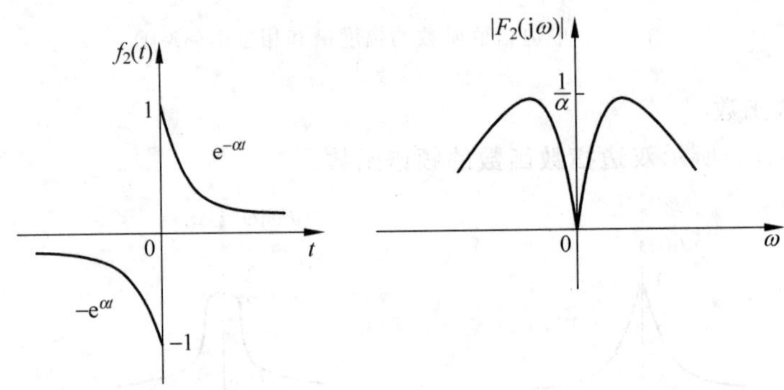

(a) $f_2(t)=\begin{cases}-e^{\alpha t}, t<0\\ e^{-\alpha t}, t>0\end{cases}$ (其中 $\alpha>0$) (b) $|F_2(j\omega)|=\dfrac{2\omega}{\alpha^2+\omega^2}$

图 3.7 信号 $f_2(t)$ 的波形和频谱

3. 奇异函数的傅里叶变换

1) 冲激函数

冲激函数如图 3.8(a)所示。

根据傅里叶变换的定义式(3.5)有

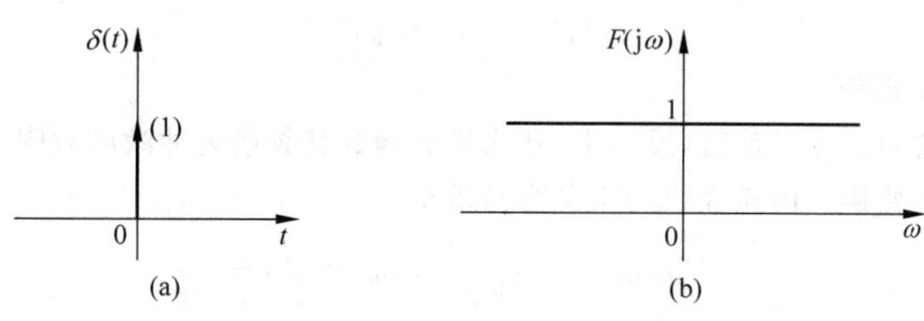

图 3.8　单位冲激函数及其频谱

$$\mathscr{F}[\delta(t)]=\int_{-\infty}^{\infty}\delta(t)\mathrm{e}^{-\mathrm{j}\omega t}\mathrm{d}t=1 \tag{3.24}$$

即单位冲激函数的频谱是常数1，其频谱密度在$-\infty<\omega<\infty$区间处处相等，如图3.8(b)所示。显然，在时域中变化异常剧烈的冲激函数包含了幅度相等的所有频率分量，这种频谱常称为“均匀谱”或“白色谱”。

如果应用广义极限的概念，从矩形脉冲信号$g_\tau(t)$及其频谱讨论也可得到相同的结果。单位冲激函数$\delta(t)$是幅度为$\frac{1}{\tau}$，脉宽为τ的矩形脉冲信号当$\tau\to 0$的广义极限。因而可以写为

$$\delta(t)=\lim_{\tau\to 0}\frac{1}{\tau}g_\tau(t) \tag{3.25}$$

由式(3.14)知，幅度为1的矩形脉冲信号的傅里叶变换为

$$\mathscr{F}[g_\tau(t)]=\tau\mathrm{Sa}\left(\frac{\omega\tau}{2}\right)$$

因而

$$\mathscr{F}\left[\frac{1}{\tau}g_\tau(t)\right]=\mathrm{Sa}\left(\frac{\omega\tau}{2}\right)$$

所以

$$\mathscr{F}[\delta(t)]=\lim_{\tau\to 0}\mathrm{Sa}\left(\frac{\omega\tau}{2}\right)=1$$

这与式(3.24)结果相同。

2) 冲激偶信号(冲激函数的导数)

因为

$$\delta(t)\leftrightarrow 1$$

即

$$\delta(t)=\frac{1}{2\pi}\int_{-\infty}^{\infty}\mathrm{e}^{\mathrm{j}\omega t}\mathrm{d}\omega$$

对上式两边同时对t求导，有

$$\frac{\mathrm{d}\delta(t)}{\mathrm{d}t}=\frac{1}{2\pi}\int_{-\infty}^{\infty}(\mathrm{j}\omega)\mathrm{e}^{\mathrm{j}\omega t}\mathrm{d}\omega \tag{3.26}$$

式(3.26)说明

$$\frac{\mathrm{d}\delta(t)}{\mathrm{d}t}\leftrightarrow\mathrm{j}\omega$$

即$\delta'(t)$的频谱函数为$\mathrm{j}\omega$

$$\mathscr{F}[\delta'(t)]=\mathrm{j}\omega \tag{3.27}$$

同理可得

$$\mathscr{F}[\delta^{(n)}(t)] = (\mathrm{j}\omega)^{(n)} \tag{3.28}$$

3）常数(直流信号)

冲激函数的频谱等于常数,反过来,什么样的函数其频谱为冲激函数呢？也就是需要求$\delta(\omega)$的傅里叶逆变换。由逆变换的定义容易求得

$$\mathscr{F}^{-1}[\delta(\omega)] = \frac{1}{2\pi}\int_{-\infty}^{\infty}\delta(\omega)\mathrm{e}^{\mathrm{j}\omega t}\,\mathrm{d}\omega = \frac{1}{2\pi} \tag{3.29}$$

式(3.29)说明常数$\frac{1}{2\pi}$的傅里叶变换为$\delta(\omega)$,于是幅度为1的直流信号的频谱函数为$2\pi\delta(\omega)$,即

$$\mathscr{F}[1] = 2\pi\delta(\omega) \tag{3.30}$$

幅度等于1的直流信号可表示为$f(t)=1,-\infty<t<\infty$,显然该信号不满足绝对可积条件,但其傅里叶变换却存在。它可以看作是图3.6所示的函数$f_1(t)=\mathrm{e}^{-\alpha|t|}(\alpha>0)$当$\alpha\to 0$时的极限。直流信号及其频谱如图3.9所示。

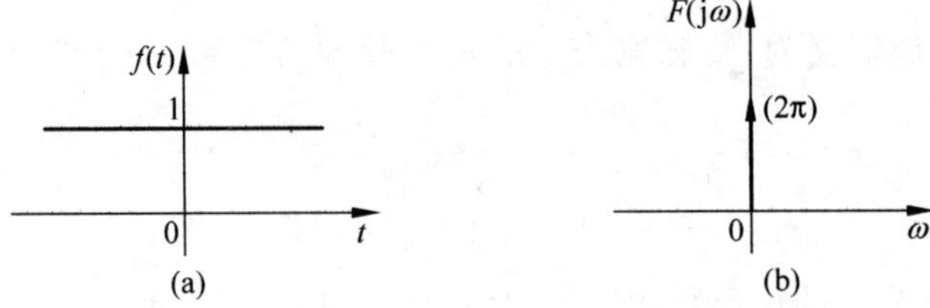

图3.9 直流信号及其频谱

4）符号函数

符号函数记作sgn(t),它的定义为

$$\mathrm{sgn}(t) \stackrel{\mathrm{def}}{=} \begin{cases} -1, & t<0 \\ 0, & t=0 \\ 1, & t>0 \end{cases}$$

其波形如图3.10(a)所示。显然,该函数也不满足绝对可积条件。

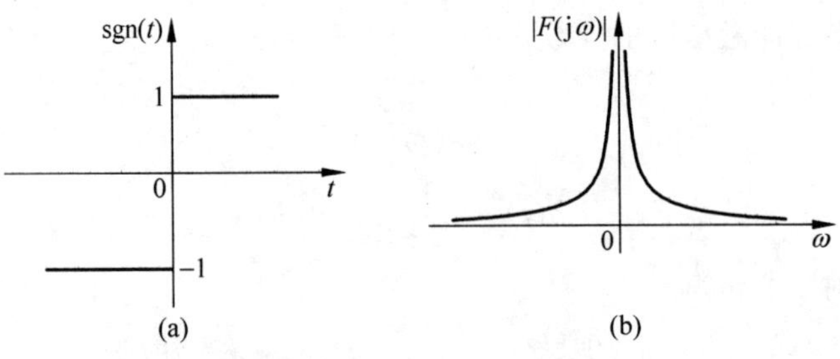

图3.10 sgn(t)及其频谱

sgn(t)可看作图3.7(a)所示的函数

$$f_2(t) = \begin{cases} -\mathrm{e}^{\alpha t}, & t<0 \\ \mathrm{e}^{-\alpha t}, & t>0 \end{cases}$$

其中$\alpha>0$,当$\alpha\to 0$时的极限。因此,sgn(t)的频谱也是$f_2(t)$的频谱$F_2(\mathrm{j}\omega)$当$\alpha\to 0$时的极

限。$f_2(t)$的频谱函数为

$$F_2(\mathrm{j}\omega) = -\mathrm{j}\frac{2\omega}{\alpha^2+\omega^2}$$

当 $\alpha\to 0$ 时，有

$$\lim_{\alpha\to 0}\left(-\mathrm{j}\frac{2\omega}{\alpha^2+\omega^2}\right) = \begin{cases}\dfrac{2}{\mathrm{j}\omega}, & \omega\neq 0\\ 0, & \omega=0\end{cases}$$

于是得

$$\mathscr{F}[\mathrm{sgn}(t)] = \frac{2}{\mathrm{j}\omega} \tag{3.31}$$

其幅频特性图如图 3.10(b)所示。

5）阶跃函数

单位阶跃函数 $\varepsilon(t)$，如图 3.11(a)所示，也不满足绝对可积条件。它可看作是幅度为$\frac{1}{2}$的直流信号与幅度为$\frac{1}{2}$的符号函数之和，即

$$\varepsilon(t) = \frac{1}{2} + \frac{1}{2}\mathrm{sgn}(t) \tag{3.32}$$

对上式两边进行傅里叶变换，得

$$\mathscr{F}[\varepsilon(t)] = \mathscr{F}\left[\frac{1}{2}\right] + \mathscr{F}\left[\frac{1}{2}\mathrm{sgn}(t)\right]$$

由式(3.30)和式(3.31)可得

$$\mathscr{F}[\varepsilon(t)] = \pi\delta(\omega) + \frac{1}{\mathrm{j}\omega} \tag{3.33}$$

单位阶跃函数频谱如图 3.11(b)所示。

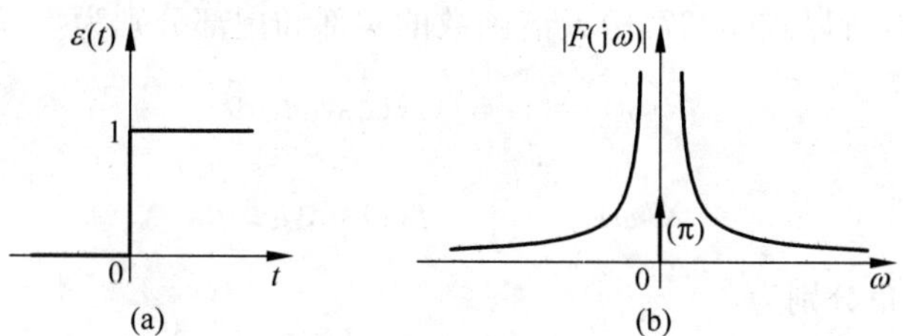

图 3.11　$\varepsilon(t)$及其频谱

3.2 傅里叶变换的性质

傅里叶变换的正逆变换对建立了时间函数 $f(t)$和频谱函数 $F(\mathrm{j}\omega)$之间的关系。在信号分析的理论研究与实际设计工作中，经常需要了解当信号在时域进行某种运算后在频域发生何种变化，或者反过来，这时可以借助傅里叶变换的基本性质给出结果。下面讨论这些基本性质。

为方便起见，把傅里叶变换正逆变换对重新列出，即

$$F(\mathrm{j}\omega)=\mathscr{F}[f(t)]=\int_{-\infty}^{\infty}f(t)\mathrm{e}^{-\mathrm{j}\omega t}\mathrm{d}t \tag{3.34}$$

$$f(t)=\mathscr{F}^{-1}[F(\mathrm{j}\omega)]=\frac{1}{2\pi}\int_{-\infty}^{\infty}F(\mathrm{j}\omega)\mathrm{e}^{\mathrm{j}\omega t}\mathrm{d}\omega \tag{3.35}$$

$f(t)$与 $F(\mathrm{j}\omega)$的对应关系还可简记为

$$f(t)\leftrightarrow F(\mathrm{j}\omega)$$

1. 线性

若

$$f_1(t)\leftrightarrow F_1(\mathrm{j}\omega)$$
$$f_2(t)\leftrightarrow F_2(\mathrm{j}\omega)$$

则对任意常数 a_1 和 a_2，有

$$a_1f_1(t)+a_2f_2(t)\leftrightarrow a_1F_1(\mathrm{j}\omega)+a_2F_2(\mathrm{j}\omega) \tag{3.36}$$

以上关系很容易用式(3.34)证明，这里从略。显然，**傅里叶变换是一种线性变换**，它满足叠加性和齐次性，在求单位阶跃函数 $\varepsilon(t)$的频谱函数时已经利用了这一线性性质。

2. 奇偶虚实性

现在研究实函数 $f(t)$与其频谱 $F(\mathrm{j}\omega)$之间的虚实、奇偶关系。

(1) 如果函数 $f(t)$是时间 t 的实函数，则式(3.34)可写为

$$\begin{aligned}F(\mathrm{j}\omega)&=\int_{-\infty}^{\infty}f(t)\mathrm{e}^{-\mathrm{j}\omega t}\mathrm{d}t=\int_{-\infty}^{\infty}f(t)[\cos(\omega t)-\mathrm{j}\sin(\omega t)]\mathrm{d}t\\&=\int_{-\infty}^{\infty}f(t)\cos(\omega t)\mathrm{d}t-\mathrm{j}\int_{-\infty}^{\infty}f(t)\sin(\omega t)\mathrm{d}t\\&=R(\omega)+\mathrm{j}X(\omega)=|F(\mathrm{j}\omega)|\mathrm{e}^{\mathrm{j}\varphi(\omega)}\end{aligned} \tag{3.37}$$

因为 $f(t)$是实信号，所以式(3.37)中频谱函数的实部和虚部分别为

$$\begin{aligned}R(\omega)&=\int_{-\infty}^{\infty}f(t)\cos(\omega t)\mathrm{d}t\\X(\omega)&=-\int_{-\infty}^{\infty}f(t)\sin(\omega t)\mathrm{d}t\end{aligned} \tag{3.38}$$

频谱函数的模和相角分别为

$$\begin{aligned}|F(\mathrm{j}\omega)|&=\sqrt{R^2(\omega)+X^2(\omega)}\\\varphi(\omega)&=\arctan\left[\frac{X(\omega)}{R(\omega)}\right]\end{aligned} \tag{3.39}$$

由式(3.38)可知，对实信号 $f(t)$，其频谱 $F(\mathrm{j}\omega)$的实部 $R(\omega)$是 ω 的偶函数，虚部 $X(\omega)$是 ω 的奇函数。进而由式(3.39)可知，$|F(\mathrm{j}\omega)|$是 ω 的偶函数，而 $\varphi(\omega)$是 ω 的奇函数。

(2) 如果 $f(t)$是时间 t 的实函数并且是偶函数，则 $f(t)\sin(\omega t)$是 t 的奇函数，因此式(3.38)中的 $X(\omega)=0$，而 $f(t)\cos(\omega t)$是 t 的偶函数，于是有

$$F(\mathrm{j}\omega)=R(\omega)=\int_{-\infty}^{\infty}f(t)\cos(\omega t)\mathrm{d}t$$

这时频谱函数 $F(\mathrm{j}\omega)$等于 $R(\omega)$，它是 ω 的实、偶函数。因此，**时域中的实、偶函数对应的频谱也是实、偶函数**。

如果 $f(t)$是时间 t 的实、奇函数,则式(3.38)中 $R(\omega)=0$,于是有

$$F(\mathrm{j}\omega)=\mathrm{j}X(\omega)=-\mathrm{j}\int_{-\infty}^{\infty}f(t)\sin(\omega t)\mathrm{d}t$$

这时频谱函数 $F(\mathrm{j}\omega)$等于 $\mathrm{j}X(\omega)$,它是 ω 的虚、奇函数。因此,**时域中的实、奇函数对应的频谱是虚、奇函数**。

(3) 由式(3.34)还可求得 $f(-t)$的傅里叶变换

$$\mathscr{F}[f(-t)]=\int_{-\infty}^{\infty}f(-t)\mathrm{e}^{-\mathrm{j}\omega t}\mathrm{d}t$$

令 $\tau=-t$,得

$$\mathscr{F}[f(-t)]=\int_{\infty}^{-\infty}f(\tau)\mathrm{e}^{\mathrm{j}\omega\tau}\mathrm{d}(-\tau)=\int_{-\infty}^{\infty}f(\tau)\mathrm{e}^{-\mathrm{j}(-\omega)\tau}\mathrm{d}\tau=F(-\mathrm{j}\omega)$$

考虑到 $R(\omega)$是 ω 的偶函数,$X(\omega)$是 ω 的奇函数,故

$$F(-\mathrm{j}\omega)=R(-\omega)+\mathrm{j}X(-\omega)=R(\omega)-\mathrm{j}X(\omega)=F^{*}(\mathrm{j}\omega)$$

于是 $f(-t)$得傅里叶变换

$$\mathscr{F}[f(-t)]=F(-\mathrm{j}\omega)=F^{*}(\mathrm{j}\omega)\tag{3.40}$$

以上讨论的是 $f(t)$是实函数的情况。如果 $f(t)$是 t 的虚函数或为复函数的情况,可根据以上分析自行推出。

3. 对称性

若

$$f(t)\leftrightarrow F(\mathrm{j}\omega)$$

则

$$F(\mathrm{j}t)\leftrightarrow 2\pi f(-\omega)\tag{3.41}$$

上式表明,如果函数 $f(t)$的频谱为 $F(\mathrm{j}\omega)$,那么时间函数 $F(\mathrm{j}t)$的频谱是 $2\pi f(-\omega)$。这称为傅里叶变换的对称性。它可证明如下:

傅里叶逆变换的表达式为

$$f(t)=\frac{1}{2\pi}\int_{-\infty}^{\infty}F(\mathrm{j}\omega)\mathrm{e}^{\mathrm{j}\omega t}\mathrm{d}\omega$$

将上式中的自变量 t 换为 $-t$ 得

$$f(-t)=\frac{1}{2\pi}\int_{-\infty}^{\infty}F(\mathrm{j}\omega)\mathrm{e}^{-\mathrm{j}\omega t}\mathrm{d}\omega$$

将上式中的 t 和 ω 互换,得

$$f(-\omega)=\frac{1}{2\pi}\int_{-\infty}^{\infty}F(\mathrm{j}t)\mathrm{e}^{-\mathrm{j}\omega t}\mathrm{d}t$$

则

$$2\pi f(-\omega)=\int_{-\infty}^{\infty}F(\mathrm{j}t)\mathrm{e}^{-\mathrm{j}\omega t}\mathrm{d}t$$

上式表明,时间函数 $F(\mathrm{j}t)$的傅里叶变换为 $2\pi f(-\omega)$,即式(3.41),得证。

若 $f(t)$是偶函数,则 $F(\mathrm{j}t)\leftrightarrow 2\pi f(\omega)$。

例如,已经知道 $\delta(t)$的傅里叶变换为常数 1。根据对称性可得,常数 1 的傅里叶变换为 $2\pi\delta(-\omega)=2\pi\delta(\omega)$,这与式(3.30)的结果相同。

例 3.1 求采样函数 $\mathrm{Sa}(t)=\dfrac{\sin t}{t}$的频谱。

解 直接利用式(3.34)求 Sa(t)的傅里叶变换比较困难,利用对称性则较为方便。

由式(3.14)知,脉宽为 $\tau(\tau=2)$,幅度为$\dfrac{1}{2}$的矩形脉冲信号,如图 3.12(a)所示,其傅里叶变换为

$$\mathscr{F}\left[\frac{1}{2}g_2(t)\right]=\frac{1}{2}\times 2\mathrm{Sa}(\omega)=\mathrm{Sa}(\omega)$$

即

$$\frac{1}{2}g_2(t)\leftrightarrow \mathrm{Sa}(\omega)$$

因为 $g_2(t)$是偶函数,根据对称性可得采样脉冲 Sa(t)的傅里叶变换为

$$\mathrm{Sa}(t)\leftrightarrow 2\pi\times\frac{1}{2}g_2(\omega)=\pi g_2(\omega)$$

即

$$\mathscr{F}[\mathrm{Sa}(t)]=\pi g_2(\omega)=\begin{cases}\pi, & |\omega|<1\\ 0, & |\omega|>1\end{cases}$$

频谱如图 3.12(b)所示。

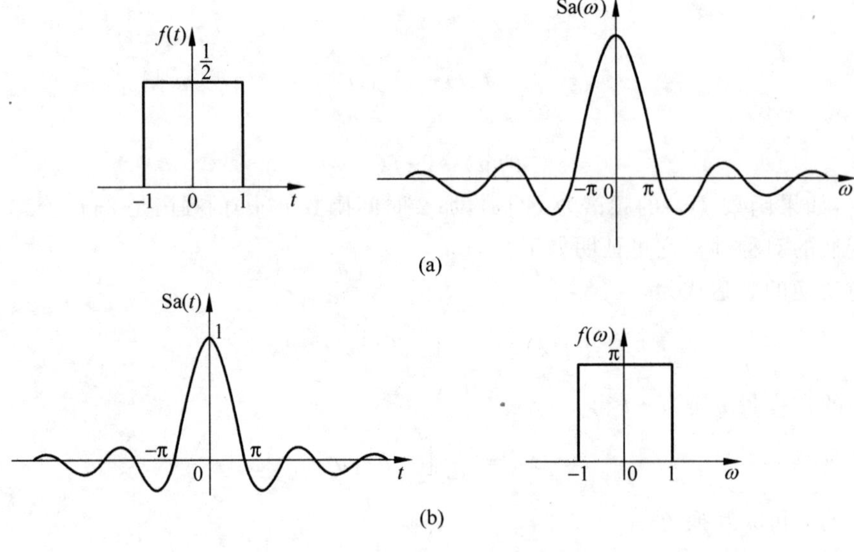

图 3.12 函数 Sa(t)及其频谱

4. 尺度变换

若

$$f(t)\leftrightarrow F(\mathrm{j}\omega)$$

则对于实常数 $a(a\neq 0)$,有

$$f(at)\leftrightarrow\frac{1}{|a|}F\left(\mathrm{j}\frac{\omega}{a}\right)\tag{3.42}$$

证明如下：

设 $f(t)\leftrightarrow F(\mathrm{j}\omega)$，则展缩后的信号 $f(at)$ 的傅里叶变换为

$$\mathscr{F}[f(at)]=\int_{-\infty}^{\infty}f(at)\mathrm{e}^{-\mathrm{j}\omega t}\mathrm{d}t$$

令 $x=at$，则 $t=\frac{x}{a}$，$\mathrm{d}t=\frac{1}{a}\mathrm{d}x$。

当 $a>0$ 时

$$\mathscr{F}[f(at)]=\int_{-\infty}^{\infty}f(x)\mathrm{e}^{-\mathrm{j}\omega\frac{x}{a}}\ \frac{1}{a}\mathrm{d}x=\frac{1}{a}\int_{-\infty}^{\infty}f(x)\mathrm{e}^{-\mathrm{j}\frac{\omega}{a}x}\mathrm{d}x=\frac{1}{a}F\left(\mathrm{j}\ \frac{\omega}{a}\right)$$

当 $a<0$ 时

$$\mathscr{F}[f(at)]=\int_{\infty}^{-\infty}f(x)\mathrm{e}^{-\mathrm{j}\omega\frac{x}{a}}\ \frac{1}{a}\mathrm{d}x=-\frac{1}{a}\int_{-\infty}^{\infty}f(x)\mathrm{e}^{-\mathrm{j}\frac{\omega}{a}x}\mathrm{d}x=-\frac{1}{a}F\left(\mathrm{j}\ \frac{\omega}{a}\right)$$

综合以上两种情况，即得式(3.42)。

尺度特性说明，若信号 $f(t)$ 在时间坐标上压缩到原来的 $\frac{1}{a}$，那么其频谱函数在频率坐标上将展宽 a 倍，同时其幅度减小到原来的 $\frac{1}{|a|}$。也就是说，在时域中信号占据时间的压缩(速度快)对应于其频谱在频域中信号占有频带的扩展(频带宽)。反之，信号在时域中的扩展对应于其频谱在频域中的压缩。

图 3.13 画出了 $f(t)$ 为矩形脉冲信号时尺度变换的几种情况。

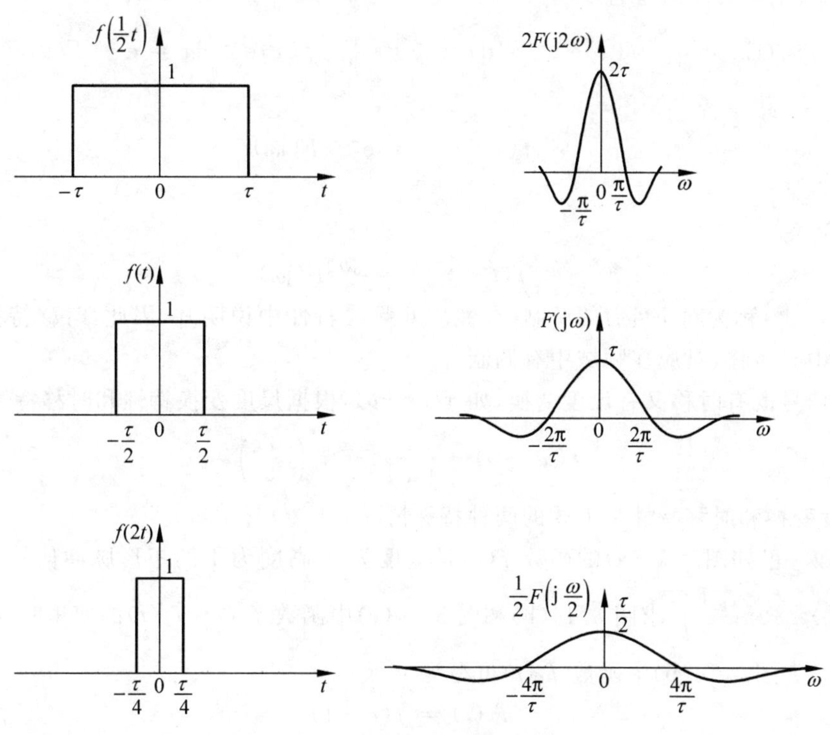

图 3.13　尺度变换特性的举例说明

由图 3.13 可知,信号由 $f\left(\frac{1}{2}t\right)\to f(t)\to f(2t)$ 的持续时间越来越短,所占频带宽度的变化趋势是 $\frac{\pi}{\tau}\to\frac{2\pi}{\tau}\to\frac{4\pi}{\tau}$,即占有的频带越来越宽。因此,信号的持续时间与信号的占有频带成反比。在电子技术中,有时需要将信号持续时间缩短,以加快信息传输速度,这就不得不在频域内展宽频带。

5. 时移特性

时移特性也称为延迟特性。它可表述为

若

$$f(t)\leftrightarrow F(\mathrm{j}\omega)$$

且 t_0 为常数,则有

$$f(t-t_0)\leftrightarrow \mathrm{e}^{-\mathrm{j}\omega t_0}F(\mathrm{j}\omega) \tag{3.43}$$

式(3.43)表示,信号在时域中沿时间轴右移(即延迟)t_0,其在频域中所有频率“分量”相应落后相位 ωt_0,而其幅度保持不变。

证明如下:

令 $f(t-t_0)$ 的傅里叶变换为 $F_1(\mathrm{j}\omega)$,则

$$F_1(\mathrm{j}\omega)=\int_{-\infty}^{\infty}f(t-t_0)\mathrm{e}^{-\mathrm{j}\omega t}\mathrm{d}t$$

令 $x=t-t_0$,则上式可以写为

$$F_1(\mathrm{j}\omega)=\int_{-\infty}^{\infty}f(x)\mathrm{e}^{-\mathrm{j}\omega(x+t_0)}\mathrm{d}x=\mathrm{e}^{-\mathrm{j}\omega t_0}\int_{-\infty}^{\infty}f(x)\mathrm{e}^{-\mathrm{j}\omega x}\mathrm{d}x=\mathrm{e}^{-\mathrm{j}\omega t_0}F(\mathrm{j}\omega)$$

即

$$\mathscr{F}[f(t-t_0)]=\mathrm{e}^{-\mathrm{j}\omega t_0}F(\mathrm{j}\omega)$$

时移特性得证。

同理可得

$$\mathscr{F}[f(t+t_0)]=\mathrm{e}^{\mathrm{j}\omega t_0}F(\mathrm{j}\omega) \tag{3.44}$$

$F(\mathrm{j}\omega)\mathrm{e}^{\pm\mathrm{j}\omega t_0}$ 称为对 $F(\mathrm{j}\omega)$ 的调制(在性质 6 频移特性中说明)。因此,时移特性表明,信号在时域中有时移,对应在频域中有调制。

如果信号既有时移又有尺度变换,如 $f(at-b)$,根据尺度变换特性和时移特性有

$$f(at-b)\leftrightarrow\frac{1}{|a|}\mathrm{e}^{-\mathrm{j}\frac{b}{a}\omega}F\left(\mathrm{j}\,\frac{\omega}{a}\right) \tag{3.45}$$

显然,尺度变换和时移特性是上式的两种特殊情况。

例 3.2 已知图 3.14(a)的函数 $f(t)$ 是宽度为 τ、高度为 1 的矩形脉冲信号,其傅里叶变换 $F(\mathrm{j}\omega)=\tau\mathrm{Sa}\left(\frac{\omega\tau}{2}\right)$,求图 3.14(b)和图 3.14(c)中函数 $f_1(t)$、$f_2(t)$ 的傅里叶变换。

解 (1) 图 3.14(b)中函数 $f_1(t)$ 可写为

$$f_1(t)=f(t-1)$$

则其傅里叶变换为

$$F_1(\mathrm{j}\omega)=F(\mathrm{j}\omega)\mathrm{e}^{-\mathrm{j}\omega}=\tau\mathrm{Sa}\left(\frac{\omega\tau}{2}\right)\mathrm{e}^{-\mathrm{j}\omega}$$

(2) 图 3.14(c)中函数 $f_2(t)$可写为

$$f_2(t) = f\left(t+\frac{\tau}{2}\right) - f\left(t-\frac{\tau}{2}\right)$$

其傅里叶变换为

$$F_2(\mathrm{j}\omega) = F(\mathrm{j}\omega)\mathrm{e}^{\mathrm{j}\omega\frac{\tau}{2}} - F(\mathrm{j}\omega)\mathrm{e}^{-\mathrm{j}\omega\frac{\tau}{2}} = \tau \mathrm{Sa}\left(\frac{\omega\tau}{2}\right)\left(\mathrm{e}^{\mathrm{j}\frac{\omega\tau}{2}} - \mathrm{e}^{-\mathrm{j}\frac{\omega\tau}{2}}\right)$$

$$= \tau \frac{\sin\left(\frac{\omega\tau}{2}\right)}{\frac{\omega\tau}{2}} 2\mathrm{j}\sin\left(\frac{\omega\tau}{2}\right) = 4\mathrm{j}\frac{\sin^2\left(\frac{\omega\tau}{2}\right)}{\omega}$$

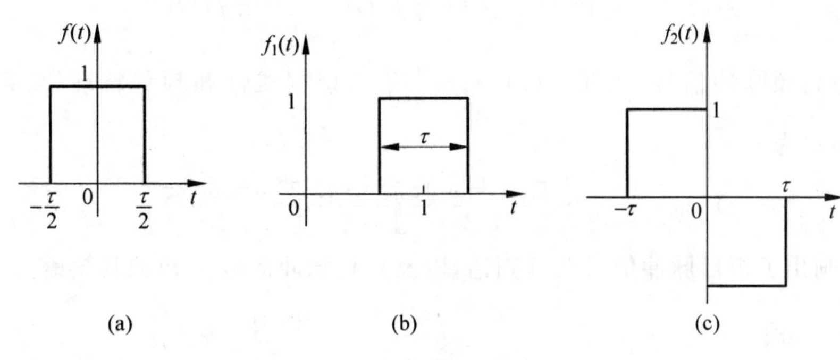

图 3.14　例 3.2 图

6. 频移特性

频移特性也称为调制特性。它可表述为

若

$$f(t) \leftrightarrow F(\mathrm{j}\omega)$$

且 ω_0 为常数,则

$$f(t)\mathrm{e}^{\mathrm{j}\omega_0 t} \leftrightarrow F[\mathrm{j}(\omega-\omega_0)] \tag{3.46}$$

证明:

$$\mathscr{F}[f(t)\mathrm{e}^{\mathrm{j}\omega_0 t}] = \int_{-\infty}^{\infty} f(t)\mathrm{e}^{\mathrm{j}\omega_0 t} \cdot \mathrm{e}^{-\mathrm{j}\omega t}\mathrm{d}t = \int_{-\infty}^{\infty} f(t)\mathrm{e}^{-\mathrm{j}(\omega-\omega_0)t}\mathrm{d}t = F[\mathrm{j}(\omega-\omega_0)]$$

频移特性表明,在时域中将信号 $f(t)$乘以因子 $\mathrm{e}^{\mathrm{j}\omega_0 t}$(称为对 $f(t)$的调制),对应于在频域中将频谱沿 ω 轴右移 ω_0;同理,在时域中将信号 $f(t)$乘以因子 $\mathrm{e}^{-\mathrm{j}\omega_0 t}$,对应于在频域中将频谱函数将左移 ω_0。因此,信号在时域调制,对应频域有频移。

频移特性在各类电子系统中应用广泛,如调幅、同步解调、变频等都是在频谱搬移的基础上实现的。因为 $\mathrm{e}^{\mathrm{j}\omega_0 t}$ 是复数,因此实际中频谱搬移是通过将信号 $f(t)$ 乘以载频信号 $\cos(\omega_0 t)$或 $\sin(\omega_0 t)$得到高频已调信号 $y(t)$的,即

$$y(t) = f(t)\cos(\omega_0 t) \quad 或 \quad y(t) = f(t)\sin(\omega_0 t) \tag{3.47}$$

显然,若信号 $f(t)$的频谱信号为 $F(\mathrm{j}\omega)$,则高频已调信号 $f(t)\cos(\omega_0 t)$或 $f(t)\sin(\omega_0 t)$的频谱函数为

$$\left.\begin{aligned} f(t)\cos(\omega_0 t) &\leftrightarrow \frac{1}{2}\{F[\mathrm{j}(\omega+\omega_0)]+F[\mathrm{j}(\omega-\omega_0)]\} \\ f(t)\sin(\omega_0 t) &\leftrightarrow \frac{\mathrm{j}}{2}\{F[\mathrm{j}(\omega+\omega_0)]-F[\mathrm{j}(\omega-\omega_0)]\} \end{aligned}\right\} \tag{3.48}$$

可见,当某低频信号 $f(t)$用角频率为 ω_0 的余弦(或正弦)信号进行调制时,已调信号的频谱使 $f(t)$的频谱 $F(\mathrm{j}\omega)$一分为二,分别向左和向右搬移 ω_0,且幅度都变为原来的$\frac{1}{2}$,但形状并未改变。

例如,若 $f(t)$是幅度为 1 的矩形脉冲信号,则

$$y(t)=f(t)\cos(\omega_0 t)=\frac{1}{2}f(t)\mathrm{e}^{-\mathrm{j}\omega_0 t}+\frac{1}{2}f(t)\mathrm{e}^{\mathrm{j}\omega_0 t}$$

$y(t)$又常称为高频脉冲信号,由于 $f(t)\leftrightarrow\tau\mathrm{Sa}\left(\frac{\omega\tau}{2}\right)$,根据线性和频移特性,高频脉冲信号 $y(t)$的频谱函数为

$$Y(\mathrm{j}\omega)=\frac{\tau}{2}\mathrm{Sa}\left[\frac{(\omega+\omega_0)\tau}{2}\right]+\frac{\tau}{2}\mathrm{Sa}\left[\frac{(\omega-\omega_0)\tau}{2}\right]$$

图 3.15 画出了矩形脉冲信号及其频谱,以及高频脉冲信号 $y(t)$和其频谱。

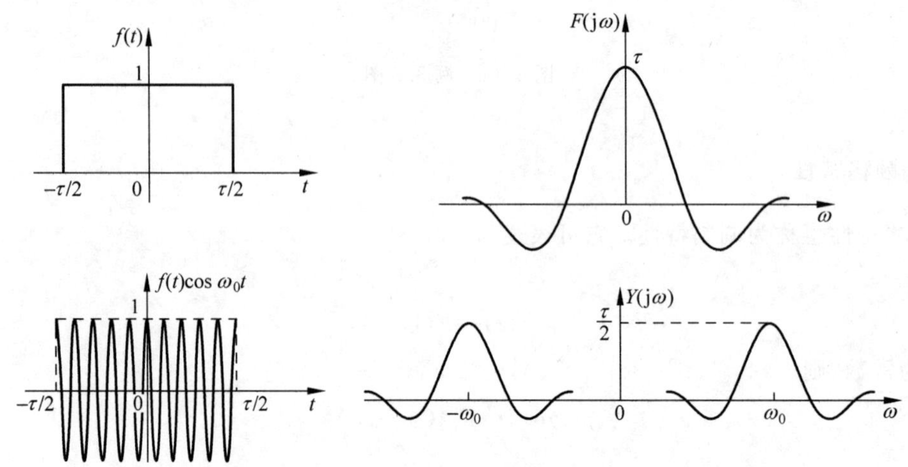

图 3.15 矩形脉冲信号及其频谱,高频脉冲及其频谱

7. 时域微分和积分特性

这里研究信号 $f(t)$对时间 t 的微分和积分的傅里叶变换。$f(t)$的 n 阶微分和一重积分可用下述符号表示

$$f^{(n)}(t)=\frac{\mathrm{d}^n f(t)}{\mathrm{d}t^n}\quad (n\text{ 表示求 } n \text{ 阶导数}) \tag{3.49}$$

$$f^{(-1)}(t)=\int_{-\infty}^{t} f(\tau)\mathrm{d}\tau \tag{3.50}$$

1) 时域微分特性

若

$$f(t)\leftrightarrow F(\mathrm{j}\omega)$$

则

$$f^{(n)}(t) \leftrightarrow (\mathrm{j}\omega)^n F(\mathrm{j}\omega) \tag{3.51}$$

证明：因为

$$f(t)=\frac{1}{2\pi}\int_{-\infty}^{\infty}F(\mathrm{j}\omega)\mathrm{e}^{\mathrm{j}\omega t}\,\mathrm{d}\omega$$

上式两边同时对 t 求一阶导，得

$$\frac{\mathrm{d}f(t)}{\mathrm{d}t}=\frac{1}{2\pi}\int_{-\infty}^{\infty}[\mathrm{j}\omega F(\mathrm{j}\omega)]\mathrm{e}^{\mathrm{j}\omega t}\,\mathrm{d}\omega \tag{3.52}$$

式(3.52)表明

$$\frac{\mathrm{d}f(t)}{\mathrm{d}t}\leftrightarrow \mathrm{j}\omega F(\mathrm{j}\omega) \tag{3.53}$$

同理，可推出

$$f^{(n)}(t) \leftrightarrow (\mathrm{j}\omega)^n F(\mathrm{j}\omega)$$

例 3.3　求图 3.16(a)所示三角形脉冲信号

$$f(t)=\begin{cases}1-\dfrac{2}{\tau}|t|, & |t|<\dfrac{\tau}{2}\\[2mm] 0, & |t|>\dfrac{\tau}{2}\end{cases}$$

的频谱函数。

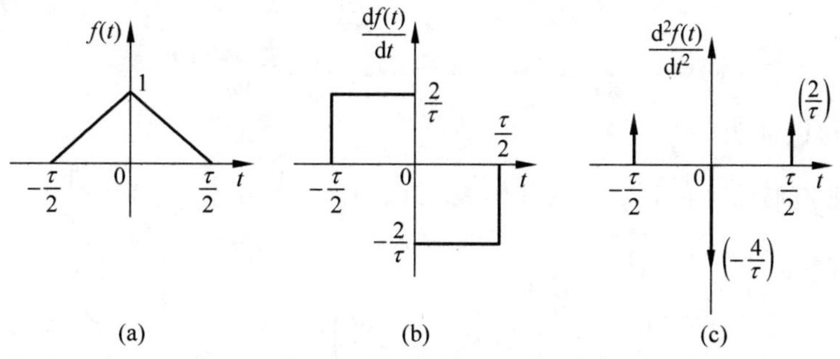

图 3.16　$f(t)$及其导数

解　三角形脉冲 $f(t)$及其一阶、二阶导数如图 3.16 所示。设 $f(t)$、$\frac{\mathrm{d}f(t)}{\mathrm{d}t}$、$\frac{\mathrm{d}^2 f(t)}{\mathrm{d}t^2}$的傅里叶变换分别为 $F(\mathrm{j}\omega)$、$F_1(\mathrm{j}\omega)$、$F_2(\mathrm{j}\omega)$。

图 3.16(c)所示函数由三个冲激函数组成，可以写为

$$\frac{\mathrm{d}^2 f(t)}{\mathrm{d}t^2}=\frac{2}{\tau}\delta\left(t+\frac{\tau}{2}\right)-\frac{4}{\tau}\delta(t)+\frac{2}{\tau}\delta\left(t-\frac{\tau}{2}\right)$$

其频谱 $F_2(\mathrm{j}\omega)$可以写为

$$F_2(\mathrm{j}\omega)=\frac{2}{\tau}\mathrm{e}^{\mathrm{j}\frac{\omega\tau}{2}}-\frac{4}{\tau}+\frac{2}{\tau}\mathrm{e}^{-\mathrm{j}\frac{\omega\tau}{2}}=\frac{2}{\tau}\left(\mathrm{e}^{\mathrm{j}\frac{\omega\tau}{2}}-2+\mathrm{e}^{-\mathrm{j}\frac{\omega\tau}{2}}\right)$$

$$=\frac{4}{\tau}\left[\cos\left(\frac{\omega\tau}{2}\right)-1\right]=-\frac{8\sin^2\left(\frac{\omega\tau}{4}\right)}{\tau}$$

根据微分定理有

$$\left.\begin{aligned} F_1(\mathrm{j}\omega) &= \mathrm{j}\omega F(\mathrm{j}\omega) \\ F_2(\mathrm{j}\omega) &= \mathrm{j}\omega F_1(\mathrm{j}\omega) \end{aligned}\right\} \Rightarrow F_2(\mathrm{j}\omega) = (\mathrm{j}\omega)^2 F(\mathrm{j}\omega)$$

所以

$$F(\mathrm{j}\omega) = \frac{1}{(\mathrm{j}\omega)^2} F_2(\mathrm{j}\omega) = \frac{8\sin^2\left(\frac{\omega\tau}{4}\right)}{\omega^2\tau} = \frac{\tau}{2}\,\frac{\sin^2\left(\frac{\omega\tau}{4}\right)}{\left(\frac{\omega\tau}{4}\right)^2} = \frac{\tau}{2}\mathrm{Sa}^2\left(\frac{\omega\tau}{4}\right)$$

2）时域积分特性

若

$$f(t) \leftrightarrow F(\mathrm{j}\omega)$$

则

$$f^{(-1)}(t) \leftrightarrow \pi F(0)\delta(\omega) + \frac{F(\mathrm{j}\omega)}{\mathrm{j}\omega} \tag{3.54}$$

如果 $F(0)=0$，则式(3.54)可写为

$$f^{(-1)}(t) \leftrightarrow \frac{F(\mathrm{j}\omega)}{\mathrm{j}\omega} \tag{3.55}$$

证明：
$$\begin{aligned} \mathscr{F}[f^{(-1)}(t)] &= \int_{-\infty}^{\infty}\left[\int_{-\infty}^{t} f(\tau)\mathrm{d}\tau\right]\mathrm{e}^{-\mathrm{j}\omega t}\mathrm{d}t = \int_{-\infty}^{\infty}\left[\int_{-\infty}^{\infty} f(\tau)\varepsilon(t-\tau)\mathrm{d}\tau\right]\mathrm{e}^{-\mathrm{j}\omega t}\mathrm{d}t \\ &= \int_{-\infty}^{\infty} f(\tau)\left[\int_{-\infty}^{\infty}\varepsilon(t-\tau)\mathrm{e}^{-\mathrm{j}\omega t}\mathrm{d}t\right]\mathrm{d}\tau = \int_{-\infty}^{\infty} f(\tau)\left[\pi\delta(\omega) + \frac{1}{\mathrm{j}\omega}\right]\mathrm{e}^{-\mathrm{j}\omega\tau}\mathrm{d}\tau \\ &= \left[\pi\delta(\omega) + \frac{1}{\mathrm{j}\omega}\right]F(\mathrm{j}\omega) = \pi F(0)\delta(\omega) + \frac{F(\mathrm{j}\omega)}{\mathrm{j}\omega} \end{aligned}$$

时域积分特性得以证明。

例 3.4 求矩形脉冲信号 $g_\tau(t)$(如图 3.17(a)所示)的积分 $f(t) = \frac{1}{\tau}\int_{-\infty}^{x} g_\tau(x)\mathrm{d}x$ 的频谱函数。

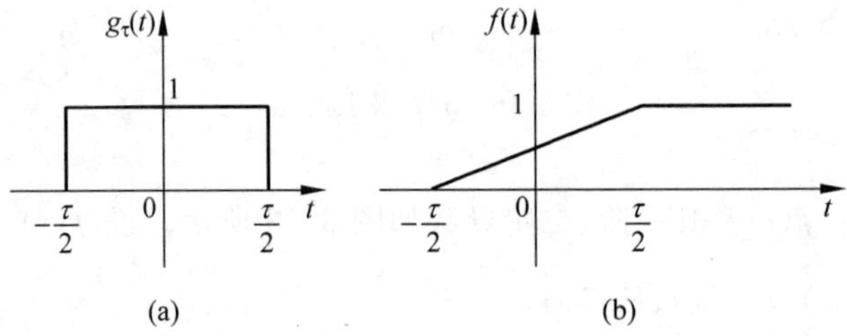

图 3.17 矩形脉冲信号及其积分

解 已知矩形脉冲信号的频谱 $G(\mathrm{j}\omega)$为

$$G(\mathrm{j}\omega) = \tau\mathrm{Sa}\left(\frac{\omega\tau}{2}\right)$$

其中，$G(0)=\tau\times 1=\tau$。

已知 $f(t) = \frac{1}{\tau}\int_{-\infty}^{x} g_\tau(x)\mathrm{d}x = \frac{1}{\tau}g_\tau^{(-1)}(t)$ 的图形如图 3.17(b)所示。根据积分定理得 $f(t)$的频谱为

$$\mathscr{F}[f(t)]=\mathscr{F}\left[\frac{1}{\tau}g_{\tau}^{(-1)}(t)\right]=\frac{1}{\tau}\left[\pi G(0)\delta(\omega)+\frac{1}{\mathrm{j}\omega}G(\mathrm{j}\omega)\right]$$
$$=\frac{1}{\tau}\left[\pi\tau\delta(\omega)+\frac{\tau}{\mathrm{j}\omega}\mathrm{Sa}\left(\frac{\omega\tau}{2}\right)\right]=\pi\delta(\omega)+\frac{1}{\mathrm{j}\omega}\mathrm{Sa}\left(\frac{\omega\tau}{2}\right)$$

8. 频域微分特性

记

$$F^{(n)}(\mathrm{j}\omega)=\frac{\mathrm{d}^nF(\mathrm{j}\omega)}{\mathrm{d}\omega^n}$$

若

$$f(t)\leftrightarrow F(\mathrm{j}\omega)$$

则

$$(-\mathrm{j}t)^n f(t)\leftrightarrow\frac{\mathrm{d}^nF(\mathrm{j}\omega)}{\mathrm{d}\omega^n}\tag{3.56}$$

当 $n=1$ 时,有

$$-\mathrm{j}tf(t)\leftrightarrow\frac{\mathrm{d}F(\mathrm{j}\omega)}{\mathrm{d}\omega}\quad 或者\quad tf(t)\leftrightarrow \mathrm{j}\frac{\mathrm{d}F(\mathrm{j}\omega)}{\mathrm{d}\omega}\tag{3.57}$$

证明如下:

$$F(\mathrm{j}\omega)=\int_{-\infty}^{\infty}f(t)\mathrm{e}^{-\mathrm{j}\omega t}\mathrm{d}t$$

上式两边同时对 ω 求一阶导数,得

$$\frac{\mathrm{d}F(\mathrm{j}\omega)}{\mathrm{d}\omega}=\int_{-\infty}^{\infty}[-\mathrm{j}t\cdot f(t)]\mathrm{e}^{-\mathrm{j}\omega t}\mathrm{d}t\tag{3.58}$$

式(3.58)说明

$$-\mathrm{j}tf(t)\leftrightarrow\frac{\mathrm{d}F(\mathrm{j}\omega)}{\mathrm{d}\omega}\quad 或者\quad tf(t)\leftrightarrow \mathrm{j}\frac{\mathrm{d}F(\mathrm{j}\omega)}{\mathrm{d}\omega}$$

同理,$(-\mathrm{j}t)^n f(t)\leftrightarrow\frac{\mathrm{d}^nF(\mathrm{j}\omega)}{\mathrm{d}\omega^n}$,式(3.56)得证。

9. 帕塞瓦尔定理

若信号 $f(t)$ 能量有限,且 $f(t)\leftrightarrow F(\mathrm{j}\omega)$,则有

$$\int_{-\infty}^{\infty}|f(t)|^2\mathrm{d}t=\frac{1}{2\pi}\int_{-\infty}^{\infty}|F(\mathrm{j}\omega)|^2\mathrm{d}\omega\tag{3.59}$$

证明如下:

$$\begin{aligned}\int_{-\infty}^{\infty}|f(t)|^2\mathrm{d}t&=\int_{-\infty}^{\infty}f(t)f^*(t)\mathrm{d}t\\&=\int_{-\infty}^{\infty}f(t)\left[\frac{1}{2\pi}\int_{-\infty}^{\infty}F^*(\mathrm{j}\omega)\mathrm{e}^{-\mathrm{j}\omega t}\mathrm{d}\omega\right]\mathrm{d}t\\&=\frac{1}{2\pi}\int_{-\infty}^{\infty}F^*(\mathrm{j}\omega)\left[\int_{-\infty}^{\infty}f(t)\mathrm{e}^{-\mathrm{j}\omega t}\mathrm{d}t\right]\mathrm{d}\omega\\&=\frac{1}{2\pi}\int_{-\infty}^{\infty}F^*(\mathrm{j}\omega)F(\mathrm{j}\omega)\mathrm{d}\omega=\frac{1}{2\pi}\int_{-\infty}^{\infty}|F(\mathrm{j}\omega)|^2\mathrm{d}\omega\end{aligned}$$

式(3.59)称为帕塞瓦尔定理,表明信号在时域的总能量等于信号在频域的总能量,即信号经傅里叶变换后其总能量保持不变,符合能量守恒定律。

10. 卷积定理

卷积定理在信号和系统分析中占有重要地位,在通信系统和信号处理中是应用最广的傅里叶变换性质之一。它说明两个函数在时域(或频域)中卷积的积分,对应于在频域(或时域)中两者的傅里叶变换(或逆变换)应具有的关系。

1) 时域卷积定理

若

$$f_1(t) \leftrightarrow F_1(j\omega)$$
$$f_2(t) \leftrightarrow F_2(j\omega)$$

则

$$f_1(t) * f_2(t) \leftrightarrow F_1(j\omega)F_2(j\omega) \tag{3.60}$$

时域卷积定理说明,在时域中两个函数卷积等效于在频域中两个函数频谱的乘积。

证明:

根据卷积积分的定义

$$f_1(t) * f_2(t) = \int_{-\infty}^{\infty} f_1(\tau) f_2(t-\tau)\mathrm{d}\tau$$

其傅里叶变换为

$$\begin{aligned}\mathscr{F}[f_1(t) * f_2(t)] &= \int_{-\infty}^{\infty}\left[\int_{-\infty}^{\infty} f_1(\tau) f_2(t-\tau)\right]\mathrm{e}^{-j\omega t}\mathrm{d}t \\ &= \int_{-\infty}^{\infty} f_1(\tau)\left[\int_{-\infty}^{\infty} f_2(t-\tau)\mathrm{e}^{-j\omega t}\mathrm{d}t\right]\mathrm{d}\tau\end{aligned} \tag{3.61}$$

由时移特性知

$$\int_{-\infty}^{\infty} f_2(t-\tau)\mathrm{e}^{-j\omega t}\mathrm{d}t = F_2(j\omega)\mathrm{e}^{-j\omega\tau}$$

将它代入式(3.61),得

$$\mathscr{F}[f_1(t) * f_2(t)] = \int_{-\infty}^{\infty} f_1(\tau)F_2(j\omega)\mathrm{e}^{-j\omega\tau}\mathrm{d}\tau = F_2(j\omega)\int_{-\infty}^{\infty} f_1(\tau)\mathrm{e}^{-j\omega\tau}\mathrm{d}\tau = F_1(j\omega)F_2(j\omega)$$

时域卷积定理得以证明。

2) 频域卷积定理

若

$$f_1(t) \leftrightarrow F_1(j\omega)$$
$$f_2(t) \leftrightarrow F_2(j\omega)$$

则

$$f_1(t) f_2(t) \leftrightarrow \frac{1}{2\pi}F_1(j\omega) * F_2(j\omega) \tag{3.62}$$

其中

$$F_1(j\omega) * F_2(j\omega) = \int_{-\infty}^{\infty} F_1(j\eta)F_2[j(\omega-\eta)]\mathrm{d}\eta \tag{3.63}$$

式(3.62)表明，在时域中两个函数的乘积，对应于在频域中两个频谱之卷积积分的$\frac{1}{2\pi}$。

频域卷积定理的证明与时域卷积类似，这里从略。

例 3.5 用卷积定理证明傅里叶变换的积分特性。

证明 已知 $f(t)\leftrightarrow F(\mathrm{j}\omega)$，$f(t)$的积分可表示为

$$f^{(-1)}(t)=f(t)*\varepsilon(t)$$

根据时域卷积定理，得

$$\begin{aligned}\mathscr{F}[f^{(-1)}(t)]&=\mathscr{F}[f(t)]\mathscr{F}[\varepsilon(t)]=F(\mathrm{j}\omega)\left[\pi\delta(\omega)+\frac{1}{\mathrm{j}\omega}\right]\\&=\pi F(0)\delta(\omega)+\frac{F(\mathrm{j}\omega)}{\mathrm{j}\omega}\end{aligned}$$

此为傅里叶变换的积分特性，即式(3.54)。

例 3.6 求图 3.18(c)所示三角形脉冲

$$f_{\Delta}(t)=\begin{cases}1-\frac{2}{\tau}|t|, & |t|<\frac{\tau}{2}\\0, & |t|>\frac{\tau}{2}\end{cases}$$

的频谱函数。

解 两个完全相同的矩形脉冲卷积可得到三角形脉冲 $f_{\Delta}(t)$。这里三角形脉冲的宽度为 τ、幅度为 1，为此选宽度为$\frac{\tau}{2}$、幅度为$\sqrt{\frac{2}{\tau}}$的矩形脉冲进行卷积，如图 3.18(a)所示，即令

$$f(t)=\sqrt{\frac{2}{\tau}}g_{\frac{\tau}{2}}(t)$$

则

$$f_{\Delta}(t)=f(t)*f(t)$$

由于矩形脉冲 $g_{\tau}(t)$与其频谱函数的对应关系是

$$g_{\tau}(t)\leftrightarrow\tau\mathrm{Sa}\left(\frac{\omega\tau}{2}\right)$$

则

$$g_{\frac{\tau}{2}}(t)\leftrightarrow\frac{\tau}{2}\mathrm{Sa}\left(\frac{\omega\tau}{4}\right)$$

于是得信号 $f(t)$的频谱函数为

$$F(\mathrm{j}\omega)=\mathscr{F}\left[\sqrt{\frac{2}{\tau}}g_{\frac{\tau}{2}}(t)\right]=\sqrt{\frac{\tau}{2}}\mathrm{Sa}\left(\frac{\omega\tau}{4}\right)$$

其频谱如图 3.18(b)所示。

最后由时域卷积定理可得三角形脉冲 $f_{\Delta}(t)$的频谱函数为

$$F_{\Delta}(\mathrm{j}\omega)=\mathscr{F}[f_{\Delta}(t)]=\mathscr{F}[f(t)*f(t)]=F(\mathrm{j}\omega)F(\mathrm{j}\omega)=\frac{\tau}{2}\mathrm{Sa}^2\left(\frac{\omega\tau}{4}\right)$$

其频谱如图 3.18(d)所示。

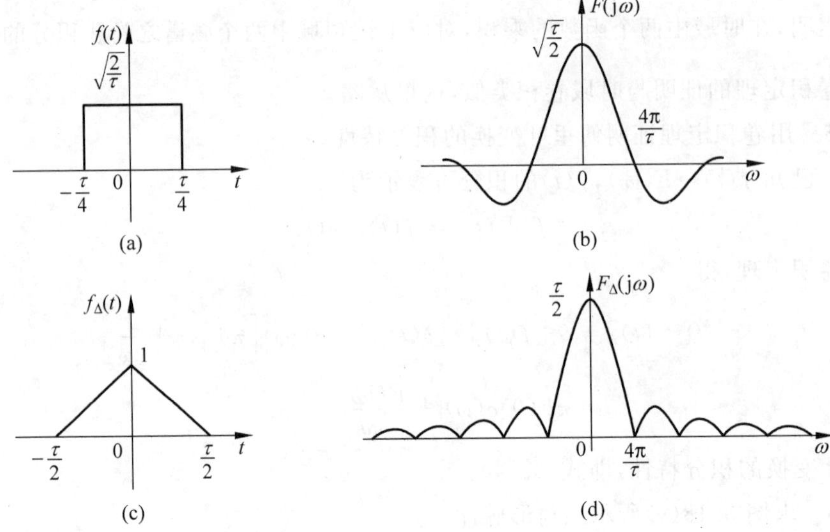

图 3.18 例 3.6 图

3.3 周期信号的傅里叶变换

虽然周期信号不满足绝对可积的条件,但在允许冲激函数存在并认为它是有意义的前提下,绝对可积就成为不必要的条件了,从这种意义上说,周期信号的傅里叶变换是存在的。本节将讨论周期信号的傅里叶变换,这样就能把周期信号与非周期信号用相同的观点和方法进行分析运算,使傅里叶变换的应用范围更加广泛。

3.3.1 正弦、余弦信号的傅里叶变换

由于常数 1(即幅值为 1 的直流信号)的傅里叶变换为

$$\mathscr{F}[1]=2\pi\delta(\omega) \tag{3.64}$$

根据频移特性可得

$$\mathscr{F}[e^{j\omega_0 t}]=2\pi\delta(\omega-\omega_0) \tag{3.65}$$

$$\mathscr{F}[e^{-j\omega_0 t}]=2\pi\delta(\omega+\omega_0) \tag{3.66}$$

利用式(3.65)和式(3.66),可得正弦、余弦信号的傅里叶变换为

$$\mathscr{F}[\cos(\omega_0 t)]=\mathscr{F}\left[\frac{1}{2}(e^{j\omega_0 t}+e^{-j\omega_0 t})\right]=\pi[\delta(\omega+\omega_0)+\delta(\omega-\omega_0)] \tag{3.67}$$

$$\mathscr{F}[\sin(\omega_0 t)]=\mathscr{F}\left[\frac{1}{2j}(e^{j\omega_0 t}-e^{-j\omega_0 t})\right]=j\pi[\delta(\omega+\omega_0)-\delta(\omega-\omega_0)] \tag{3.68}$$

正弦、余弦信号的波形及频谱分别如图 3.19 所示。

3.3.2 一般周期信号的傅里叶变换

1. 一般周期信号

一个周期为 T 的周期函数 $f_T(t)$,可展开成指数形式的傅里叶级数

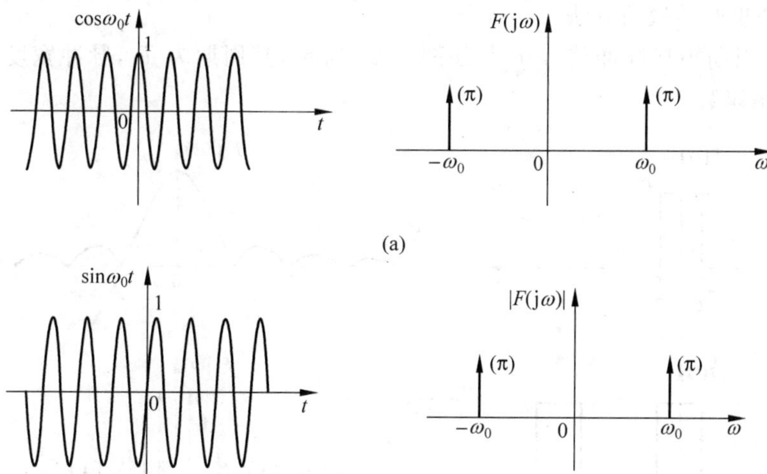

图 3.19　正弦、余弦信号及其频谱

$$f_T(t)=\sum_{n=-\infty}^{\infty}F_n\mathrm{e}^{\mathrm{j}n\Omega t} \tag{3.69}$$

式中，$\Omega=\dfrac{2\pi}{T}$是基波角频率，F_n 是傅里叶级数的系数

$$F_n=\frac{1}{T}\int_{-\frac{T}{2}}^{\frac{T}{2}}f(t)\mathrm{e}^{\mathrm{j}n\Omega t}\,\mathrm{d}t \tag{3.70}$$

对式(3.69)等号两端取傅里叶变换，得

$$\mathscr{F}[f_T(t)]=\mathscr{F}\left[\sum_{n=-\infty}^{\infty}F_n\mathrm{e}^{\mathrm{j}n\Omega t}\right]=\sum_{n=-\infty}^{\infty}F_n\mathscr{F}[\mathrm{e}^{\mathrm{j}n\Omega t}]=2\pi\sum_{n=-\infty}^{\infty}F_n\delta(\omega-n\Omega) \tag{3.71}$$

上式表明，周期信号的傅里叶变换由无穷多个冲激函数组成，这些冲激函数位于信号的各谐波角频率 $n\Omega$ ($n=0,\pm1,\pm2,\cdots$)处，其强度为各相应幅度 F_n 的 2π 倍。

2. 傅里叶系数的求解

式(3.71)中傅里叶系数的求解方法有两种。

方法一：按照周期信号傅里叶级数展开式中系数的求解方法求解，即

$$F_n=\frac{1}{T}\int_{-\frac{T}{2}}^{\frac{T}{2}}f(t)\mathrm{e}^{\mathrm{j}n\Omega t}\,\mathrm{d}t \tag{3.72}$$

方法二：利用傅里叶级数与单脉冲信号的傅里叶变换间的关系求解。

从周期信号 $f(t)$中取其第一个周期，得到一个单脉冲信号 $f_0(t)$，它的傅里叶变换为

$$F_0(\mathrm{j}\omega)=\int_{-\infty}^{\infty}f_0(t)\mathrm{e}^{-\mathrm{j}\omega t}\,\mathrm{d}t=\int_{-\frac{T}{2}}^{\frac{T}{2}}f_0(t)\mathrm{e}^{-\mathrm{j}\omega t}\,\mathrm{d}t \tag{3.73}$$

比较式(3.72)和式(3.73)可得

$$F_n=\frac{1}{T}F_0(\mathrm{j}\omega)\mid_{\omega=n\Omega} \tag{3.74}$$

即周期信号的傅里叶系数 F_n 等于 $F_0(\mathrm{j}\omega)$在频率为 $n\Omega$ 处的值乘以$\dfrac{1}{T}$，这提供了另一种

求周期信号傅里叶系数的方法。

例 3.7 周期矩形脉冲信号 $f(t)$如图 3.20 所示,其周期为 T_1,脉冲宽度为 τ,幅度为 E,试求其频谱函数。

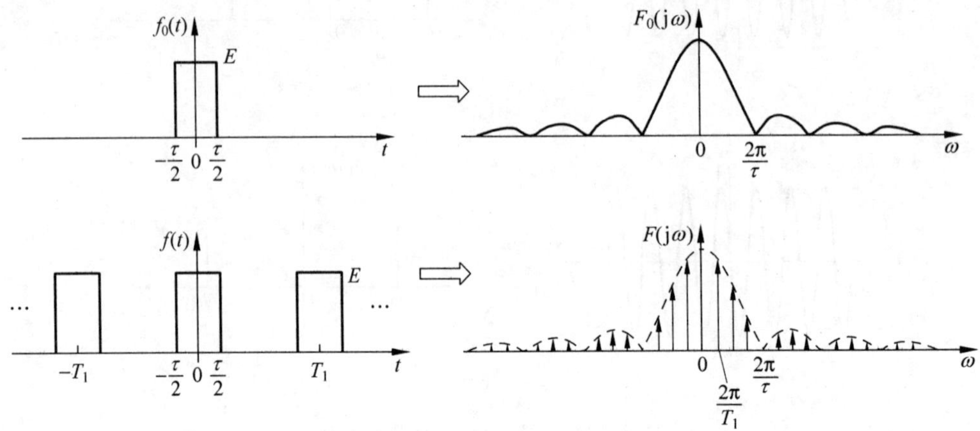

图 3.20 周期矩形脉冲的傅里叶变换

解 利用方法二可以很方便地求出傅里叶系数 F_n。

周期信号 $f(t)$的单脉冲信号为 $f_0(t)$,如图 3.20 所示,其傅里叶变换为

$$F_0(j\omega) = E\tau \mathrm{Sa}\left(\frac{\omega\tau}{2}\right)$$

根据式(3.74)可得

$$F_n = \frac{1}{T_1}F_0(j\omega)\big|_{\omega=n\Omega} = \frac{E\tau}{T_1}\mathrm{Sa}\left(\frac{n\Omega\tau}{2}\right) \tag{3.75}$$

其中,$\Omega=\frac{2\pi}{T_1}$。

将它代入式(3.71),得

$$\begin{aligned}F(j\omega)=\mathscr{F}[f(t)] &= 2\pi\sum_{n=-\infty}^{\infty}F_n\delta(\omega-n\Omega) = \frac{2\pi E\tau}{T_1}\sum_{n=-\infty}^{\infty}\mathrm{Sa}\left(\frac{n\Omega\tau}{2}\right)\delta(\omega-n\Omega)\\ &= E\tau\Omega\sum_{n=-\infty}^{\infty}\mathrm{Sa}\left(\frac{n\Omega\tau}{2}\right)\delta(\omega-n\Omega)\end{aligned} \tag{3.76}$$

由式(3.76)可见,周期矩形脉冲信号 $f(t)$的傅里叶变换(频谱密度)由位于 $\omega=0,\pm\Omega,\pm2\Omega,\cdots$处的冲激函数所组成,其间隔为 $\Omega=\frac{2\pi}{T_1}$。图 3.20 中画出了 $T_1=4\tau$ 情况下的频谱图。由图可见,周期信号的频谱密度是离散的。

例 3.8 图 3.21(a)画出了周期为 $T\left(角频率为\ w_0=\frac{2\pi}{T}\right)$的周期单位冲激序列 $\delta_T(t)$

$$\delta_T(t) = \sum_{m=-\infty}^{\infty}\delta(t-mT) \tag{3.77}$$

其中,m 为整数,求其傅里叶变换。

解 首先求出周期单位冲激序列的傅里叶系数。

$\delta_T(t)$的第一个周期为单位冲激信号,其傅里叶变换为

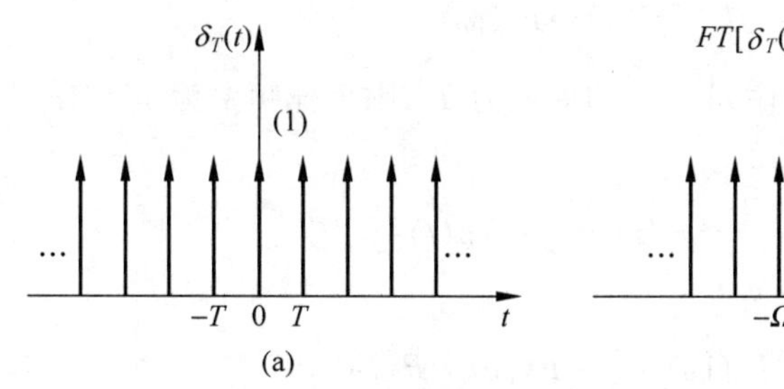

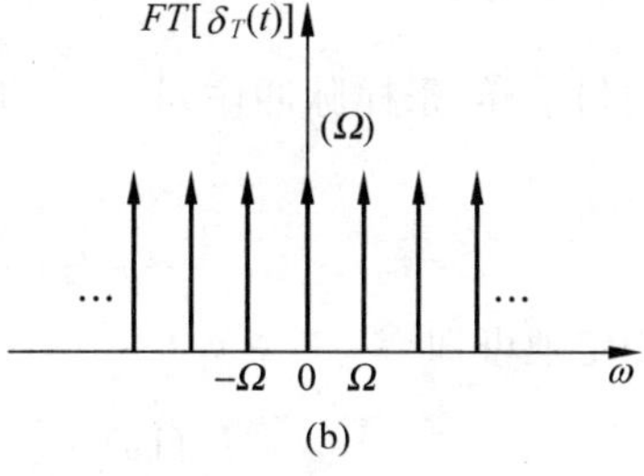

图 3.21　周期冲激序列及其傅里叶变换

$$F_0(\mathrm{j}\omega) = 1$$

则

$$F_n = \frac{1}{T}F_0(\mathrm{j}\omega)\mid_{\omega=n\Omega} = \frac{1}{T}$$

将它代入式(3.71),得 $\delta_T(t)$的傅里叶变换为

$$\mathscr{F}[\delta_T(t)] = \frac{2\pi}{T}\sum_{n=-\infty}^{\infty}\delta(\omega - n\omega_0) = \omega_0\sum_{n=-\infty}^{\infty}\delta(\omega - n\omega_0) \tag{3.78}$$

上式表明,在时域中,周期为 T 的单位冲激函数序列 $\delta_T(t)$的傅里叶变换是一个在频域中周期为 ω_0、强度为 ω_0 的冲激序列。图 3.21(b)中画出了 $\delta_T(t)$的频谱函数 $FT[\delta_T(t)]$。

3.4　采样信号的傅里叶变换与采样定理

由于离散时间信号的处理更为灵活、方便,在许多实际应用中,需要首先将连续信号转换为相应的离散信号,并进行加工处理,然后再将处理后的离散信号转换为连续信号。采样定理为连续信号与离散信号的相互转换提供了理论依据。

3.4.1　采样信号的傅里叶变换

所谓"采样",也称为"取样"或"抽样",就是利用采样脉冲序列 $p(t)$从连续信号 $f(t)$中"抽取"一系列的离散样值,这种离散信号通常称为"采样信号",以 $f_s(t)$表示,如图 3.22 所示,采样信号 $f_s(t)$可表示为

$$f_s(t) = f(t)p(t)$$

注意,这里的"采样"与信号分析与处理研究领域中的采样函数 $\mathrm{Sa}(t)=\dfrac{\sin t}{t}$具有完全不同的含义。

下面研究信号经采样后频谱的变化规律。

设

$$f(t)\leftrightarrow F(\mathrm{j}\omega)$$
$$p(t)\leftrightarrow P(\mathrm{j}\omega)$$

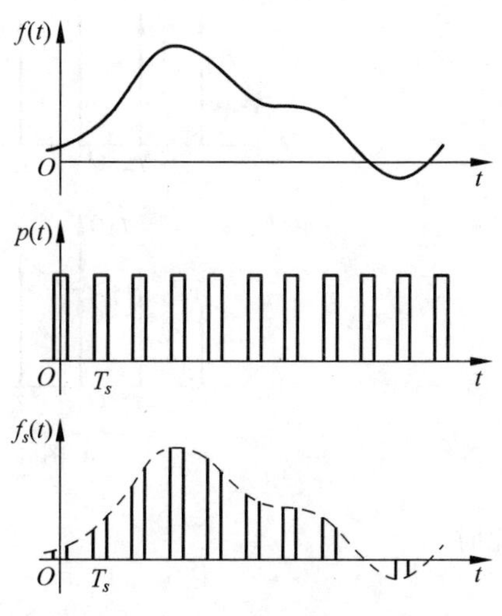

图 3.22　采样信号的波形

$$f_s(t) \leftrightarrow F_s(\mathrm{j}\omega)$$

若采用均匀采样,采样脉冲序列 $p(t)$的周期为 T_s,则采样频率为 $\omega_s = 2\pi f_s = \frac{2\pi}{T_s}$

因为

$$f_s(t) = f(t)p(t) \tag{3.79}$$

根据频域卷积定理可知

$$F_s(\mathrm{j}\omega) = \frac{1}{2\pi}F(\mathrm{j}\omega) * P(\mathrm{j}\omega) \tag{3.80}$$

采样脉冲序列 $p(t)$是周期信号,其傅里叶变换 $P(\mathrm{j}\omega)$为

$$P(\mathrm{j}\omega) = 2\pi \sum_{n=-\infty}^{\infty} P_n \delta(\omega - n\omega_s) \tag{3.81}$$

其中

$$P_n = \frac{1}{T_s}\int_{-\frac{T_s}{2}}^{\frac{T_s}{2}} p(t)\mathrm{e}^{-\mathrm{j}n\omega_s t}\,\mathrm{d}t \tag{3.82}$$

将式(3.81)代入式(3.80)中,化简后得到采样信号 $f_s(t)$的傅里叶变换为

$$F_s(\mathrm{j}\omega) = \frac{1}{2\pi}F(\mathrm{j}\omega) * 2\pi \sum_{n=-\infty}^{\infty} P_n \delta(\omega - n\omega_s) = \sum_{n=-\infty}^{\infty} P_n F[\mathrm{j}(\omega - n\omega_s)] \tag{3.83}$$

式(3.83)表明,连续信号在时域被采样后,它的频谱 $F_s(\mathrm{j}\omega)$是连续信号频谱 $F(\mathrm{j}\omega)$的形状以采样频率 ω_s 为间隔周期重复而得到,在重复的过程中幅度被 $p(t)$的傅里叶系数 P_n 所加权。因为 P_n 只是 n(而不是 ω)的函数,所以 $F(\mathrm{j}\omega)$在重复过程中不会使形状发生变化。

不同的采样脉冲加权系数 P_n 会不同。若采样脉冲 $p(t)$是周期单位冲激序列,这种采样称为冲激采样,也称"理想采样",如图 3.23 所示。

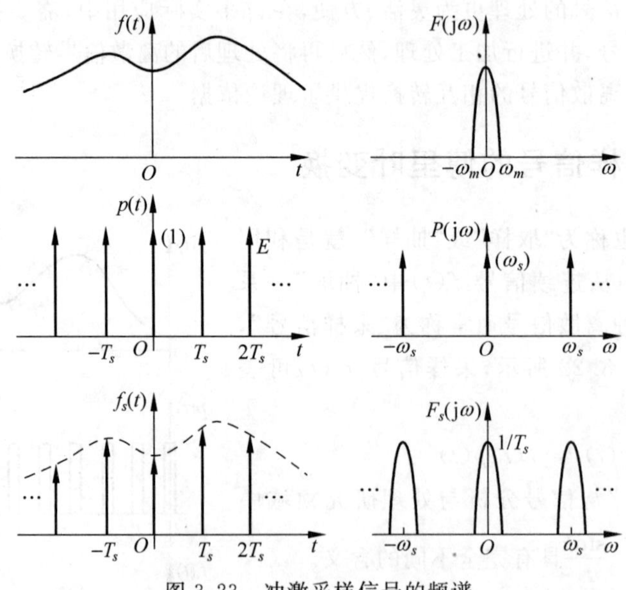

图 3.23 冲激采样信号的频谱

此时

$$p(t) = \delta_{T_s}(t) = \sum_{n=-\infty}^{\infty} \delta(t - nT_s) \tag{3.84}$$

$$P_n=\frac{1}{T_s}\int_{-\frac{T_s}{2}}^{\frac{T_s}{2}}\delta_{T_s}(t)\mathrm{e}^{-\mathrm{j}n\omega_s t}\mathrm{d}t=\frac{1}{T_s}\int_{-\frac{T_s}{2}}^{\frac{T_s}{2}}\delta(t)\mathrm{e}^{-\mathrm{j}n\omega_s t}\mathrm{d}t=\frac{1}{T_s}$$

把它代入式(3.83)，将得到冲激采样信号的频谱为

$$F_s(\mathrm{j}\omega)=\frac{1}{T_s}\sum_{n=-\infty}^{\infty}F[\mathrm{j}(\omega-n\omega_s)] \tag{3.85}$$

式(3.84)表明，冲激采样后信号的频谱是原频谱 $F(\mathrm{j}\omega)$ 以 ω_s 为周期等间隔地重复且幅度相等，如图 3.23 所示。

3.4.2 采样定理

本节讨论如何从采样信号中恢复原连续信号，以及在什么条件下才可以无失真地完成这种恢复作用。

著名的"采样定理"对此做出了明确而精辟的回答。采样定理在通信系统、信息传输理论方面占有十分重要的地位，许多近代通信方式(如数字通信系统)都以此作为理论基础。

1. 时域采样定理

时域采样定理：一个频谱受限的信号 $f(t)$，如果其角频率只占据 $-\omega_m \sim \omega_m$ 的范围，则信号 $f(t)$ 可以用等间隔的采样值唯一表示，而采样间隔 T_s 必须不大于 $\frac{1}{2f_m}$ $\left(\text{其中 } f_m=\frac{\omega_m}{2\pi}\right)$，或者最低采样频率 f_s 为 $2f_m$。

通常把允许的最低采样率 $f_s=2f_m$ 称为"奈奎斯特(Nyquist)频率"，把允许的最大采样间隔 $T_s=\frac{1}{2f_m}=\frac{\pi}{\omega_m}$ 称为"奈奎斯特间隔"。

从采样定理可以知道，要由采样信号恢复原信号，必须满足两个条件：①$f(t)$必须是带限信号，即只占据有限的频带宽度，设其最高角频率为 ω_m；②采样频率不能太低，必须满足 $f_s \geqslant 2f_m$，或者说采样间隔不能太大，必须 $T_s \leqslant \frac{1}{2f_m}$，否则将发生频谱混叠，从而无法恢复原信号。下面将对此说明。

用图 3.24 来说明此定理。假定信号 $f(t)$的频谱 $F(\mathrm{j}\omega)$限制在 $-\omega_m \sim \omega_m$ 范围内，若以间隔 T_s $\left(\text{或重复频率 } \omega_s=\frac{2\pi}{T_s}\right)$对 $f(t)$进行采样，根据 3.4.1 节的内容，采样后信号 $f_s(t)$的频谱 $F_s(\mathrm{j}\omega)$是 $F(\mathrm{j}\omega)$以 ω_s 为周期重复。只有满足 $\omega_s \geqslant 2\omega_m$ 条件，$F_s(\mathrm{j}\omega)$才不会产生频谱的混叠。这样，采样信号 $f_s(t)$保留了原连续信号 $f(t)$的全部信息，完全可以由 $f_s(t)$恢复出 $f(t)$。图 3.24 画出了当采样率 $\omega_s \geqslant 2\omega_m$(不混叠时)及 $\omega_s < 2\omega_m$(混叠时)两种情况下冲激采样信号的频谱。

从图 3.24 可以看出，在满足采样定理的条件下，为了从频谱 $F_s(\mathrm{j}\omega)$中无失真地选出 $F(\mathrm{j}\omega)$，可以利用低通滤波器从 $F_s(\mathrm{j}\omega)$中得到频谱 $F(\mathrm{j}\omega)$，然后对 $F(\mathrm{j}\omega)$逆变换即可恢复出原信号 $f(t)$。如果不满足采样定理，将发生频谱混叠而无法恢复原信号。

2. 频域采样定理

根据时域与频域的对称性，可以由时域采样定理直接推论出频域采样定理。频域采样

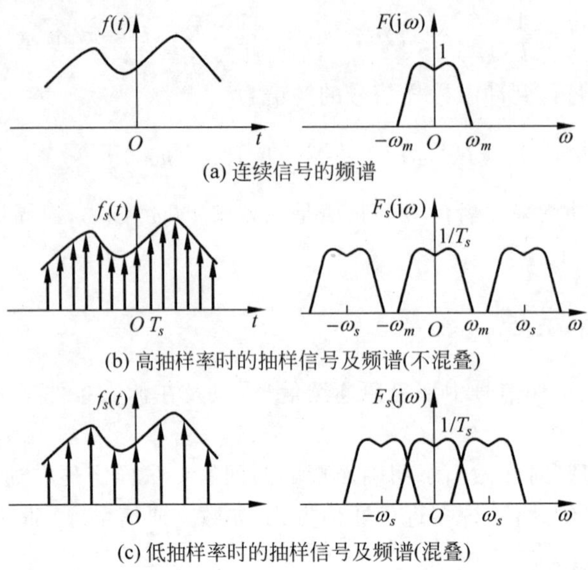

图 3.24 冲激采样信号的频谱

定理的内容是：若信号 $f(t)$是时间受限信号，它集中在$-t_m \sim t_m$ 的时间范围内，若在频域中以不大于$\dfrac{1}{2t_m}$的频率间隔对 $f(t)$的频谱 $F(\mathrm{j}\omega)$进行采样，则采样后的频谱 $F_1(\mathrm{j}\omega)$可以唯一地表示原信号。

从物理概念上不难解释，因为在频域中对 $F(\mathrm{j}\omega)$进行采样，等效于 $f(t)$在时域中重复形成周期信号 $f_1(t)$。只要采样间隔不大于$\dfrac{1}{2t_m}$，则在时域中波形不会产生混叠，用矩形脉冲作选通信号从周期信号 $f_1(t)$中选出单个脉冲就可以无失真地恢复出原信号 $f(t)$。

例 3.9 已知实信号 $f(t)$的最高频率为 f_m(Hz)，试计算对各信号 $f(2t)$，$f(t)*f(2t)$，$f(t)\cdot f(2t)$采样不混叠的最小采样频率。

解 (1) 设 $f(t)\leftrightarrow F(\mathrm{j}\omega)$，则 $f(2t)\leftrightarrow \dfrac{1}{2}F\left(\mathrm{j}\,\dfrac{\omega}{2}\right)$，其最高频率变为 $2f_m$，所以对信号 $f(2t)$抽样时，最小采样频率为 $4f_m$(Hz)。

同理，根据信号时域与频域的对应关系及采样定理得：

(2) $f(t)*f(2t)$频谱的最高频率为 f_m，所以对其采样时，最小采样频率为 $2f_m$(Hz)。

(3) $f(t)\cdot f(2t)$频谱的最高频率变为 $3f_m$，所以对其采样时，最小采样频率为 $6f_m$(Hz)。

3.5 傅里叶变换的应用

作为信息科学研究领域中广泛应用的有力工具，傅里叶变换在很多后续课程以及研究工作中发挥着至关重要的作用。傅里叶变换应用于通信系统有着久远的历史和宽阔的范围，现代通信系统的发展处处伴随着傅里叶变换方法的精心运用。本节初步介绍这些应用中最主要的几个方面——系统响应的求解、无失真传输、理想低通滤波器、滤波和调制与解调等。

3.5.1　频域法求系统的响应

1. 连续系统的频率响应

定义单位冲激响应 $h(t)$的傅里叶变换 $H(\mathrm{j}\omega)$为系统的**频率响应**，即

$$\mathscr{F}[h(t)]=\int_{-\infty}^{\infty}h(t)\mathrm{e}^{-\mathrm{j}\omega t}\mathrm{d}t=H(\mathrm{j}\omega) \tag{3.86}$$

有时也称 $H(\mathrm{j}\omega)$为傅里叶变换形式的系统函数。

一般情况下，系统的频率响应 $H(\mathrm{j}\omega)$为复值函数，可用幅度和相位表示

$$H(\mathrm{j}\omega)=|H(\mathrm{j}\omega)|\mathrm{e}^{\mathrm{j}\varphi(\omega)} \tag{3.87}$$

称$|H(\mathrm{j}\omega)|\sim\omega$为系统的幅频特性，$|\varphi(\omega)|\sim\omega$为系统的相频特性。

任意激励信号都可以看作无穷多项虚指数信号 $\mathrm{e}^{\mathrm{j}\omega t}$的叠加，因此先研究虚指数信号作用于系统所引起的响应。设 LTI 系统的冲激响应为 $h(t)$，当系统输入是角频率为 ω 的虚指数信号 $f(t)=\mathrm{e}^{\mathrm{j}\omega t}(-\infty<t<\infty)$时，系统的零状态响应 $y(t)$为

$$\begin{aligned}y(t)&=h(t)*f(t)=\int_{-\infty}^{\infty}h(\tau)f(t-\tau)\mathrm{d}\tau\\&=h(t)*\mathrm{e}^{\mathrm{j}\omega t}=\int_{-\infty}^{\infty}h(\tau)\mathrm{e}^{\mathrm{j}\omega(t-\tau)}\mathrm{d}\tau=\mathrm{e}^{\mathrm{j}\omega t}\int_{-\infty}^{\infty}h(\tau)\mathrm{e}^{-\mathrm{j}\omega\tau}\mathrm{d}\tau\end{aligned} \tag{3.88}$$

根据频率响应的定义，式(3.88)中$\int_{-\infty}^{\infty}h(\tau)\mathrm{e}^{-\mathrm{j}\omega\tau}\mathrm{d}\tau=H(\mathrm{j}\omega)$。

因此，式(3.88)可写为

$$y(t)=\mathrm{e}^{\mathrm{j}\omega t}H(\mathrm{j}\omega) \tag{3.89}$$

式(3.89)说明，虚指数信号 $\mathrm{e}^{\mathrm{j}\omega t}$作用于线性时不变系统时，系统的零状态响应 $y(t)$仍为同频率的虚指数信号，但其幅度和相位受系统频率响应 $H(\mathrm{j}\omega)$的加权。所以，$H(\mathrm{j}\omega)$反映了 LTI 系统对不同频率信号的响应特性。

由此，一个稳定的系统对正弦信号 $\sin(\omega t)$所产生的响应为

$$y(t)=\sin(\omega t)H(\mathrm{j}\omega)=\sin(\omega t)|H(\mathrm{j}\omega)|\mathrm{e}^{\mathrm{j}\varphi(\omega)}=|H(\mathrm{j}\omega)|\sin(\omega t+\varphi(\omega)) \tag{3.90}$$

因为系统是稳定的，所以该响应也即为系统的正弦稳态响应。

当激励为任意信号 $f(t)$时，因为 $f(t)$可以看作无穷多项虚指数信号 $\mathrm{e}^{\mathrm{j}\omega t}$的叠加，即

$$f(t)=\frac{1}{2\pi}\int_{-\infty}^{\infty}F(\mathrm{j}\omega)\mathrm{e}^{\mathrm{j}\omega t}\mathrm{d}\omega$$

把这些分量作用于系统所得的响应求和，即可得到系统的零状态响应

$$y(t)=T\{f(t)\}=\frac{1}{2\pi}\cdot T\left\{\int_{-\infty}^{\infty}F(\mathrm{j}\omega)\mathrm{e}^{\mathrm{j}\omega t}\mathrm{d}\omega\right\}=\frac{1}{2\pi}\int_{-\infty}^{\infty}F(\mathrm{j}\omega)\cdot T\{\mathrm{e}^{\mathrm{j}\omega t}\}\mathrm{d}\omega \tag{3.91}$$

根据式(3.89)，式(3.91)中的 $T\{\mathrm{e}^{\mathrm{j}\omega t}\}=T\{f(t)\}=\mathrm{e}^{\mathrm{j}\omega t}H(\mathrm{j}\omega)$，所以

$$y(t)=T\{f(t)\}=\frac{1}{2\pi}\int_{-\infty}^{\infty}F(\mathrm{j}\omega)[H(\mathrm{j}\omega)\mathrm{e}^{\mathrm{j}\omega t}]\mathrm{d}\omega=\frac{1}{2\pi}\int_{-\infty}^{\infty}F(\mathrm{j}\omega)H(\mathrm{j}\omega)\mathrm{e}^{\mathrm{j}\omega t}\mathrm{d}\omega \tag{3.92}$$

令响应 $y(t)$的频谱函数为 $Y(\mathrm{j}\omega)$，则由式(3.91)得

$$Y(\mathrm{j}\omega)=F(\mathrm{j}\omega)H(\mathrm{j}\omega) \tag{3.93}$$

因此

$$H(\mathrm{j}\omega)=\frac{Y(\mathrm{j}\omega)}{F(\mathrm{j}\omega)} \tag{3.94}$$

式(3.94)给出了频率响应的另外一种定义,即系统零状态响应的傅里叶变换 $Y(\mathrm{j}\omega)$ 与激励傅里叶变换 $F(\mathrm{j}\omega)$ 的比值。

例 3.10 已知某连续 LTI 系统的冲激响应 $h(t)$ 为

$$h(t)=(\mathrm{e}^{-t}-\mathrm{e}^{-3t})\varepsilon(t)$$

求该系统的频率响应 $H(\mathrm{j}\omega)$。

解 根据频率响应的定义

$$\mathscr{F}[h(t)]=H(\mathrm{j}\omega)=\frac{1}{\mathrm{j}\omega+1}-\frac{1}{\mathrm{j}\omega+3}=\frac{2}{(\mathrm{j}\omega)^2+4\mathrm{j}\omega+3}$$

例 3.11 某 LTI 系统的频率响应 $H(\mathrm{j}\omega)=\dfrac{2-\mathrm{j}\omega}{2+\mathrm{j}\omega}$,若系统的输入为 $f(t)=\cos(2t)$,求系统的输出 $y(t)$。

解 方法一:

因为

$$F(\mathrm{j}\omega)=\pi[\delta(\omega+2)+\delta(\omega-2)]$$

所以系统的输出 $y(t)$ 的傅里叶变换 $Y(\mathrm{j}\omega)$ 为

$$\begin{aligned}Y(\mathrm{j}\omega)&=F(\mathrm{j}\omega)H(\mathrm{j}\omega)=\frac{2-\mathrm{j}\omega}{2+\mathrm{j}\omega}\cdot\pi[\delta(\omega+2)+\delta(\omega-2)]\\&=\pi\cdot\frac{2-\mathrm{j}\omega}{2+\mathrm{j}\omega}\cdot\delta(\omega+2)+\pi\cdot\frac{2-\mathrm{j}\omega}{2+\mathrm{j}\omega}\cdot\delta(\omega-2)\\&=\pi\cdot\frac{2+\mathrm{j}2}{2-\mathrm{j}2}\cdot\delta(\omega+2)+\pi\cdot\frac{2-\mathrm{j}2}{2+\mathrm{j}2}\cdot\delta(\omega-2)\\&=\pi[\mathrm{j}\delta(\omega+2)-\delta(\omega-2)]=\mathrm{j}\pi[\delta(\omega+2)-\delta(\omega-2)]\end{aligned}$$

所以

$$y(t)=\sin(2t)$$

方法二:

$$H(\mathrm{j}2)=\frac{2-\mathrm{j}2}{2+\mathrm{j}2}=1\cdot\mathrm{e}^{-\mathrm{j}90^\circ}$$

根据式(3.90)有

$$y(t)=1\cdot|H(\mathrm{j}2)|\cdot\cos(2t-90^\circ)=\cos(2t-90^\circ)=\sin 2t$$

2. 利用 $H(\mathrm{j}\omega)$ 求系统的响应

根据第 2 章的内容,激励信号 $f(t)$ 经过冲激响应为 $h(t)$ 的线性时不变系统时,所产生的零状态响应 $y(t)$ 为

$$y(t)=f(t)*h(t)\tag{3.95}$$

现在改为在频域中求解此响应。根据式(3.93)有 $Y(\mathrm{j}\omega)=H(\mathrm{j}\omega)F(\mathrm{j}\omega)$(同时对式(3.95)两端取傅里叶变换,再根据卷积定理也可以得到式(3.93))。利用该式给出的傅里叶分析方法,可以求线性系统对激励信号的零状态响应。下面的例子研究利用 $H(\mathrm{j}\omega)$ 求系统对非周期信号的响应。

例 3.12 图 3.25(a)表示 RC 低通网络,在输入端加入矩形脉冲 $v_1(t)$ 如图 3.25(b)所示,利用傅里叶分析方法求输出端电压 $v_2(t)$。

解　根据电路图容易求得系统的频率响应

$$H(\mathrm{j}\omega)=\frac{\frac{1}{RC}}{\mathrm{j}\omega+\frac{1}{RC}}$$

引用符号 $\alpha=\dfrac{1}{RC}$得到

$$H(\mathrm{j}\omega)=\frac{\alpha}{\mathrm{j}\omega+\alpha}$$

激励信号 $v_1(t)$是延迟的矩形脉冲，其傅里叶变换为

$$V_1(\mathrm{j}\omega)=E\tau\mathrm{Sa}\left(\frac{\omega\tau}{2}\right)\mathrm{e}^{-\mathrm{j}\frac{\omega\tau}{2}}=E\tau\frac{\sin\left(\frac{\omega\tau}{2}\right)}{\left(\frac{\omega\tau}{2}\right)}\mathrm{e}^{-\mathrm{j}\frac{\omega\tau}{2}}$$

引用式(3.93)求得响应 $v_2(t)$的傅里叶变换

$$\begin{aligned}V_2(\mathrm{j}\omega)&=H(\mathrm{j}\omega)V_1(\mathrm{j}\omega)\\&=\frac{\alpha}{\alpha+\mathrm{j}\omega}\left[\frac{E\tau\sin\left(\frac{\omega\tau}{2}\right)}{\frac{\omega\tau}{2}}\right]\mathrm{e}^{-\mathrm{j}\frac{\omega\tau}{2}}\\&=|V_2(\mathrm{j}\omega)|\,\mathrm{e}^{\mathrm{j}\varphi_2(\omega)}\end{aligned}$$

其中

$$|V_2(\mathrm{j}\omega)|=\frac{2\alpha E\left|\sin\left(\frac{\omega\tau}{2}\right)\right|}{\omega\sqrt{\alpha^2+\omega^2}}\tag{3.96}$$

利用式(3.96)可以描绘响应的幅度谱。

为便于进行逆变换以求得 $v_2(t)$的波形，把 $V_2(\mathrm{j}\omega)$写作

$$\begin{aligned}V_2(\mathrm{j}\omega)&=\frac{\alpha}{\alpha+\mathrm{j}\omega}\cdot\frac{E}{\mathrm{j}\omega}(1-\mathrm{e}^{-\mathrm{j}\omega\tau})=E\left(\frac{1}{\mathrm{j}\omega}-\frac{1}{\alpha+\mathrm{j}\omega}\right)(1-\mathrm{e}^{-\mathrm{j}\omega\tau})\\&=\frac{E}{\mathrm{j}\omega}(1-\mathrm{e}^{-\mathrm{j}\omega\tau})-\frac{E}{\alpha+\mathrm{j}\omega}(1-\mathrm{e}^{-\mathrm{j}\omega\tau})\end{aligned}$$

于是有

$$\begin{aligned}v_2(t)&=E[\varepsilon(t)-\varepsilon(t-\tau)]-E[\mathrm{e}^{-\alpha t}\varepsilon(t)-\mathrm{e}^{-\alpha(t-\tau)}\varepsilon(t-\tau)]\\&=E(1-\mathrm{e}^{-\alpha t})\varepsilon(t)-E[1-\mathrm{e}^{-\alpha(t-\tau)}]\varepsilon(t-\tau)\end{aligned}$$

其中，$v_2(t)$的波形如图 3.25(c)所示。图 3.25(d)、图 3.25(e)、图 3.25(f)则分别绘出了上述各傅里叶变换式的幅频特性曲线$|H(\mathrm{j}\omega)|$、$|V_1(\mathrm{j}\omega)|$、$|V_2(\mathrm{j}\omega)|$。由图可见，输出信号的波形与输入相比产生了失真，主要表现在输出波形的上升和下降特性上。输入信号在 $t=0$ 时急剧上升，在 $t=\tau$ 时急剧下降，这种急速变化意味着有很高的频率分量。由于网络是低通滤波网络，不允许高频分量通过，于是输出信号在急剧变化的地方($t=0$ 和 $t=\tau$)变得圆滑，即其上升沿和下降沿不再陡直，而是表现为渐变，输出的波形不再是矩形脉冲，而是以指数规律逐渐上升和下降。从输入信号和输出信号的频谱图上也能清楚地看出高频分量的降低。

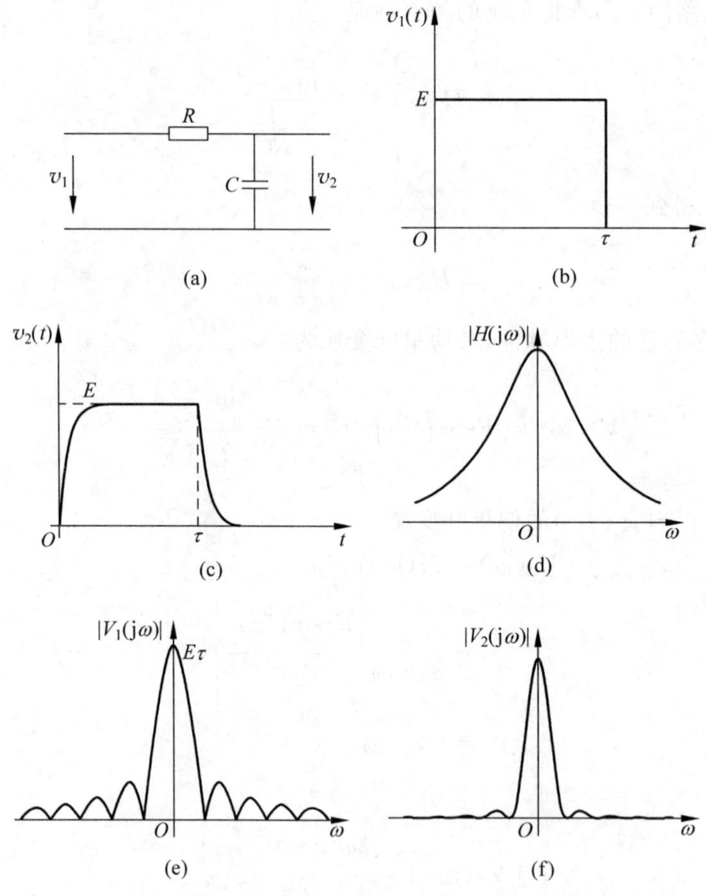

图 3.25　矩形脉冲通过 RC 低通网络

从以上分析可以看出，利用傅里叶变换形式的系统函数 $H(\mathrm{j}\omega)$从频谱改变的观点解释了激励与响应波形的差异，物理概念比较清晰，但傅里叶分析求逆的过程比较烦琐。引出 $H(\mathrm{j}\omega)$的重要意义在于研究信号传输的基本特性，建立滤波器的基本概念并理解频响特性的物理意义，这些理论内容在信号传输和滤波器设计等实际问题中具有十分重要的指导意义。

3.5.2　无失真传输

在信号传输时，总是希望信号通过传输系统时，信号无任何失真，这就要求系统是一个无失真的传输系统。所谓无失真传输，是指输出信号与输入信号相比，只是大小和出现时间的不同，而无波形的变化。若输入信号为 $f(t)$，则无失真传输系统的输出信号 $y(t)$应为

$$y(t) = Kf(t - t_\mathrm{d}) \tag{3.97}$$

其中，K 是一个正常数，t_d 是输入信号通过系统后的延迟时间。下面讨论为满足式(3.97)，即为实现无失真传输，系统应具备的条件。对式(3.97)进行傅里叶变换，并根据傅里叶变换的时移特性，可得

$$Y(\mathrm{j}\omega) = KF(\mathrm{j}\omega)\mathrm{e}^{-\mathrm{j}\omega t_\mathrm{d}}$$

故无失真传输系统的频率响应为

$$H(\mathrm{j}\omega)=\frac{Y(\mathrm{j}\omega)}{F(\mathrm{j}\omega)}=K\mathrm{e}^{-\mathrm{j}\omega t_{\mathrm{d}}} \tag{3.98}$$

式(3.98)就是对于系统的频率响应特征提出的无失真传输条件,其幅度响应和相位响应分别为

$$|H(\mathrm{j}\omega)|=K,\quad \varphi(\omega)=-\omega t_{\mathrm{d}} \tag{3.99}$$

由式(3.99)可见,无失真传输系统的幅频特性是一个常数,而相频特性是一条通过原点的直线。因此无失真传输系统应该满足两个条件:①系统的幅度响应$|H(\mathrm{j}\omega)|$在整个频率范围内应为常数K,即系统的带宽为无穷大;②系统的相位响应$\varphi(\omega)$在整个频率范围内应与ω成正比,如图3.26所示。

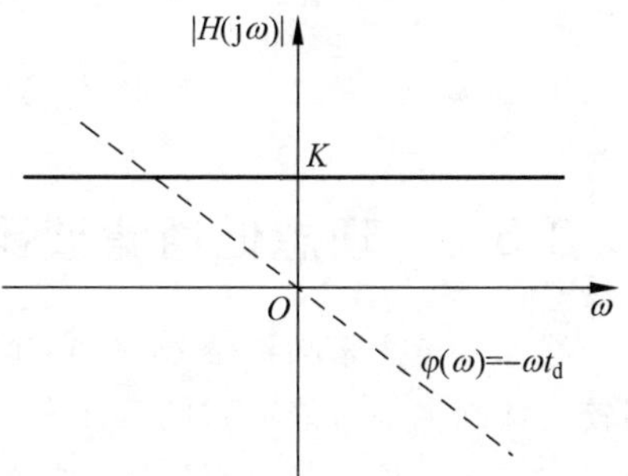

图3.26　无失真传输系统的幅度和相位响应

如果系统的幅频响应$|H(\mathrm{j}\omega)|$不为常数,信号通过时就会产生失真,称为幅度失真;如果系统的相位响应$\varphi(\omega)$不是ω的线性函数,信号通过时也会产生失真,称为相位失真。

式(3.98)和式(3.99)说明了为满足无失真传输对于系统频率响应$H(\mathrm{j}\omega)$的要求,这是从频域角度提出的,如果用时域特性表示,可以对式(3.98)求逆变换,得系统的单位冲激响应

$$h(t)=K\delta(t-t_{\mathrm{d}}) \tag{3.100}$$

此结果表明,当信号通过线性系统时,为了不产生失真,系统的冲激响应应为冲激函数。

例3.13　已知一LTI系统的频率响应为

$$H(\mathrm{j}\omega)=\frac{1-\mathrm{j}\omega}{1+\mathrm{j}\omega}$$

(1) 求系统的幅度响应$|H(\mathrm{j}\omega)|$和相位响应$\varphi(\omega)$,并判断系统是否为无失真传输系统。

(2) 当输入为$f(t)=\sin t+\sin 3t,-\infty<t<\infty$时,求系统的零状态响应。

解　(1) 系统的频率响应可化简为

$$H(\mathrm{j}\omega)=\mathrm{e}^{-\mathrm{j}2\arctan(\omega)}$$

所以系统的幅度响应和相位响应分别为

$$|H(\mathrm{j}\omega)|=1,\quad \varphi(\omega)=-2\arctan(\omega)$$

虽然系统的幅度响应$|H(\mathrm{j}\omega)|$对所有的频率都为常数,但相位响应$\varphi(\omega)$不是ω的线性函数,所以该系统不是无失真传输系统。

(2) 输入信号$f(t)$由角频率为$\omega_1=1$和$\omega_2=3$的两个正弦信号组成,所以系统的零状态响应为

$$\begin{aligned}y(t)&=|H(\mathrm{j}1)|\sin(t+\varphi(1))+|H(\mathrm{j}3)|\sin(t+\varphi(3))\\&=\sin\left(t-\frac{\pi}{2}\right)+\sin(3t-0.795\pi)\end{aligned}$$

图3.27的实线表示系统的输入信号$f(t)$,虚线为系统的输出信号$y(t)$。由图可知,输出信号相对于输入信号产生了失真。输出信号的失真是由于系统的非线性相位引起的。

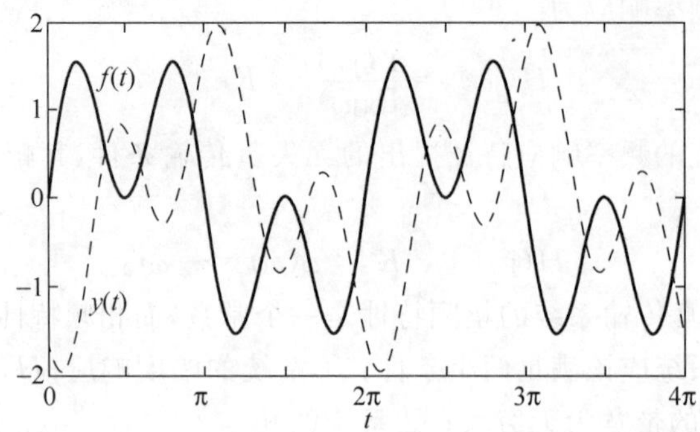

图 3.27　例 3.13(2)的输入和输出信号

3.5.3　理想低通滤波器

滤波器是用来筛选信号的,它允许部分频率的信号顺利通过,而另一部分频率的信号受到较大抑制。信号能通过的频率范围称为通带,受到很大衰减或完全被抑制的频率范围称为阻带。一般信号通过系统后,其频率分量都会有所改变。从这一点上来说,任何一个系统都可以看成是一个滤波器。在实际应用中,按照允许通过的频率成分划分,滤波器可分为低通、高通、带通和带阻等几种。它们在理想情况下系统的幅频响应分别如图 3.28 所示,其中图 3.28(a)为低通,图 3.28(b)为高通,图 3.28(c)为带通,图 3.28(d)为带阻。ω_c 是低通、高通的截止频率,ω_1 和 ω_2 是带通和带阻的截止频率。本节重点讨论理想低通滤波器,其他三种滤波器的分析与之类似。

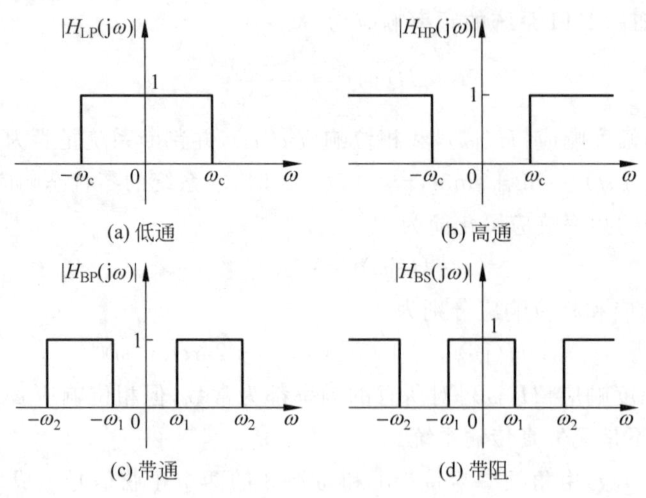

图 3.28　理想滤波器幅频响应

理想低通滤波器的幅频响应$|H(\mathrm{j}\omega)|$在通带 $0\sim\omega_c$(ω_c 称为截止角频率)恒为 1,在通带之外为 0;相位响应 $\varphi(\omega)$在通带内与 ω 成线性关系,如图 3.29 所示,其频率响应可表示为

$$H(\mathrm{j}\omega)=|H(\mathrm{j}\omega)|\mathrm{e}^{\mathrm{j}\varphi(\omega)}$$

其中

$$\begin{cases} |H(\mathrm{j}\omega)| = \begin{cases} 1, & |\omega| \leqslant \omega_c \\ 0, & \omega \text{ 为其他值} \end{cases} \\ \varphi(\omega) = -\omega t_d \end{cases} \tag{3.101}$$

根据 3.5.2 节的内容，理想低通滤波器是将低于 ω_c 的所有信号无失真地予以传送，而将高于 ω_c 的信号完全衰减。

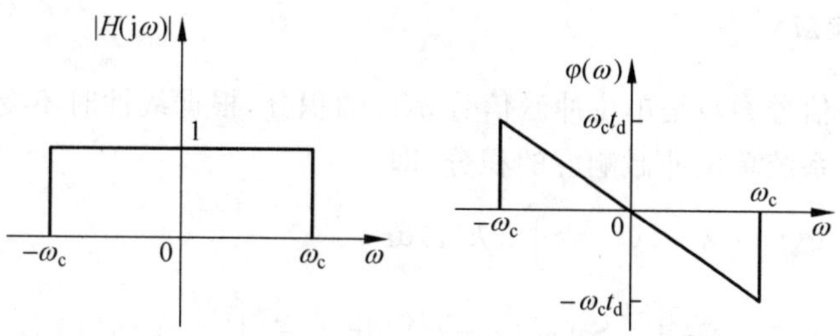

图 3.29　线性相位理想低通滤波器频率响应

下面分析单位冲激信号和单位阶跃信号通过理想低通滤波器时的响应，这些响应的特点具有普遍意义，因而可以更清楚地理解一些有用的概念。

1. 单位冲激响应

对理想低通滤波器的 $H(\mathrm{j}\omega)$ 进行傅里叶逆变换得系统的单位冲激响应

$$\begin{aligned} h(t) &= \frac{1}{2\pi}\int_{-\infty}^{\infty} H(\mathrm{j}\omega)\mathrm{e}^{\mathrm{j}\omega t}\mathrm{d}\omega \\ &= \frac{1}{2\pi}\int_{-\omega_c}^{\omega_c} 1 \cdot \mathrm{e}^{-\mathrm{j}\omega t_d}\mathrm{e}^{\mathrm{j}\omega t}\mathrm{d}\omega = \frac{1}{2\pi}\int_{-\omega_c}^{\omega_c} \mathrm{e}^{\mathrm{j}\omega(t-t_d)}\mathrm{d}\omega \\ &= \frac{\omega_c}{\pi}\mathrm{Sa}[\omega_c(t-t_d)] \end{aligned} \tag{3.102}$$

$h(t)$的波形如图 3.30 所示，分析其波形可发现：

(1) 系统输入为 $\delta(t)$时，输出的 $h(t)$是一个采样函数，其波形与输入信号不同，产生了失真。这是因为理想低通滤波器是一个带限系统，而输入信号 $\delta(t)$的频谱为常数 1，频带宽度为无穷大。

(2) 冲激响应的主瓣宽度为 $\left(t_d+\dfrac{\pi}{\omega_c}\right)-\left(t_d-\dfrac{\pi}{\omega_c}\right)=\dfrac{2\pi}{\omega_c}$。因此，截止频率 ω_c 越小，主瓣宽度越大，失真也就越大。当 $\omega_c\to\infty$时，理想低通滤波器变为无失真传输系统，采样函数也变为冲激函数。

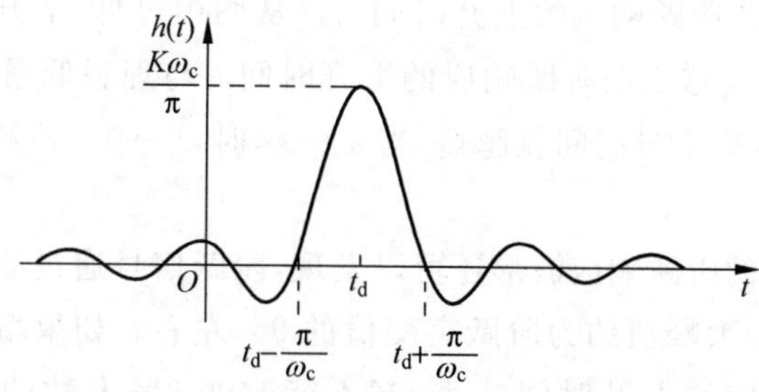

图 3.30　理想低通滤波器的单位冲激响应

(3) 冲激响应 $h(t)$ 的主峰出现的时刻 $t=t_d$，比输入的冲激信号 $\delta(t)$ 的作用时刻 $t=0$ 延迟了一段时间 t_d，这正是理想低通滤波器相位响应的斜率。

(4) 冲激响应在 $t<0$ 的区间也存在输出，这说明理想低通滤波器是一个非因果系统，因而它是一个物理上不可实现的系统。尽管在研究网络问题时理想低通滤波器是十分需要的，但是在实际电路中却不可能实现。

2. 单位阶跃响应

由于单位阶跃信号 $\varepsilon(t)$ 是单位冲激信号 $\delta(t)$ 的积分，根据线性时不变系统的特性，系统的单位阶跃响应是系统单位冲激响应的积分，即

$$\begin{aligned} g(t) &= h^{(-1)}(t) = \int_{-\infty}^{t} h(\tau)\mathrm{d}\tau \\ &= \frac{\omega_c}{\pi}\int_{-\infty}^{t} \mathrm{Sa}[\omega_c(\tau-t_d)]\mathrm{d}\tau = \frac{1}{\pi}\int_{-\infty}^{\omega_c(\tau-t_d)} \mathrm{Sa}(x)\mathrm{d}x \\ &= \frac{1}{\pi}\int_{-\infty}^{0} \mathrm{Sa}(x)\mathrm{d}x + \frac{1}{\pi}\int_{0}^{\omega_c(\tau-t_d)} \mathrm{Sa}(x)\mathrm{d}x \end{aligned}$$

由定积分公式有

$$\frac{1}{\pi}\int_{-\infty}^{0} \mathrm{Sa}(x)\mathrm{d}x = \frac{1}{\pi}\int_{0}^{\infty} \mathrm{Sa}(x)\mathrm{d}x = \frac{1}{2}$$

因此理想低通滤波器的阶跃响应 $g(t)$ 为

$$g(t) = \frac{1}{2} + \frac{1}{\pi}\int_{0}^{\omega_c(\tau-t_d)} \mathrm{Sa}(x)\mathrm{d}x \tag{3.103}$$

其波形如图 3.31 所示。

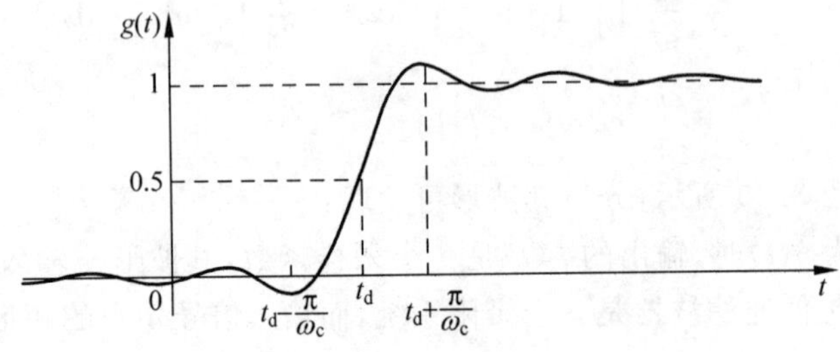

图 3.31 理想低通滤波器的阶跃响应

由图可见，阶跃响应 $g(t)$ 比输入阶跃信号 $\varepsilon(t)$ 延迟一段时间 t_d，t_d 仍是理想低通滤波器相位特性的斜率。在 $t=t_d$ 时刻，阶跃响应波形的斜率最大。通常将阶跃响应从最小值升到最大值所需要的时间称为阶跃响应的上升时间 t_r。从图中可见，上升时间与冲激响应的主瓣宽度一样，都是 $2\pi/\omega_c$。这表明阶跃响应的上升时间 t_r 与理想低通滤波器的通带宽度 ω_c **成反比**。ω_c 越大，阶跃响应上升时间就越短，当 $\omega_c\to\infty$ 时，$t_r\to 0$。该结论对各种实际的滤波器具有指导意义。

由理想低通滤波器的阶跃响应波形还可以发现，阶跃信号通过滤波器后，在 $t=t_d$ 前后出现了振荡，其振荡的最大峰值约为阶跃突变值的 9%左右。如果增大理想低通滤波器的带宽 ω_c，可以使阶跃响应的上升时间减小，却不能改变 9%上冲的强度。这种现象称为

Gibbs 现象。也就是说只要理想低通滤波器的带宽为有限，其阶跃响应就会出现振荡，但振荡的幅度不变。

通过对理想低通滤波器几种响应的分析，可以得到以下一些有用的结论。

(1) 输出响应的延迟时间取决于理想低通滤波器相位响应的斜率。

(2) 输入信号在通过理想低通滤波器后，输出响应在输入信号不连续点处产生逐渐上升或下降的波形，上升或下降的时间与理想低通滤波器的通带宽度成反比。

例 3.14　求带通信号 $f(t)=\mathrm{Sa}(t)\cos 2t, -\infty<t<\infty$ 通过线性相位理想低通滤波器

$$H(\mathrm{j}\omega)=\begin{cases}\mathrm{e}^{-\mathrm{j}\omega t_\mathrm{d}}, & |\omega|\leqslant\omega_\mathrm{c} \quad 其中\ \omega_\mathrm{c}=4\\ 0, & 其他\end{cases}\quad（幅频特性如图 3.32(a) 所示）$$

的响应。

解　因为 $\mathrm{Sa}(t)\leftrightarrow\pi g_2(\omega)$

利用傅里叶变换的频移特性，可得输入信号 $f(t)$ 的频谱为

$$F(\mathrm{j}\omega)=\frac{\pi}{2}[g_2(\omega+2)+g_2(\omega-2)]$$

$F(\mathrm{j}\omega)$ 的幅频特性如图 3.32(b) 所示。

则系统的输出频谱 $Y(\mathrm{j}\omega)$ 为

$$Y(\mathrm{j}\omega)=H(\mathrm{j}\omega)F(\mathrm{j}\omega)=\mathrm{e}^{-\mathrm{j}\omega t_\mathrm{d}}\ \frac{\pi}{2}[g_2(\omega+2)+g_2(\omega-2)],\quad |\omega|\leqslant\omega_\mathrm{c}$$

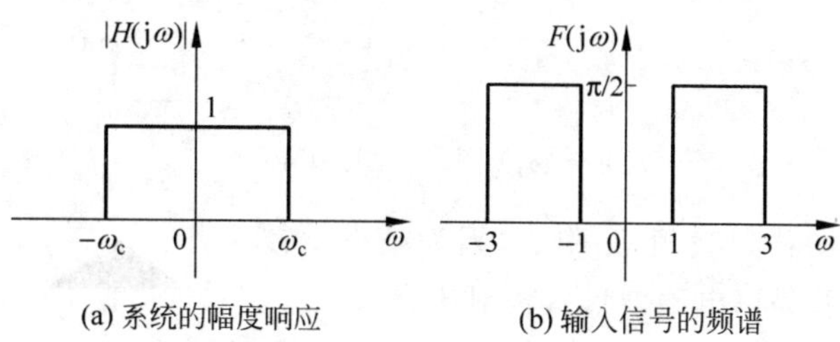

图 3.32　例 3.14 图

因为 $\omega_\mathrm{c}=4>3$，所以输入信号的所有频率分量都能通过系统，即

$$Y(\mathrm{j}\omega)=\mathrm{e}^{-\mathrm{j}\omega t_\mathrm{d}}\ \frac{\pi}{2}[g_2(\omega+2)+g_2(\omega-2)]$$

所以系统的输出 $y(t)$ 为

$$y(t)=f(t-t_\mathrm{d})=\mathrm{Sa}(t-t_\mathrm{d})\cos[2(t-t_\mathrm{d})],\quad -\infty<t<\infty$$

这时系统可看成一个无失真传输系统。

3.5.4　调制与解调

调制与解调是傅里叶变换在通信系统中非常重要的应用。在通信系统中，信号从发射端传输到接收端，为提高传输效率和传输质量，往往需要进行调制和解调。调制作用的实质是将低频信号的频谱搬移到较高频率范围，这样就容易以电磁波形式辐射出去；同时，通过调制把各种信号的频谱搬移，使它们互不重叠地占据不同的频率范围，即信号分别托附于不同频率的载波上，接收机就可以分离出所需频率的信号，不致互相干扰。此问题的解决为一

个信道中传输多对通话提供了依据，这就是利用调制原理实现"多路复用"。

对模拟信号的调制方式主要有调幅(Amplitude Modulation，AM)、调频(Frequency Modulation，FM)与调相(Phase Modulation，PM)。其中调幅又分为抑制载波调幅(SC-AM)、常规调幅(AM)、单边带调幅(SSB)和残留边带调幅(VSB)等。调制理论的详细研究将是通信原理等课程的主题，而各种调制电路的分析要在高频电路(通信电路)中学习。下面仅对幅度调制中的SC-AM和AM做简单介绍。

1. 抑制载波幅度调制(SC-AM)

1) 调制

SC-AM的原理框图如图3.33(a)所示。其中 $g(t)$ 为待调制的低频信号，$\cos(\omega_0 t)$ 为高频的载波信号，通过 $g(t)$ 与 $\cos(\omega_0 t)$ 相乘，得到已调信号 $y(t)=g(t)\cos(\omega_0 t)$。下面分别从时域和频域分析连续信号抑制载波调幅的基本原理。

若待调信号 $g(t)$ 的频谱为 $G(\mathrm{j}\omega)$，占据 $-\omega_m \sim \omega_m$ 的有限频带，如图3.33(b)所示，根据傅里叶变换的频移特性及卷积定理，容易求得已调信号 $y(t)$ 的频谱 $Y(\mathrm{j}\omega)$，即

$$y(t)=g(t)\cos(\omega_0 t)$$

$$Y(\mathrm{j}\omega)=\frac{1}{2\pi}G(\mathrm{j}\omega)*\pi[\delta(\omega+\omega_0)+\delta(\omega-\omega_0)]$$

$$=\frac{1}{2}[G(\omega+\omega_0)+G(\omega-\omega_0)] \tag{3.104}$$

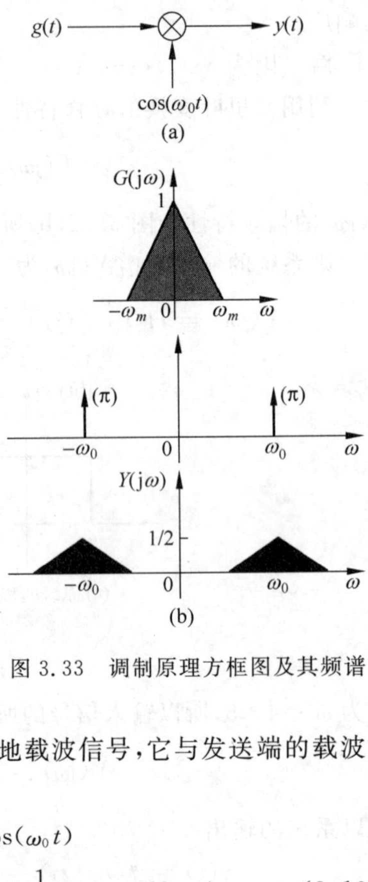

图3.33 调制原理方框图及其频谱

可见，信号的频谱被搬移到载频 ω_0 附近，因为频率比较高，调制完后的信号容易以电磁波形式辐射出去。

2) 解调

已调信号 $y(t)$ 通过信道传输后，在接收端恢复原始信号 $g(t)$ 的过程称为解调。如图3.34(a)所示实现解调的一种原理方框图，这里 $\cos(\omega_0 t)$ 信号是接收端提供的本地载波信号，它与发送端的载波同频同相，$y(t)$ 与 $\cos(\omega_0 t)$ 相乘得 $g_0(t)$，即

$$g_0(t)=y(t)\cos(\omega_0 t)=[g(t)\cos(\omega_0 t)]\cos(\omega_0 t)$$

$$=\frac{1}{2}g(t)[1+\cos(2\omega_0 t)]=\frac{1}{2}g(t)+\frac{1}{2}g(t)\cos(2\omega_0 t) \tag{3.105}$$

通过低通滤波器 $H(\mathrm{j}\omega)$，滤掉高频分量 $\frac{1}{2}g(t)\cos(2\omega_0 t)$，即可取出 $g(t)$。

也可以从频域的角度理解同步解调的完成，过程如下：

接收端接收到的已调信号的频谱为 $Y(\mathrm{j}\omega)$，与 $\cos(\omega_0 t)$ 相乘的结果使频谱 $Y(\mathrm{j}\omega)$ 向左、右分别移动 w_0 $\left(并乘以系数\frac{1}{2}\right)$，即 $G_0(\mathrm{j}\omega)$，再利用一个低通滤波器(通带截止频率介于 ω_0 和 $2\omega_0-\omega_m$ 之间)，滤除在频率为 $2\omega_0$ 附近的分量，即可取出 $g(t)$，完成解调，详情如图3.34所示。

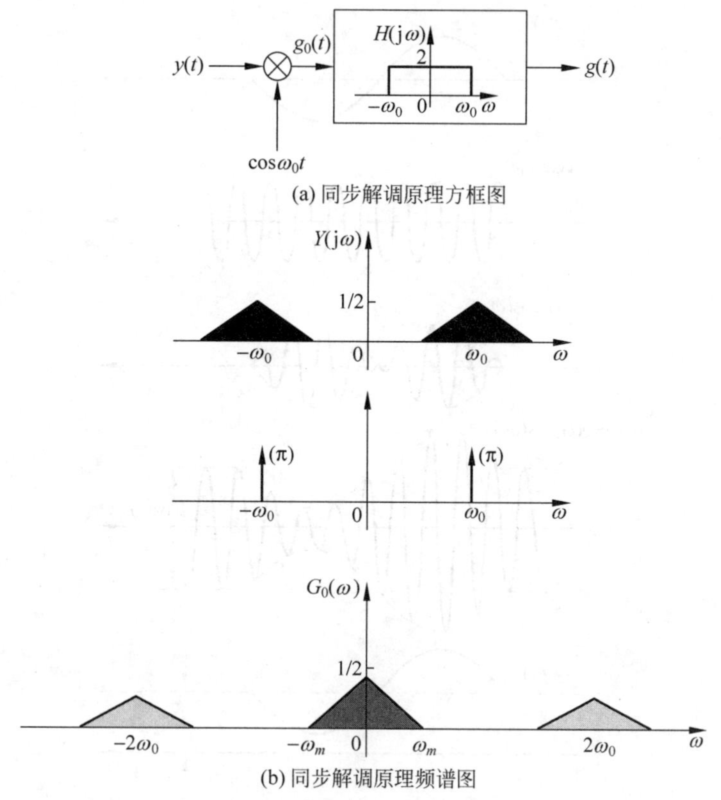

(a) 同步解调原理方框图

(b) 同步解调原理频谱图

图 3.34 同步解调原理方框图及其频谱图

在这种调制、解调过程中，发射端并不传送载波信号 $\cos(\omega_0 t)$，因此称为抑制载波调幅。这种方式需要在接收端产生与发送端频率相同的本地载波才能解调，从而使接收机复杂化。

2. 常规调幅(AM)

为了在接收端省去本地载波，可采用如下方法：在发射信号中加入一定强度的载波信号 $A\cos(\omega_0 t)$，这时，发送端的合成信号为$[A+g(t)]\cos(\omega_0 t)$，如果 A 足够大，对于全部 t，有 $A+g(t)>0$，已调信号的包络就是 $A+g(t)$(如图 3.35 所示)。

这时，利用简单的包络检测器(由二极管、电阻、电容组成)即可从图 3.35 相应的波形中提取包络，恢复 $g(t)$，不需要本地载波。图 3.36 是一个简单的包络检波器，通过跟踪已调信号的峰值，从而恢复原信号 $g(t)$。常数 A 需要合理选择，从发射端来说，A 的减小可以使发射端的功率减小，发射效率提高；但在解调时，A 必须足够大才能保证解调的精度和质量。因此，在调制效率和解调质量之间需要良好的平衡。此方法常用于民用通信设备，例如广播接收机等。

由图 3.35 波形不难发现，在这种调制方法中，载波的振幅随信号 $g(t)$ 成比例地改变，因而称为振幅调制或调幅。

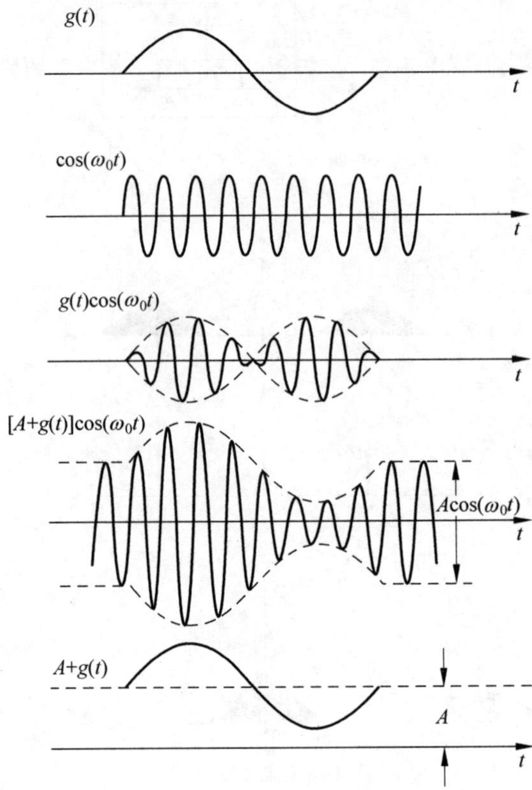

图 3.35 调幅、抑制载波调幅及其解调波形

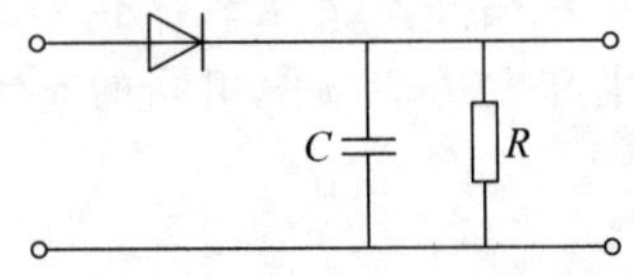

图 3.36 半波整流包络检波电路

3.6 连续信号傅里叶变换的 MATLAB 应用实例

连续信号的傅里叶变换实际是一种积分运算，没办法用计算机直接实现。但在 MATLAB 的 Symbolic Math Toolbox 中定义了一种新的数据类型为符号对象(Symbolic Object)，符号对象是用来存储代表符号的字符串，代表了符号变量、符号表达式和符号矩阵。符号运算过程中允许存在非数值的符号变量，但在使用符号变量之前，应先声明某些要用到的变量是符号变量。可以用符号运算实现连续信号的傅里叶变换。

1. MATLAB 求傅里叶正、逆变换

MATLAB 中提供了能直接求解傅里叶变换及逆变换的符号函数 fourier()及 ifourier()。两者的调用格式如下：

```
Fw = fourier(ft,t,w)
```

其功能为求时域函数 ft 的傅里叶变换 Fw，ft 是以 t 为自变量的时域函数，Fw 是以角频率 w 为自变量的函数。

```
ft = ifourier(Fw,w,t)
```

其功能为求频域函数 Fw 的傅里叶逆变换 ft，ft 是以 t 为自变量的时域函数，Fw 是以角频率 w 为自变量的函数。

下面举例说明如何用以上函数求解连续信号的傅里叶变换。

例 3.15　请画出矩形脉冲(也称门信号)$f(t)=\varepsilon(t+0.5)-\varepsilon(t-0.5)$傅里叶变换的幅度谱。

程序如下：

```
syms t w
ft = sym('heaviside(t + 0.5) - heaviside(t - 0.5)');          % 生成门函数
Fw = fourier(ft,t,w);                                         % 对门函数进行傅里叶变换
FP = abs(Fw);                                                 % 计算幅度谱
subplot(211), ezplot(ft,[ - pi/2 pi/2]),title('门信号');
subplot(212),ezplot(FP,[ - 10 * pi 10 * pi]),title('傅里叶幅度谱');
axis([ - 10 * pi 10 * pi  - 0.1 1.1]) ;
```

运行结果如图 3.37 所示。

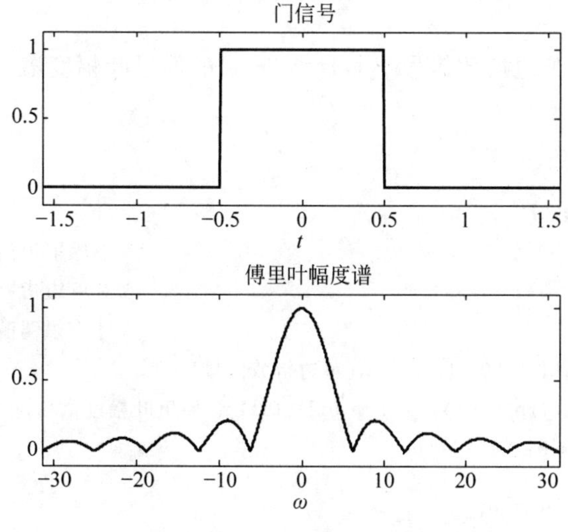

图 3.37　例 3.15 运行结果

例 3.16　请画出三角形脉冲信号的傅里叶幅度谱。

$$f_2(t)=\begin{cases}1-|t|, & |t|\leqslant 1\\ 0, & |t|>1\end{cases}$$

程序如下：

```
f = sym('heaviside(t + 1) - 2 * heaviside(t) + heaviside(t - 1)');
ft = int(f)                                                   % 生成三角波
```

```
Fw = fourier(ft,t,w);                                        % 对三角波进行傅里叶变换
FP = abs(Fw);                                                % 计算幅度谱
subplot(211),ezplot(ft,[ - pi/2 pi/2]),title('三角波')
subplot(212),ezplot(FP,[ - 10 * pi 10 * pi]),title('傅里叶幅度谱')
axis([ - 10 * pi 10 * pi  - 0.1 1.1])
```

运行结果如图 3.38 所示。

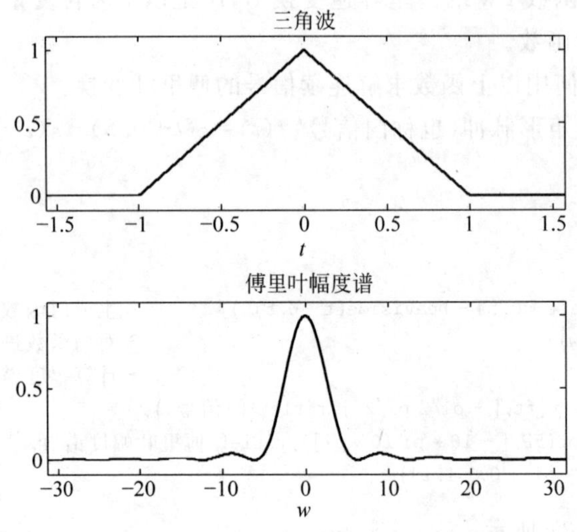

图 3.38 例 3.16 运行结果

例 3.17 请画出单边指数信号 $f_3(t)=\mathrm{e}^{-t}\varepsilon(t)$的傅里叶幅度谱。

程序如下:

```
syms t
ut = sym('heaviside(t)');
ft = exp( - t) * ut;                                         % 生成单边指数信号
fw = fourier(ft);                                            % 对单边指数信号进行傅里叶变换
fp = abs(fw);                                                % 计算幅度谱
subplot(211),ezplot(ft,[0 5]);title('单边指数信号')
subplot(212),ezplot(fp,[ - 10 * pi 10 * pi]);title('傅里叶幅度谱');
axis([ - 10 * pi 10 * pi 0 1.1])
```

运行结果如图 3.39 所示。

例 3.18 请画出高斯信号 $f(t)=\mathrm{e}^{-t^2}$ 的傅里叶幅度谱。

程序如下:

```
syms t w
ft = exp( - t.^2);                                           % 产生高斯信号
fw = fourier(ft,t,w);                                        % 对高斯信号进行傅里叶变换
subplot(211),ezplot(ft);title('高斯信号');
subplot(212),ezplot(fw);title('傅里叶幅度谱')
```

运行结果如图 3.40 所示。

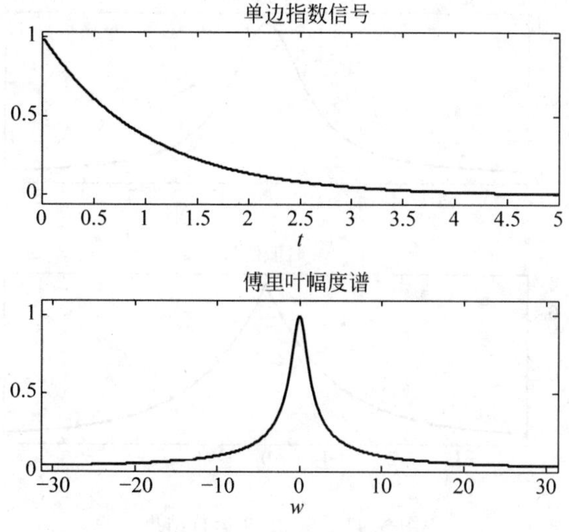

图 3.39　例 3.17 运行结果

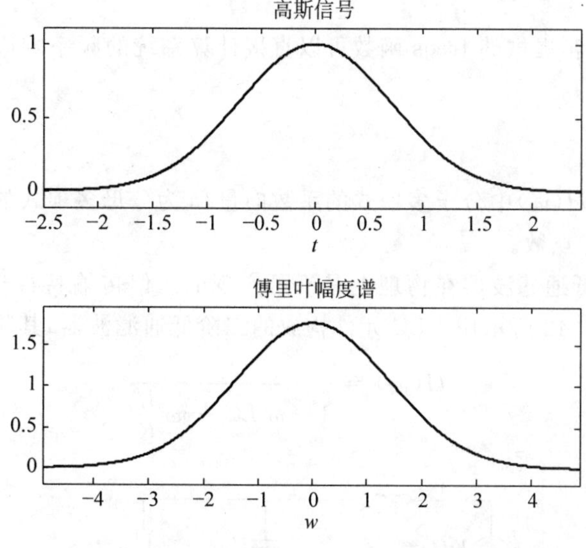

图 3.40　例 3.18 运行结果

例 3.19　求 $F(\mathrm{j}\omega)=\dfrac{1}{1+\omega^2}$的傅里叶逆变换 $f(t)$ 。

程序如下：

```
syms t w;
fw = 1/(1 + w^2);
ft = ifourier(fw, w, t);
subplot(211), ezplot(ft); title('傅里叶幅度谱');
subplot(212), ezplot(fw); title('时域信号') ;
```

运行结果如图 3.41 所示。

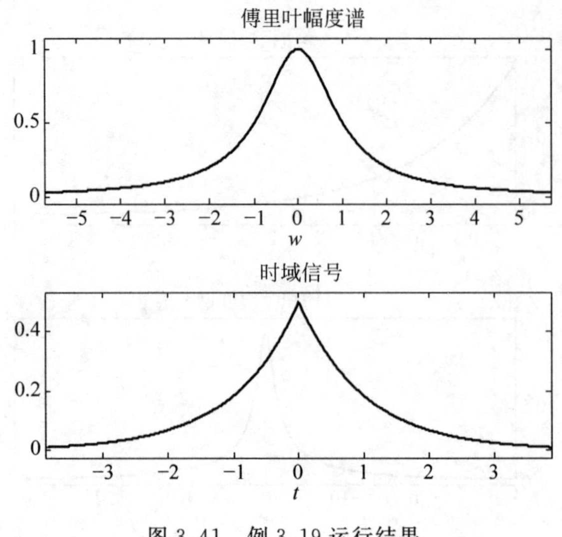

图 3.41 例 3.19 运行结果

2. 频率响应特性图的绘制

MATLAB 工具箱提供的 freqs 函数可以直接计算系统的频率响应 $H(\mathrm{j}\omega)$。freqs 的调用格式为

```
H = freqs(b, a, w)
```

其中，b 是频率响应 $H(\mathrm{j}\omega)$中分子多项式的系数向量，a 为分母多项式的系数向量，w 为需要计算的 $H(\mathrm{j}\omega)$的采样点数。

例 3.20 理想低通滤波器在物理上是不可实现的。但传输特性近似于理想特性的电路都能找到。如图 3.42 所示用 RLC 元件构成的二阶低通滤波器，其频率响应为

$$H(\mathrm{j}\omega)=\frac{1}{1-\omega^2 LC+\mathrm{j}\omega\dfrac{L}{R}}$$

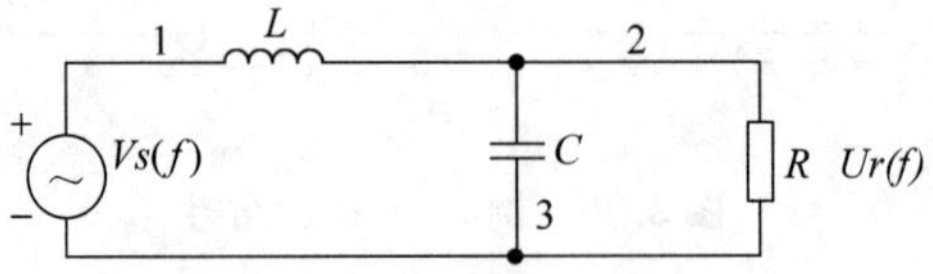

图 3.42 例 3.20 图

设 $R=\sqrt{\dfrac{L}{2C}}$，$L=0.8\mathrm{H}$，$C=0.1\mathrm{F}$，$R=2\Omega$，试用 MATLAB 求频率响应。

程序如下：

```
% 低通滤波器的幅频及相频特性;
b = [0 0 1];
a = [ - 0.08 0.4 1];
[h,w] = freqs(b,a,100);
h1 = abs(h);
```

```
h2 = angle(h);
subplot(121);
plot(w,h1);
grid
xlabel('角频率(W)');
ylabel('幅度');
title('H(jw)的幅频特性');
subplot(122);
plot(w,h2 * 180/pi);
grid
xlabel('角频率(w)');
ylabel('相位(度)');
title('H(jw)的相频特性');
```

运行结果如图 3.43 所示。

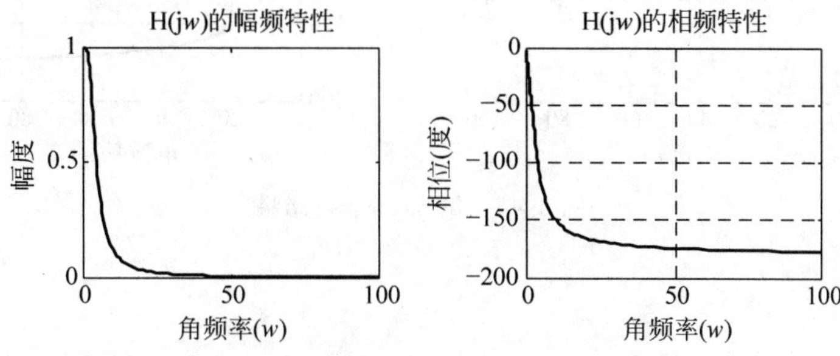

图 3.43 例 3.20 运行结果

例 3.21 全通网络是指其系统函数 $H(\mathrm{j}\omega)$ 的极点位于左半平面，零点位于右半平面，且零点与极点对于 $\mathrm{j}\omega$ 轴互为镜像对称的网络。它可保证不影响传输信号的幅频特性，如图 3.44 所示构成的格形滤波器。当满足 $\frac{L}{C}=R^2$ 即可构成全通网络，此时系统的频率响应为

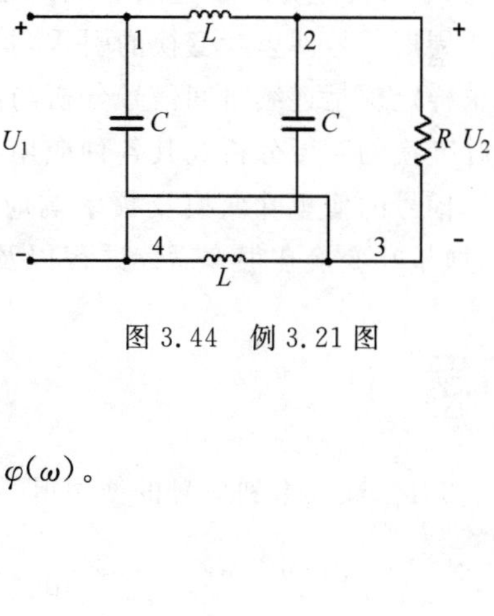

图 3.44 例 3.21 图

$$H(\mathrm{j}\omega)=\frac{U_2(\mathrm{j}\omega)}{U_1(\mathrm{j}\omega)}=\frac{R-\mathrm{j}\omega L}{R+\mathrm{j}\omega L}$$

设 $R=10\Omega, L=2\mathrm{H}$，试用 MATLAB 求 $|H(\mathrm{j}\omega)|$ 及 $\varphi(\omega)$。

程序如下：

```
%全通网络的幅频及相频特性;
b = [ - 2 10];
a = [2 10];
[h,w] = freqs(b,a,150);
h1 = abs(h);
h2 = angle(h);
subplot(121);
plot(w,h1);
axis([0 100 0 1.5]); grid
xlabel('角频率(W)');
```

```
ylabel('幅度');
title('H(jw)的幅频特性');
subplot(122);
plot(w,h2 * 180/pi); grid
xlabel('角频率(w)');
ylabel('相位(度)');
title('H(jw)的相频特性');
```

运行结果如图 3.45 所示。

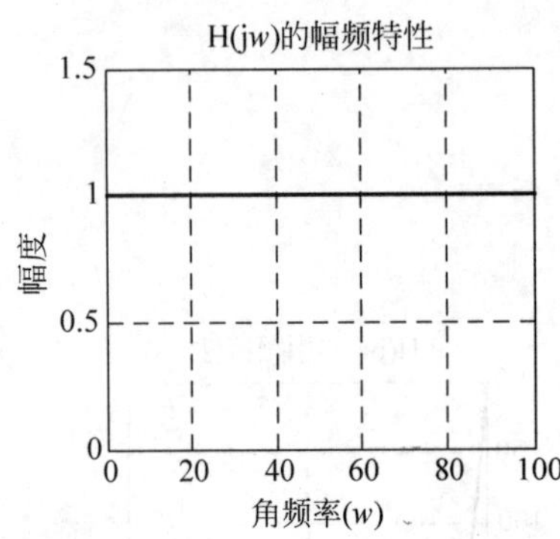

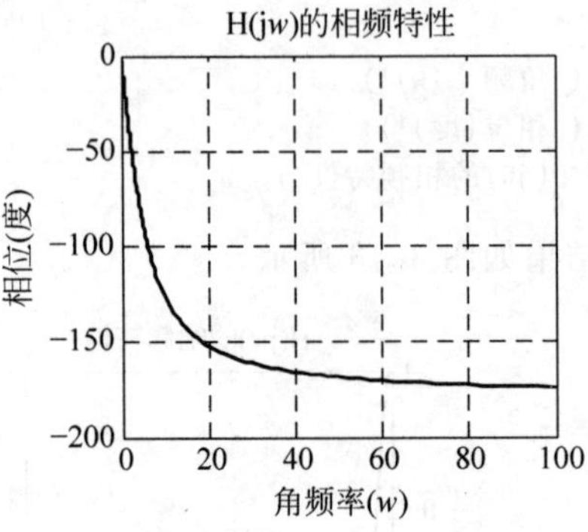

图 3.45 例 3.21 运行结果

本章小结

本章首先介绍了连续非周期信号的傅里叶正、逆变换及其性质,建立了频谱分析的概念。周期信号傅里叶变换的引入,扩大了傅里叶变换的应用范围;采样信号的傅里叶变换及采样定理是连续时间信号分析与离散时间信号分析之间的桥梁。此外,我们还介绍了傅里叶变换的频域分析及其各种应用。本章的最后部分介绍了用 MATLAB 仿真实现的几个常用信号的傅里叶变换及频率响应的求解。作为信息科学研究领域中广泛应用的有力工具,傅里叶变换在很多后续课程以及研究工作中将不断地发挥至关重要的作用。

习题

3.1 计算下列信号的傅里叶变换。

(1) $e^{jt}\mathrm{sgn}(3-2t)$ (2) $\dfrac{\mathrm{d}}{\mathrm{d}t}[e^{-2(t-1)}\varepsilon(t)]$ (3) $e^{j2t}\varepsilon(-t+1)$

(4) $\begin{cases}\cos\left(\dfrac{\pi t}{2}\right), & |t|<1\\ 0, & |t|>1\end{cases}$

3.2 求图 3.46 所示各信号的傅里叶变换。

3.3 若已知 $f(t)\leftrightarrow F(\mathrm{j}\omega)$,确定下列信号的傅里叶变换。

(1) $f(1-t)$ (2) $(1-t)f(1-t)$ (3) $f(2t-5)$

3.4 若已知 $f(t)\leftrightarrow F(\mathrm{j}\omega)$,确定下列信号的傅里叶变换。

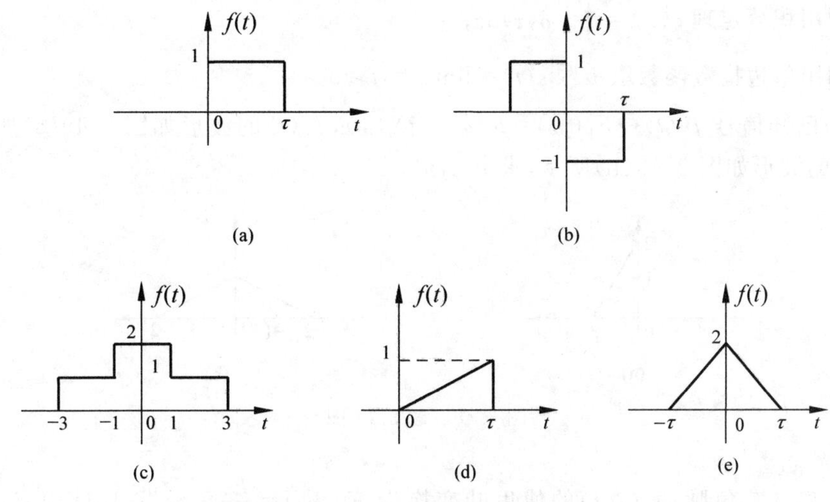

图 3.46 题 3.2 图

(1) $tf(2t)$　　(2) $(t-2)f(t)$　　(3) $(t-2)f(-2t)$　　(4) $t\dfrac{\mathrm{d}f(t)}{\mathrm{d}t}$

3.5 设 $f(t)$的傅里叶变换为 $F(\mathrm{j}\omega)$，求$\dfrac{\mathrm{d}}{\mathrm{d}t}f(at+b)$的傅里叶变换以及 $F(0)$、$f(0)$。

3.6 如图 3.47 所示信号 $f(t)$，其傅里叶变换为 $F(\mathrm{j}\omega)$，用傅里叶变换的定义及性质求下列各式。

(1) $\varphi(\omega)$　　(2) $F(0)$　　(3) $\int_{-\infty}^{\infty}F(\mathrm{j}\omega)\mathrm{d}\omega$

(4) $\mathrm{Re}[F(\mathrm{j}\omega)]$所对应的图形

3.7 已知矩形脉冲、三角形脉冲、升余弦脉冲的脉冲宽度都为 $4\mu\mathrm{s}$，分别求其频谱所占带宽 B_f(频谱图中第一零点值)。

3.8 用多种方法求图 3.48 所示梯形脉冲的傅里叶变换，并大致画出 $\tau=2\tau_1$ 情况下该脉冲的频谱图。

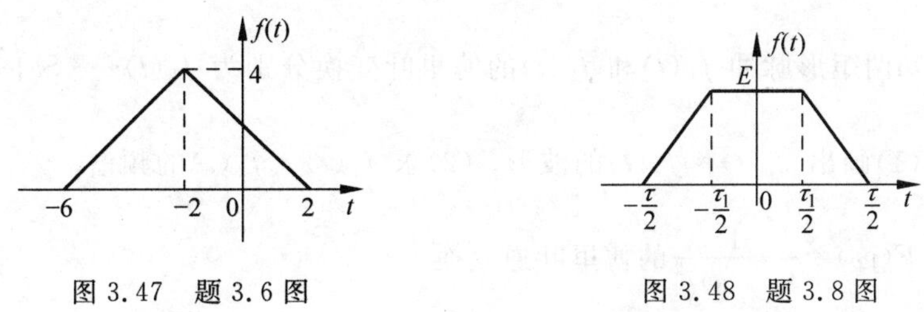

图 3.47 题 3.6 图　　图 3.48 题 3.8 图

3.9 利用微分定理求半波正弦脉冲 $f(t)$及其二阶导数$\dfrac{\mathrm{d}f^2(t)}{\mathrm{d}t^2}$的频谱。

3.10 试分别利用下列几种方法证明 $\varepsilon(t)\leftrightarrow\pi\delta(\omega)+\dfrac{1}{\mathrm{j}\omega}$。

(1) 利用符号函数 $\varepsilon(t)=\dfrac{1}{2}+\dfrac{1}{2}\mathrm{sgn}(t)$；

(2) 利用矩形脉冲取极限($\tau\to\infty$)；

(3) 利用积分定理 $\varepsilon(t)=\int_{-\infty}^{t}\delta(\tau)\mathrm{d}\tau$;

(4) 利用单边指数函数取极限 $\varepsilon(t)=\lim\limits_{a\to 0}\mathrm{e}^{-at}, t\geqslant 0$。

3.11 已知信号 $f_1(t)\leftrightarrow F_1(\mathrm{j}\omega)=R(\omega)+\mathrm{j}X(\omega)$,$f_1(t)$的波形如图 3.49(a)所示,若有信号 $f_2(t)$的波形如图 3.49(b)所示,求 $F_2(\mathrm{j}\omega)$。

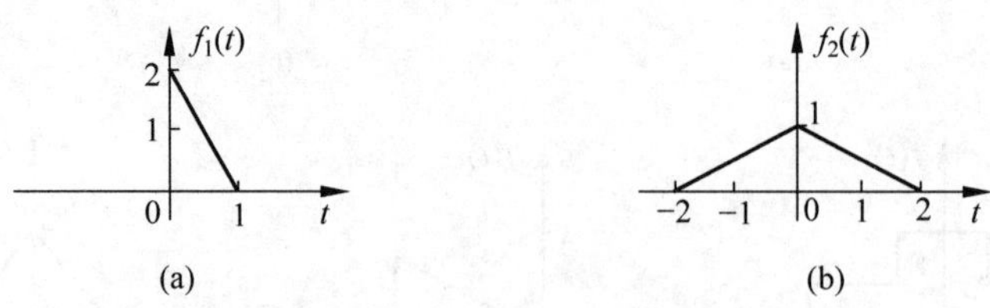

图 3.49 题 3.11 图

3.12 已知三角脉冲 $f_1(t)$的傅里叶变换为 $F_1(\mathrm{j}\omega)=\dfrac{E\tau}{2}\mathrm{Sa}^2\left(\dfrac{\omega\tau}{4}\right)$,试用有关定理求 $f_2(t)=f_1(t-2\tau)\cos(\omega_0 t)$的傅里叶变换 $F_2(\mathrm{j}\omega)$。

3.13 已知阶跃函数的傅里叶变换为 $\varepsilon(t)\leftrightarrow\dfrac{1}{\mathrm{j}\omega}+\pi\delta(\omega)$,正弦、余弦函数的傅里叶变换为 $\cos(\omega_0 t)\leftrightarrow\pi[\delta(\omega+\omega_0)+\delta(\omega-\omega_0)]$,$\sin(\omega_0 t)\leftrightarrow\mathrm{j}\pi[\delta(\omega+\omega_0)-\delta(\omega-\omega_0)]$。求单边正弦 $\sin(\omega_0 t)\varepsilon(t)$和单边余弦 $\cos(\omega_0 t)\varepsilon(t)$的傅里叶变换。

3.14 若 $f(t)$的频谱为 $F(\mathrm{j}\omega)$,如图 3.50 所示,求 $f(t)\cos(\omega_0 t)$,$f(t)\mathrm{e}^{\mathrm{j}\omega_0 t}$,$f(t)\cos(\omega_1 t)$的频谱并粗略画出其频谱图(注明频谱的边界频率)。

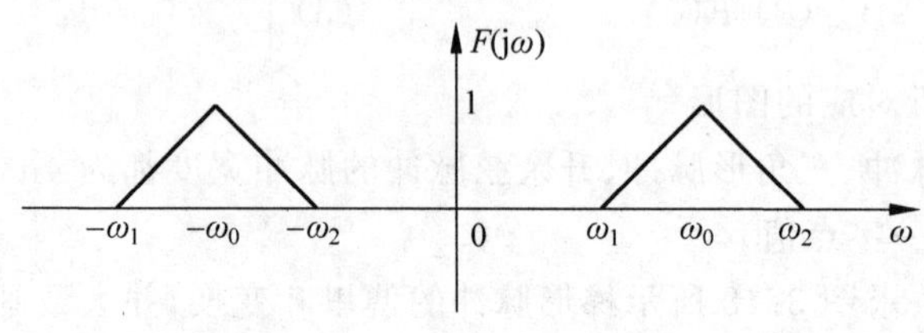

图 3.50 题 3.14 图

3.15 已知两矩形脉冲 $f_1(t)$和 $f_2(t)$的傅里叶变换分别为 $f_1(t)\leftrightarrow\tau_1\mathrm{Sa}\left(\dfrac{\omega\tau_1}{2}\right)$,$f_2(t)\leftrightarrow\tau_2\mathrm{Sa}\left(\dfrac{\omega\tau_2}{2}\right)$,求(1)画出 $f_1(t)*f_2(t)$的波形;(2)求 $f_1(t)*f_2(t)$的频谱。

3.16 求 $F(\mathrm{j}\omega)=\dfrac{1}{(a+\mathrm{j}\omega)^2}$的傅里叶逆变换。

3.17 若 $f(t)$的傅里叶变换为 $F(\mathrm{j}\omega)=\dfrac{1}{2}[G_{2a}(\omega-\omega_0)+G_{2a}(\omega+\omega_0)]$,如图 3.51 所示,求 $f(t)$并画图。

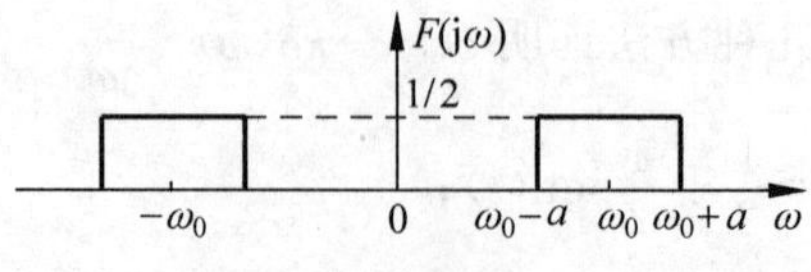

图 3.51 题 3.17 图

3.18　求下列周期信号的傅里叶变换。

(1) $f(t)$是周期信号，基波频率为ω_0，且 $f(t)=\sum_{n=-\infty}^{\infty}a_n e^{jn\omega_0 t}$；

(2) $f(t)=\cos(2t)-\cos(t)$；

(3) $f(t)=\sum_{n=-\infty}^{\infty}\delta(t-\pi n)$；

(4) $f(t)$是图3.52所示周期矩形脉冲信号，脉冲宽度为τ，周期为T_1，且$T_1=4\tau$，$E=1$。

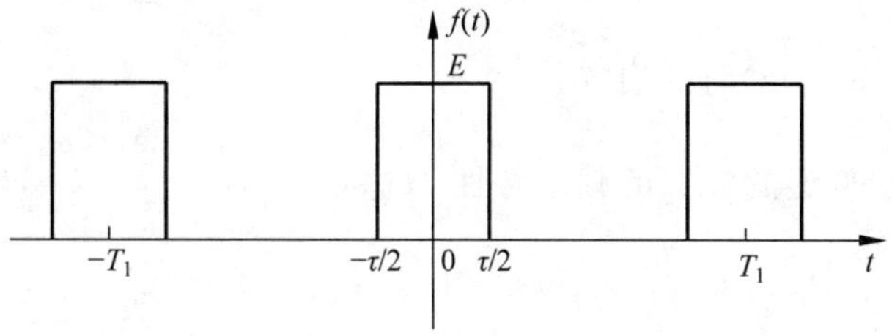

图3.52　题3.18图

3.19　若$f(t)\leftrightarrow F(j\omega)$，$p(t)$是周期信号，基波频率为$\omega_0$，$p(t)=\sum_{n=-\infty}^{\infty}a_n e^{jn\omega_0 t}$，令$f_p(t)=f(t)p(t)$，求傅里叶变换$F_p(j\omega)$；当$p(t)$分别为下列表达式时求$F_p(j\omega)$。

(1) $p(t)=\cos\frac{t}{2}$

(2) $p(t)=\cos(2t)-\cos t$

(3) $p(t)=\sum_{n=-\infty}^{\infty}\delta(t-2\pi n)$

3.20　根据矩形脉冲和升余弦脉冲信号的傅里叶变换，大致画出这两个脉冲信号被冲激采样后信号的频谱$\left(\text{采样间隔为 } T_s, T_s=\frac{\tau}{8}, \tau\text{ 为脉冲宽度}\right)$。

3.21　信号$f(t)=\mathrm{Sa}(100\pi t)[1+\mathrm{Sa}(100\pi t)]$，若对其进行冲激采样，求使频谱不发生混叠的最低采样频率f_s。

3.22　确定下列信号的最低采样频率和奈奎斯特间隔。

(1) $\mathrm{Sa}^2(100t)$

(2) $\mathrm{Sa}(100t)+\mathrm{Sa}(100t)$

(3) $\mathrm{Sa}(100t)+\mathrm{Sa}^2(60t)$

3.23　电路如图3.53(a)所示，已知$f(t)=2[\varepsilon(t)-\varepsilon(t-\tau)]$，求零状态响应$u_o(t)$。

3.24　已知因果LTI系统的输出$y(t)$和输入$f(t)$满足下列微分方程：

$$\frac{d^2y(t)}{dt^2}+6\frac{dy(t)}{dt}+8y(t)=2f(t)$$

(1) 确定系统的冲激响应$h(t)$；

(2) 如果$f(t)=te^{-2t}\varepsilon(t)$，求该系统的零状态响应。

3.25　如果LTI系统的频率响应为$H(j\omega)=\frac{1-j\omega}{1+j\omega}$，试求：

(1) 系统的阶跃响应；

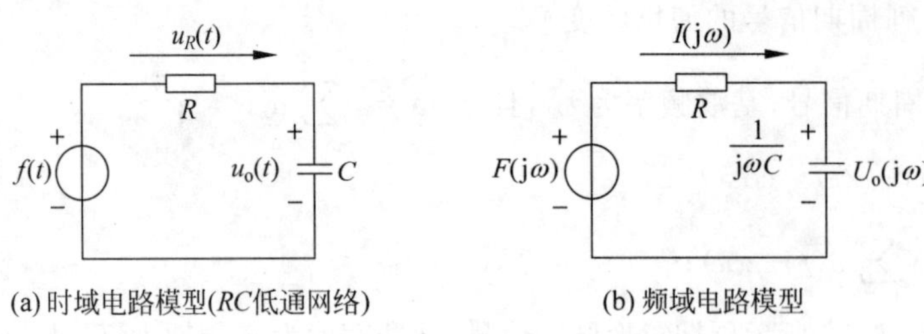

(a) 时域电路模型(RC低通网络)　　(b) 频域电路模型

图 3.53　题 3.23 图

(2) 输入 $f(t)=e^{-2t}\varepsilon(t)$时的响应。

3.26　已知理想低通滤波器的频率特性 $H(j\omega)=\begin{cases}1, & |\omega|<\omega_c \\ 0, & |\omega|>\omega_c\end{cases}$,输入信号为 $f(t)=\frac{\sin at}{\pi t}$,则:

(1) 求 $a<\omega_c$ 时,滤波器的输出 $y(t)$;

(2) 求 $a>\omega_c$ 时,滤波器的输出 $y(t)$;

(3) 哪种情况下输出有失真?

3.27　若系统的框图如图 3.54(a)所示,输入 $f(t)$是如图 3.54(b)所示的周期信号,其周期 $T=2\pi$,且 $h_1(t)=e^{-t}\varepsilon(t)$,$s(t)=\sin\frac{3t}{4}$,$H_2(j\omega)$的幅频响应$|H_2(j\omega)|$如图 3.54(c)所示,相频特性 $\varphi(\omega)=0$,求该系统的输出 $y(t)$。

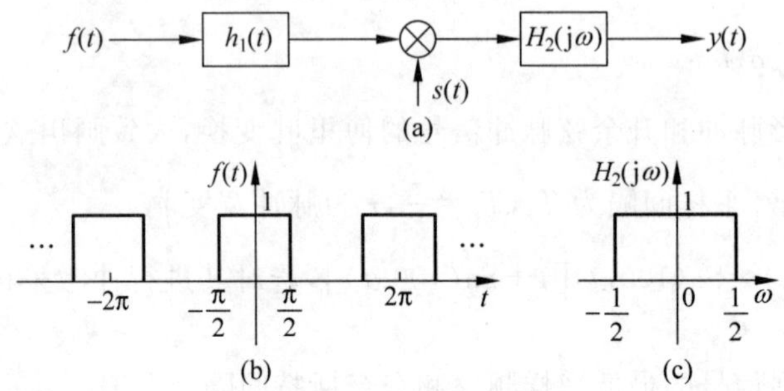

图 3.54　题 3.27 图

3.28　图 3.55(a)是抑制载波振幅调制的接收系统。若系统的输入信号为 $f(t)=\frac{\sin t}{\pi t}\cos 1000t$,$s(t)=\cos 1000t$,低通滤波器的系统函数如图 3.55(b)所示,求输出信号 $y(t)$。

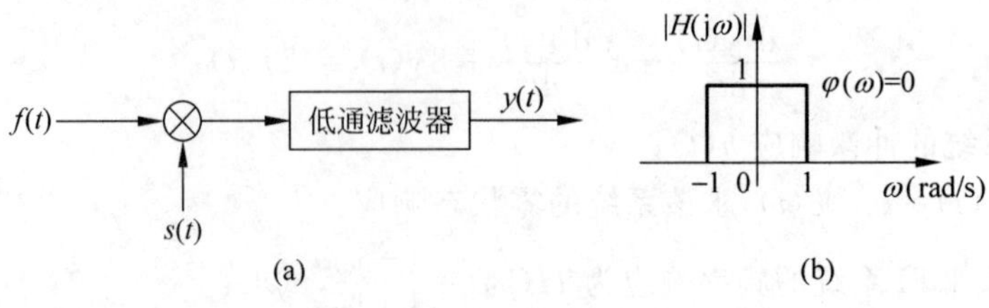

图 3.55　题 3.28 图

3.29　图 3.56 是码分复用的原理框图，试在频域中分析图中系统码分复用的工作原理。

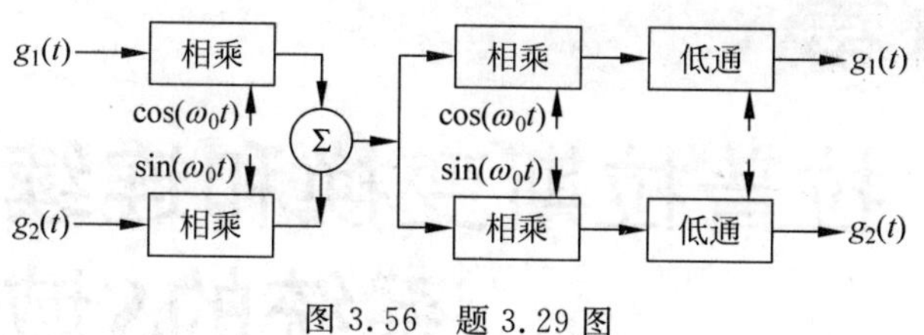

图 3.56　题 3.29 图

3.30　图 3.57(a)中 $f(t)=\dfrac{\sin t}{\pi t}\cos(1000t)$，$s(t)=\cos(1000t)$，低通滤波器的频率响应如图 3.57(b)所示，其相位特性 $\varphi(\omega)=0$，试求输出信号 $y(t)$，并画出频谱图。

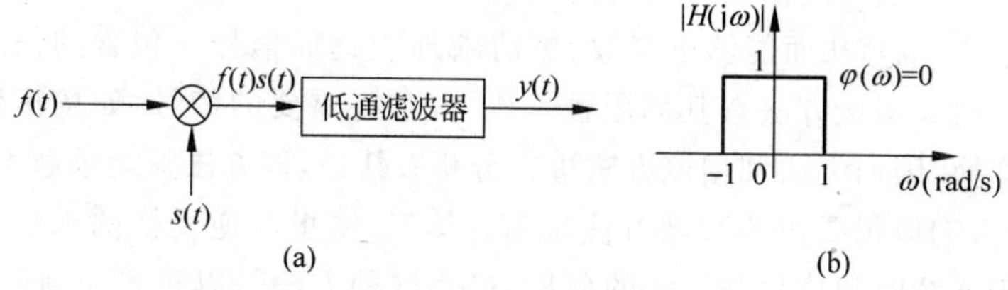

图 3.57　题 3.30 图

第4章 拉普拉斯变换和连续时间系统的S域分析

第3章介绍了连续时间信号与系统的频域分析——傅里叶变换，该方法将信号从时间域(t)映射到频率域(ω)，从而能够更有效、更清晰地表达原信号所包含的信息，是信号与系统分析的重要方法。但该方法有其局限性：其一，某些重要的信号，如按指数增长的信号，不存在傅里叶变换，因而无法利用该方法进行分析；其二，该方法只能求解系统的零状态响应，系统的零输入响应仍要按照时域方法求解；其三，傅里叶逆变换的求解一般较为复杂。本章介绍另一种连续时间信号与系统的分析方法，这种方法是以拉普拉斯(Laplace)变换为工具，将时间域映射到复频域($s=\sigma+\mathrm{j}\omega$)，在复频域进行连续时间信号与系统的分析。复频域分析是频域分析的推广，更具有一般性。

4.1 拉普拉斯变换

1. 从傅里叶变换到拉普拉斯变换

由第3章可知，当信号$f(t)$满足绝对可积这一条件(充分条件)，即$\int_{-\infty}^{\infty}|f(t)|\mathrm{d}t<\infty$时，其傅里叶变换为

$$F(\mathrm{j}\omega)=\int_{-\infty}^{\infty}f(t)\mathrm{e}^{-\mathrm{j}\omega t}\mathrm{d}t \tag{4.1}$$

但有些函数，如单位阶跃函数$\varepsilon(t)$，因不满足绝对可积条件，虽然存在傅里叶变换，却很难用式(4.1)求得；另一些函数，如指数增长函数$\mathrm{e}^{\alpha t}\varepsilon(t)(\alpha>0)$，则不存在傅里叶变换。

为使更多的函数存在变换，引入一个衰减因子$\mathrm{e}^{-\sigma t}$(σ为实常数)，使它与$f(t)$相乘，得$f(t)\mathrm{e}^{-\sigma t}$，当$\sigma$选取适当的值时，乘积信号$f(t)\mathrm{e}^{-\sigma t}$得以收敛，满足绝对可积条件，其傅里叶变换为

$$\mathscr{F}[f(t)\mathrm{e}^{-\sigma t}]=\int_{-\infty}^{\infty}[f(t)\mathrm{e}^{-\sigma t}]\mathrm{e}^{-\mathrm{j}\omega t}\mathrm{d}t=\int_{-\infty}^{\infty}f(t)\mathrm{e}^{-(\sigma+\mathrm{j}\omega)t}\mathrm{d}t \tag{4.2}$$

收敛。上式积分结果是$(\sigma+\mathrm{j}\omega)$的函数，记为$F_b(\sigma+\mathrm{j}\omega)$，即

$$F_b(\sigma+\mathrm{j}\omega)=\int_{-\infty}^{\infty}f(t)\mathrm{e}^{-(\sigma+\mathrm{j}\omega)t}\mathrm{d}t \tag{4.3}$$

为简单起见，令

$$s=\sigma+\mathrm{j}\omega$$

因此，式(4.3)可写为

$$F_b(s)=\int_{-\infty}^{\infty} f(t)\mathrm{e}^{-st}\mathrm{d}t \tag{4.4}$$

式(4.4)中 $F_b(s)$ 称为信号 $f(t)$ 的双边拉普拉斯变换(或 Laplace 变换、拉氏变换)。

下面由傅里叶逆变换表示式求$[f(t)\mathrm{e}^{-\sigma t}]$，再由此求 $f(t)$，即

$$f(t)\mathrm{e}^{-\sigma t}=\frac{1}{2\pi}\int_{-\infty}^{\infty} F_b(\sigma+\mathrm{j}\omega)\mathrm{e}^{\mathrm{j}\omega t}\mathrm{d}\omega \tag{4.5}$$

上式两端同乘以 $\mathrm{e}^{\sigma t}$，得

$$f(t)=\frac{1}{2\pi}\int_{-\infty}^{\infty} F_b(\sigma+\mathrm{j}\omega)\mathrm{e}^{\mathrm{j}\omega t}\mathrm{e}^{\sigma t}\mathrm{d}\omega=\frac{1}{2\pi}\int_{-\infty}^{\infty} F_b(\sigma+\mathrm{j}\omega)\mathrm{e}^{(\sigma+\mathrm{j}\omega)t}\mathrm{d}\omega \tag{4.6}$$

因为 $s=\sigma+\mathrm{j}\omega$，其中 σ 为常数，则 $\mathrm{d}s=\mathrm{j}\mathrm{d}\omega\Rightarrow\mathrm{d}\omega=\frac{\mathrm{d}s}{\mathrm{j}}$，代入式(4.6)，并改变积分上下限，得

$$f(t)=\frac{1}{2\pi\mathrm{j}}\int_{\sigma-\mathrm{j}\infty}^{\sigma+\mathrm{j}\infty} F_b(s)\mathrm{e}^{st}\mathrm{d}s \tag{4.7}$$

式(4.7)称为拉普拉斯逆变换。

式(4.4)和式(4.7)构成一对拉普拉斯变换对，常表示为

$$\mathscr{L}[f(t)]=F(s)=\int_{-\infty}^{\infty} f(t)\mathrm{e}^{-st}\mathrm{d}t$$

$$\mathscr{L}^{-1}[F(s)]=f(t)=\frac{1}{2\pi\mathrm{j}}\int_{\sigma-\mathrm{j}\infty}^{\sigma+\mathrm{j}\infty} F_b(s)\mathrm{e}^{st}\mathrm{d}s$$

或者简记为

$$f(t)\leftrightarrow F(s)$$

实际中遇到的信号多是因果信号，即 $t<0$ 时，$f(t)=0$。此时式(4.4)可以表示为

$$F(s)=\int_{0}^{\infty} f(t)\mathrm{e}^{-st}\mathrm{d}t \tag{4.8}$$

式(4.8)称为信号的单边拉普拉斯变换，单边 Laplace 的逆变换仍是式(4.7)。

在使用单边 Laplace 变换时应该注意积分下限的选取。从理论上说，式(4.8)的积分下限可取 0_+ 或 0_-，两者对应的 Laplace 变换结果不同。若记

$$F_+(s)=\int_{0_+}^{\infty} f(t)\mathrm{e}^{-st}\mathrm{d}t$$

$$F_-(s)=\int_{0_-}^{\infty} f(t)\mathrm{e}^{-st}\mathrm{d}t$$

则有

$$F_-(s)=F_+(s)+\int_{0_-}^{0_+} f(t)\mathrm{e}^{-st}\mathrm{d}t$$

当 $f(t)$ 在 $t=0$ 处包含冲激时，由冲激函数的采样特性可知

$$\int_{0_-}^{0_+} f(t)\mathrm{e}^{-st}\mathrm{d}t\neq 0$$

因此

$$F_+(s)\neq F_-(s)$$

为了可以从 S 域分析 $t=0$ 时刻包含冲激的信号，以及由 S 域分析系统的零输入响应，本书采用 0_- 定义单边拉普拉斯变换，即

$$\mathscr{L}[f(t)] = F(s) = \int_{0_-}^{\infty} f(t)\mathrm{e}^{-st}\,\mathrm{d}t \tag{4.9}$$

习惯上除了特别指明外,一般把积分下限简写为 0,其含义与 0_- 相同。

本书主要讨论单边拉氏变换。除非加以说明,今后所讲拉氏变换均指单边情况。

2. 拉氏变换的收敛域

从以上讨论可知,当函数 $f(t)$乘以衰减因子 $\mathrm{e}^{-\sigma t}$以后,就有可能满足绝对可积的条件。然而,是否一定满足,还要看 $f(t)$的性质与 σ 值的相对关系而定。例如,为使 $f(t)=\mathrm{e}^{at}$,$a>0$ 收敛,衰减因子 $\mathrm{e}^{-\sigma t}$中的 σ 必须满足 $\sigma>a$,否则,$\mathrm{e}^{at}\mathrm{e}^{-\sigma t}$在 $t\to\infty$时仍不能收敛。

下面分析关于这一特性的一般规律。

函数 $f(t)$乘以因子 $\mathrm{e}^{-\sigma t}$以后,取时间 $t\to\infty$的极限,若当 $\sigma>\sigma_0$ 时,该极限等于零,则函数 $f(t)\mathrm{e}^{-\sigma t}$在 $\sigma>\sigma_0$ 的全部范围内是收敛的,其傅里叶变换存在,即 $f(t)$存在拉普拉斯变换。这一关系可表示为

$$\lim_{t\to\infty} f(t)\mathrm{e}^{-\sigma t} = 0, \quad \sigma > \sigma_0 \tag{4.10}$$

σ_0 与函数 $f(t)$的特性有关,它给出了拉普拉斯变换存在的条件。根据 σ_0 的数值,可将 s 平面划分为两个区域,如图 4.1 所示。σ_0 在 s 平面内称为收敛坐标,通过 σ_0 的垂直线是收敛域的边界,称为收敛轴,$\sigma>\sigma_0$ 的区域称为收敛域。

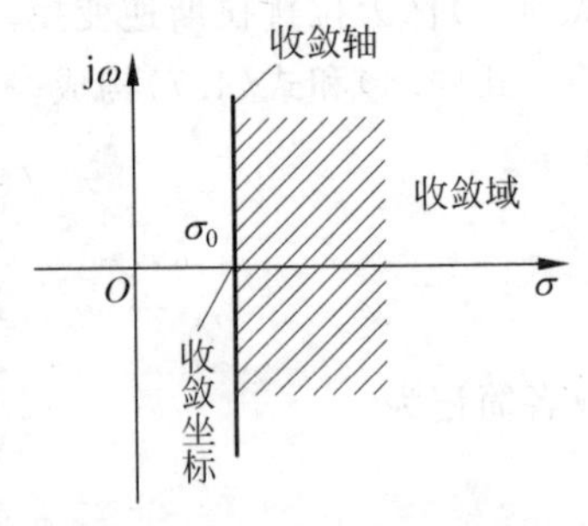

图 4.1 拉普拉斯变换的收敛域

下面说明几种类型信号拉普拉斯变换的收敛域:

(1) 凡是有始有终,能量有限的信号,如矩形脉冲信号,因为信号不需要乘以衰减因子本身就是收敛的,因此其收敛坐标落于$-\infty$,即全部 s 平面都属于收敛区。因此,有界非周期信号的拉氏变换一定存在。

(2) 如果信号的幅度既不增长也不衰减,如单位阶跃信号 $\varepsilon(t)$,则信号只要稍加衰减即可满足式(4.10),所以其收敛坐标落在原点,收敛域为 s 平面右半平面。同样地,对任何周期信号只要稍加衰减也可收敛,其收敛坐标也落在原点。

(3) 不难证明

$$\lim_{t\to\infty} t\mathrm{e}^{-\sigma t} = 0, \quad \sigma > 0$$

即函数 $f(t)=t$ 的收敛域为$\sigma>0$。所以任何随时间成正比增长的信号,其收敛坐标落于原点。同样由于

$$\lim_{t\to\infty} t^n\mathrm{e}^{-\sigma t} = 0, \quad \sigma > 0$$

故与 t^n 成比例增长之函数,收敛坐标也落在原点。

(4) 如果函数按指数规律 e^{at}增长,前已述及,只有当 $\sigma>a$ 时才满足

$$\lim_{t\to\infty} \mathrm{e}^{at}\mathrm{e}^{-\sigma t} = 0, \quad \sigma > a$$

所以收敛坐标为

$$\sigma_0 = a$$

(5) 对于一些比指数函数增长得更快的函数,不能找到它们的收敛坐标,因而不能进

行拉氏变换。例如，e^{t^2} 或 te^{t^2}（定义域为 $0\leqslant t\leqslant\infty$）就不存在相应的衰减因子，故其拉氏变换不存在。

以上研究了单边拉氏变换的收敛条件，双边拉氏变换的收敛问题比较复杂，收敛条件将受到更多限制。由于单边拉氏变换的收敛问题比较简单，一般情况下，求函数单边拉氏变换时有时可以不再加注其收敛范围。

3. 一些常用函数的拉氏变换

下面按拉普拉斯变换的定义式来推导几个常用函数的单边拉氏变换。

(1) 单位冲激函数 $\delta(t)$

$$\mathscr{L}[\delta(t)]=\int_0^\infty \delta(t)e^{-st}dt=1 \tag{4.11}$$

(2) 冲激偶函数 $\delta'(t)$

由式(4. 11)可知 $\delta(t)\leftrightarrow 1$，因此

$$\delta(t)=\frac{1}{2\pi j}\int_{\sigma-j\infty}^{\sigma+j\infty}1\cdot e^{st}ds$$

两边同时对 t 求导，得

$$\delta'(t)=\frac{1}{2\pi j}\int_{\sigma-j\infty}^{\sigma+j\infty}s\cdot e^{st}ds \tag{4.12}$$

式(4.12)说明 $\delta'(t)$ 的拉氏变换是 s，即 $\delta'(t)\leftrightarrow s$。

(3) 单位阶跃函数

$$\mathscr{L}[\varepsilon(t)]=\int_0^\infty e^{-st}dt=-\left.\frac{e^{-st}}{s}\right|_0^\infty=\frac{1}{s} \tag{4.13}$$

(4) 指数函数

$$\mathscr{L}[e^{-at}]=\int_0^\infty e^{-at}e^{-st}dt=-\left.\frac{e^{-(a+s)t}}{a+s}\right|_0^\infty=\frac{1}{a+s} \tag{4.14}$$

显然，令式(4. 14)中的常数 a 等于零，也可得出式(4.13)的结果。

(5) t^n（n 是正整数）

$$\mathscr{L}[t^n]=\int_0^\infty t^n e^{-st}dt$$

用分部积分法，得

$$\mathscr{L}[t^n]=\int_0^\infty t^n e^{-st}dt=-\left.\frac{t^n}{s}e^{-st}\right|_0^\infty+\frac{n}{s}\int_0^\infty t^{n-1}e^{-st}dt=\frac{n}{s}\int_0^\infty t^{n-1}e^{-st}dt$$

所以

$$\mathscr{L}[t^n]=\frac{n}{s}\mathscr{L}[t^{n-1}] \tag{4.15}$$

容易求得，当 $n=1$ 时

$$\mathscr{L}[t]=\frac{1}{s}\cdot\frac{1}{s}=\frac{1}{s^2} \tag{4.16}$$

而当 $n=2$ 时

$$\mathscr{L}[t^2]=\frac{2}{s^3} \tag{4.17}$$

依此类推,得

$$\mathscr{L}[t^n] = \frac{n!}{s^{n+1}} \tag{4.18}$$

4.2 拉普拉斯变换的性质

拉普拉斯变换的性质反映了信号的时域特性与 S 域特性的关系,熟悉它们对于掌握复频域分析方法是十分重要的。

1. 线性

若

$$f_1(t) \leftrightarrow F_1(s), \quad \mathrm{Re}[s] > \sigma_1$$
$$f_2(t) \leftrightarrow F_2(s), \quad \mathrm{Re}[s] > \sigma_2$$

且有常数 a_1, a_2,则

$$a_1 f_1(t) + a_2 f_2(t) \leftrightarrow a_1 F_1(s) + a_2 F_2(s), \quad \mathrm{Re}[s] > \max(\sigma_1, \sigma_2) \tag{4.19}$$

由拉普拉斯变换定义式很容易证明,这里从略。同傅里叶变换一样,拉普拉斯变换也是一种线性变换。式(4.19)中收敛域 $\mathrm{Re}[s] > \max(\sigma_1, \sigma_2)$是两个函数收敛域相重叠的部分。

例 4.1 求正弦函数 $\sin(\omega t)$和余弦函数 $\cos(\omega t)$的单边拉普拉斯变换。

解 由于

$$\sin(\omega t) = \frac{1}{2\mathrm{j}}(\mathrm{e}^{\mathrm{j}\omega t} - \mathrm{e}^{-\mathrm{j}\omega t})$$

根据线性性质得

$$\sin(\omega t) \leftrightarrow \mathscr{L}\left[\frac{1}{2\mathrm{j}}(\mathrm{e}^{\mathrm{j}\omega t} - \mathrm{e}^{-\mathrm{j}\omega t})\right] = \frac{1}{2\mathrm{j}}\mathscr{L}[\mathrm{e}^{\mathrm{j}\omega t}] - \frac{1}{2\mathrm{j}}\mathscr{L}[\mathrm{e}^{-\mathrm{j}\omega t}]$$

$$= \frac{1}{2\mathrm{j}} \cdot \frac{1}{s - \mathrm{j}\omega} - \frac{1}{2\mathrm{j}} \cdot \frac{1}{s + \mathrm{j}\omega} = \frac{\omega}{s^2 + \omega^2}, \quad \mathrm{Re}[s] > 0 \tag{4.20}$$

同理可得

$$\cos(\omega t) \leftrightarrow \mathscr{L}\left[\frac{1}{2}(\mathrm{e}^{\mathrm{j}\omega t} + \mathrm{e}^{-\mathrm{j}\omega t})\varepsilon(t)\right] = \frac{s}{s^2 + \omega^2}, \quad \mathrm{Re}[s] > 0 \tag{4.21}$$

2. 尺度变换特性

若

$$f(t) \leftrightarrow F(s), \quad \mathrm{Re}(s) > \sigma_0$$

且有实常数 $a>0$,则

$$f(at) \leftrightarrow \frac{1}{a}F\left(\frac{s}{a}\right), \quad \mathrm{Re}(s) > a\sigma_0 \tag{4.22}$$

证明如下:

$f(at)$的拉普拉斯变换为

$$\mathscr{L}[f(at)] = \int_0^{\infty} f(at)\mathrm{e}^{-st}\,\mathrm{d}t$$

令 $x=at$，则 $t=\frac{x}{a}$，于是

$$\mathscr{L}[f(at)]=\int_0^{\infty} f(x)\mathrm{e}^{-\left(\frac{s}{a}\right)x}\frac{\mathrm{d}x}{a}=\frac{1}{a}F\left(\frac{s}{a}\right)$$

由上式可见，若 $F(s)$的收敛域为 $\mathrm{Re}[s]>\sigma_0$，则 $F\left(\frac{s}{a}\right)$的收敛域为 $\mathrm{Re}\left[\frac{s}{a}\right]>\sigma_0$，即 $\mathrm{Re}[s]>a\sigma_0$。

3. 时移特性

若

$$f(t)\leftrightarrow F(s),\quad \mathrm{Re}[s]>\sigma_0$$

且有正实常数 t_0，则

$$f(t-t_0)\varepsilon(t-t_0)\leftrightarrow \mathrm{e}^{-st_0}F(s),\quad \mathrm{Re}[s]>\sigma_0 \tag{4.23}$$

证明如下：

$$\mathscr{L}[f(t-t_0)\varepsilon(t-t_0)]=\int_0^{\infty} f(t-t_0)\varepsilon(t-t_0)\mathrm{e}^{-st}\mathrm{d}t=\int_{t_0}^{\infty} f(t-t_0)\mathrm{e}^{-st}\mathrm{d}t$$

令 $x=t-t_0$，则 $t=x+t_0$，于是上式可写为

$$\mathscr{L}[f(t-t_0)\varepsilon(t-t_0)]=\int_0^{\infty} f(x)\mathrm{e}^{-s(x+t_0)}\mathrm{d}x=\mathrm{e}^{-st_0}\int_0^{\infty} f(x)\mathrm{e}^{-sx}\mathrm{d}x=\mathrm{e}^{-st_0}F(s)$$

由上式可见，信号时域右移时，其拉氏变换为原信号的单边拉氏变换乘以指数 e^{-st_0}。只要 $F(s)$存在，则 $\mathrm{e}^{-st_0}F(s)$也存在，故两者收敛域相同。

需要强调指出，式(4.23)中延迟信号 $f(t-t_0)\varepsilon(t-t_0)$是指因果信号 $f(t)\varepsilon(t)$延迟 t_0 后的信号，而并非 $f(t-t_0)\varepsilon(t)$。例如，若有函数 $\sin(\omega t)$，显然 $\sin[\omega(t-t_0)]\varepsilon(t-t_0)$与 $\sin[\omega(t-t_0)]\varepsilon(t)$不同，因而其拉氏变换也不相同。

对于 $f(t)$既有延迟又有尺度变换的情况（实常数 $a>0,b\geqslant 0$），若已知

$$f(t)\leftrightarrow F(s),\quad \mathrm{Re}[s]>\sigma_0$$

则

$$f(at-b)\varepsilon(at-b)\leftrightarrow \frac{1}{a}\mathrm{e}^{-\frac{b}{a}s}F\left(\frac{s}{a}\right),\quad \mathrm{Re}[s]>a\sigma_0 \tag{4.24}$$

例 4.2　求图 4.2 所示矩形脉冲信号的拉氏变换。

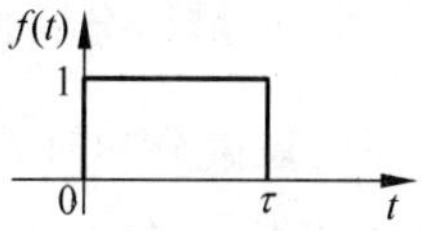

解　由于

$$f(t)=\varepsilon(t)-\varepsilon(t-\tau)$$

根据拉普拉斯变换的线性和时移特性，得

$$\mathscr{L}[f(t)]=\mathscr{L}[\varepsilon(t)]-\mathscr{L}[\varepsilon(t-\tau)]=\frac{1-\mathrm{e}^{-s\tau}}{s}$$

图 4.2　矩形脉冲信号

因为该信号是有始有终的信号，所以其收敛域为 $\mathrm{Re}[s]>-\infty$。

由上例可见，两个阶跃函数 $\varepsilon(t)$、$\varepsilon(t-\tau)$的收敛域均为 $\mathrm{Re}[s]>0$，但两者之差的收敛域变为 $\mathrm{Re}[s]>-\infty$，反而比其中任何一个都大。就是说，在应用拉普拉斯变换的线性性质后，其收敛域可能扩大。

例 4.3　求下列函数的拉氏变换。

(1) $t\varepsilon(t)$　　(2) $(t-1)\varepsilon(t-1)$　　(3) $(t-1)\varepsilon(t)$　　(4) $t\varepsilon(t-1)$

解 (1) $t\varepsilon(t)\rightarrow\frac{1}{s^2}$

(2) 根据时移特性

$$(t-1)\varepsilon(t-1)\rightarrow\frac{\mathrm{e}^{-s}}{s^2}$$

(3) $(t-1)\varepsilon(t)=t\varepsilon(t)-\varepsilon(t)\rightarrow\frac{1}{s^2}-\frac{1}{s}$

(4) $t\varepsilon(t-1)=(t-1)\varepsilon(t-1)+\varepsilon(t-1)\rightarrow\frac{\mathrm{e}^{-s}}{s^2}+\frac{\mathrm{e}^{-s}}{s}$

4. *S* 域平移特性

若

$$f(t)\leftrightarrow F(s),\quad \mathrm{Re}[s]>\sigma_0$$

则

$$f(t)\mathrm{e}^{-at}\leftrightarrow F(s+a)\quad \mathrm{Re}[s]>\sigma_0-a \tag{4.25}$$

证明从略。该式表明信号在时域内乘以 e^{-at}，相当于其拉氏变换在 S 域内平移 a。

例 4.4 求衰减的正弦函数 $\mathrm{e}^{-at}\sin(\omega t)$ 和衰减的余弦函数 $\mathrm{e}^{-at}\cos(\omega t)$ 的单边拉氏变换。

解 设函数 $f(t)=\sin(\omega t)$，根据本章前面的内容有

$$f(t)=\sin(\omega t)\leftrightarrow F(s)=\frac{\omega}{s^2+\omega^2},\quad \mathrm{Re}[s]>0$$

由 S 域平移特性可得

$$\mathrm{e}^{-\alpha t}\sin(\omega t)\leftrightarrow F(s+\alpha)=\frac{\omega}{(s+\alpha)^2+\omega^2},\quad \mathrm{Re}[s]>-a \tag{4.26}$$

同理可得

$$\mathrm{e}^{-\alpha t}\cos(\omega t)\leftrightarrow \frac{s+\alpha}{(s+\alpha)^2+\omega^2} \tag{4.27}$$

5. 时域微分特性

时域微分和时域积分特性(见性质 6 时域积分特性)主要用于研究系统具有起始条件的微分方程、积分方程，即系统的起始值 $f(0_-)\neq 0$ 的情形。

若

$$f(t)\leftrightarrow F(s),\quad \mathrm{Re}[s]>\sigma_0$$

则

$$\frac{\mathrm{d}f(t)}{\mathrm{d}t}\leftrightarrow sF(s)-f(0_-),\quad \mathrm{Re}[s]>\sigma_0 \tag{4.28}$$

证明如下：

根据拉普拉斯变换的定义

$$\mathscr{L}\left[\frac{\mathrm{d}f(t)}{\mathrm{d}t}\right]=\int_{0_-}^{\infty}\frac{\mathrm{d}f(t)}{\mathrm{d}t}\mathrm{e}^{-st}\,\mathrm{d}t=\int_{0_-}^{\infty}\mathrm{e}^{-st}\,\mathrm{d}f(t)$$

$$= \mathrm{e}^{-st} f(t) \Big|_{0_-}^{\infty} + s\int_{0_-}^{\infty} f(t)\mathrm{e}^{-st}\mathrm{d}t = sF(s) - f(0_-)$$

其中，$f(0_-)$是函数 $f(t)$在 $t=0_-$时的值。

反复应用式(4.28)可推广至高阶导数的情况。例如二阶导数

$$\mathscr{L}\left[\frac{\mathrm{d}f^2(t)}{\mathrm{d}t^2}\right] = s\mathscr{L}\left[\frac{\mathrm{d}f(t)}{\mathrm{d}t}\right] - f'(0_-) = s[sF(s) - f(0_-)] - f'(0_-)$$

$$= s^2F(s) - sf(0_-) - f'(0_-), \quad \mathrm{Re}[s] > \sigma_0 \tag{4.29}$$

n 阶导数的情况为

$$\mathscr{L}[f^{(n)}(t)] = s^nF(s) - \sum_{m=0}^{n-1} s^{n-1-m} f^{(m)}(0_-), \quad \mathrm{Re}[s] > \sigma_0 \tag{4.30}$$

如果 $f(t)$是因果信号，那么 $f(t)$及其各阶导数的值 $f^{(n)}(0_-)=0(n=0,1,2,\cdots)$，这时微分特性具有更简洁的形式

$$\mathscr{L}[f^{(n)}(t)] = s^nF(s), \quad \mathrm{Re}[s] > \sigma_0 \tag{4.31}$$

例 4.5　求图 4.3(a)中三角形脉冲信号

$$f(t) = \begin{cases} \dfrac{2}{\tau}t, & 0 < t < \dfrac{\tau}{2} \\ 2 - \dfrac{2}{\tau}t, & \dfrac{\tau}{2} < t < \tau \\ 0, & t < 0, t > \tau \end{cases}$$

的拉氏变换。

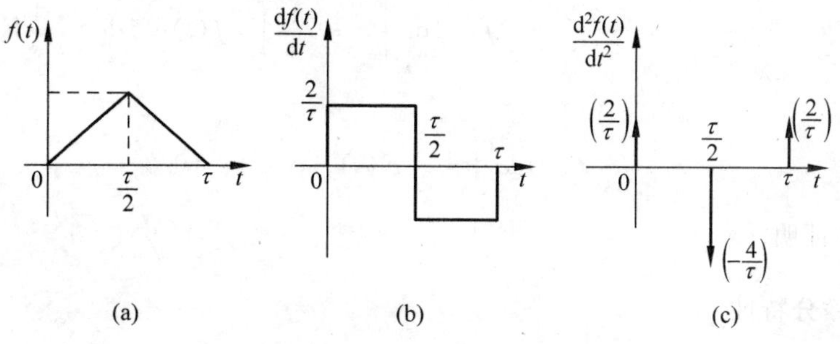

图 4.3　例 4.5 图

解　图 4.3(a)所示三角形脉冲信号，其一阶、二阶导数分别如图 4.3(b)和图 4.3(c)所示。为方便起见分别做如下记

$$f(t) \leftrightarrow F(s), \quad \frac{\mathrm{d}f(t)}{\mathrm{d}t} \leftrightarrow F_1(s), \quad \frac{\mathrm{d}^2 f(t)}{\mathrm{d}t^2} \leftrightarrow F_2(s)$$

由于 $\delta(t)\leftrightarrow 1$，应用时移特性可得$\dfrac{\mathrm{d}^2 f(t)}{\mathrm{d}t^2}$的拉氏变换 $F_2(s)$为

$$F_2(s) = \frac{2}{\tau} - \frac{4}{\tau}\mathrm{e}^{-\frac{\tau}{2}s} + \frac{2}{\tau}\mathrm{e}^{-\tau s} = \frac{2}{\tau}(1 - \mathrm{e}^{-\frac{\tau}{2}s})^2$$

应用微分特性，考虑到 $f'(0_-)=f''(0_-)=0$，得

$$F_2(s) = s^2F(s) - sf(0_-) - f'(0_-) = s^2F(s)$$

$$F(s) = \frac{1}{s^2}F_2(s) = \frac{2}{\tau} \cdot \frac{(1 - \mathrm{e}^{-\frac{\tau}{2}s})^2}{s^2}$$

6. 时域积分特性

若

$$f(t)\leftrightarrow F(s),\quad \mathrm{Re}[s]>\sigma_0$$

则

$$\int_{-\infty}^{t} f(x)\mathrm{d}x\leftrightarrow \frac{1}{s}F(s)+\frac{1}{s}f^{(-1)}(0_-) \tag{4.32}$$

其中,$f^{(-1)}(0_-)$是$f(t)$的积分$\int_{-\infty}^{t} f(x)\mathrm{d}x$在$0_-$时刻的值。其收敛域至少是$\mathrm{Re}[s]>\sigma_0$与$\mathrm{Re}[s]>0$相重叠的部分。

证明如下:

因为 $\mathscr{L}\left[\int_{-\infty}^{t} f(x)\mathrm{d}x\right]=\mathscr{L}\left[\int_{-\infty}^{0_-} f(x)\mathrm{d}x+\int_{0_-}^{t} f(x)\mathrm{d}x\right]$

上式中第一项$\int_{-\infty}^{0_-} f(x)\mathrm{d}x=f^{(-1)}(0_-)$是$f(t)$的积分在$t=0_-$时刻的值,为常数,故

$$\mathscr{L}[f^{(-1)}(0_-)]=\frac{1}{s}f^{(-1)}(0_-)$$

第二项为

$$\begin{aligned}\mathscr{L}\left[\int_{0_-}^{t} f(x)\mathrm{d}x\right]&=\int_{0}^{\infty}\left[\int_{0_-}^{t} f(x)\mathrm{d}x\right]\mathrm{e}^{-st}\mathrm{d}t\\&=-\frac{\mathrm{e}^{-st}}{s}\int_{0_-}^{t} f(x)\mathrm{d}x\Big|_{0_-}^{\infty}+\frac{1}{s}\int_{0_-}^{\infty} f(t)\mathrm{e}^{-st}\mathrm{d}t=\frac{1}{s}F(s)\end{aligned}$$

所以

$$\mathscr{L}\left[\int_{-\infty}^{t} f(x)\mathrm{d}x\right]=\frac{1}{s}F(s)+\frac{1}{s}f^{(-1)}(0_-)$$

积分特性得以证明。

7. S 域微分特性

若

$$f(t)\leftrightarrow F(s),\quad \mathrm{Re}[s]>\sigma_0$$

则

$$-tf(t)\leftrightarrow \frac{\mathrm{d}F(s)}{\mathrm{d}s}\quad \mathrm{Re}[s]>\sigma_0 \tag{4.33}$$

或者

$$tf(t)\leftrightarrow -\frac{\mathrm{d}F(s)}{\mathrm{d}s}\quad \mathrm{Re}[s]>\sigma_0 \tag{4.34}$$

证明如下:

由于

$$F(s)=\int_{0}^{\infty} f(t)\mathrm{e}^{-st}\mathrm{d}t$$

上式两边同时对s求导,得

$$\frac{\mathrm{d}F(s)}{\mathrm{d}s}=\frac{\mathrm{d}}{\mathrm{d}s}\int_0^{\infty}f(t)\mathrm{e}^{-st}\,\mathrm{d}t=\int_0^{\infty}(-t)f(t)\mathrm{e}^{-st}\,\mathrm{d}t=\mathscr{L}[-tf(t)]$$

S 域微分特性得以证明。

例 4.6 求函数 $t\mathrm{e}^{-\alpha t}\varepsilon(t)$、$t^2\mathrm{e}^{-\alpha t}\varepsilon(t)$的拉普拉斯变换。

解 方法一：

令 $f_1(t)=\mathrm{e}^{-\alpha t}\varepsilon(t)$,则其拉氏变换 $F_1(s)=\frac{1}{s+\alpha}$。根据式(4.34)有

$$F_2(s)=\mathscr{L}[t\mathrm{e}^{-\alpha t}\varepsilon(t)]=-\frac{\mathrm{d}F(s)}{\mathrm{d}s}=-\left(\frac{1}{s+\alpha}\right)'=\frac{1}{(s+\alpha)^2}$$

同理

$$\mathscr{L}[t^2\mathrm{e}^{-\alpha t}\varepsilon(t)]=-\frac{\mathrm{d}F_2(s)}{\mathrm{d}s}=-\left(\frac{1}{(s+\alpha)^2}\right)'=\frac{2}{(s+\alpha)^3}$$

方法二：

令 $y(t)=t\varepsilon(t)$,则 $Y(s)=\frac{1}{s^2}$。由 S 域移位性质,得

$$t\mathrm{e}^{-\alpha t}\varepsilon(t)=\mathrm{e}^{-\alpha t}y(t)\leftrightarrow Y(s+\alpha)=\frac{1}{(s+\alpha)^2}$$

令 $z(t)=t^2\varepsilon(t)$,则 $Z(s)=\frac{2}{s^3}$。由 S 域移位性质,得

$$\mathrm{e}^{-\alpha t}t^2\varepsilon(t)=\mathrm{e}^{-\alpha t}z(t)\leftrightarrow Z(s+\alpha)=\frac{2}{(s+\alpha)^3}$$

8. S 域积分特性

若

$$f(t)\leftrightarrow F(s),\quad \mathrm{Re}[s]>\sigma_0$$

则

$$\frac{f(t)}{t}\leftrightarrow\int_s^{\infty}F(\eta)\mathrm{d}\eta,\quad \mathrm{Re}[s]>\sigma_0 \tag{4.35}$$

证明如下：

将 $F(s)$的定义式代入式(4.35)的右端,得

$$\int_s^{\infty}F(\eta)\mathrm{d}\eta=\int_s^{\infty}\left[\int_0^{\infty}f(t)\mathrm{e}^{-\eta t}\,\mathrm{d}t\right]\mathrm{d}\eta=\int_0^{\infty}f(t)\left[\int_s^{\infty}\mathrm{e}^{-\eta t}\,\mathrm{d}\eta\right]\mathrm{d}t$$

$$=\int_0^{\infty}f(t)\left[\frac{\mathrm{e}^{-\eta t}}{-t}\bigg|_s^{\infty}\right]\mathrm{d}t=\int_0^{\infty}\frac{f(t)}{t}\mathrm{e}^{-st}\,\mathrm{d}t=\mathscr{L}\left[\frac{f(t)}{t}\right]$$

显然,这里$\frac{f(t)}{t}$的拉普拉斯变换应该存在,即$\frac{f(t)}{t}$应在有限区间是可积的。

例 4.7 求函数$\frac{\sin t}{t}\varepsilon(t)$的拉氏变换。

解 由于

$$\sin t\varepsilon(t)\leftrightarrow\frac{1}{s^2+1}$$

由 S 域积分性质可得

$$\mathscr{L}\left[\frac{\sin t}{t}\varepsilon(t)\right]=\int_s^{\infty}\frac{1}{\eta^2+1}\mathrm{d}\eta=\arctan\eta\bigg|_s^{\infty}=\frac{\pi}{2}-\arctan s=\arctan\left(\frac{1}{s}\right)$$

9. 初值定理和终值定理

初值定理和终值定理常用于由 S 域的 $F(s)$ 直接求 $f(0_+)$ 和 $f(\infty)$ 的值，而不必求出原函数 $f(t)$。

1) 初值定理

设函数 $f(t)$ 不包含 $\delta(t)$ 及其各阶导数，且

$$f(t)\leftrightarrow F(s),\quad \mathrm{Re}[s]>\sigma_0$$

则有

$$\left.\begin{aligned}f(0_+)&=\lim_{s\to\infty}sF(s)\\ f'(0_+)&=\lim_{s\to\infty}s[sF(s)-f(0_+)]\\ f''(0_+)&=\lim_{s\to\infty}s[s^2F(s)-sf(0_+)-f'(0_+)]\end{aligned}\right\}\tag{4.36}$$

证明如下：

由时域微分特性知

$$\begin{aligned}\mathscr{L}[f'(t)]=sF(s)-f(0_-)&=\int_{0_-}^{\infty}f'(t)\mathrm{e}^{-st}\mathrm{d}t\\ &=\int_{0_-}^{0_+}f'(t)\mathrm{e}^{-st}\mathrm{d}t+\int_{0_+}^{\infty}f'(t)\mathrm{e}^{-st}\mathrm{d}t\end{aligned}\tag{4.37}$$

考虑到 $(0_-,0_+)$ 区间 $\mathrm{e}^{-st}=1$，故

$$\int_{0_-}^{0_+}f'(t)\mathrm{e}^{-st}\mathrm{d}t=\int_{0_-}^{0_+}f'(t)\mathrm{d}t=f(0_+)-f(0_-)$$

将它代入式(4.37)，得

$$sF(s)-f(0_-)=\int_{0_-}^{\infty}f'(t)\mathrm{e}^{-st}\mathrm{d}t=f(0_+)-f(0_-)+\int_{0_+}^{\infty}f'(t)\mathrm{e}^{-st}\mathrm{d}t\tag{4.38}$$

从而

$$sF(s)=f(0_+)+\int_{0_+}^{\infty}f'(t)\mathrm{e}^{-st}\mathrm{d}t\tag{4.39}$$

对上式取 $t\to\infty$ 的极限，考虑到 $\lim\limits_{s\to\infty}\mathrm{e}^{-st}=0$，得

$$\lim_{s\to\infty}sF(s)=f(0_+)$$

式(4.36)的第一式得证，类似地可推得其他两式。

2) 终值定理

若函数 $f(t)$ 当 $t\to\infty$ 时的极限存在，记 $f(\infty)=\lim\limits_{t\to\infty}f(t)$，且

$$f(t)\leftrightarrow F(s),\quad \mathrm{Re}[s]>\sigma_0,\sigma_0<0$$

则有

$$f(\infty)=\lim_{s\to 0}sF(s)\tag{4.40}$$

证明如下：

对式(4.39)取 $s\to 0$ 的极限，即

$$\lim_{s\to 0}sF(s)=f(0_+)+\lim_{s\to 0}\int_{0_+}^{\infty}f'(t)\mathrm{e}^{-st}\mathrm{d}t=f(0_+)+f(\infty)-f(0_+)=f(\infty)$$

即得证。

需要注意的是，终值定理是取 $s\to 0$ 的极限，因而 $s=0$ 的点应在 $sF(s)$ 的收敛域内，否则不能应用终值定理。

例 4.8 如果函数 $f(t)$ 的拉普拉斯变换为

$$F(s)=\frac{1}{s+\alpha},\quad \mathrm{Re}[s]>-\alpha$$

求原函数 $f(t)$ 的初值和终值。

解 (1) 初值

方法一：由初值定理，得

$$f(0_+)=\lim_{s\to\infty}sF(s)=\lim_{s\to\infty}\frac{s}{s+\alpha}=1$$

方法二：根据 $F(s)$ 求其逆变换得 $f(t)=\mathrm{e}^{-\alpha t}\varepsilon(t)$，因此，$f(0_+)=1$。

两种方法结果相同。显然以上结果对于正负 α 值都是正确的。

(2) 终值

由终值定理，得

$$f(\infty)=\lim_{s\to 0}sF(s)=\lim_{s\to 0}\frac{s}{s+\alpha}=\begin{cases}0, & \alpha>0\\ 1, & \alpha=0\\ 0, & \alpha<0\end{cases}$$

以上三个结果中，当 $\alpha<0$ 时，$sF(s)$ 的收敛域为 $\mathrm{Re}[s]>-\alpha$，$s=0$ 不在收敛域内，根据终值定理的条件，其结果不正确。也可以从时域的角度理解，当 $\alpha<0$ 时，$f(t)=\mathrm{e}^{-\alpha t}\varepsilon(t)$，当 $t\to\infty$ 时其值为 ∞，所以终值不存在。

例 4.9 $f(t)=\mathrm{e}^{-t}\cos t\cdot\varepsilon(t)$，求 $f(0_+)$ 和 $f(\infty)$

解 由于 $\cos t\cdot\varepsilon(t)\leftrightarrow\frac{1}{s^2+1}$，根据 S 域频移特性有

$$F(s)=L[f(t)]=\frac{s+1}{(s+1)^2+1},\quad \mathrm{Re}(s)>-1$$

根据初值定理和终值定理，有

$$f(0_+)=\lim_{s\to\infty}sF(s)=\lim_{s\to\infty}\frac{s(s+1)}{(s+1)^2+1}=1$$

$$f(\infty)=\lim_{s\to 0}sF(s)=\lim_{s\to 0}\frac{s(s+1)}{(s+1)^2+1}=0$$

10. 卷积定理

类似于傅里叶变换中的卷积定理，在拉普拉斯变换中也有时域和频域卷积定理，时域卷积定理在系统分析中更为重要，时域卷积定理如下。

若因果函数

$$f_1(t)\leftrightarrow F_1(s),\quad \mathrm{Re}[s]>\sigma_1$$

$$f_2(t)\leftrightarrow F_2(s),\quad \mathrm{Re}[s]>\sigma_2$$

则

$$f_1(t)*f_2(t)\leftrightarrow F_1(s)F_2(s)\tag{4.41}$$

其收敛域是 $F_1(s)$收敛域与 $F_2(s)$收敛域的公共部分。

证明如下：

单边拉氏变换中所讨论的时间函数 $f_1(t)$、$f_2(t)$都是因果信号，为了更加明确，可将 $f_1(t)$、$f_2(t)$写成 $f_1(t)\varepsilon(t)$和 $f_2(t)\varepsilon(t)$，两者的卷积积分写为

$$\begin{aligned} f_1(t) * f_2(t) &= \int_{-\infty}^{\infty} f_1(\tau)\varepsilon(\tau) f_2(t-\tau)\varepsilon(t-\tau)\mathrm{d}\tau \\ &= \int_0^{\infty} f_1(\tau) f_2(t-\tau)\varepsilon(t-\tau)\mathrm{d}\tau \end{aligned}$$

取上式的拉普拉斯变换，并交换积分的顺序，得

$$\begin{aligned} \mathscr{L}[f_1(t) * f_2(t)] &= \int_0^{\infty}\left[\int_0^{\infty} f_1(\tau) f_2(t-\tau)\varepsilon(t-\tau)\mathrm{d}\tau\right]\mathrm{e}^{-st}\mathrm{d}t \\ &= \int_0^{\infty} f_1(\tau)\left[\int_0^{\infty} f_2(t-\tau)\varepsilon(t-\tau)\mathrm{e}^{-st}\mathrm{d}t\right]\mathrm{d}\tau \end{aligned}$$

因为 $f_2(t)\leftrightarrow F_2(s)$，由时移特性可知，上式括号中的积分

$$\int_0^{\infty} f_2(t-\tau)\varepsilon(t-\tau)\mathrm{e}^{-st}\mathrm{d}t = \mathrm{e}^{-s\tau}F_2(s)$$

于是有

$$\mathscr{L}[f_1(t) * f_2(t)] = \int_0^{\infty} f_1(\tau)\mathrm{e}^{-s\tau}F_2(s)\mathrm{d}\tau = F_1(s)F_2(s)$$

时域卷积定理得以证明。

例 4.10 已知某 LTI 系统的冲激响应 $h(t)=\mathrm{e}^{-t}\varepsilon(t)$，求输入 $f(t)=\varepsilon(t)$时的零状态响应 $y_{zs}(t)$。

解 LTI 系统的零状态响应为

$$y_{zs}(t) = f(t) * h(t)$$

设

$$f(t)\leftrightarrow F(s),\quad h(t)\leftrightarrow H(s),\quad y_{zs}(t)\leftrightarrow Y_{zs}(s)$$

则

$$F(s) = \frac{1}{s},\quad H(s) = \frac{1}{s+1}$$

根据卷积定理有

$$Y_{zs}(s) = F(s)H(s)$$

其中，$H(s)=\mathscr{L}[h(t)]$称为系统函数，本章后面的内容会做进一步介绍。
所以

$$Y_{zs}(s) = F(s)H(s) = \frac{1}{s}\cdot\frac{1}{s+1} = \frac{1}{s} - \frac{1}{s+1}$$

对上式取拉普拉斯逆变换，得

$$y_{zs}(t) = \varepsilon(t) - \mathrm{e}^{-t}\varepsilon(t) = (1-\mathrm{e}^{-t})\varepsilon(t)$$

以上介绍了拉普拉斯变换的几个主要性质，现在将这些性质归纳如表 4.1 作为小结，以便查阅。

表 4.1　单边拉普拉斯变换的定义与性质

名　称	时域　$f(t)\leftrightarrow F(s)$	S 域
定义	$f(t)=\dfrac{1}{2\pi j}\int_{\sigma-j\infty}^{\sigma+j\infty}F(s)e^{st}ds$	$F(s)=\int_{-\infty}^{\infty}f(t)e^{-st}dt,\sigma>\sigma_0$
线性	$a_1f_1(t)+a_2f_2(t)$	$a_1F_1(s)+a_2F_2(s),\sigma>\max(\sigma_1,\sigma_2)$
尺度变换	$f(at)$	$\dfrac{1}{a}F\left(\dfrac{s}{a}\right),\sigma>a\sigma_0$
时域平移	$f(t-t_0)\varepsilon(t-t_0)$	$e^{-st_0}F(s),\sigma>\sigma_0$
	$f(at-b)\varepsilon(at-b),a>0,b\geqslant 0$	$\dfrac{1}{a}e^{-\frac{b}{a}s}F\left(\dfrac{s}{a}\right),\sigma>a\sigma_0$
S 域平移	$f(t)e^{-at}$	$F(s+a),\sigma>\sigma_0-a$
时域微分	$\dfrac{df(t)}{dt}$	$sF(s)-f(0_-),\sigma>\sigma_0$
时域积分	$\int_{-\infty}^{t}f(x)dx$	$\dfrac{1}{s}F(s)+\dfrac{1}{s}f^{(-1)}(0_-)$
S 域微分	$-tf(t)$	$\dfrac{dF(s)}{ds},\sigma>\sigma_0$
S 域积分	$\dfrac{f(t)}{t}$	$\int_{s}^{\infty}F(\eta)d\eta,\sigma>\sigma_0$
时域卷积	$f_1(t)*f_2(t)$	$F_1(s)F_2(s),\sigma>\max(\sigma_1,\sigma_2)$
初值定理	$f(0_+)=\lim\limits_{s\to\infty}sF(s)$，$F(s)$为真分式	
终值定理	$f(\infty)=\lim\limits_{s\to 0}sF(s)$，$s=0$ 在 $sF(s)$的收敛域内	

4.3　拉普拉斯逆变换

由拉普拉斯变换的定义可知，欲求 $F(s)$之逆变换可按其逆变换的定义式求得，该定义式为复变函数积分，通常用留数定理法求解。当遇到较为复杂的函数 $F(s)$时，用留数法计算相对麻烦。实际上，往往可借助一些代数运算将 $F(s)$分解成简单的部分分式之和，分解后各分式的逆变换可方便求出。这种方法求解过程大大减化，无须进行积分运算，称为部分分式分解法。下面分别介绍这两种方法。

1. 留数定理法

拉普拉斯逆变换可以直接根据其定义式计算，即

$$f(t)=\frac{1}{2\pi j}\int_{\sigma-j\infty}^{\sigma+j\infty}F(s)e^{st}ds \tag{4.42}$$

式(4.42)为复变函数积分，现在讨论如何应用留数定理求解式(4.42)。

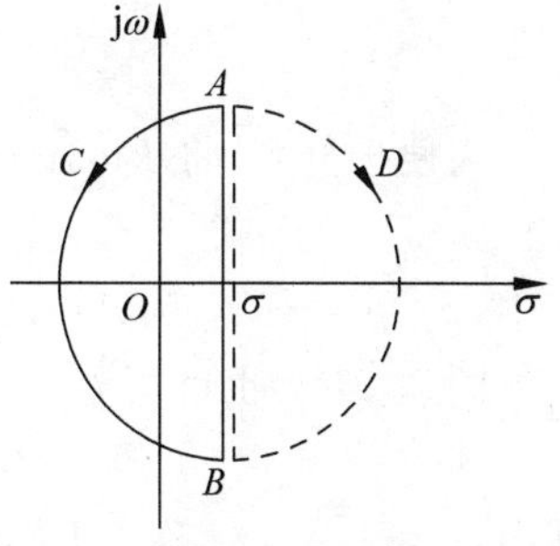

图 4.4　留数法求拉氏逆变换积分路径示意图

式(4.42)的积分路径是 s 平面上由 $\sigma-j\infty$ 到 $\sigma+j\infty$ 平行于虚轴的直线，如图 4.4 所示，图中为由 B 到 A 的直线。为求出此积分，必须补上一个半径为无限大的圆弧 C($t<0$ 时，

圆弧应补在直线右边,即弧 D),使圆弧与直线构成闭合围线($ACBA$),用围线积分代替线积分。这样,就可以应用留数定理求解。若 $F(s)$为有理真分式,此时式(4.42)的积分式就等于围线中被积函数 $F(s)e^{st}$ 所有极点的留数之和,即

$$\mathscr{L}^{-1}[F(s)] = \sum_{\text{极点}}[F(s)e^{st} \text{ 的留数}] \tag{4.43}$$

设 $F(s)e^{st}$ 在围线中共有 n 个极点,且在极点 $s=p_i$ 处的留数为 r_i,则

$$\mathscr{L}^{-1}[F(s)] = \sum_{i=1}^{n} r_i \tag{4.44}$$

若 p_i 为一阶极点,则

$$r_i = [(s-p_i)F(s)e^{st}]\big|_{s=p_i} \tag{4.45}$$

若 p_i 为 k 阶极点,则

$$r_i = \frac{1}{(k-1)!}\left[\frac{d^{k-1}}{ds^{k-1}}(s-p_i)^k F(s)e^{st}\right]\bigg|_{s=p_i} \tag{4.46}$$

例 4.11 已知 $F(s)=\dfrac{1}{(s+3)(s+2)^2}$,试用留数法求其逆变换。

解 $F(s)e^{st}=\dfrac{e^{st}}{(s+3)(s+2)^2}$,具有一个一阶极点 $p_1=-3$,一个二阶极点 $p_2=-2$。根据式(4.45)和式(4.46)其留数分别为

$$\operatorname*{Res}_{p_1}[F(s)e^{st}] = (s+3)F(s)e^{st}\big|_{s=-3} = e^{-3t}$$

$$\operatorname*{Res}_{p_2}[F(s)e^{st}] = \frac{d}{ds}[(s+2)^2F(s)e^{st}]\big|_{s=-2} = te^{-2t} - e^{-2t}$$

于是,根据式(4.44),得

$$\begin{aligned} f(t) &= \{\operatorname*{Res}_{p_1}[F(s)e^{st}] + \operatorname*{Res}_{p_2}[F(s)e^{st}]\}\varepsilon(t) \\ &= (e^{-3t}+te^{-2t}-e^{-2t})\varepsilon(t) = [e^{-3t}+(t-1)e^{-2t}]\varepsilon(t) \end{aligned}$$

2. 部分分式分解法

$F(s)$通常为 s 的有理分式。一般具有如下形式

$$F(s) = \frac{A(s)}{B(s)} = \frac{b_m s^m + b_{m-1}s^{m-1} + \cdots + b_0}{a_n s^n + a_{n-1}s^{n-1} + \cdots + a_0} \tag{4.47}$$

其中,系数 a_i 和 b_i 都为实数,m 和 n 是正整数。一般情况下,可将 a_n 归一化为 1,即

$$F(s) = \frac{A(s)}{B(s)} = \frac{b_m s^m + b_{m-1}s^{m-1} + \cdots + b_0}{s^n + a_{n-1}s^{n-1} + \cdots + a_0} \tag{4.48}$$

为便于分解,将 $F(s)$的分母 $A(s)$写作以下形式

$$A(s) = (s-p_1)(s-p_2)\cdots(s-p_n) \tag{4.49}$$

其中,$p_1,p_2,\cdots,p_n$ 为 $A(s)=0$ 方程式的根,因此,$p_1,p_2,\cdots,p_n$ 称为 $F(s)$的"极点"。

同理,$B(s)$也可写为

$$B(s) = b_m(s-z_1)(s-z_2)\cdots(s-z_m) \tag{4.50}$$

其中,$z_1,z_2,\cdots,z_m$ 称为 $F(s)$的"零点",它们是 $B(s)=0$ 方程式的根。

根据 $F(s)$是否为真分式以及极点的不同特点,用部分分式分解方法求拉普拉斯逆变换有以下几种情况:

1) $F(s)$为真分式，即 $m<n$ 时

(1) 极点为实数，且无重根

此时 $F(s)$可分解为

$$F(s)=\frac{B(s)}{(s-p_1)(s-p_2)\cdots(s-p_n)}=\frac{K_1}{s-p_1}+\frac{K_2}{s-p_1}+\cdots+\frac{K_n}{s-p_n} \tag{4.51}$$

待定系数 $K_i(i=1,2,\cdots,n)$可采用下述方法求得。以$(s-p_1)$乘以式(4.51)两端

$$(s-p_1)F(s)=K_1+\frac{(s-p_1)K_2}{s-p_2}+\cdots+\frac{(s-p_1)K_n}{s-p_n} \tag{4.52}$$

令 $s=p_1$ 代入式(4.52)得

$$K_1=(s-p_1)F(s)\mid_{s=p_1} \tag{4.53}$$

同理，可以求得任意极点 p_i 所对应的系数 K_i

$$K_i=(s-p_i)F(s)\mid_{s=p_i} \tag{4.54}$$

系数 $K_1,K_2,\cdots,K_n$ 求得后，$F(s)$的逆变换即可求得

$$\begin{aligned} f(t)&=\mathscr{L}^{-1}\left[\frac{K_1}{s-p_1}\right]+\mathscr{L}^{-1}\left[\frac{K_2}{s-p_2}\right]+\cdots+\mathscr{L}^{-1}\left[\frac{K_n}{s-p_n}\right]\\ &=K_1\mathrm{e}^{p_1t}+K_2\mathrm{e}^{p_2t}+\cdots+K_n\mathrm{e}^{p_nt} \end{aligned} \tag{4.55}$$

例 4.12　求下面函数的逆变换

$$F(s)=\frac{10(s+2)(s+5)}{s(s+1)(s+3)}$$

解　$F(s)$为有理分式，且有三个一阶极点，将 $F(s)$写成部分分式展开式形式

$$F(s)=\frac{K_1}{s}+\frac{K_2}{s+1}+\frac{K_3}{s+3}$$

分别求 K_1,K_2,K_3，即

$$K_1=sF(s)\mid_{s=0}=\left.\frac{10(s+2)(s+5)}{(s+1)(s+3)}\right|_{s=0}=\frac{10\cdot2\cdot5}{1\cdot3}=\frac{100}{3}$$

$$K_2=(s+1)F(s)\mid_{s=-1}=\left.\frac{10(s+2)(s+5)}{s(s+3)}\right|_{s=-1}=\frac{10(-1+2)(-1+5)}{(-1)(-1+3)}=-20$$

$$K_3=(s+3)F(s)\mid_{s=-3}=\left.\frac{10(s+2)(s+5)}{s(s+1)}\right|_{s=-3}=\frac{10(-3+2)(-3+5)}{(-3)(-3+1)}=-\frac{10}{3}$$

所以

$$F(s)=\frac{100}{3s}-\frac{20}{s+1}-\frac{10}{3(s+3)}$$

故逆变换为

$$f(t)=\left(\frac{100}{3}-20\mathrm{e}^{-t}-\frac{10}{3}\mathrm{e}^{-3t}\right)\varepsilon(t)$$

(2) 极点为共轭复数

这种情况仍可采用上述实数极点求分解系数的方法，当然计算要麻烦些，但根据共轭复数的特点可以有一些取巧的方法。

例如，考虑下面函数的分解

$$F(s)=\frac{B(s)}{D(s)[(s+\alpha)^2+\beta^2]}=\frac{B(s)}{D(s)(s+\alpha-\mathrm{j}\beta)(s+\alpha+\mathrm{j}\beta)} \tag{4.56}$$

其中,共轭极点出现在$-\alpha\pm j\beta$处,$D(s)$表示分母多项式中的其余部分。令$F_1(s)$表示式中共轭复数极点相关的部分,则$F_1(s)$可改写为

$$F_1(s)=\frac{k_1(s+\alpha)}{(s+\alpha)^2+\beta^2}+\frac{k_2}{(s+\alpha)^2+\beta^2} \tag{4.57}$$

利用等式两边相等的原则求得k_1、k_2,并根据

$$\frac{k_1(s+\alpha)}{(s+\alpha)^2+\beta^2}\leftrightarrow k_1\mathrm{e}^{-\alpha t}\cos(\beta t)$$

$$\frac{k_2}{(s+\alpha)^2+\beta^2}\leftrightarrow \frac{k_2}{\beta}\mathrm{e}^{-\alpha t}\sin(\beta t)$$

即可求得式中共轭复数极点相关部分$F_1(s)$的逆变换$f_1(t)$为

$$f_1(t)=k_1\mathrm{e}^{-\alpha t}\cos(\beta t)+\frac{k_2}{\beta}\mathrm{e}^{-\alpha t}\sin(\beta t)$$

例 4.13 求下面函数的逆变换

$$F(s)=\frac{s^2+3}{(s^2+2s+5)(s+2)}$$

解 $F(s)=\dfrac{s^2+3}{[(s+1)^2+2^2](s+2)}=\dfrac{k_0}{s+2}+\dfrac{k_1(s+1)}{(s+1)^2+2^2}+\dfrac{k_2}{(s+1)^2+2^2}$

分别求系数k_0,k_1,k_2,即

$$k_0=(s+2)F(s)\mid_{s=-2}=\frac{7}{5}$$

k_0求得后,代入$F(s)$展开式中,利用等式两边相等的原则,求得

$$k_1=-\frac{2}{5}$$

$$k_2=-\frac{8}{5}$$

因此$F(s)$的逆变换为

$$f(t)=\left[\frac{7}{5}\mathrm{e}^{-2t}-\frac{2}{5}\mathrm{e}^{-t}\cos(2t)-\frac{4}{5}\mathrm{e}^{-t}\sin(2t)\right]\varepsilon(t)$$

(3) 有多重极点

考虑下面函数的分解

$$F(s)=\frac{B(s)}{A(s)}=\frac{B(s)}{(s-p_1)^kD(s)} \tag{4.58}$$

其中,在$s=p_1$处,分母多项式$A(s)$有k重根,也即k阶极点。将$F(s)$写成展开式

$$F(s)=\frac{K_{11}}{(s-p_1)^k}+\frac{K_{12}}{(s-p_1)^{k-1}}+\cdots+\frac{K_{1k}}{(s-p_1)}+\frac{E(s)}{D(s)} \tag{4.59}$$

这里,$\dfrac{E(s)}{D(s)}$表示展开式中与极点p_1无关的其余部分。为求出K_{11},K_{12},…,K_{1k},将式(4.59)两端同时乘以$(s-p_1)^k$得

$$\begin{aligned}(s-p_1)^kF(s)=&K_{11}+K_{12}(s-p_1)+\cdots\\&+K_{1k}(s-p_1)^{k-1}+\frac{E(s)}{D(s)}(s-p_1)^k\end{aligned} \tag{4.60}$$

令$s=p_1$代入式(4.60),得

$$K_{11}=(s-p_1)^kF(s)\mid_{s=p_1} \tag{4.61}$$

为求得系数 $K_{12},K_{13},\cdots,K_{1k}$，引入符号

$$F_1(s)=(s-p_1)^kF(s)=K_{11}+K_{12}(s-p_1)+\cdots+K_{1k}(s-p_1)^{k-1}+\frac{E(s)}{D(s)}(s-p_1)^k \tag{4.62}$$

对式(4.62)求一阶导得到

$$\frac{\mathrm{d}}{\mathrm{d}s}F_1(s)=K_{12}+2K_{13}(s-p_1)+\cdots+K_{1k}(s-p_1)^{k-2}+\cdots \tag{4.63}$$

很明显，可以给出

$$K_{12}=\frac{\mathrm{d}}{\mathrm{d}s}F_1(s)\mid_{s=p_1} \tag{4.64}$$

$$K_{13}=\frac{1}{2}\cdot\frac{\mathrm{d}^2}{\mathrm{d}s^2}F_1(s)\mid_{s=p_1} \tag{4.65}$$

一般形式为

$$K_{1i}=\frac{1}{(i-1)!}\frac{\mathrm{d}^{i-1}}{\mathrm{d}s^{i-1}}F_1(s)\mid_{s=p_1},\quad i=1,2,\cdots,k \tag{4.66}$$

例 4.14　求以下函数的逆变换

$$F(s)=\frac{s-2}{s(s+1)^3}$$

解　将 $F(s)$ 写成展开式

$$F(s)=\frac{K_{11}}{(s+1)^3}+\frac{K_{12}}{(s+1)^2}+\frac{K_{13}}{(s+1)}+\frac{K_2}{s}$$

容易求得

$$K_2=sF(s)\mid_{s=0}=-2$$

为求出与重根有关的各系数，令

$$F_1(s)=(s+1)^3F(s)=\frac{s-2}{s}$$

引用式(4.61)、式(4.64)和式(4.65)得

$$K_{11}=\left.\frac{s-2}{s}\right|_{s=-1}=3$$

$$K_{12}=\left.\frac{\mathrm{d}}{\mathrm{d}s}\left(\frac{s-2}{s}\right)\right|_{s=-1}=2$$

$$K_{13}=\left.\frac{1}{2}\cdot\frac{\mathrm{d}^2}{\mathrm{d}s^2}\left(\frac{s-2}{s}\right)\right|_{s=-1}=2$$

于是有

$$F(s)=\frac{3}{(s+1)^3}+\frac{2}{(s+1)^2}+\frac{2}{(s+1)}-\frac{2}{s}$$

所以其逆变换为

$$f(t)=\left(\frac{3}{2}t^2\mathrm{e}^{-t}+2t\mathrm{e}^{-t}+2\mathrm{e}^{-t}-2\right)\varepsilon(t)$$

2) $F(s)$为假分式

如果 $F(s)$ 为假分式，即分母多项式的阶次低于分子多项式的阶次，需要先将 $F(s)$ 化为

真分式，方法是先通过长除法将分子中的高次项提出，余下的部分满足 $m<n$，仍按以上方法分析，下面给出实例。

例 4.15 求以下函数的逆变换

$$F(s)=\frac{s^3+5s^2+9s+7}{(s+1)(s+2)}$$

解 先将 $F(s)$ 化为真分式，即

$$F(s)=s+2+\frac{s+3}{(s+1)(s+2)}$$

对式中最后一项按前述方法分解，得

$$\frac{s+3}{(s+1)(s+2)}=\frac{2}{s+1}-\frac{1}{s+2}$$

因此

$$F(s)=s+2+\frac{2}{s+1}-\frac{1}{s+2}$$

故其逆变换为

$$f(t)=\delta'(t)+2\delta(t)+(2\mathrm{e}^{-t}-\mathrm{e}^{-2t})\varepsilon(t)$$

4.4 拉普拉斯变换与傅里叶变换的关系

信号 $f(t)$ 的单边拉普拉斯变换与傅里叶变换的定义分别为

$$F(s)=\int_0^{\infty}f(t)\mathrm{e}^{-st}\mathrm{d}t \tag{4.67}$$

$$F(\mathrm{j}\omega)=\int_{-\infty}^{\infty}f(t)\mathrm{e}^{-\mathrm{j}\omega t}\mathrm{d}t \tag{4.68}$$

通过上面两个式子研究因果信号的傅里叶变换与其拉普拉斯变换间的关系。两者之间的关系确定后，由信号单边拉氏变换的结果可以直接推导出傅里叶变换的结果，简化求解傅里叶变换的过程。

设拉普拉斯变换的收敛域为 $\mathrm{Re}[s]>\sigma_0$，依据收敛坐标 σ_0 的值可分为以下三种情况。

1. $\sigma_0>0$

如果 $f(t)$ 的拉氏变换 $F(s)$ 的收敛坐标为 $\sigma_0>0$，则其收敛域落于 s 平面右半平面。这相当于一些增长函数的情况，如函数 $f(t)=\mathrm{e}^{at}\varepsilon(t)$，$a>0$，该函数其单边拉氏变换为 $\mathscr{L}[\mathrm{e}^{at}\varepsilon(t)]=\frac{1}{s-a}$，其收敛域为 $\mathrm{Re}[s]>a$。但因为该函数不收敛，其傅里叶变换不存在，因此不能盲目的由拉氏变换寻求其傅里叶变换。

2. $\sigma_0<0$

如果 $F(s)$ 的收敛坐标 $\sigma_0<0$，则其收敛边界位于 s 平面左半平面。

这种情况对应函数衰减的情况，此时函数的单边拉氏变换和傅里叶变换都存在。令其拉氏变换中的 $s=\mathrm{j}\omega$，就可得到相应的傅里叶变换。若收敛坐标 $\sigma_0<0$，则函数 $f(t)$ 的傅里

叶变换

$$F(\mathrm{j}\omega)=F(s)\mid_{s=\mathrm{j}\omega} \tag{4.69}$$

例如 $f(t)=\mathrm{e}^{-\alpha t}\varepsilon(t)$，$\alpha>0$，其拉普拉斯变换为

$$F(s)=\frac{1}{s+\alpha},\quad \mathrm{Re}[s]>-\alpha$$

其傅里叶变换为

$$F(\mathrm{j}\omega)=F(s)\mid_{s=\mathrm{j}\omega}=\frac{1}{\mathrm{j}\omega+\alpha}$$

3. $\sigma_0=0$

即收敛边界位于虚轴的情况。在这种情况下，函数具有拉普拉斯变换，而其傅里叶变换也存在，但不能简单地将拉氏变换中的 s 代以 $\mathrm{j}\omega$ 来求傅里叶变换。在它的傅里叶变换中将包括奇异函数项，例如对于单位阶跃函数有

$$\mathscr{L}[\varepsilon(t)]=\frac{1}{s},\quad \sigma_0=0$$

$$\mathscr{F}[\varepsilon(t)]=\frac{1}{\mathrm{j}\omega}+\pi\delta(\omega)$$

下面导出收敛边界位于虚轴时拉氏变换与傅里叶变换联系的一般关系式。如果 $f(t)$ 的拉氏变换的收敛坐标为 $\sigma_0=0$，那么它必然在虚轴上有极点，设共有 N 个虚根(单根)$\mathrm{j}\omega_1$，$\mathrm{j}\omega_2$，…，$\mathrm{j}\omega_N$，将 $F(s)$展开成两部分，其中极点在 s 平面左半平面的部分设为 $F_a(s)$，则

$$F(s)=F_a(s)+\sum_{i=1}^{N}\frac{K_i}{s-\mathrm{j}\omega_i} \tag{4.70}$$

容易求得式(4.70)的逆变换为

$$f(t)=f_a(t)+\sum_{i=1}^{N}K_i\mathrm{e}^{\mathrm{j}\omega_i t}\varepsilon(t) \tag{4.71}$$

式中，$f_a(t)$是对应 $F_a(s)$的逆变换。求式(4.71)的傅里叶变换可得

$$\begin{aligned}\mathscr{F}[f(t)]&=F_a(\mathrm{j}\omega)+\mathscr{F}\left[\sum_{i=1}^{N}K_i\mathrm{e}^{\mathrm{j}\omega_i t}\varepsilon(t)\right]\\&=F_a(\mathrm{j}\omega)+\sum_{i=1}^{N}K_i\left\{\delta(\omega-\omega_i)*\left[\pi\delta(\omega)+\frac{1}{\mathrm{j}\omega}\right]\right\}\\&=F_a(\mathrm{j}\omega)+\sum_{i=1}^{N}\frac{K_i}{\mathrm{j}(\omega-\omega_i)}+\sum_{i=1}^{N}K_i\pi\delta(\omega-\omega_i)\end{aligned} \tag{4.72}$$

与式(4.70)比较可见，上式前两项之和正是 $F(s)|_{s=\mathrm{j}\omega}$。于是，在 $F(s)$的收敛坐标 $\sigma_0=0$ 的情况下，函数 $f(t)$的傅里叶变换为

$$F(\mathrm{j}\omega)=F(s)\mid_{s=\mathrm{j}\omega}+\sum_{i=1}^{N}K_i\pi\delta(\omega-\omega_i) \tag{4.73}$$

利用式(4.73)即可由 $F(s)$求得傅里叶变换。式中包括两部分：第一部分是将 $F(s)$中的 s 以 $\mathrm{j}\omega$ 代入；第二部分为一系列冲激函数之和。

如果 $F(s)$在虚轴具有多重极点，对应的傅里叶变换式还可能出现冲激函数的各阶导数项，此处不再列出具体计算公式，如果需要可查阅相关文献。

例 4.16 已知 $\cos(\omega_0 t)\varepsilon(t)$的拉氏变换为

$$F(s)=\frac{s}{s^2+\omega_0^2}$$

求其傅里叶变换。

解 将 $F(s)$展开为部分分式,得

$$F(s)=\frac{\frac{1}{2}}{s+\mathrm{j}\omega_0}+\frac{\frac{1}{2}}{s-\mathrm{j}\omega_0}$$

由式(4.73)得 $\cos(\omega_0 t)\varepsilon(t)$的傅里叶变换为

$$F(\mathrm{j}\omega)=F(s)\big|_{s=\mathrm{j}\omega}+\sum_{i=1}^{2}\pi K_i\delta(\omega-\omega_i)=\frac{\mathrm{j}\omega}{\omega_0^2-\omega^2}+\frac{\pi}{2}[\delta(\omega+\omega_0)+\delta(\omega-\omega_0)]$$

4.5 用拉普拉斯变换求解线性系统的响应

4.5.1 微分方程的 S 域求解

拉氏变换是求解常系数线性微分方程的有力数学工具。它不仅可以将描述连续时间系统的时域微分方程变换为 S 域的代数方程,而且在代数方程中同时体现了系统的起始状态($t=0_-$)。解此代数方程,即可求得系统零输入响应、零状态响应。

设描述 n 阶线性常系数微分方程的一般形式为

$$\begin{aligned}&a_0\frac{\mathrm{d}^n}{\mathrm{d}t^n}y(t)+a_1\frac{\mathrm{d}^{n-1}}{\mathrm{d}t^{n-1}}y(t)+\cdots+a_{n-1}\frac{\mathrm{d}}{\mathrm{d}t}y(t)+a_ny(t)\\&=b_0\frac{\mathrm{d}^m}{\mathrm{d}t^m}f(t)+b_1\frac{\mathrm{d}^{m-1}}{\mathrm{d}t^{m-1}}f(t)+\cdots+b_{m-1}\frac{\mathrm{d}}{\mathrm{d}t}f(t)+b_mf(t)\end{aligned}\tag{4.74}$$

式(4.74)可简写为

$$\sum_{i=0}^{n}a_iy^{(i)}(t)=\sum_{j=0}^{m}b_jf^{(j)}(t)\tag{4.75}$$

设 $y(0_-),y'(0_-),\cdots,\dfrac{\mathrm{d}^{n-1}y(0_-)}{\mathrm{d}t^{n-1}}$为系统的 n 个起始状态。并假定激励信号 $f(t)$为因果信号,在 $t=0$ 时刻接入。令 $y(t)\leftrightarrow Y(s)$,$f(t)\leftrightarrow F(s)$。根据时域微分特性有

$$\mathscr{L}\left[\frac{\mathrm{d}^i}{\mathrm{d}t^i}y(t)\right]=s^iY(s)-s^{i-1}y(0_-)-s^{i-2}y'(0_-)-\cdots-y^{(i-1)}(0_-)\tag{4.76}$$

$$\mathscr{L}\left[\frac{\mathrm{d}^j}{\mathrm{d}t^j}f(t)\right]=s^jF(s)\tag{4.77}$$

因此式(4.75)的单边拉氏变换为

$$\sum_{i=0}^{n}a_i[s^iY(s)-s^{i-1}y(0_-)-s^{i-2}y'(0_-)-\cdots-y^{(i-1)}(0_-)]=\sum_{j=0}^{m}b_js^jF(s)$$

所以

$$Y(s)=\frac{\sum\limits_{i=1}^{n}a_i[s^{i-1}y(0_-)+s^{i-2}y'(0_-)+\cdots+y^{(i-1)}(0_-)]}{\sum\limits_{i=0}^{n}a_is^i}+\frac{\sum\limits_{j=0}^{m}b_js^j}{\sum\limits_{i=0}^{n}a_is^i}F(s)\tag{4.78}$$

式(4.78)等式右端的左半部分是由起始状态引起的，记为

$$Y_{zi}(s)=\frac{\sum_{i=1}^{n}a_i[s^{i-1}y(0_-)+s^{i-2}y'(0_-)+\cdots+y^{(i-1)}(0_-)]}{\sum_{i=0}^{n}a_is^i} \tag{4.79}$$

其逆变换对应的是零输入响应 $y_{zi}(t)$。

而右半部分是由输入信号引起的，记为

$$Y_{zs}(s)=\frac{\sum_{j=0}^{n}b_js^j}{\sum_{i=0}^{n}a_is^i}F(s) \tag{4.80}$$

其逆变换对应的是零状态响应 $y_{zs}(t)$。

例 4.17　一连续时间系统满足微分方程

$y''(t)+5y'(t)+6y(t)=f'(t)+3f(t)$，已知 $f(t)=\delta(t)$，$y(0_-)=1$，$y'(0_-)=2$，求系统的零输入响应 $y_{zi}(t)$ 和零状态响应 $y_{zs}(t)$。

解　对微分方程两边进行单边拉氏变换得

$$[s^2Y(s)-sy(0_-)-y'(0_-)]+5[sY(s)-y(0_-)]+6Y(s)=s+3$$

$$Y(s)=\frac{sy(0_-)+y'(0_-)+5y(0_-)}{s^2+5s+6}+\frac{s+3}{s^2+5s+6}=\frac{s+7}{(s+2)(s+3)}+\frac{s+3}{(s+2)(s+3)}$$

所以

$$Y_{zi}(s)=\frac{s+7}{(s+2)(s+3)}=\frac{5}{s+2}-\frac{4}{s+3}\Rightarrow y_{zi}(t)=(5e^{-2t}-4e^{-3t})\varepsilon(t)$$

$$Y_{zs}(s)=\frac{s+3}{(s+2)(s+3)}=\frac{1}{s+2}\Rightarrow y_{zs}(t)=e^{-2t}\varepsilon(t)$$

4.5.2　S 域元件模型

研究电路问题的基本依据是基尔霍夫电压定律(KVL)和基尔霍夫电流定律(KCL)，以及电路元件的伏安特性关系。现在讨论每一个电路元件的 S 域模型，以便在 S 域中求解电路，简化分析过程。

RLC 元件的时域关系为

$$v_R(t)=Ri_R(t) \tag{4.81}$$

$$v_L(t)=L\frac{di_L(t)}{dt} \tag{4.82}$$

$$v_C(t)=\frac{1}{C}\int_{-\infty}^{t}i_C(\tau)d\tau \tag{4.83}$$

对以上三式分别进行拉氏变换，得

$$V_R(s)=RI_R(s) \tag{4.84}$$

$$V_L(s)=sLI_L(s)-Li_L(0_-) \tag{4.85}$$

$$V_C(s)=\frac{1}{sC}I_C(s)+\frac{1}{s}v_C(0_-) \tag{4.86}$$

每个关系式都可构成一个 S 域网络模型，如图 4.5 所示。式(4.85)和式(4.86)中起始状态

引起的附加项,在图 4.5 中用串联的电压源来表示。这样做的实质是把 KVL 和 KCL 直接用于 S 域。如果电感和电容的起始储能为 0,即 $i_L(0_-)$ 和 $v_C(0_-)$ 为 0,则以上三式可表示为

$$V_R(s)=RI_R(s) \tag{4.87}$$

$$V_L(s)=sLI_L(s) \tag{4.88}$$

$$V_C(s)=\frac{1}{sC}I_C(s) \tag{4.89}$$

则 R 为电阻元件的复频域阻抗,sL 为电感元件的复频域阻抗,$\frac{1}{sC}$ 为电容元件的复频域阻抗。

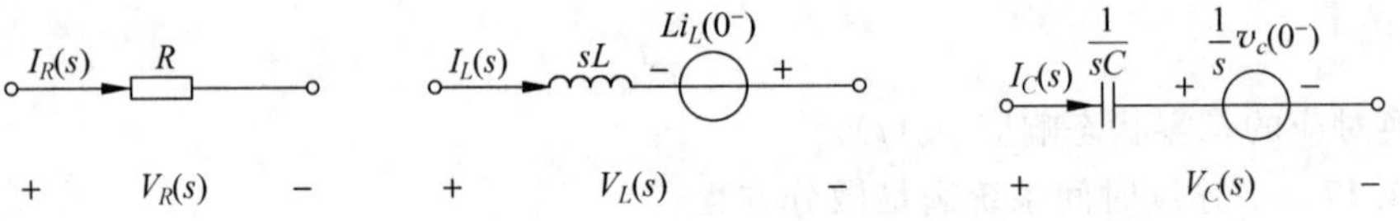

图 4.5 RLC 串联形式的 S 域模型

图 4.5 的模型并非是唯一的,将式(4.84)~式(4.86)对电流求解,得到

$$I_R(s)=\frac{1}{R}V_R(s) \tag{4.90}$$

$$I_L(s)=\frac{1}{sL}V_L(s)+\frac{1}{s}i_L(0_-) \tag{4.91}$$

$$I_C(s)=sCV_C(s)-Cv_C(0_-) \tag{4.92}$$

与此对应的 S 域网络模型如图 4.6 所示。

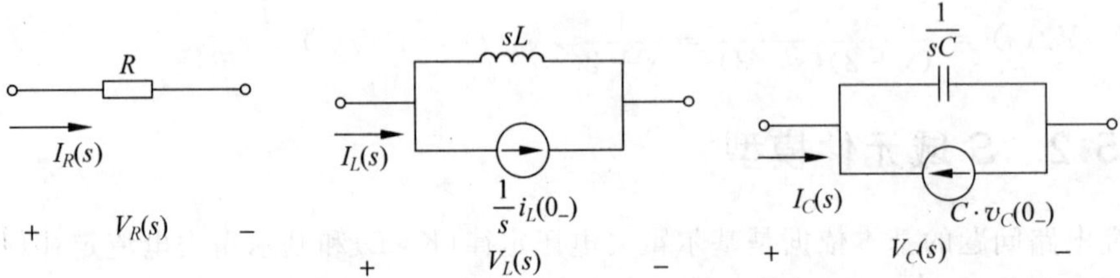

图 4.6 RLC 并联形式的 S 域模型

把网络中每个元件都用它的 S 域模型来代替,把信号源直接写作变换式,这样就得到全部网络的 S 域模型图,对此电路模型采用 KVL 和 KCL 分析即可列出 S 域方程,这时所进行的数学运算是代数关系,它与电阻性网络的分析方法一样。

例 4.18 如图 4.7(a)所示电路中,电容的起始电压为 $v_C(0_-)=-E$,请用 S 域模型的方法求解 $v_C(t)$。

解 画出图 4.7(a)电路的 S 域网络模型,如图 4.7(b)所示。根据图 4.7(b)可以写出

$$\left(R+\frac{1}{sC}\right)I(s)=\frac{E}{s}+\frac{E}{s}$$

求出 $I(s)$

$$I(s)=\frac{2E}{s\left(R+\frac{1}{sC}\right)}$$

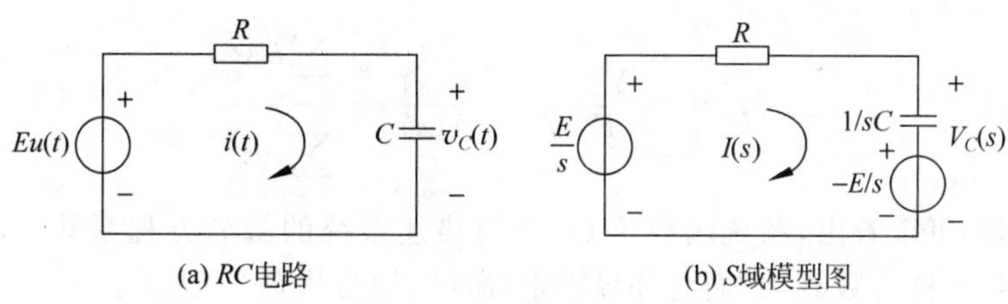

图 4.7 例 4.18 图

再求得电容两端的电压 $V_C(s)$

$$V_C(s)=\frac{I(s)}{sC}-\frac{E}{s}=\frac{2E}{s(sCR+1)}-\frac{E}{s}$$
$$=\frac{E\left(\frac{1}{RC}-s\right)}{s\left(s+\frac{1}{RC}\right)}=E\left(\frac{1}{s}-\frac{2}{s+\frac{1}{RC}}\right)$$

对 $V_C(s)$求逆变换得

$$v_C(t)=E(1-2\mathrm{e}^{-\frac{1}{RC}t}),\quad t\geqslant 0$$

4.6 系统函数

4.6.1 系统函数

如前所述,描述 n 阶 LTI 系统的微分方程一般可写为

$$\sum_{i=0}^{n}a_i y^{(i)}(t)=\sum_{j=0}^{m}b_j f^{(j)}(t) \tag{4.93}$$

设激励 $f(t)$是在 $t=0$ 时接入的,且系统起始状态为 0,即式(4.93)中的响应为零状态响应。对等式两边求拉氏变换,得

$$\sum_{i=0}^{n}a_i s^i Y_{zs}(s)=\sum_{j=0}^{m}b_j s^j F(s) \tag{4.94}$$

则

$$Y_{zs}(s)=\frac{\sum_{j=0}^{m}b_j s^j}{\sum_{i=0}^{n}a_i s^i}F(s)\xlongequal{\text{记为}}\frac{B(s)}{A(s)}\cdot F(s) \tag{4.95}$$

其中,$A(s)$、$B(s)$分别为

$$A(s)=\sum_{i=0}^{n}a_i s^i$$
$$B(s)=\sum_{j=0}^{m}b_j s^j \tag{4.96}$$

将系统零状态响应的拉氏变换 $Y_{zs}(s)$与激励的拉氏变换 $F(s)$之比定义为系统的系统函数,有时也称为传输函数、转移函数和传递函数等,用 $H(s)$表示,即

$$H(s)=\frac{Y_{zs}(s)}{F(s)}=\frac{B(s)}{A(s)}=\frac{\sum_{j=0}^{m}b_j s^j}{\sum_{i=0}^{n}a_i s^i} \tag{4.97}$$

从式(4.97)可以看出,系统函数 $H(s)$ 只与描述系统的微分方程系数 a_i、b_j 有关,即只与系统的结构、元件参数有关,而与外界因素(激励、初始状态等)无关。

又由于系统的零状态响应是激励与系统单位冲激响应的卷积,即 $y_{zs}(t)=f(t)*h(t)$,根据卷积定理有

$$Y_{zs}(s)=F(s)\cdot\mathscr{L}[h(t)]$$

由此可得

$$\mathscr{L}[h(t)]=\frac{Y_{zs}(s)}{F(s)}=H(s) \tag{4.98}$$

式(4.98)说明了系统函数的两种表达方法:一方面,系统零状态响应的拉氏变换与激励的拉氏变换的比值;另一方面,系统函数与系统的单位冲激响应是拉普拉斯变换对,即

$$h(t)\leftrightarrow H(s)$$

例 4.19 求如图 4.8 所示电路的系统函数 $H(s)=\dfrac{V_R(s)}{E(s)}$。

解 设整个回路的电流为 $I(s)$,则

$$I(s)=\frac{E(s)}{sL+R}$$

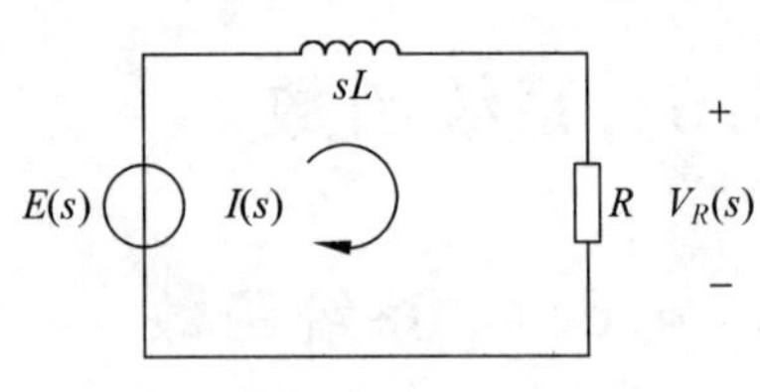

图 4.8 例 4.19 图

由此,电阻上的电压为

$$V_R(s)=R\cdot I(s)=\frac{E(s)}{sL+R}R$$

所以,系统函数为

$$H(s)=\frac{V_R(s)}{E(s)}=\frac{R}{sL+R}$$

因为是简单的串联回路,所以系统函数为阻抗的比值。

例 4.20 求如图 4.9 所示电路的系统函数 $H(s)=\dfrac{V(s)}{I(s)}$。

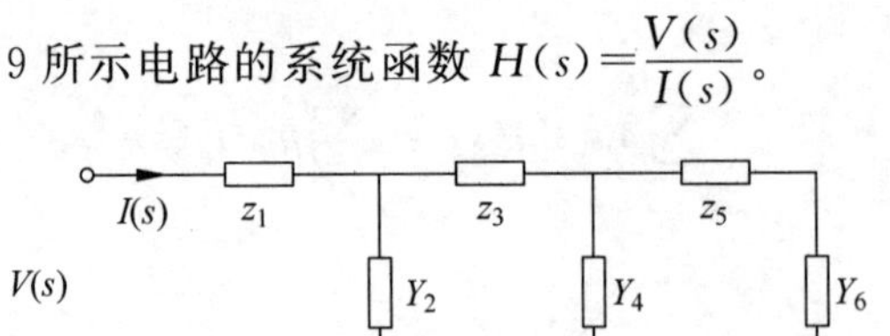

图 4.9 例 4.20 图

解 系统函数 $H(s)=\dfrac{V(s)}{I(s)}$ 即为整个回路的阻抗,所以

$$H(s)=z_1+\cfrac{1}{Y_2+\cfrac{1}{z_3+\cfrac{1}{Y_4+\cfrac{1}{z_5+\cfrac{1}{Y_6}}}}}$$

例 4.21　已知一个 LTI 连续时间系统满足的微分方程为

$$y''(t)+3y'(t)+2y(t)=3f(t)+2f'(t)$$

试求该系统的系统函数 $H(s)$和冲激响应 $h(t)$。

解　对微分方程两端进行拉普拉斯变换得

$$(s^2+3s+2)Y(s)=(2s+3)F(s)$$

根据系统函数 $H(s)$的定义有

$$H(s)=\frac{Y(s)}{F(s)}=\frac{2s+3}{s^2+3s+2}=\frac{1}{s+1}+\frac{1}{s+2}$$

对上式进行拉普拉斯逆变换得

$$h(t)=(\mathrm{e}^{-t}+\mathrm{e}^{-2t})\varepsilon(t)$$

4.6.2　系统的联结

一个复杂的系统可以由一些简单的子系统以特定方式联结而成。若掌握系统的联结，并知道各子系统的性能，就可以通过这些子系统来分析复杂系统，使复杂系统的分析简化。系统联结的基本方式有级联、并联和反馈等，下面分别讨论。

1. 系统的级联

若有两个子系统的系统函数分别为 $H_1(s)$、$H_2(s)$，如图 4.10 所示，且

$$H_1(s)=\frac{X(s)}{F(s)},\quad H_2(s)=\frac{Y(s)}{X(s)} \tag{4.99}$$

则两者级联以后有

$$X(s)=H_1(s)F(s),\quad Y(s)=H_2(s)X(s)=H_2(s)H_1(s)F(s) \tag{4.100}$$

根据系统函数的定义，级联系统的系统函数为

$$H(s)=\frac{Y(s)}{F(s)}=H_1(s)H_2(s)$$

显然，级联后系统的系统函数是各个子系统的系统函数的乘积。

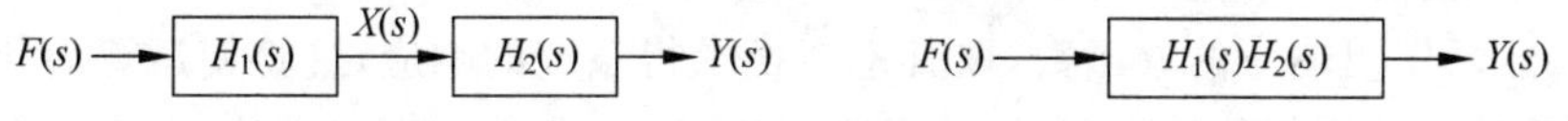

图 4.10　两个子系统的级联

2. 系统的并联

系统的并联如图 4.11 所示。

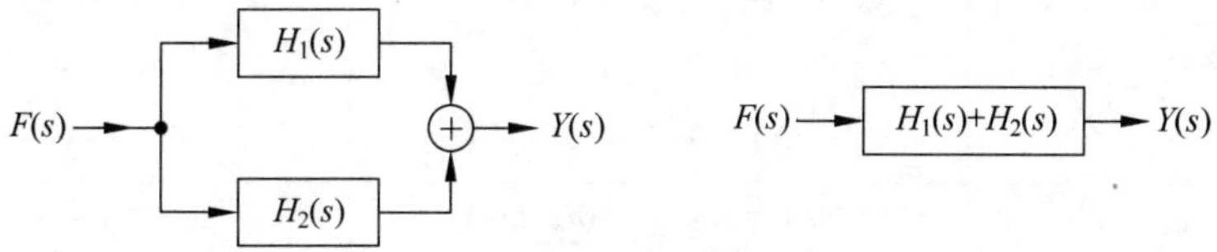

图 4.11　两个子系统并联

由图可以看出

$$Y(s)=H_1(s)F(s)+H_2(s)F(s)=[H_1(s)+H_2(s)]F(s)$$

所以,并联系统的系统函数为

$$H(s)=\frac{Y(s)}{F(s)}=H_1(s)+H_2(s)$$

因此,并联系统的系统函数是各子系统的系统函数的和。

例 4.22 图 4.12 所示系统中,已知 $H_1(s)=\frac{1}{s}$,$H_2(s)=\frac{1}{s+2}$,$H_3(s)=e^{-s}$,求系统的系统函数 $H(s)$及单位冲激响应 $h(t)$。

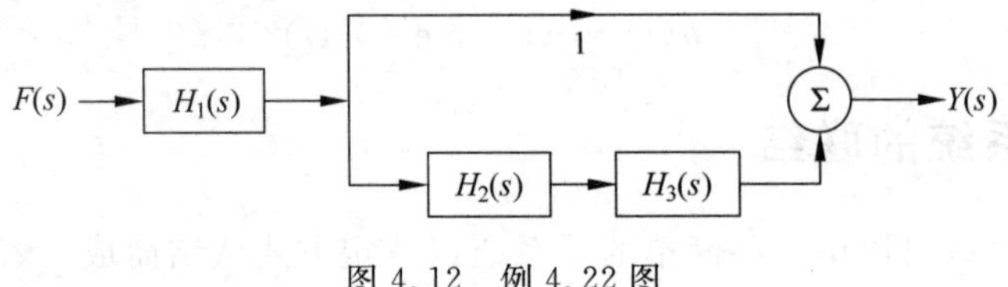

图 4.12 例 4.22 图

解 由图可知

$$H(s)=\frac{Y(s)}{F(s)}=H_1(s)\cdot[1+H_2(s)H_3(s)]=\frac{1}{s}\left(1+\frac{e^{-s}}{s+2}\right)=\frac{1}{s}+e^{-s}\left(\frac{\frac{1}{2}}{s}-\frac{\frac{1}{2}}{s+2}\right)$$

对 $H(s)$求逆,得系统的单位冲激响应为

$$h(t)=\varepsilon(t)+\frac{1}{2}[1-e^{-2(t-1)}]\varepsilon(t-1)$$

4.6.3 系统的 S 域框图

系统分析中也常遇到用时域框图描述的系统,这时可根据系统框图中各基本运算部件的运算关系列出描述该系统的微分方程,然后求该方程的解(用时域法或拉普拉斯变换法)。如果根据系统的时域框图画出其相应的 S 域框图,就可直接按 S 域框图列写有关象函数的代数方程,然后解出响应的象函数,取其逆变换求得系统的响应,这将使运算简化。

对各种基本运算部件(乘法器、加法器、积分器)的输入、输出取拉普拉斯变换,并利用线性、积分等性质,可得各部件的 S 域模型如表 4.2 所示。

表 4.2 基本运算部件的 S 域模型

名　　称	时 域 模 型	S 域模型
乘法器	$f(n)\to (a) \to af(n)$ 或 $f(n)\xrightarrow{a} af(n)$	$F(z)\to (a)\to aF(z)$ 或 $F(z)\xrightarrow{a} aF(z)$
加法器	$f_1(n)$, $f_2(n)$ → (+, ±) Σ → $f_1(n)\pm f_2(n)$	$F_1(z)$, $F_2(z)$ → (+, ±) Σ → $F_1(z)\pm F_2(z)$
积分器 (起始状态为 0)	$f(n)\to$ [D] $\to f(n-1)$	$F(n)\to$ [z^{-1}] $\to z^{-1}F(z)$

由于含起始状态的框图比较复杂，而且通常最关心的是系统的零状态响应，所以常采用零状态的 S 域框图。这时系统的时域框图与其 S 域框图形式上相同，因而使用简便，当然也给求零输入响应带来不便。

例 4.23　某 LTI 系统的时域框图如图 4.13(a)所示，已知输入 $f(t)=\varepsilon(t)$，求系统的单位冲激响应 $h(t)$和零状态响应 $y_{zs}(t)$。

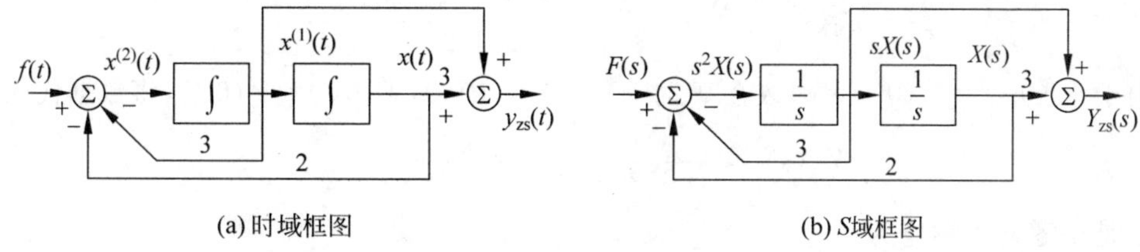

图 4.13　例 4.23 图

解　该系统的 S 域框图如图 4.13(b)所示，设图 4.13(b)中右端积分器$\left(相应于\frac{1}{s}\right)$的输出信号为 $X(s)$，则其输入为 $sX(s)$，它也是左端积分器的输出，因而左端积分器的输入为 $s^2X(s)$。由左端加法器的输出可列出

$$s^2X(s)=-3sX(s)-2X(s)+F(s)$$

即

$$(s^2+3s+2)X(s)=F(s)$$

由右端加法器的输出端可列出方程为

$$Y_{zs}(s)=sX(s)+3X(s)=(s+3)X(s)$$

从以上两式消去中间变量 $X(s)$，得

$$Y_{zs}(s)=\frac{s+3}{s^2+3s+2}F(s)=H(s)F(s)$$

所以，系统函数为

$$H(s)=\frac{s+3}{s^2+3s+2}=\frac{2}{s+1}-\frac{1}{s+2}$$

故系统的单位冲激响应为

$$h(t)=(2\mathrm{e}^{-t}-\mathrm{e}^{-2t})\varepsilon(t)$$

当输入 $f(t)=\varepsilon(t)$时，由于 $F(s)=\mathscr{L}[f(t)]=\frac{1}{s}$，故

$$Y_{zs}(s)=H(s)F(s)=\frac{s+3}{s^2+3s+2}\cdot\frac{1}{s}=\frac{\frac{3}{2}}{s}-\frac{2}{s+1}+\frac{\frac{1}{2}}{s+2}$$

所以，系统的零状态响应为

$$y_{zs}(s)=\left(\frac{3}{2}-2\mathrm{e}^{-t}+\frac{1}{2}\mathrm{e}^{-2t}\right)\varepsilon(t)$$

例 4.24　若已知例 4.23 系统的初始状态 $y(0_-)=1, y'(0_-)=2$，求系统的零输入响应 $y_{zi}(t)$。

解　由例 4.23 可知，系统函数 $H(s)$的分母多项式 $A(s)=s^2+3s+2$，因而零输入响应

满足微分方程

$$y''_{zi}(t)+3y'_{zi}(t)+2y_{zi}(t)=0$$

取上式的拉普拉斯变换，得

$$s^2Y_{zi}(s)-sy_{zi}(0_-)-y'_{zi}(0_-)+3sY_{zi}(s)-3y_{zi}(0_-)+2Y_{zi}(s)=0$$

可解得

$$Y_{zi}(s)=\frac{sy_{zi}(0_-)+y_{zi}^{(1)}(0_-)+3y_{zi}(0_-)}{s^2+3s+2}$$

由于 $y_{zs}(0_-)=y'_{zs}(0_-)=0$，故在 0_时 $y_{zi}(0_-)=y(0_-)$，$y'_{zi}(0_-)=y'(0_-)$，将数据代入，得

$$Y_{zi}(s)=\frac{s+5}{s^2+3s+2}=\frac{4}{s+1}-\frac{3}{s+2}$$

于是得零输入响应为

$$y_{zi}(t)=(4\mathrm{e}^{-\tau}-3\mathrm{e}^{-2\tau})\varepsilon(t)$$

系统函数 $H(s)$是描述连续时间系统特性的重要特征参数。系统函数 $H(s)$在 s 平面的零、极点分布可以预言系统的时域特性、频域特性以及系统的稳定性等，下面分别予以介绍。

4.7 系统函数的零、极点分布对系统时域特性的影响

对 LTI 系统，其系统函数通常是复变量 s 的有理分式，一般具有如下形式

$$H(s)=\frac{B(s)}{A(s)}=\frac{b_ms^m+b_{m-1}s^{m-1}+\cdots+b_1s+b_0}{s^n+a_{n-1}s^{n-1}+\cdots+a_1s+a_0}$$

$$=\frac{b_m(s-z_1)(s-z_2)\cdots(s-z_m)}{(s-p_1)(s-p_2)\cdots(s-p_n)} \tag{4.101}$$

其中，$p_1,p_2,\cdots,p_n$ 称为 $H(s)$的极点，$z_1,z_2,\cdots,z_m$ 称为 $H(s)$的零点。

为方便观察，可将系统函数的零、极点绘于 s 平面内，用符号圆圈"∘"表示零点，"×"表示极点。在同一位置画两个相同的符号表示为二阶，这样得到的图称为零、极点分布图，如图 4.14 所示。

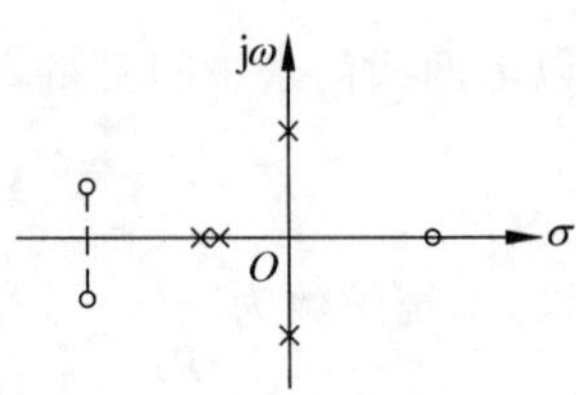

图 4.14 零、极点图示例

4.7.1 $H(s)$零、极点分布与 $h(t)$波形特征的对应

由于系统函数 $H(s)$与冲激响应 $h(t)$是一对拉普拉斯变换对，因此只要知道 $H(s)$在 s 平面中零、极点的分布情况，就可预言该系统在时域方面 $h(t)$波形的特性。

前已提及，对于线性时不变系统，其系统函数 $H(s)$可表示为两个多项式之比，可展开成部分分式形式

$$H(s)=\frac{B(s)}{A(s)}=\frac{b_m(s-z_1)(s-z_2)\cdots(s-z_m)}{(s-p_1)(s-p_2)\cdots(s-p_n)}=\sum_{i=0}^{n}\frac{K_i}{s-p_i} \tag{4.102}$$

对每个分式求逆变换即可求得 $H(s)$所对应的逆变换 $h(t)$，即系统的冲激响应为

$$h(t)=\mathscr{L}^{-1}[H(s)]=\mathscr{L}^{-1}\left[\sum_{i=1}^{n}\frac{K_i}{s-p_i}\right]$$

$$= \mathscr{L}^{-1}\left[\sum_{i=1}^{n} H_i(s)\right] = \sum_{i=1}^{n} h_i(t) = \sum_{i=1}^{n} K_i \mathrm{e}^{p_i t} \tag{4.103}$$

其中，极点 p_i 可以是实数，但一般情况下，p_i 以成对的共轭复数形式出现。

$H(s)$的极点在 s 平面上的位置可分为左半平面、虚轴和右半平面，下面讨论这几种典型情况的极点分布与 $h(t)$波形的对应关系。

(1) 极点 p_i 位于 s 平面左半平面，又分为负实极点和实部为负的共轭极点两种情况。

① 负实极点：如 $H_i(s)=\dfrac{1}{s+a}(a>0)$，其极点为 $-a$，位于负实轴，逆变换为 $h_i(t)=\mathrm{e}^{-at}\varepsilon(t)$，波形是衰减的，当 $t\to\infty$时，$h_i(t)\to 0$，这样的系统称为稳定系统。

② 实部为负的共轭极点：如 $H_i(s)=\dfrac{\omega_0}{(s+a)^2+\omega_0^2}(a>0)$，其极点为 $p=-a\pm \mathrm{j}\omega_0$，对应的 $h_i(t)=\mathrm{e}^{-at}\sin(\omega_0 t)\varepsilon(t)$，当 $t\to\infty$时，$h_i(t)\to 0$，波形也是衰减的，系统稳定。

它们的波形如图 4.15 所示。

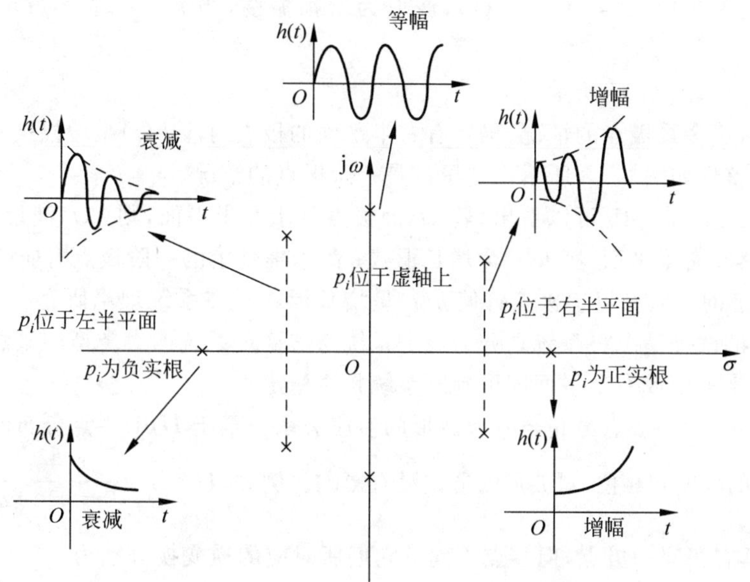

图 4.15　$H(s)$极点分布与 $h(t)$波形的对应

以上讨论的是单阶极点的情况，对于多重极点的情况，如 $H_i(s)=\dfrac{1}{(s+a)^2}$，$a>0$，极点 $-a$ 是二阶的，对应的 $h_i(t)=t\mathrm{e}^{-at}\varepsilon(t)$，当 $t\to\infty$时，仍然有 $h_i(t)\to 0$，结论是相同的。

(2) 极点 p_i 位于虚轴，又分为极点位于坐标原点和在虚轴上的共轭极点两种情况。

① 极点在坐标原点：此时 $H_i(s)=\dfrac{1}{s}$，则 $h_i(t)=\varepsilon(t)$。显然，此时的冲激响应是等幅的，对应的系统为临界稳定系统。

② 虚轴上的共轭极点：如 $H_i(s)=\dfrac{\omega_0}{s^2+\omega_0^2}$，它的两个极点分别位于 $p_1=+\mathrm{j}\omega_0$ 和 $p_2=-\mathrm{j}\omega_0$。此时，$\mathscr{L}^{-1}[H_i(s)]=\sin(\omega_0 t)\varepsilon(t)$，冲激响应是等幅振荡的，对应的系统为临界稳定系统。

它们的波形如图 4.15 所示。

对虚轴上有多阶极点的情况(如虚轴上有二阶共轭极点),如 $H_i(s)=\dfrac{\omega_0}{(s^2+\omega_0^2)^2}$,极点 $p_1=+\mathrm{j}\omega_0$ 和 $p_2=-\mathrm{j}\omega_0$ 都是二阶的。此时 $\mathscr{L}^{-1}[H_i(s)]=t\sin(\omega_0 t)\varepsilon(t)$,因此冲激响应的幅度是增长的正弦振荡,对应的系统为不稳定系统。

综合以上,虚轴上的一阶极点对应的 $h(t)$ 波形成等幅形式,系统为临界稳定系统;而当极点阶数大于等于二阶时,$h(t)$ 波形是增长的,系统为不稳定系统。

(3) 极点 p_i 位于右半平面,又分为正实极点和实部为正的共轭极点两种情况。

① 正实极点:如 $H_i(s)=\dfrac{1}{s-a}$,$a>0$,其极点为 a,对应的逆变换为 $h_i(t)=\mathrm{e}^{at}\varepsilon(t)$,$h_i(t)$ 的波形是增长的,当 $t\to\infty$ 时,$h_i(t)\to\infty$,系统不稳定。

② 实部为正的共轭极点:如 $H_i(s)=\dfrac{\omega_0}{(s-a)^2+\omega_0^2}$,$a>0$,其极点为 $p=a\pm\mathrm{j}\omega_0$,位于右半平面,对应的 $h_i(t)=\mathrm{e}^{at}\sin(\omega_0 t)\varepsilon(t)$,波形为增幅振荡,当 $t\to\infty$ 时,$h_i(t)\to\infty$,系统不稳定。

它们的波形如图 4.15 所示。

同样地,对于多重极点的情况,仍然有右半平面的极点对应 $h(t)$ 是增幅这一结论。

以上结果整理如图 4.15 所示。这里都是一阶极点的情况。

由以上讨论及图 4.15 可以看出,若 $H(s)$ 极点落于左半平面,则 $h(t)$ 波形为衰减形式;若 $H(s)$ 极点落在右半平面,则 $h(t)$ 为增长形式;落于虚轴上的一阶极点对应的 $h(t)$ 成等幅形式;而虚轴上的二阶及以上极点将使 $h(t)$ 呈增长形式。在系统理论研究中,按照 $h(t)$ 呈现衰减或增长的两种情况将系统划分为稳定系统与非稳定系统两大类型。显然,根据 $H(s)$ 极点出现于左半平面或右半平面即可判断系统是否稳定。

以上分析了 $H(s)$ 极点分布与时域波形的对应关系。至于 $H(s)$ 零点分布的情况则只影响到时域函数的幅度和相位,对波形的形式没有影响。例如,$H_1(s)=\dfrac{(s+a)}{(s+a)^2+\omega_0^2}$ 与 $H_2(s)=\dfrac{s}{(s+a)^2+\omega_0^2}$ 具有相同的极点,但零点不同。它们所对应的逆变换分别为

$$h_1(t)=\mathscr{L}^{-1}[H_1(s)]=\mathrm{e}^{-at}\cos(\omega_0 t)$$

$$h_2(t)=\mathscr{L}^{-1}[H_2(s)]=\mathrm{e}^{-at}\left[\cos(\omega_0 t)-\frac{a}{\omega}\sin(\omega_0 t)\right]=\sqrt{1+\left(\frac{a}{\omega}\right)^2}\,\mathrm{e}^{-at}\cos\left(\omega_0 t+\arctan\frac{a}{\omega}\right)$$

可见 $h_1(t)$ 与 $h_2(t)$ 都呈相同频率的衰减振荡形式,只是幅度和相位不同。

4.7.2 H(s)、F(s)极点分布与自由响应、强迫响应特征的对应

4.5.1 节中已介绍了用拉氏变换法求解系统零输入响应、零状态响应的方法,在此不再赘述。现从 S 域的观点,即从 $F(s)$ 与 $H(s)$ 的极点分布特性来研究系统自由响应与强迫响应的分解。

在 S 域中,系统响应 $Y(s)$ 与激励信号 $F(s)$、系统函数 $H(s)$ 之间满足

$$Y(s)=H(s)F(s) \tag{4.104}$$

显然,$Y(s)$ 的零、极点由系统函数 $H(s)$ 与激励信号 $F(s)$ 的零、极点共同决定。设 $H(s)$

共有 n 个极点 $p_i(i=1,2,\cdots,n)$，$F(s)$共有 v 个极点 $p_k(k=1,2,\cdots,v)$。如果在 $Y(s)$函数式中不含有多重极点，而且 $H(s)$与 $F(s)$没有相同的极点，那么将 $Y(s)$用部分分式展开后即可得

$$Y(s)=\sum_{i=1}^{n}\frac{K_i}{s-p_i}+\sum_{k=1}^{v}\frac{K_k}{(s-p_k)} \tag{4.105}$$

取 $Y(s)$逆变换，写出响应函数的时域表示式为

$$y(t)=\sum_{i=1}^{n}K_i\mathrm{e}^{p_it}+\sum_{k=1}^{v}K_k\mathrm{e}^{p_kt} \tag{4.106}$$

由式(4.106)可见响应函数 $y(t)$由两部分组成：前面一部分是由系统函数的极点所形成，称为自由响应；后一部分则由激励函数的极点所形成，称为强迫响应。当然，系数 K_i 和 K_k 则与 $H(s)$和 $F(s)$都有关系。即自由响应的形式仅由 $H(s)$决定，但它的幅度和相位却受 $H(s)$与 $F(s)$两方面的影响；同样，强迫响应的形式只取决于激励函数 $F(s)$，而其幅度与相位也与 $F(s)$和 $H(s)$都有关系。对于有多重极点的情况可以得到与此类似的结果。

例 4.25 如图 4.16 所示，输入信号 $v_1(t)=10\cos(4t)\varepsilon(t)$，求输出电压 $v_2(t)$，并指出 $v_2(t)$中的自由响应与强迫响应。

解 写出系统函数的表达式如下

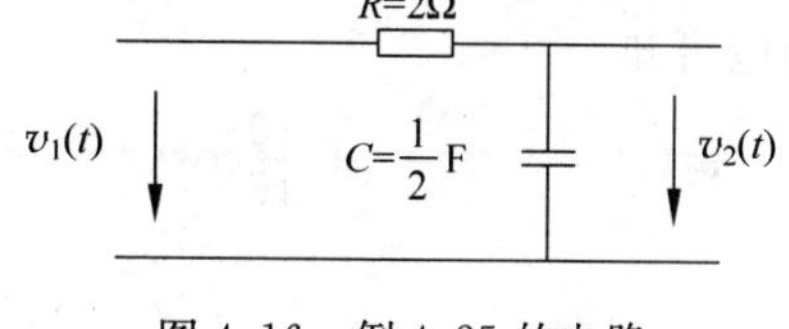

图 4.16 例 4.25 的电路

$$H(s)=\frac{V_2(s)}{V_1(s)}=\frac{\frac{1}{Cs}}{R+\frac{1}{Cs}}=\frac{1}{1+RCs}=\frac{1}{s+1}$$

$v_1(t)$的拉氏变换为

$$V_1(s)=\mathscr{L}[10\cos(4t)]=\frac{10s}{s^2+16}$$

则输出信号的拉氏变换式为

$$V_2(s)=H(s)V_1(s)=\frac{10s}{(s^2+16)(s+1)}$$

将 $V_2(s)$作部分分式展开得

$$V_2(s)=\frac{As+B}{s^2+16}+\frac{C}{s+1}$$

分别求系数 A,B,C

$$C=(s+1)V_2(s)\big|_{s=-1}=\left.\frac{10s}{s^2+16}\right|_{s=-1}=\frac{-10}{17}$$

将所得 C 代回原式，经整理后得

$$\begin{aligned}10s&=(As+B)(s+1)-\frac{10}{17}(s^2+16)\\&=As^2+Bs+As+B-\frac{10}{17}s^2-\frac{160}{17}\end{aligned}$$

根据等式两端相等的原则有

$$\begin{cases}A-\dfrac{10}{17}=0\\ B-\dfrac{160}{17}=0\end{cases}$$

于是

$$\begin{cases} A = \dfrac{10}{17} \\ B = \dfrac{160}{17} \end{cases}$$

所以

$$V_2(s) = \frac{\frac{10}{17}s + \frac{160}{17}}{s^2+16} - \frac{\frac{10}{17}}{s+1}$$

取逆变换得

$$v_2(t) = \mathscr{L}^{-1}\left[\frac{-\frac{10}{17}}{s+1} + \frac{\frac{10}{17}s}{s^2+16} + \frac{\frac{160}{17}}{s^2+16}\right]$$
$$= -\frac{10}{17}e^{-t} + \frac{10}{17}\cos(4t) + \frac{40}{17}\sin(4t), \quad t \geqslant 0$$

根据由系统函数的极点所形成的响应为自由响应；由激励函数的极点所形成的响应为强迫响应可知

$$v_2(t) = -\frac{10}{17}e^{-t} + \frac{10}{17}\cos(4t) + \frac{40}{17}\sin(4t) = \underbrace{-\frac{10}{17}e^{-t}}_{\text{自由响应}} + \underbrace{\frac{10}{\sqrt{17}}\cos(4t - 76^\circ)}_{\text{强迫响应}}, \quad t \geqslant 0$$

4.7.3 $H(s)$、$F(s)$极点分布与暂态响应、稳态响应特征的对应

下面讨论 $H(s)$、$F(s)$的极点分布与暂态响应与稳态响应的对应。

暂态响应是指激励信号接入以后，完全响应中瞬时出现的有关成分，随着时间 t 增大，它将消失。由完全响应中减去暂态响应分量即得稳态响应分量。

由 4.7.1 知，一般情况下，对于稳定系统，$H(s)$极点位于左半平面，即 $\mathrm{Re}[p_i]<0$，故自由响应函数呈衰减形式，在此情况下，自由响应就是瞬态响应。若 $F(s)$极点的实部大于或等于零(实际情况一般都是如此)，即 $\mathrm{Re}[p_k]\geqslant 0$，则强迫响应就是稳态响应，如正弦激励信号，它的 $\mathrm{Re}[p_k]=0$，典型的例子是如例 4.25 中的强迫响应即为稳态响应。

如果激励信号本身为衰减函数，即 $\mathrm{Re}[p_i]<0$，例如 $e^{-\alpha t}$、$e^{-\alpha t}\sin(\omega t)$等，在时间 t 趋于无限大以后，强迫响应也等于零，这时强迫响应和自由响应一起组成瞬态响应，而系统的稳态响应等于零。

当 $\mathrm{Re}[p_i]=0$ 时，其自由响应就是无休止的等幅振荡(如无损 LC 谐振电路)，于是自由响应也称为稳态响应，这是一种特例(称为边界稳定系统)。

若 $\mathrm{Re}[p_i]>0$，则自由响应是增幅振荡，这属于不稳定系统。

4.8 系统函数零、极点与系统频率响应特性的关系

系统的频率响应为系统单位冲激响应 $h(t)$的傅里叶变换，用 $H(j\omega)$表示，即

$$H(j\omega) = \int_{-\infty}^{\infty} h(t)e^{-j\omega t}dt \tag{4.107}$$

一般情况下，$H(\mathrm{j}\omega)$是复值函数，可用幅度和相位表示

$$H(\mathrm{j}\omega)=|H(\mathrm{j}\omega)|\mathrm{e}^{\mathrm{j}\varphi(\omega)} \tag{4.108}$$

其中，$|H(\mathrm{j}\omega)|$是系统的幅度响应，$\varphi(\mathrm{j}\omega)$是系统的相位响应。

当$H(s)$的极点全部位于左半平面，即系统是稳定系统时，根据傅里叶变换与拉氏变换之间的关系，系统的频率响应$H(\mathrm{j}\omega)$可由$H(s)$求出，即

$$H(\mathrm{j}\omega)=H(s)|_{s=\mathrm{j}\omega} \tag{4.109}$$

也就是说，系统函数$H(s)$在s平面中令s沿虚轴变化，即得系统的频率响应$H(\mathrm{j}\omega)$。设系统函数

$$H(s)=K\frac{\prod\limits_{j=1}^{m}(s-z_j)}{\prod\limits_{i=1}^{n}(s-p_i)} \tag{4.110}$$

令$s=\mathrm{j}\omega$，则得

$$H(\mathrm{j}\omega)=K\frac{\prod\limits_{j=1}^{m}(\mathrm{j}\omega-z_j)}{\prod\limits_{i=1}^{n}(\mathrm{j}\omega-p_i)} \tag{4.111}$$

可以看出，频率响应取决于系统的零、极点，即p_i、z_j的位置。根据系统函数$H(s)$的零、极点分布情况可以绘出系统的频率响应曲线，包括幅频响应曲线$|H(\mathrm{j}\omega)|\sim\omega$和相频响应曲线$\varphi(\mathrm{j}\omega)\sim\omega$。下面简要介绍用$s$平面几何分析法绘制系统频响曲线。

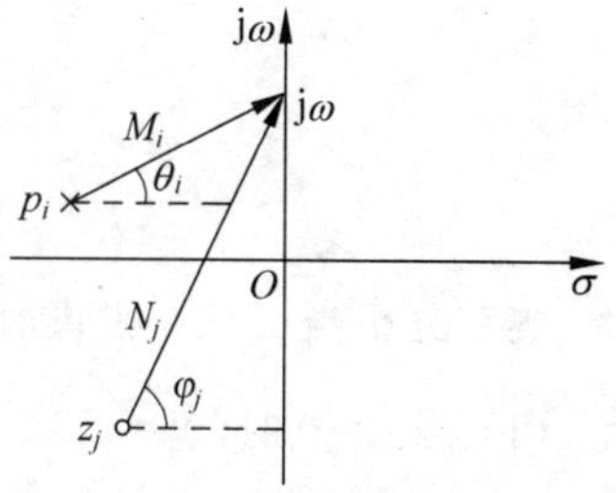

式(4.111)中$H(\mathrm{j}\omega)$分母中任意一个因子$\mathrm{j}\omega-p_i$在s平面中可以用p_i点指向$\mathrm{j}\omega$点的向量来表示，$\mathrm{j}\omega-z_j$可以用z_j点指向$\mathrm{j}\omega$点的向量来表示，如图4.17所示，这两个向量分别用极坐标表示为

$$\mathrm{j}\omega-z_j=N_j\mathrm{e}^{\mathrm{j}\psi_j},\quad \mathrm{j}\omega-p_i=M_i\mathrm{e}^{\mathrm{j}\theta_i}$$

图4.17 系统函数的向量表示

其中，N_j，M_i分别表示两矢量的模，ψ_j，θ_i则分别表示它们的辐角。所以$H(\mathrm{j}\omega)$可改写成

$$H(\mathrm{j}\omega)=K\frac{N_1N_2\cdots N_m}{M_1M_2\cdots M_n}\mathrm{e}^{\mathrm{j}[(\psi_1+\psi_2+\cdots+\psi_m)-(\theta_1+\theta_2+\cdots+\theta_n)]}=|H(\mathrm{j}\omega)|\mathrm{e}^{\mathrm{j}\varphi(\omega)} \tag{4.112}$$

其中

$$|H(\mathrm{j}\omega)|=K\frac{N_1N_2\cdots N_m}{M_1M_2\cdots M_n} \tag{4.113}$$

$$\varphi(\omega)=(\psi_1+\psi_2+\cdots+\psi_j)-(\theta_1+\theta_2+\cdots+\theta_n) \tag{4.114}$$

当ω自0沿虚轴移动并趋于∞时，各零点向量和极点向量的模和相角都随之改变，$|H(\mathrm{j}\omega)|$和$|\varphi(\omega)|$也相应发生改变，于是可以得出系统的幅频响应曲线和相频响应曲线，这种方法称为s平面几何分析法。

例4.26 研究图4.18所示RC高通滤波网络的频响特性

$$H(\mathrm{j}\omega)=\frac{V_2(\mathrm{j}\omega)}{V_1(\mathrm{j}\omega)}$$

解 写出系统的系统函数表达式

$$H(s)=\frac{V_2(s)}{V_1(s)}=\frac{R}{R+\frac{1}{sC}}=\frac{s}{s+\frac{1}{RC}}$$

它有一个零点在坐标原点，而极点位于$-\frac{1}{RC}$处，即 $z_1=0, p_1=-\frac{1}{RC}$，零、极点在 s 平面分布如图 4.19 所示。

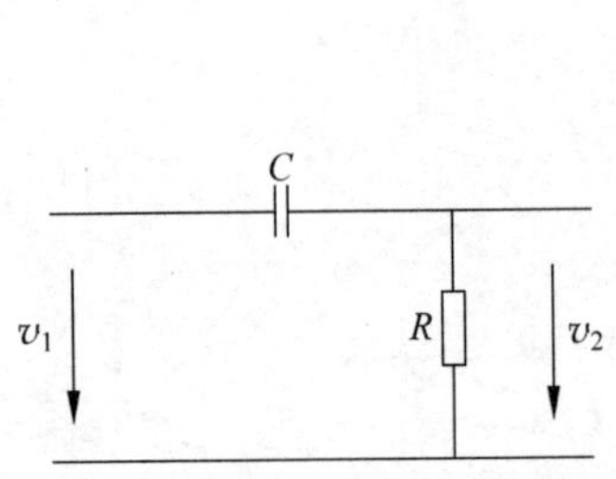

图 4.18 RC 高通滤波网络

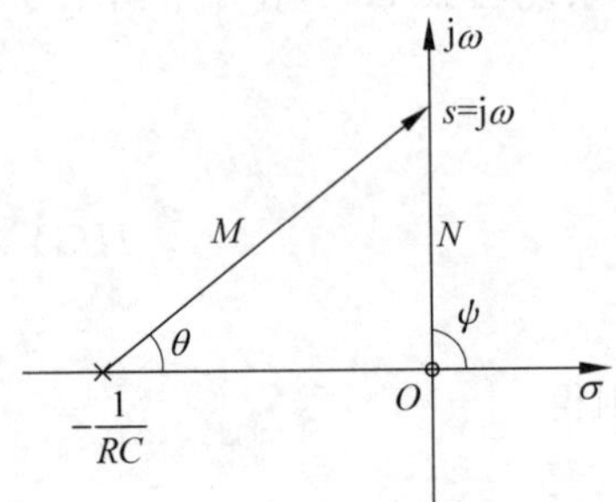

图 4.19 RC 高通滤波网络的 s 平面分析

将频率响应 $H(\mathrm{j}\omega)=H(s)|_{s=\mathrm{j}\omega}$ 以矢量因子 $N\mathrm{e}^{\mathrm{j}\psi}$ 和 $M\mathrm{e}^{\mathrm{j}\theta}$ 表示

$$H(\mathrm{j}\omega)=\frac{N\mathrm{e}^{\mathrm{j}\psi}}{M\mathrm{e}^{\mathrm{j}\theta}}=|H(\mathrm{j}\omega)|\mathrm{e}^{\mathrm{j}\varphi(\omega)}$$

其中

$$|H(\mathrm{j}\omega)|=\frac{N}{M},\quad \varphi=\psi-\theta$$

现在分析当 ω 从 0 沿虚轴向 ∞ 增长时，$H(\mathrm{j}\omega)$ 如何随之改变。下面取几个特例来研究。

(1) 当 $\omega=0$ 时，$N=0, M=\frac{1}{RC}$，所以 $|H(\mathrm{j}\omega)|=\frac{N}{M}=0$；又因为 $\psi=90°, \theta=0$，所以 $\varphi=90°$。

(2) 当 $\omega=\frac{1}{RC}$ 时，$N=\frac{1}{RC}, \theta=45°$；$M=\frac{\sqrt{2}}{RC}, \psi=90°$；于是 $|H(\mathrm{j}\omega)|=\frac{N}{M}=\frac{1}{\sqrt{2}}$，此点为高通滤波网络的截止频率，此时的相位为 $\varphi=45°$。

(3) 最后，当 ω 趋近于 ∞ 时，$|H(\mathrm{j}\omega)|=N/M\to 1, \psi=90°, \theta$ 趋近于 90°，所以 φ 趋近于 0°。

按照上述分析绘出幅频特性与相频特性曲线如图 4.20 所示。

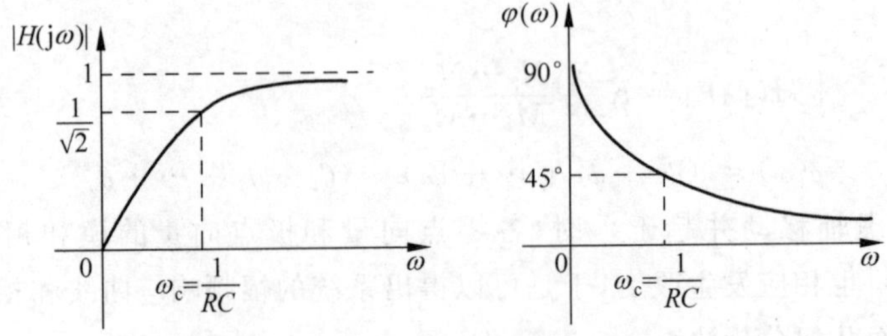

图 4.20 RC 高通滤波网络的频响特性

例 4.27 研究图 4.21 所示 RC 低通滤波网络的频响特性 $H(\mathrm{j}\omega)=\frac{V_2(\mathrm{j}\omega)}{V_1(\mathrm{j}\omega)}$。

解　写出系统函数表示式

$$H(s)=\frac{V_2(s)}{V_1(s)}=\frac{\frac{1}{sC}}{R+\frac{1}{sC}}=\frac{1}{RC}\cdot\frac{1}{\left(s+\frac{1}{RC}\right)}$$

系统无零点，极点位于 $p_1=-\frac{1}{RC}$，如图 4.22 所示。$H(\mathrm{j}\omega)$可表示为

$$H(\mathrm{j}\omega)=\frac{1}{RC}\cdot\frac{1}{M\mathrm{e}^{\mathrm{j}\theta}}=|H(\mathrm{j}\omega)|\mathrm{e}^{\mathrm{j}\varphi(\omega)}$$

其中

$$|H(\mathrm{j}\omega)|=\frac{1}{RC}\cdot\frac{1}{M},\quad \varphi=-\theta$$

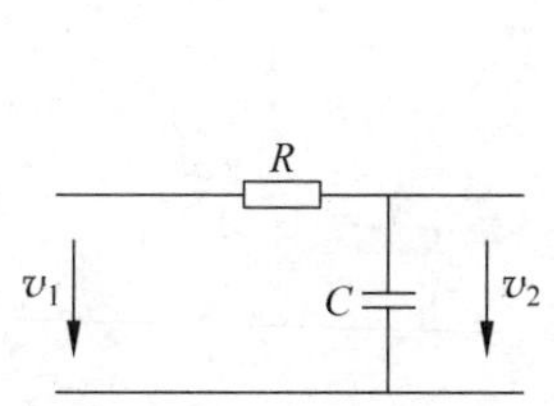

图 4.21　RC 低通滤波网络

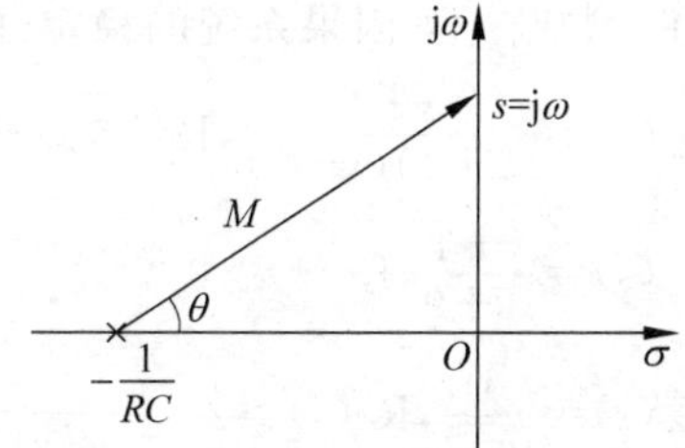

图 4.22　RC 低通滤波网络的 s 平面分析

仿照例 4.26 的分析，容易得出频响曲线如图 4.23 所示，是一个低通网络，截止频率位于 $\omega_c=\frac{1}{RC}$处。

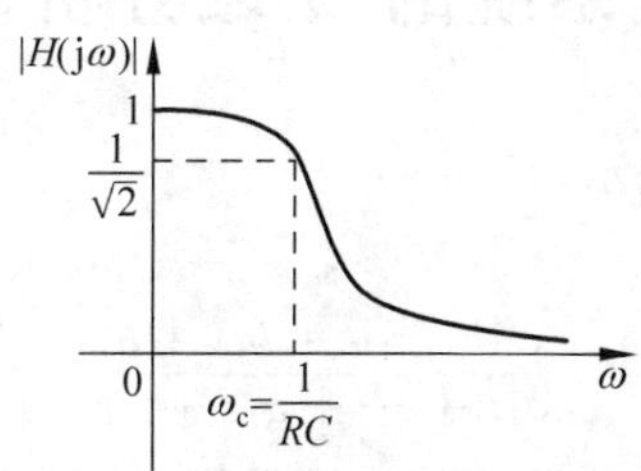

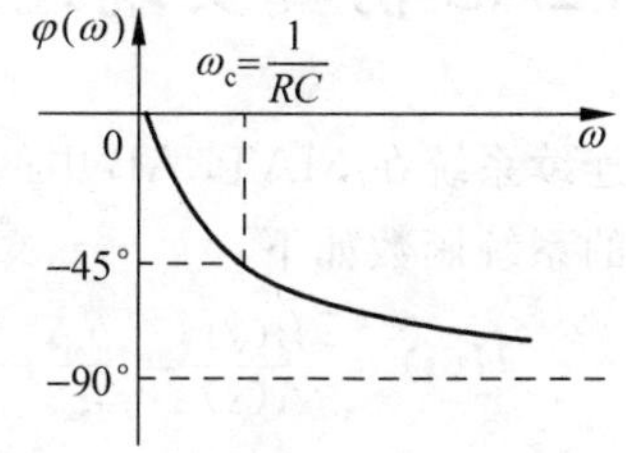

图 4.23　RC 低通滤波网络的频响特性曲线

对于一阶系统，经常遇到的电路还有简单的 RL 电路以及含有多个电阻而仅含有一个储能元件的 RC 或 RL 电路。对于它们都可采用类似的方法进行分析。只要系统函数的零、极点分布相同，就会具有一致的时域、频域特性。从系统的观点来看，要抓住系统特性的一般规律，必须从零、极点分布的观点入手研究。

4.9　系统函数零、极点分布与系统稳定性的关系

对有界的输入信号能够产生有界输出的系统为稳定系统。对于 LTI 连续时间系统，判断系统是否稳定，可以从时域和 S 域两方面进行。

从时域判断系统是否为稳定系统，只要判断该系统的单位冲激响应 $h(t)$ 是否绝对可积即可，即

$$\int_{-\infty}^{\infty} h(\tau)\mathrm{d}\tau < \infty \tag{4.115}$$

若式(4.112)满足，则系统为稳定系统。式(4.112)是系统稳定的充要条件，但该式是一个积分式，由此来判断系统的稳定性有时比较麻烦。

根据 4.7.1 节的内容可知，也可以从 $H(s)$ 的极点分布来判断系统的稳定性。对于 LTI 连续时间系统，当系统函数的全部极点位于 s 平面左半平面时，对应的单位冲激响应 $h(t)$ 波形是衰减的，从而系统稳定；当 $H(s)$ 极点落在右半平面时，$h(t)$ 波形增长，系统不稳定；落于虚轴上的一阶极点对应的 $h(t)$ 成等幅形式，系统临界稳定，而虚轴上的二阶及以上极点将使 $h(t)$ 呈增长形式，系统不稳定。

例 4.28 判断下列因果系统的稳定性。

(1) $H_1(s)=\dfrac{s+4}{(s+1)(s+2)},\mathrm{Re}(s)>-1$

(2) $H_2(s)=\dfrac{s+4}{s^2+9},\mathrm{Re}(s)>0$

(3) $H_3(s)=\dfrac{1}{s-2},\mathrm{Re}(s)>2$

解 (1) $H_1(s)$ 的极点为 $s_1=-1$、$s_2=-2$，都在 s 平面左半平面，因此系统是稳定的；

(2) $H_2(s)$ 的极点 $s=\pm \mathrm{j}3$，是虚轴上的一对共轭极点，系统临界稳定；

(3) $H_3(s)$ 的极点为 $s=2$，在 s 平面右半平面，因此系统不稳定。

4.10 MATLAB 仿真实现连续系统的 S 域分析

先介绍一下连续系统在 MATLAB 中的表示。

设连续系统的系统函数如下：

$$H(s)=\frac{B(s)}{A(s)}=\frac{b_m s^m+b_{m-1}s^{m-1}+\cdots+b_1 s+b_0}{a_n s^n+a_{n-1}s^{n-1}+\cdots+a_1 s+a_0}$$

系统在 MATLAB 中可以方便地由分子和分母系数构成的两个向量唯一地确定出来，这两个向量分别用 num 和 den 表示，即

```
num = [ b_m b_m-1 … b_1 b_0 ]
den = [ a_n a_n-1 … a_1 a_0 ]
```

注意：它们都是按 s 的降幂顺序进行排列的。

函数 tf()可用于将由 num 和 den 表示的系统生成系统函数模型，调用方式为

```
sys = tf(num,den)
```

1. 根据系统函数进行的系统时域分析

时域分析是一种直接在时间域中对系统进行分析的方法，具有直观和准确的优点。系统的单位冲激响应和单位阶跃响应在连续系统的分析中具有重要意义，在 MATLAB 中提

供了求取这两种响应的函数：求系统冲激响应的函数为 impulse()，求系统单位阶跃响应的函数为 step()。

两个函数的用法如下

```
y = impulse(num,den); y = step(num,den)
```

其中，num 和 den 两个向量分别表示系统函数分子和分母的系数，返回值 y 为系统在各个时刻的输出所组成的矩阵。

如果不想求具体的响应值，而只是要绘制系统的冲激响应和阶跃响应曲线，其调用格式为

```
impulse(num,den)
step(num,den)
```

如果只想求稳态值，可以通过函数 dcgain()来求，其调用格式为

```
dc = dcgain(num,den)
```

MATLAB 除了提供上面介绍的对系统阶跃响应、冲激响应等进行仿真的函数外，还提供了大量对系统进行时域分析的函数，如

initial：求连续系统的零输入响应。

lsim：求连续系统对任意输入的响应。

它们的调用格式与 step、impulse 类似，可以通过 help 命令查看自学。

例 4.29　已知系统的系统函数为 $H(s)=\dfrac{4}{s^2+s+4}$，请画出系统的单位冲激响应和单位阶跃响应。

程序如下：

```
num = [4];
den = [1 1 4];
subplot(1,2,1);
impulse(num,den);
subplot(1,2,2);
step(num,den);
```

运行结果如图 4.24 所示。

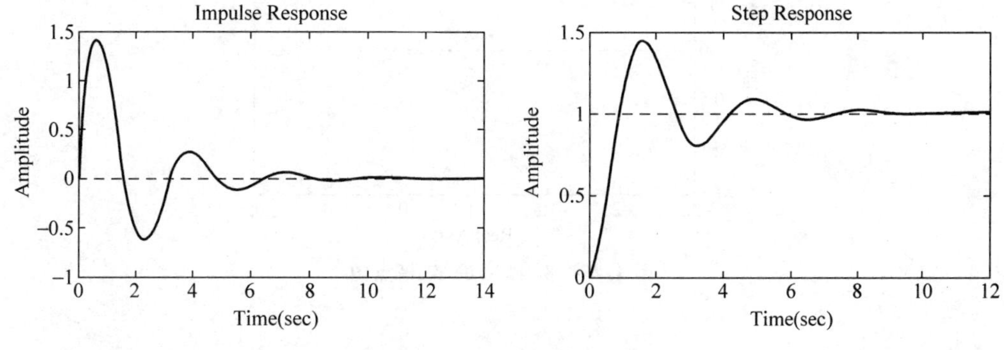

图 4.24　例 4.29 运行结果图

2. 系统的零、极点分布

1) 零点、极点的求解

系统函数的零、极点可以用 MATLAB 中的多项式求根函数 roots()来实现,函数 roots()的命令格式为

```
p = roots(A)
```

其中,A 为待求根的多项式的系数构成的行向量,返回向量 p 则是包含该多项式所有根的列向量。

例 4.30 系统函数为

$$H(s)=\frac{s^3+2s}{s^4+3s^3+2s^2+2z+1}$$

求其零、极点。

系统函数分子多项式的系数向量为 $\boldsymbol{B}=[1\ 0\ 2\ 0]$,分母多项式的系数向量为 $\boldsymbol{A}=[1\ 3\ 2\ 2\ 1]$。

其根可由语句 $p=$roots($\boldsymbol{A}$); $z=$roots($\boldsymbol{B}$) 求出,运行结果如下

```
p = -2.4487    0.0247 + 0.8241i  0.0247 - 0.8241i    -0.6008  (极点)
z = 0    0 + 1.4142i    0 - 1.4142i  (零点)
```

系统共 3 个零点,4 个极点。

2) 零、极点图的绘制

用 MATLAB 中的函数 pzmap(B,A)可以绘制系统的零、极点图,其中,输入变量为系统函数的向量表达。如上例中零、极点图的绘制可用如下方法实现

```
b = [1 0 2 0];
a = [1 3 2 2 1];
pzmap(b,a)
```

即可画出系统的零、极点如图 4.25 所示。

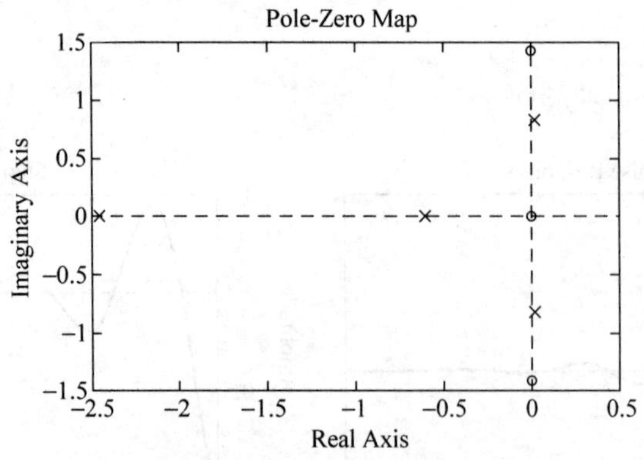

图 4.25　例 4.30 的零、极点图

3. 系统频率响应 $H(e^{j\omega})$ 的求解

MATLAB 提供了函数 freqs()求连续系统的频率响应,其调用格式为

```
[H,ω] = freqs(B,A)
```

其中，B 和 A 分别是系统函数分子、分母多项式的系数向量，返回向量 H 为幅频响应，是一个复数行向量，要得到幅值必须取绝对值，即求模。freqs(B,A)自动设定 200 个频率点来计算频率响应，这 200 个频率值记录在 ω 中。不带输出变量的 freqs 函数将在当前图形窗口中绘制出幅频和相频曲线，其中幅相曲线对纵坐标与横坐标均为对数分度。

例 4.31　已知系统函数为 $H(s)=\dfrac{1}{s^3+2s^2+2s+1}$，试用 MATLAB 求出该系统的零、极点并绘图，求出系统的冲激响应 $h(t)$，并绘出系统的幅频特性曲线。

程序如下：

```
num = [1];
den = [1 2 2 1];
poles = roots(den);
subplot(131);pzmap(num,den);

h = impulse(num,den);
subplot(132);plot(h);
title('Impulse Response');

[H,w] = freqs(num,den);
subplot(133);plot(w,abs(H));
title('Magnitude Response')
```

运行结果如图 4.26 所示。

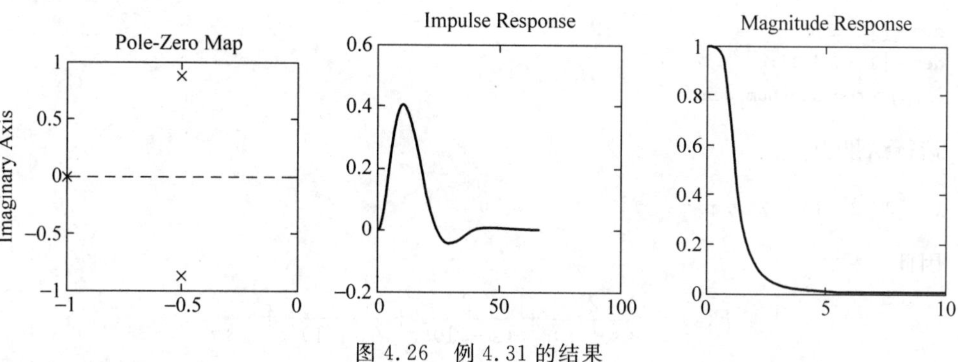

图 4.26　例 4.31 的结果

4. 拉普拉斯变换的 MATLAB 实现

MATLAB 中提供了基于符号运算的求信号拉氏变换的函数 laplace()，示例如下。

例 4.32　求 $f(t)=\mathrm{e}^{-at}$ 的拉氏变换。

程序如下：

```
syms a t ;
f = exp( - a * t);
laplace(f)
```

返回结果为

```
1/(s+a)
```

例 4.33 求 $f(t)=\sin(\omega t)$的拉氏变换。

程序如下：

```
syms w t ;
f = sin(w*t);
laplace(f)
```

返回结果为

```
w/(s^2+w^2)
```

5. 拉普拉斯逆变换的 MATLAB 实现

MATLAB 中提供了用留数法求 $F(s)$逆变换的函数 residue()，其调用格式如下

```
[r, p, k] = residue (num, den)
```

返回值为三个向量 r、p 和 k，其中 p 为 $F(s)$所有极点的列向量，r 为 $F(s)$部分分式展开系数的列向量。若分子的阶次低于分母的阶次，则 k 为空阵。

例 4.34 求下式 $F(s)$的逆变换。

$$F(s)=\frac{s-2}{s^4+3s^3+3s^2+s}$$

程序如下：

```
num=[1 -2];
den=[1 3 3 1 0];
[r,p]=residue(num,den)
```

运行结果为

```
r = 2  2  3  -2  , p = -1  -1  -1  0
```

因此

$$F(s)=\frac{2}{(s+1)}+\frac{2}{(s+1)^2}+\frac{3}{(s+1)^3}+\frac{-2}{s}$$

故其逆变换为

$$f(t)=(2e^{-t}+2te^{-t}+\frac{3}{2}t^2e^{-t}-2)\varepsilon(t)$$

习题

4.1 求如下信号的单边拉氏变换。

(1) $1-e^{-at}$　　(2) $2\delta(t)-3e^{-5t}$

(3) te^{-2t}　　(4) $e^{-t}\sin 3t$

(5) $\cos^2(\omega_0 t)$　　　　(6) $\dfrac{e^{-3t}-e^{-5t}}{t}$

4.2　求如下信号的单边拉氏变换。

(1) $\varepsilon(t)-\varepsilon(t-3)$　　　　(2) $t\cos\omega t$

(3) $t\cos^3(3t)$　　　　(4) $(t-1)[\varepsilon(t-1)-\varepsilon(t-2)]$

(5) $e^{-(t-2)}\varepsilon(t)$　　　　(6) $te^{-(t-2)}\varepsilon(t-1)$

4.3　求下列函数的拉氏变换。

(1) $f(t)=e^{-t}\varepsilon(t-3)$

(2) $f(t)=e^{-(t-3)}\varepsilon(t-3)$

(3) $f(t)=e^{-(t-3)}\varepsilon(t)$

(4) $f(t)=(t-1)[\varepsilon(t-1)-\varepsilon(t-2)]$

4.4　求图 4.27 所示信号 $f(t)$ 的拉氏变换 $F(s)$。

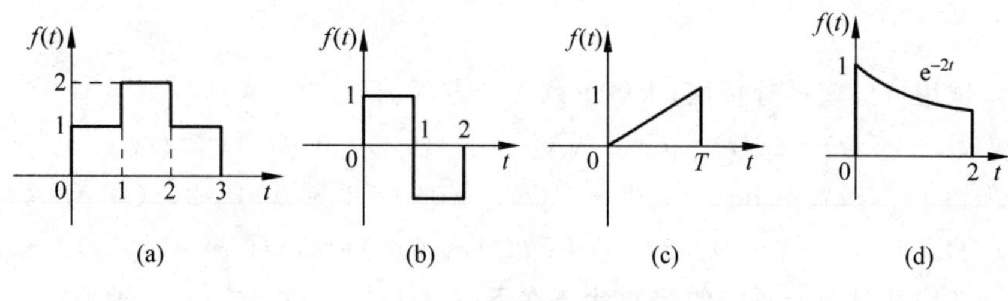

图 4.27　题 4.4 图

4.5　已知函数 $f(t)$ 波形如图 4.28 所示，其幅度遵循 e^{-at} 的变化趋势，试求其拉氏变换。

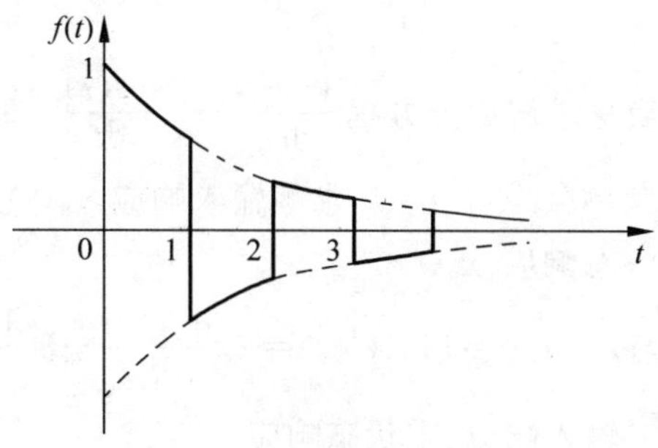

图 4.28　题 4.5 图

4.6　已知 $f_1(t)=e^{-2t}\varepsilon(t)$，$f_2(t)=\varepsilon(t)$，求 $f_1(t)*f_2(t)$ 的拉氏变换。

4.7　已知信号 $f(t)=0$，$t<0$，试求满足如下方程的信号 $f(t)$。

$$f(t)*\frac{\mathrm{d}f(t)}{\mathrm{d}t}=(1-t)e^{-t}\varepsilon(t)$$

4.8　分别求下列函数的逆变换的初值与终值。

(1) $F(s)=\dfrac{s+1}{(s+2)(s+3)}$　　　　(2) $F(s)=\dfrac{s(s+1)e^{-2s}}{(s+2)(s+3)}$

4.9　求下列函数的拉氏逆变换。

(1) $\frac{1}{s+1}$　　(2) $\frac{1}{s^2+1}+1$

(3) $\frac{1}{s^2-3s+2}$　　(4) $\frac{(s+3)}{(s+1)^3(s+2)}$

(5) $\frac{s-1}{(s+1)(s+2)}$　　(6) $\frac{s^2+3s}{(s+1)(s+2)}$

(7) $\frac{As}{s^2+k^2}$　　(8) $\frac{1}{(s^2+3)^2}$

(9) $\frac{\mathrm{e}^{-s}}{4s(s^2+1)}$　　(10) $\ln\left(\frac{s}{s+9}\right)$

4.10　已知因果信号的拉氏变换如下,求相应的傅里叶变换。

(1) $\frac{3s}{(s+2)(s-1)}$　　(2) $\frac{2s}{s^2+2s+5}$

(3) $\frac{1}{s(s^2+1)}$

4.11　试用拉氏变换分析法,求解下列微分方程。

(1) $y''(t)+3y'(t)+2y(t)=f'(t), y'(0_-)=y(0_-)=0, f(t)=\varepsilon(t)$;

(2) $y''(t)+4y'(t)+4y(t)=f'(t)+f(t), y'(0_-)=1, y(0_-)=2, f(t)=\mathrm{e}^{-t}\varepsilon(t)$;

(3) $y''(t)+5y'(t)+6y(t)=2f'(t)+8f(t), y'(0_-)=2, y(0_-)=3, f(t)=\mathrm{e}^{-t}\varepsilon(t)$。

4.12　某线性时不变系统的起始状态在下述 $f_1(t)$,$f_2(t)$,$f_3(t)$三种输入信号时都相同,当输入激励 $f_1(t)=\delta(t)$时,系统的完全响应为 $y_1(t)=\delta(t)+\mathrm{e}^{-t}\varepsilon(t)$,当 $f_2(t)=\varepsilon(t)$时,全响应 $y_2(t)=3\mathrm{e}^{-t}\varepsilon(t)$。求当 $f_3(t)=\begin{cases}0, & t<0\\ t, & 0<t<1\\ 1, & t>1\end{cases}$时,系统的全响应 $y_3(t)$。

4.13　用拉普拉斯变换法求解微分方程$\frac{\mathrm{d}^2y(t)}{\mathrm{d}t^2}+5\frac{\mathrm{d}y(t)}{\mathrm{d}t}+6y(t)=4\frac{\mathrm{d}f(t)}{\mathrm{d}t}+6f(t)$。

(1) 起始状态为 $y(0_-)=0, y'(0_-)=1$,求零输入响应 $y_{zi}(t)$。

(2) $f(t)=\delta(t)$,求零状态响应 $y_{zs}(t)$。

4.14　已知 $f(t)=\varepsilon(t), y(0_-)=1, y'(0_-)=2, \frac{\mathrm{d}^2y(t)}{\mathrm{d}t^2}+5\frac{\mathrm{d}y(t)}{\mathrm{d}t}+6y(t)=3f(t)$,试用拉氏变换法求解该系统的零输入响应、零状态响应。

4.15　已知描述系统的微分方程为 $\frac{\mathrm{d}^2y(t)}{\mathrm{d}t^2}+3\frac{\mathrm{d}y(t)}{\mathrm{d}t}+2y(t)=f'(t)+4f(t), f(t)=\mathrm{e}^{-2t}\varepsilon(t), y(0_+)=1, y'(0_+)=2$,试用拉氏变换法求系统的零输入响应、零状态响应。

4.16　如图 4.29 所示电路,开关闭合已很长时间,当 $t=0$ 时开关打开,试用拉氏变换法求响应电流 $i(t)$。

4.17　求下列系统的系统函数 $h(t)\leftrightarrow H(s)=Y(s)/F(s)$。

(1) $\frac{\mathrm{d}^3}{\mathrm{d}t^3}y(t)+7\frac{\mathrm{d}^2}{\mathrm{d}t^2}y(t)+10\frac{\mathrm{d}}{\mathrm{d}t}y(t)=5\frac{\mathrm{d}}{\mathrm{d}t}f(t)+5f(t)$

(2) $h(t)=\sum_{n=0}^{\infty}(-1)^n\mathrm{e}^{-t}\delta(t-n)$

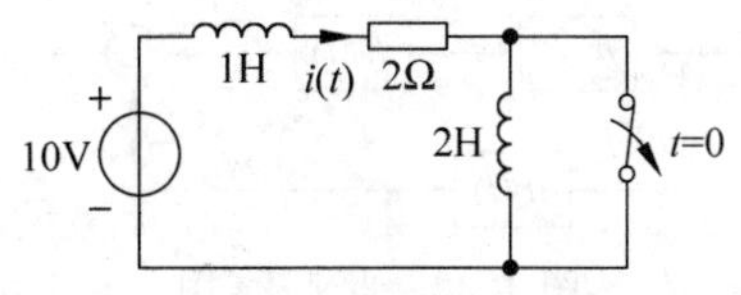

图 4.29　题 4.16 图

4.18　如图 4.30 所示，若以电压 $V_L(t)$ 作为输出，试求其系统函数和冲激响应。

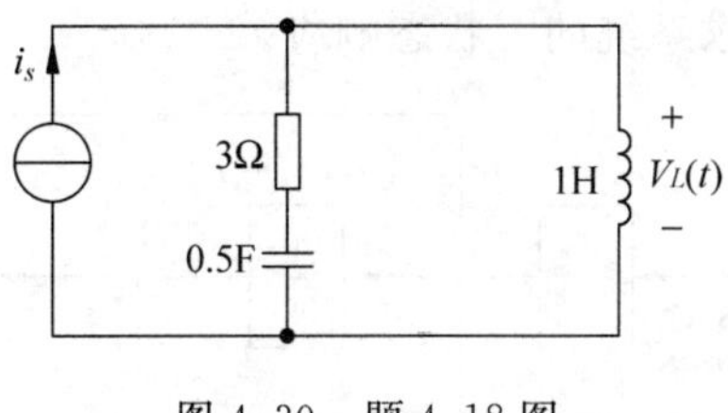

图 4.30　题 4.18 图

4.19　某 LTI 系统，当输入 $f(t)=\mathrm{e}^{-t}\varepsilon(t)$ 时其零状态响应为 $y(t)=(\mathrm{e}^{-t}-2\mathrm{e}^{-2t}+3\mathrm{e}^{-3t})\varepsilon(t)$，求系统的单位阶跃响应。

4.20　已知系统的单位阶跃响应 $g(t)=(1-\mathrm{e}^{-2t})\varepsilon(t)$，为使其零状态响应为

$$y(t)=(1-2\mathrm{e}^{-2t}+t\mathrm{e}^{-2t})\varepsilon(t)$$

求激励信号 $f(t)$。

4.21　设某 LTI 系统的初始状态一定，已知当输入 $f(t)=f_1(t)=\delta(t)$ 时，系统的全响应 $y_1(t)=3\mathrm{e}^{-t}\varepsilon(t)$；当 $f(t)=f_2(t)=\varepsilon(t)$ 时，系统的全响应 $y_1(t)=(1+\mathrm{e}^{-t})\varepsilon(t)$；当输入 $f(t)=t\varepsilon(t)$ 时，求系统的全响应。

4.22　如图 4.31(a)所示，已知传递函数 $H(s)=\dfrac{U_2(s)}{U_1(s)}$ 的零、极点分布如图 4.31(b) 所示，且 $H(0)=1$，求 R、L、C 值。

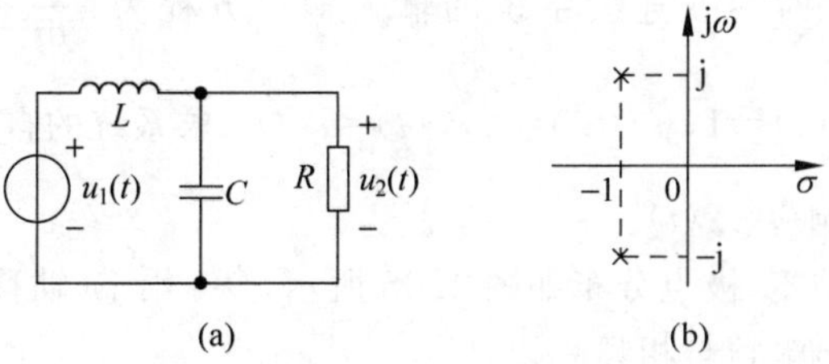

图 4.31　题 4.22 图

4.23　如图 4.31(a)所示，已知 $L=2\mathrm{H}$，$C=0.1\mathrm{F}$，$R=10\Omega$，求

(1) 写出系统函数 $H(s)=\dfrac{U_2(s)}{U_1(s)}$；

(2) 画出 s 平面零、极点分布；

(3) 求系统的单位冲激响应。

4.24　如图 4.32 所示各子系统的冲激响应分别为 $h_1(t)=\delta(t+1)$，$h_2(t)=\varepsilon(t-1)$，求图示系统的总的冲激响应 $h(t)$ 和系统函数 $H(s)$。

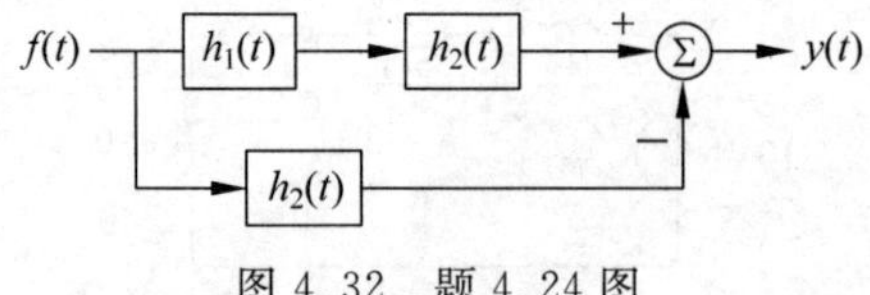

图 4.32 题 4.24 图

4.25 一连续时间系统的 S 域框图如图 4.33 所示，求

(1) 系统函数 $H(s)$ 和单位冲激响应 $h(t)$；

(2) 若激励 $f(t)=\varepsilon(t)$，求系统的零状态响应。

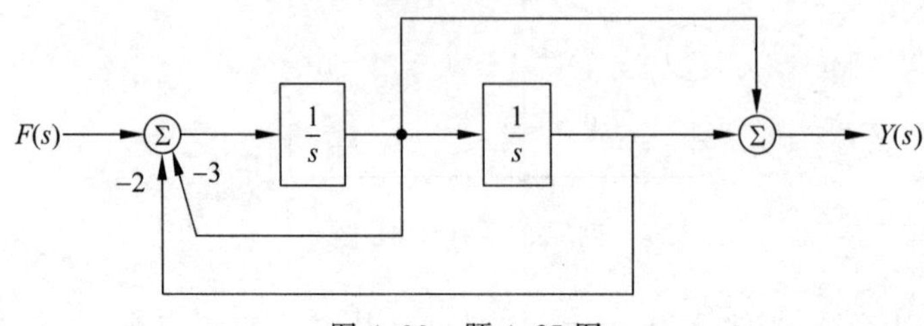

图 4.33 题 4.25 图

4.26 如图 4.34 所示，若激励信号 $f(t)=(3\mathrm{e}^{-2t}+2\mathrm{e}^{-3t})\varepsilon(t)$，求响应 $y(t)$，并指出响应中的强迫分量、自由分量、暂态分量与稳态分量。

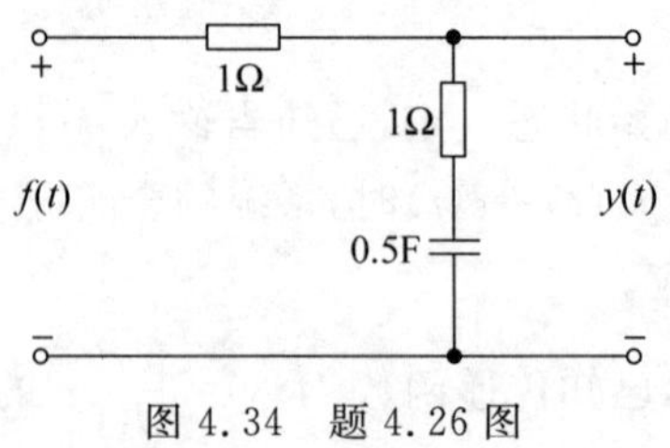

图 4.34 题 4.26 图

4.27 描述某线性时不变连续系统的输入输出方程为 $\frac{\mathrm{d}^2y(t)}{\mathrm{d}t^2}+3\frac{\mathrm{d}y(t)}{\mathrm{d}t}+2y(t)=\frac{\mathrm{d}f(t)}{\mathrm{d}t}+3f(t)$，已知 $y(0_-)=1, y'(0_-)=2, f(t)=\varepsilon(t)$，求系统的自由响应、强迫响应、零输入响应 $y_{zi}(t)$ 和零状态响应 $y_{zs}(t)$。

4.28 给定 $H(s)$ 的零、极点分布如图 4.35 所示，令 s 沿 $\mathrm{j}\omega$ 轴移动，由矢量因子的变化分析频响特性，粗略绘出幅频与相频曲线。

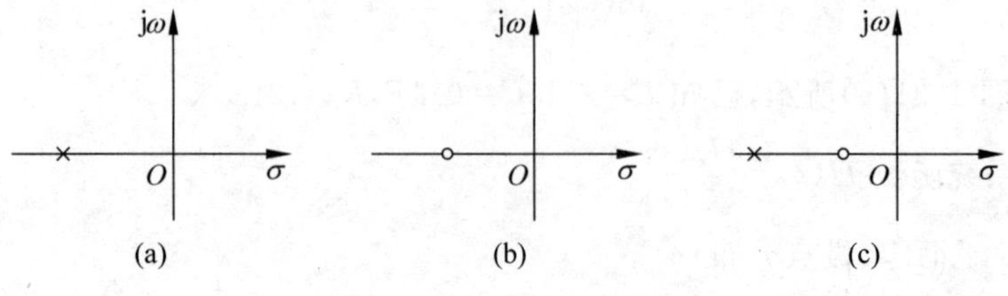

图 4.35 题 4.28 图

4.29 如图 4.36 所示，其中 $kv_2(t)$ 是受控源，求

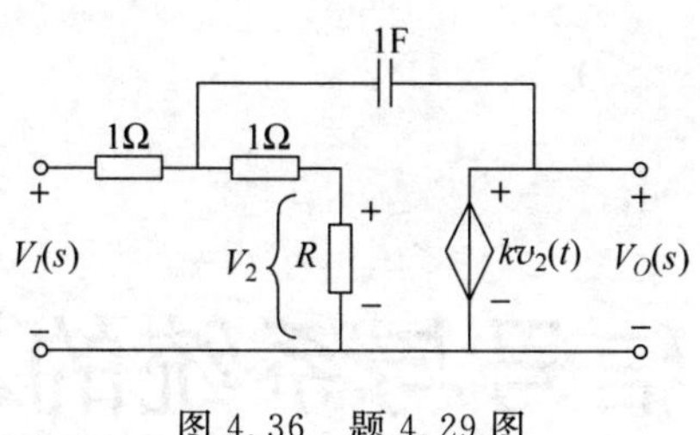

图 4.36 题 4.29 图

(1) 系统函数 $H(s)=\dfrac{V_O(s)}{V_I(s)}$；

(2) k 满足什么条件时系统稳定？

4.30 图 4.37 所示电路，kv_3 是受控电压源，$R_1=1\Omega$，$R_2=2\Omega$，$C_1=1\text{F}$，$C_2=1\text{F}$，求

(1) 系统函数 $H(s)=\dfrac{V_2(s)}{V_1(s)}$；

(2) 若 $k=2$，画出 s 平面零、极点分布，判断系统是否稳定；

(3) 若 $k=2$，求系统的单位冲激响应 $h(t)$。

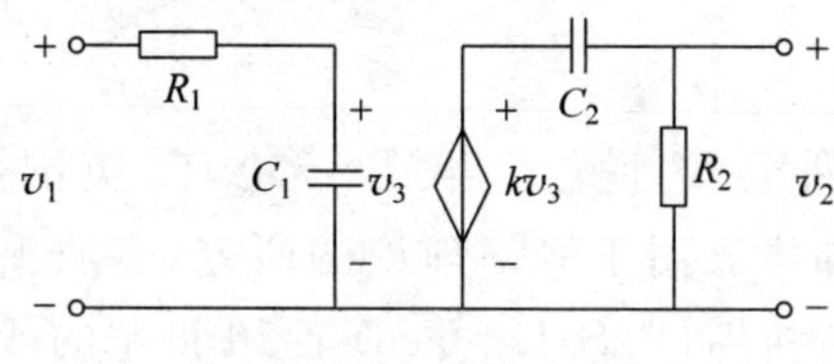

图 4.37 题 4.30 图

第5章 离散时间信号与系统的Z域分析

本章讨论 Z 变换的定义、性质以及它与拉氏变换的联系，在此基础上研究离散时间系统的 Z 域分析，给出离散系统的系统函数与频率响应的概念。在离散系统的 Z 域分析中将看到，利用系统函数在 Z 平面零、极点分布特性研究系统的时域特性、频域特性以及稳定性等方法也具有同样的重要意义。

5.1 Z 变换

Z 变换的历史可以追溯至 18 世纪。早在 1730 年，英国数学家棣莫弗(De Moivre 1667—1754)就将生成函数的概念用于概率理论的研究，实质上这种生成函数的形成与 Z 变换相同。从 19 世纪的拉普拉斯(P. S. Laplace)至 20 世纪的沙尔(H. L. Seal)等人在这方面继续做出贡献。然而，在那样一个较为局限的数学领域中，Z 变换的概念没能得到充分运用与发展。20 世纪 50 年代与 60 年代，采样数据控制系统和数字计算机的研究与实践，为 Z 变换的应用开辟了广阔的天地，从此，在离散信号与系统的理论研究中，Z 变换成为一种重要的数学工具。

作为一种重要的数学工具，Z 变换把描述离散系统的差分方程变换成代数方程，使其求解过程得到简化。Z 变换在离散系统中的作用与地位，与拉氏变换在连续时间系统中的作用与地位相当。

5.1.1 Z 变换的定义

对于离散时间信号，即序列 $f(n)$，其 Z 变换定义为

$$F(z) = Z[f(n)] = \sum_{n=-\infty}^{\infty} f(n) z^{-n} \tag{5.1}$$

式(5.1)中，z 是一个复变量，$F(z)$称为序列 $f(n)$的像函数，$f(n)$称为函数 $F(z)$的原序列。由原序列 $f(n)$求其像函数 $F(z)$的过程称为 Z 正变换，简称 Z 变换，记作

$$F(z) = Z[f(n)] \tag{5.2}$$

反之，由 $F(z)$确定 $f(n)$的过程称为逆 Z 变换，记作

$$f(n) = Z^{-1}[F(z)] \tag{5.3}$$

式(5.1)定义的 Z 变换是将时域离散时间序列 $f(n)$变换为 Z 域的连续函数 $F(z)$。如果求和区间为$(-\infty,\infty)$，则该 Z 变换称为双边 Z 变换。如果仅考虑 $n\geqslant 0$ 时的序列 $f(n)$

值，则可定义单边 Z 变换

$$F(z)=\sum_{n=0}^{\infty}f(n)z^{-n} \tag{5.4}$$

显然，如果 $f(n)$ 是因果序列，则双边 Z 变换就是单边 Z 变换。因此，单边 Z 变换是双边 Z 变换的特例。

例 5.1 已知序列 $f(n)=\varepsilon(n)$，求其 Z 变换。

解 序列 $f(n)$ 是因果序列，根据式(5.4)有

$$F(z)=\sum_{n=0}^{\infty}\varepsilon(n)z^{-n}=\sum_{n=0}^{\infty}z^{-n}$$

上式收敛或者说 $F(z)$ 存在的条件是 $|z^{-1}|<1$，故只有 $|z|>1$ 时，才有

$$F(z)=\frac{1}{1-z^{-1}}=\frac{z}{z-1},\qquad |z|>1$$

$|z|>1$ 称为收敛域，$F(z)$ 的表达式表明 $|z|=1$ 是 $F(z)$ 的极点，收敛域总是以极点为边界的。

5.1.2 Z 变换的收敛域

Z 变换定义为一无穷幂级数之和，显然只有当该幂级数收敛(级数绝对可和)，即

$$\sum_{n=-\infty}^{\infty}|f(n)z^{-n}|<\infty \tag{5.5}$$

Z 变换才存在。

对于任意有限长序列 $f(n)$，能使其 Z 变换式所表示的级数收敛的所有 Z 的集合，称为 Z 变换 $F(z)$ 的收敛域。Z 变换的收敛域不仅与序列 $f(n)$ 有关，而且与 Z 值的范围有关，下面分别举例说明。

1. 有限长序列

已知

$$f(n)=\begin{cases}f(n), & n_1\leqslant n\leqslant n_2\\ 0, & 其他\end{cases}$$

如图 5.1 所示。

即序列 $f(n)$ 在 n_1 到 n_2 间的序列值不全为 0，此范围外的序列值全为 0，这样的序列称为有限长序列。该序列的 Z 变换为

$$F(z)=\sum_{n=n_1}^{n_2}f(n)z^{-n} \tag{5.6}$$

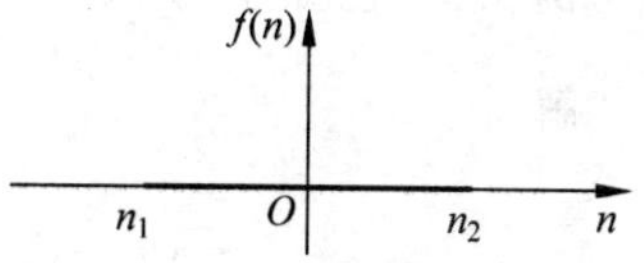

f(n)
n₁ O n₂ n

图 5.1 有限长序列示意图

设 $f(n)$ 是有界序列，由于 $F(z)$ 是有限项级数求和，Z 平面内除 0 与∞两点是否收敛与 n_1、n_2 取值情况有关外，整个 z 平面均收敛，即有限长序列的收敛域至少为 $0<|z|<\infty$。

如果 $n_1>0$，则 $n_2>0$，即序列是因果序列，此时 $F(z)$ 只有 z 的负幂项，收敛域包含∞点，不包含 0 点，此时收敛域为 $0<|z|\leqslant\infty$。

如果 $n_2 \leqslant 0$，则 $n_1 < 0$，序列为反因果序列，此时 $F(z)$ 只有 z 的正幂项，收敛域包含 0 点，不包含∞点，此时收敛域为 $0 \leqslant |z| < \infty$。

有限长序列的收敛域可表示如下

$$n_1 < 0, n_2 \leqslant 0 \text{ 时}, 0 \leqslant |z| < \infty$$
$$n_1 < 0, n_2 > 0 \text{ 时}, 0 < |z| < \infty$$
$$n_1 > 0, n_2 > 0 \text{ 时}, 0 < |z| \leqslant \infty$$

例 5.2 已知长度为 N 的矩形脉冲序列 $f(n) = R_N(n)$，求其 Z 变换 $F(z)$ 及收敛域。

解

$$F(z) = \sum_{n=0}^{N-1} z^{-n} = 1 + z^{-1} + z^{-2} + \cdots + z^{-(N-1)} = \frac{1 - z^{-N}}{1 - z^{-1}}$$

这是一个因果的有限长序列，因此收敛域为 $0 < |z| \leqslant \infty$。

2. 右边序列

右边序列是有始无终的序列，即 $[n_1, \infty]$，如图 5.2 所示。

右边序列的 Z 变换为

$$F(z) = \sum_{n=n_1}^{\infty} f(n) z^{-n} \tag{5.7}$$

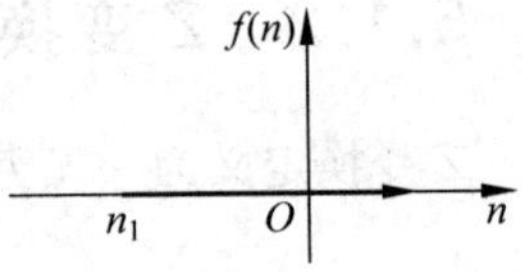

当 $n_1 < 0$ 时，将右边序列的 $F(z)$ 分为两部分

$$\sum_{n=n_1}^{\infty} f(n) z^{-n} = \sum_{n=n_1}^{-1} f(n) z^{-n} + \sum_{n=0}^{\infty} f(n) z^{-n} \tag{5.8}$$

图 5.2 右边序列示意图

式(5.8)右边第一项是有限长序列的收敛域为 $0 \leqslant |z| < \infty$；第二项是因果序列，只有 z 的负幂项，收敛域包含∞点，其收敛域为 $R_{f^-} < |z| \leqslant \infty$，是以 R_{f^-} 为半径的圆外，且 R_{f^-} 一定大于零；综合这两项的收敛域情况，一般右边序列的收敛域为

$$R_{f^-} < |z| < \infty \tag{5.9}$$

式(5.9)表明，右边序列的收敛域是以 R_{f^-} 为收敛半径的圆外。

当 $n_1 \geqslant 0$ 时，$f(n)$ 为因果序列，$F(z)$ 的和式中没有 z 的正幂项，收敛域为

$$R_{f^-} < |z| \leqslant \infty \quad \text{或者} \quad |z| > R_{f^-} \tag{5.10}$$

即因果序列 Z 变换的收敛域为 $|z| > R_{f^-}$。

例 5.3 已知序列 $f(n) = \left(\frac{1}{3}\right)^n \varepsilon(n)$，求 $F(z)$ 及收敛域。

解

$$F(z) = \sum_{n=0}^{\infty} \left(\frac{1}{3}\right)^n z^{-n} = \lim_{n \to \infty} \frac{1 - \left(\frac{1}{3} z^{-1}\right)^n}{1 - \frac{1}{3} z^{-1}} = \frac{1}{1 - \frac{1}{3} z^{-1}}, \quad |z| > \frac{1}{3}$$

$f(n)$ 为因果序列，收敛域是以极点 1/3 为半径的圆外，即 $|z| > \frac{1}{3}$。

3. 左边序列

左边序列是无始有终的序列，即序列有值区间为 $[-\infty, n_2]$，如图 5.3 所示。

左边序列的 Z 变换为

$$F(z)=\sum_{n=-\infty}^{n_2} f(n)z^{-n} \tag{5.11}$$

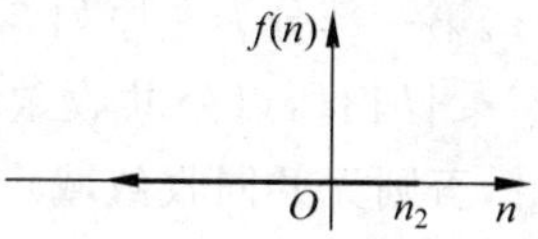

f(n)
O　n_2　n

图 5.3　左边序列示意图

当 $n_2>0$ 时，将左边序列的 $X(z)$ 分为两个部分

$$\sum_{n=-\infty}^{n_2} f(n)z^{-n}=\sum_{n=-\infty}^{-1} f(n)z^{-n}+\sum_{n=0}^{n_2} f(n)z^{-n} \tag{5.12}$$

式(5.12)右边第一项只有 z 的正幂项，收敛域 $0\leqslant|z|<R_{f+}$；第二项是有限长序列，收敛域为 $0<|z|\leqslant\infty$；综合这两项的收敛域情况，一般左边序列的收敛区为

$$0<|z|<R_{f+} \tag{5.13}$$

式(5.13)表明左边序列的收敛区是以 R_{f+} 为收敛半径的圆内。

当 $n_2<0$ 时，$X(z)$ 的和式中没有 z 的负幂项，其收敛域为

$$0\leqslant|z|<R_{f+}\quad 或者\quad |z|<R_{f+} \tag{5.14}$$

例 5.4　已知 $f(n)=-b^n\varepsilon(-n-1)$，求 $F(z)$ 及其收敛域。

解

$$\begin{aligned}F(z)&=\sum_{n=-\infty}^{-1}-b^nz^{-n}=\sum_{n=1}^{\infty}-b^{-n}z^{n}\\&=1-\sum_{n=0}^{\infty}-b^{-n}z^{n}=1-\lim_{n\to\infty}\frac{1-(b^{-1}z)^n}{1-b^{-1}z}\\&=\frac{1}{1-bz^{-1}}=\frac{z}{z-b},\quad |z|<|b|\end{aligned}$$

注意到此例中收敛域是以 $F(z)$ 的极点 b 为收敛半径的圆内。

4. 双边序列

双边序列是无始无终的序列，即 $n_1\to-\infty$，$n_2\to\infty$。其 Z 变换为

$$F(z)=\sum_{n=-\infty}^{\infty} f(n)z^{-n} \tag{5.15}$$

将双边序列的 $X(z)$ 分为两部分

$$F(z)=\sum_{n=-\infty}^{-1} f(n)z^{-n}+\sum_{n=0}^{\infty} f(n)z^{-n} \tag{5.16}$$

式(5.16)右边第一项是左序列，其收敛域为 $|z|<R_{f^+}$；第二项是右序列，其收敛域为 $|z|>R_{f^-}$；综合这两项的收敛区情况可知，只有当 $R_{f^-}<R_{f^+}$ 时，$X(z)$ 的双边 Z 变换存在，收敛域为

$$R_{f^-}<|z|<R_{f^+} \tag{5.17}$$

式(5.17)表明双边序列的收敛区是以 R_{f^-} 为内径，以 R_{f^+} 为外径的环形区，即为一圆环；而当 $R_{f^-}>R_{f^+}$ 时，$X(z)$ 的双边 Z 变换不存在。

例 5.5　求双边序列 $f(n)=\begin{cases}b^n, & n<0\\ a^n, & n\geqslant 0\end{cases}$ $(|a|<|b|)$ 的 Z 变换。

解

$$F(z)=\sum_{n=-\infty}^{-1} b^nz^{-n}+\sum_{n=0}^{\infty} a^nz^{-n}=\frac{-z}{z-b}+\frac{z}{z-a},\quad |a|<|z|<|b|$$

$F(z)$第一部分为左序列,收敛域为$|z|<|b|$,第二部分为右序列,收敛域为$|z|>|a|$,因为$|a|<|b|$,所以公共收敛域为$|a|<|z|<|b|$(显然要求$|a|<|b|$,否则无共同收敛域),如图5.4所示。

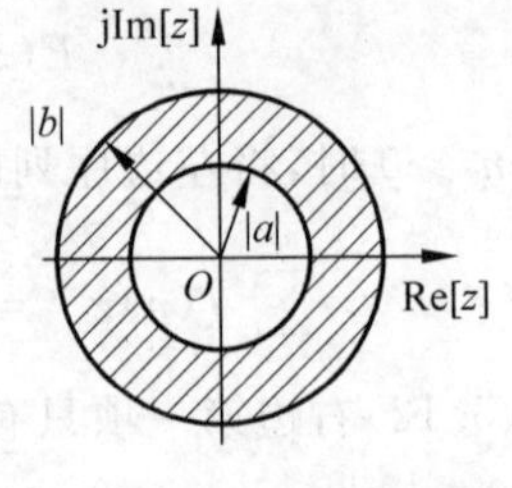

由以上各例分析可得出如下结论。

(1) Z变换的收敛域总是以极点为边界的。

(2) 对于有限长序列,其Z变换的收敛域为$0<|z|<\infty$,是否包含0和∞取决于n的取值。

(3) 对于左边序列,其Z变换的收敛域位于z平面上收敛半径为R_{f^+}的圆内区域。

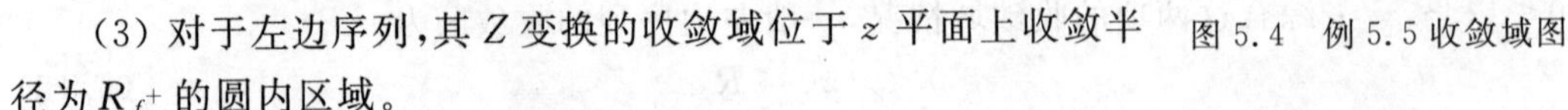

图5.4　例5.5收敛域图

(4) 对于右边序列,其Z变换的收敛域位于z平面上收敛半径为R_{f^-}的圆外区域。

(5) 双边序列Z变换的收敛域位于z平面上$R_{f^-}<|z|<R_{f^+}$的圆环域内。

(6) $F(z)$与$f(n)$不一定一一对应,故只有$F(z)$和其收敛域一起才可确定序列$f(n)$。

5.1.3 典型序列的Z变换

1. 单位样值序列

单位样值序列$\delta(n)$的Z变换为

$$Z[\delta(n)]=\sum_{n=0}^{\infty}\delta(n)z^{-n}=1 \tag{5.18}$$

也可简记为

$$\delta(n)\leftrightarrow 1$$

可见,与连续系统单位冲激函数$\delta(t)$的拉普拉斯变换类似,单位样值序列的Z变换的等于常数1。

2. 单位阶跃序列

单位阶跃序列$\varepsilon(n)$的Z变换为

$$Z[\varepsilon(n)]=\sum_{n=0}^{\infty}z^{-n}=\frac{1}{1-z^{-1}}=\frac{z}{z-1},\quad |z|>1 \tag{5.19}$$

3. 斜变序列

斜变序列定义为$f(n)=n\varepsilon(n)$,其Z变换为

$$Z[n\varepsilon(n)]=\sum_{n=0}^{\infty}nz^{-n}=z^{-1}+2z^{-2}+\cdots+nz^{-n}+\cdots$$

可利用$\varepsilon(n)$的Z变换

$$\sum_{n=0}^{\infty}z^{-n}=\frac{1}{1-z^{-1}},\quad |z|>1$$

两边分别对z^{-1}求导,得

$$\sum_{n=0}^{\infty}n\,(z^{-1})^{n-1}=\frac{1}{(1-z^{-1})^2}=\frac{z^2}{(z-1)^2}$$

然后两边各乘以 z^{-1} 就得到斜边序列的 Z 变换为

$$\sum_{n=0}^{\infty} n(z^{-1})^n = \frac{z}{(z-1)^2}, \quad |z| > 1 \tag{5.20}$$

4. 指数序列

单边指数序列 $f(n)=a^n\varepsilon(n)$ 的 Z 变换为

$$Z[a^n\varepsilon(n)] = \sum_{n=0}^{\infty} a^n z^{-n} = \frac{z}{z-a}, \quad |z| > |a| \tag{5.21}$$

单边指数序列 $f(n)=-a^n\varepsilon(-n-1)$ 的 Z 变换为

$$Z[-a^n\varepsilon(-n-1)] = \sum_{n=-\infty}^{-1} -a^n z^{-n} = \sum_{n=1}^{\infty} -a^{-n}z^n = \frac{z}{z-a}, \quad |z| < |a| \tag{5.22}$$

比较式(5.21)和式(5.22)可见，不同的序列可以对应相同的 Z 变换，区别在于收敛域不同。

5.1.4 逆 Z 变换

已知序列 $f(n)$ 的 Z 变换 $F(z)$ 及其收敛域，反求序列 $f(n)$ 的过程称为逆 Z 变换。逆 Z 变换的定义(该公式的由来可查阅相应参考书)为

$$f(n) = Z^{-1}[F(z)] = \frac{1}{2\pi \mathrm{j}}\oint_c F(z)z^{n-1}\mathrm{d}z, \quad c \in (R_{f^-}, R_{f^+}) \tag{5.23}$$

式中，积分路径 c 为 $F(z)z^{n-1}$ 收敛域内包围所有极点的逆时针方向的一条闭合曲线。

求逆 Z 变换的方法一般有幂级数展开法、留数法、部分分式法等，其中留数法和部分分式法用得最多，下面主要介绍这两种方法。

1. 留数法

求逆 Z 变换时，直接计算式(5.23)给出的围线积分是比较麻烦的，用留数定理求则很容易。

如果 $F(z)z^{n-1}$ 在围线 c 内的极点用 z_k 表示，根据留数定理有

$$f(n) = \frac{1}{2\pi \mathrm{j}}\oint_c F(z)z^{n-1}\mathrm{d}z = \sum_k \mathrm{Res}[F(z)z^{n-1}]_{z=z_k} \tag{5.24}$$

式(5.24)中 $\mathrm{Res}[F(z)z^{n-1}]_{z=z_k}$ 表示被积函数 $F(z)z^{n-1}$ 在极点 z_k 的留数。逆 Z 变换是围线 c 内所有的极点的留数的和。

若 z_k 是一阶极点，则根据留数定理有

$$\mathrm{Res}[F(z)z^{n-1}]_{z=z_k} = [(z-z_k)\cdot F(z)z^{n-1}]_{z=z_k} \tag{5.25}$$

若 z_k 是 m 阶极点，则根据留数定理有

$$\mathrm{Res}[F(z)z^{n-1}]_{z=z_k} = \frac{1}{(m-1)!}\left\{\frac{d^{m-1}}{dz^{m-1}}[(z-z_k)^m\cdot F(z)z^{n-1}]\right\}_{z=z_k} \tag{5.26}$$

在利用上面三个式子时，应当注意收敛域内的环线所包围的极点的情况，以及对于不同的 n 值，在原点处的极点具有不同的阶次。

例 5.6 设有 Z 变换式 $F(z)=\dfrac{2z^2-0.5z}{z^2-0.5z-0.5}$，试用留数法求逆 Z 变换 $f(n)$，其中 $f(n)$ 为因果序列。

解

先求被积函数 $F(z)z^{n-1}$ 的极点

$$F(z)z^{n-1}=\frac{(2z^2-0.5z)}{z^2-0.5z-0.5}z^{n-1}=\frac{(2z-0.5)z^n}{(z-1)(z+0.5)}$$

因为 $f(n)$ 为因果序列,所以仅考虑 $n\geqslant 0$ 时极点的情况,显然其极点在 $z=1$ 和 $z=-0.5$,且都是一阶极点,那么被积函数在这两个极点处的留数分别为

$$\text{Res}[F(z)z^{n-1}]_z=1=\frac{(2z-0.5)z^n}{z+0.5}\bigg|_{z=1}=1$$

$$\text{Res}[F(z)z^{n-1}]_z=0.5=\frac{(2z-0.5)z^n}{z-1}\bigg|_{z=-0.5}=(-0.5)^n$$

由于这里的 $f(n)$ 为因果序列,故 $f(n)=[1+(-0.5)^n]\varepsilon(n)$

2. 部分分式分解法

$F(z)$一般是 z 的有理函数,可表示为有理分式的形式。部分分式分解法就是基于此基础上的一种方法,即将 $F(z)$的一般有理分式展开为一些简单的、易求逆变换的基本有理分式(单极点)之和,如常数 A_0 或$\frac{z}{z-d_k}$的形式。

通常 $F(z)$表示式为

$$F(z)=\frac{B(z)}{A(z)}=\frac{b_0+b_1z+\cdots+b_{M-1}z^{M-1}+b_Mz^M}{a_0+a_1z+\cdots+a_{N-1}z^{N-1}+a_Nz^N}\tag{5.27}$$

式(5.27)中,分子最高次为 M,分母最高次为 N。设 $M\leqslant N$,且 $F(z)$均为单极点,$F(z)$可按如下方式展开

$$F(z)=A_0+\sum_{k=1}^{N}\frac{A_kz}{z-d_k}\tag{5.28}$$

在用部分分式展开法时,可以先将$\frac{F(z)}{z}$展开,然后每个分式乘以 z,$F(z)$就可以展开为$\frac{z}{z-d_k}$的形式,即

$$\frac{F(z)}{z}=\frac{A_0}{z}+\sum_{k=1}^{N}\frac{A_k}{z-d_k}\tag{5.29}$$

式(5.29)中

$$A_k=(z-d_k)\frac{F(z)}{z}\bigg|_{z=d_k},\quad k=0,1,\cdots,N$$

$$A_0=F(z)\,|_{z=0}=\frac{b_0}{a_0}$$

式中,A_0 对应的逆变换为 $A_0\delta(n)$,$\frac{z}{z-d_k}$不同的收敛域对应不同的逆变换,即

$$\frac{z}{z-d_k}\leftrightarrow\begin{cases}d_k^n\varepsilon(n), & |z|>|d_k|\\ -d_k^n\varepsilon(-n-1), & |z|<|d_k|\end{cases}$$

根据收敛域最终确定 $f(n)$。

例 5.7 求 $F(z)=\frac{z^2}{z^2-1.5z+0.5}$的逆变换 $f(n)$,其中$|z|>1$。

解　把$\frac{F(z)}{z}$展开为

$$\frac{F(z)}{z}=\frac{z}{(z-1)(z-0.5)}=\frac{2}{z-1}-\frac{1}{z-0.5}$$

再在等式两边同时乘以 z，可得

$$F(z)=\frac{2z}{z-1}-\frac{z}{z-0.5}$$

因为$|z|>1$

$$\frac{2z}{z-1}\leftrightarrow 2\varepsilon(n),\quad \frac{z}{z-0.5}\leftrightarrow (0.5)^n\varepsilon(n)$$

$$\begin{aligned}f(n)&=Z^{-1}\{F(z)\}=Z^{-1}\{\frac{2z}{z-1}-\frac{z}{z-0.5}\}\\&=2\varepsilon(n)-(0.5)^n\varepsilon(n)\\&=[2-(0.5)^n]\varepsilon(n)\end{aligned}$$

5.1.5　Z 变换的性质

Z 变换的性质讨论的是序列时域与复频域（z 域）之间的对应关系、变换规律。它们既揭示了时域与复频域之间的内在联系，又提供了系统分析、简化运算的新方法。

1. 线性特性

Z 变换是一种线性运算，满足叠加性和均匀性（也称齐次性）。如果

$$f_1(n)\leftrightarrow F_1(z),\quad R_{f_1^-}<|z|<R_{f_1^+}$$

$$f_2(n)\leftrightarrow F_2(z),\quad R_{f_2^-}<|z|<R_{f_2^+}$$

则

$$af_1(n)+bf_2(n)\leftrightarrow aF_1(z)+bF_2(z),\quad R_-<|z|<R_+ \tag{5.30}$$

式中

$$R_-=\max[R_{f_1^-},R_{f_2^-}]<|z|<R_+=\min[R_{f_1^+},R_{f_2^+}]$$

还可以推广到多个序列 Z 变换的情况，一般情况下线性相加后的序列其 Z 变换的收敛区会变小，但也有相反的例子，如下。

例 5.8　已知 $f_1(n)=a^n\varepsilon(n)$，$f_2(n)=a^n\varepsilon(n-1)$，$(a>0)$，求 $Z[f_1(n)-f_2(n)]$。

解

$$Z[f_1(n)]=\sum_{n=0}^{\infty}a^nz^{-n}=\frac{z}{z-a},\quad |z|>a$$

$$Z[f_2(n)]=\sum_{n=1}^{\infty}a^nz^{-n}=\sum_{n=0}^{\infty}a^nz^{-n}-1=\frac{z}{z-a}-1,\quad |z|>a$$

则

$$Z[f_1(n)-f_2(n)]=\frac{z}{z-a}-\frac{z}{z-a}+1=1$$

但因为 $f_1(n)-f_2(n)=a^n\varepsilon(n)-a^n\varepsilon(n-1)=\delta(n)$，其收敛域不是$|z|>a$，而是扩展到整个 z 平面。

2. 时移特性

对双边 Z 变换

如果

$$Z[f(n)] = F(z), \quad R_{f^-} < |z| < R_{f^+}$$

则

$$Z[f(n \pm m) = z^{\pm m}F(z) \tag{5.31}$$

对单边 Z 变换

如果

$$Z[f(n)\varepsilon(n)] = F(z), \quad |Z| > R_f$$

则

$$Z[f(n-m)\varepsilon(n)] = z^{-m}[F(z) + \sum_{k=-m}^{-1} f(k)z^{-k}]$$

$$Z[f(n+m)\varepsilon(n)] = z^{m}[F(z) - \sum_{k=0}^{m-1} f(k)z^{-k}] \tag{5.32}$$

如果 $f(n)=f(n)\varepsilon(n)$ 为因果序列,则

$$Z[f(n-m)\varepsilon(n)] = z^{-m}[F(z) + \sum_{k=-m}^{-1} f(k)z^{-k}] = z^{-m}F(z)$$

$$Z[f(n+m)\varepsilon(n)] = z^{m}[F(z) - \sum_{k=0}^{m-1} f(k)z^{-k}] \tag{5.33}$$

例 5.9 求周期序列 $f(n)=f(n+rN), r=0,1,2,\cdots$的单边 Z 变换。

解 因为 $f(n)=f(n+rN), r=0,1,2,\cdots$,令 $n=0\sim N-1$ 的主值区序列为 $f_1(n)$,其 Z 变换为 $F_1(z)$,则

$$f(n)\varepsilon(n) = f_1(n) + f_1(n-N) + f_1(n-2N) + \cdots$$

$f(n)$的单边 Z 变换为

$$\begin{aligned}
F(z) &= F_1(z) + z^{-N}F_1(z) + z^{-2N}F_1(z) + \cdots \\
&= F_1(z)(1 + z^{-N} + z^{-2N} + \cdots) \\
&= F_1(z)\sum_{m=0}^{\infty} z^{-mN} = F_1(z)\lim_{m\to\infty}\frac{1-z^{-mN}}{1-z^{-N}} \\
&= F_1(z)\frac{1}{1-z^{-N}}, \\
&= F_1(z)\frac{z^N}{z^N-1} \quad |z| > 1
\end{aligned}$$

3. 反折序列、共轭序列的 Z 变换

若

$$f(n) \leftrightarrow F(z), \quad R_{f^-} < |z| < R_{f^+}$$

则

$$f(-n) \leftrightarrow F(z^{-1}), \quad R_{f^-} < \left|\frac{1}{z}\right| < R_{f^+} \tag{5.34}$$

$$f^*(n) \leftrightarrow F^*(z^*), \quad R_{f^-} < |z| < R_{f^+} \tag{5.35}$$

证明如下：

$$Z[f(-n)] = \sum_{n=-\infty}^{\infty} f(-n)z^{-n} = \sum_{n=-\infty}^{\infty} f(n)(z^{-1})^{-n} = F(z^{-1}) = F\left(\frac{1}{z}\right),\quad R_{f^-}\left|\frac{1}{z}\right| < R_{f^+}$$

$$Z[f^*(n)] = \sum_{n=-\infty}^{\infty} f^*(n)z^{-n} = [\sum_{n=-\infty}^{\infty} f(n)(z^*)^{-n}]^* = F^*(z^*),\quad R_{f^-}|z| < R_{f^+}$$

当 $f(n)$为实序列时，有 $f(n)=f^*(n)$，这时有 $F(z)=F^*(z^*)$，因此有如下结论：若 $F(z)$有一个零点（或极点）在 $z=z_0$ 处，则必有另一零点（或极点）在 $z=z_0^*$ 处。

4. Z 域尺度变换特性

下面将不同形式的 Z 域尺度变换特性列出。

若

$$f(n)\leftrightarrow F(z),\quad R_{f^-} < |z| < R_{f^+}$$

则

$$e^{j\omega_0 n}f(n)\leftrightarrow F(e^{-j\omega_0}z),\quad R_{f^-} < |z| < R_{f^+}$$

$$a^n f(n)\leftrightarrow F\left(\frac{z}{a}\right),\quad R_{f^-} < \left|\frac{z}{a}\right| < R_{f^+} \tag{5.36}$$

证明如下：

设 $e^{j\omega_0 n}f(n)$的 Z 变换为 $F_1(z)$，则有

$$F_1(z) = \sum_{n=-\infty}^{\infty}[e^{j\omega_0 n}f(n)]z^{-n} = \sum_{n=-\infty}^{\infty} f(n)(e^{-j\omega_0}z)^{-n} = F(e^{-j\omega_0}z) \tag{5.37}$$

上述特性表明，信号在时域内乘以复指数信号 $e^{j\omega_0 n}$，相当于在 z 平面做一旋转，即全部零、极点的位置旋转一个角度 ω_0。

例 5.10　求信号 $f(n)=[\sin(\theta n)]\varepsilon(n)$的 Z 变换及其收敛域。

解　由于

$$f(n) = \sin(\theta n)\varepsilon(n) = \frac{1}{2j}(e^{j\theta n} - e^{-j\theta n})\varepsilon(n)$$

$$e^{j\theta n}\varepsilon(n)\leftrightarrow \frac{1}{1-e^{j\theta}z^{-1}},\quad |z| > 1$$

$$e^{-j\theta n}\varepsilon(n)\leftrightarrow \frac{1}{1-e^{-j\theta}z^{-1}},\quad |z| > 1$$

所以

$$F(z) = \frac{1}{2j}\left(\frac{1}{1-e^{j\theta}z^{-1}} - \frac{1}{1-e^{-j\theta}z^{-1}}\right) = \frac{(\sin\theta)z^{-1}}{1-(2\cos\theta)z^{-1}+z^{-2}},\quad |z| > 1$$

5. Z 域微分特性

如果

$$f(n)\leftrightarrow F(z),\quad R_{f^-} < |z| < R_{f^+}$$

则

$$nf(n)\leftrightarrow -z\frac{dF(z)}{dz},\quad R_{f^-} < |z| < R_{f^+} \tag{5.38}$$

证明如下：

$$F(z)=\sum_{n=-\infty}^{\infty}f(n)z^{-n}$$

$$\begin{aligned}\frac{\mathrm{d}F(z)}{\mathrm{d}z}&=\frac{\mathrm{d}}{\mathrm{d}z}\left[\sum_{n=-\infty}^{\infty}f(n)z^{-n}\right]\\&=\sum_{n=-\infty}^{\infty}f(n)\frac{\mathrm{d}}{\mathrm{d}z}z^{-n}=-\sum_{n=-\infty}^{\infty}nf(n)z^{-n-1}\\&=-z^{-1}\sum_{n=-\infty}^{\infty}nf(n)z^{-n}=-z^{-1}Z[nf(n)]\end{aligned}$$

由此可得

$$nf(n)\leftrightarrow -z\frac{\mathrm{d}F(z)}{\mathrm{d}z},R_{f^-}<|z|<R_{f^+}$$

得证。

例 5.11 求 $n\varepsilon(n)$和 $n^2\varepsilon(n)$的 Z 变换及其收敛域。

解 已知 $\varepsilon(n)$的 Z 变换为

$$U(z)=\frac{1}{1-z^{-1}}=\frac{z}{z-1},\quad |z|>1$$

由 Z 域微分特性可知

$$\begin{aligned}n\varepsilon(n)\leftrightarrow F(z)&=-z\frac{\mathrm{d}}{\mathrm{d}z}U(z)\\&=-z\frac{\mathrm{d}}{\mathrm{d}z}\left(\frac{1}{1-z^{-1}}\right)=\frac{z}{(z-1)^2},\quad |z|>1\end{aligned}$$

同理

$$n^2\varepsilon(n)\leftrightarrow -z\frac{\mathrm{d}}{\mathrm{d}z}\left[\frac{z}{(z-1)^2}\right]=\frac{z(z+1)}{(z-1)^3},\quad |z|>1$$

6. 时域卷积定理

若

$$Z[f_1(n)]=F_1(z),\quad R_{f_1^-}<|z|<R_{f_1^+}$$

$$Z[f_2(n)]=F_2(z),\quad R_{f_2^-}<|z|<R_{f_2^+}$$

则

$$Z[f_1(n)*f_2(n)]=F_1(z)F_2(z),\quad \max(R_{f_1^-},R_{f_2^-})<|z|<\min(R_{f_1^+},R_{f_2^+})\tag{5.39}$$

注意:当 $F_1(z)F_2(z)$相乘导致零、极点抵消时,则收敛域可能扩大。

例 5.12 已知某 LTI 系统的单位序列响应为 $h(n)=a^n\varepsilon(n)$,$|a|<1$,输入信号为 $f(n)=\varepsilon(n)$,试求系统的输出 $y(n)$。

解 方法一:时域法。

$$\begin{aligned}y(n)=h(n)*f(n)&=\sum_{m=-\infty}^{\infty}h(m)f(n-m)=\sum_{m=-\infty}^{\infty}a^m\varepsilon(m)\varepsilon(n-m)\\&=\sum_{m=0}^{n}a^m=\frac{1-a^{n+1}}{1-a},\quad n\geqslant 0\end{aligned}$$

方法二:时域卷积定理法。

$$h(n)\leftrightarrow H(z)=\frac{z}{z-a},\quad |z|>|a|$$

$$f(n)\leftrightarrow F(z)=\frac{z}{z-1},\quad |z|>1$$

$$Y(z)=H(z)\cdot F(z)=\frac{z}{z-a}\cdot\frac{z}{z-1}$$

$$=\frac{1}{1-a}\cdot\frac{z}{z-1}-\frac{a}{1-a}\cdot\frac{z}{z-a},\quad |z|>1$$

$$y(n)=\frac{1}{1-a}\varepsilon(n)-\frac{a}{1-a}a^n\varepsilon(n)=\frac{1-a^{n+1}}{1-a}\varepsilon(n)$$

7. 复频域卷积定理

若

$$f_1(n)\leftrightarrow F_1(z),\quad R_{f_1^-}<|z|<R_{f_1^+}$$
$$f_2(n)\leftrightarrow F_2(z),\quad R_{f_2^-}<|z|<R_{f_2^+}$$
$$f(n)=f_1(n)f_2(n)$$

则

$$F(z)=\frac{1}{2\pi \mathrm{j}}\oint_c F_1(v)F_2\left(\frac{z}{v}\right)\frac{\mathrm{d}v}{v},\quad R_{f_1^-}R_{f_2^-}<|z|<R_{f_1^+}R_{f_2^+}\tag{5.40}$$

式中，v 平面的收敛域为 $\max[R_{f_1-},|z|/R_{f_2+}]<|v|<\min[R_{f_1+},|z|/R_{f_2-}]$，$c$ 是 $F_1(v)$ 与 $F_2\left(\frac{z}{v}\right)$ 公共收敛区内一条逆时针封闭曲线。

复频域卷积定理应用较少，证明从略。

8. 初值定理

设 $f(n)$ 是因果序列，且 $Z[f(n)]=F(z)$，则

$$f(0)=\lim_{z\to\infty}F(z)\tag{5.41}$$

证明如下：

$$F(z)=\sum_{n=0}^{\infty}f(n)z^{-n}=f(0)+f(1)z^{-1}+f(2)z^{-2}+\cdots$$

$$\lim_{z\to\infty}F(z)=f(0)\tag{5.42}$$

得证。

同时对式(5.42)两边乘以 z，再取极限，则可得

$$f(1)=\lim_{z\to\infty}[zX(z)-zf(0)]\tag{5.43}$$

进一步可得

$$f(2)=\lim_{z\to\infty}[z^2X(z)-z^2f(0)-zf(1)]\tag{5.44}$$

9. 终值定理

若 $f(n)$ 是因果序列，$Z[f(n)]=F(z)$，且 $F(z)$ 在 $z=1$ 处最多有一个一阶极点，其他极点均在单位圆内，则

$$\lim_{n\to\infty} f(n) \xlongequal{\text{记为}} f(\infty) = \lim_{z\to 1}(z-1)F(z) \tag{5.45}$$

证明如下：

根据时移特性

$$(1-z^{-1})F(z) = \sum_{n=-\infty}^{\infty}[f(n)-f(n-1)]z^{-n}$$

因为 $f(n)$是因果序列，所以

$$(1-z^{-1})F(z) = \lim_{n\to\infty}\left[\sum_{m=0}^{n}[f(m)z^{-m} - \sum_{m=1}^{n} f(m-1)z^{-m}\right]$$

$F(z)$在 $z=1$ 处最多可以有一个一阶极点，则$(1-z^{-1})F(z)$在 $z=1$ 处无极点，上式两端对 $z=1$ 取极限。

$$\begin{aligned}\lim_{z\to 1}(1-z^{-1})F(z) &= \lim_{n\to\infty}\left[\sum_{m=0}^{n}[f(m) - \sum_{m=1}^{n} f(m-1)\right] \\ &= \lim_{n\to\infty}[f(0)+f(1)+\cdots+f(n-1)+f(n)- \\ &\quad f(0)-f(1)-\cdots-f(n-1)] \\ &= \lim_{n\to\infty} f(n)\end{aligned}$$

例 5.13　一因果序列 $f(n)$的 Z 变换为

$$F(z) = \frac{z}{z-a}, \quad |z|>|a|, a\ \text{为实数}$$

求 $f(0)$、$f(1)$、$f(\infty)$。

解　根据初值定理和终值定理，有

$$f(0) = \lim_{z\to\infty}\frac{z}{z-a} = 1$$

$$f(1) = \lim_{z\to\infty}[zF(z)-zf(0)] = \lim_{z\to\infty}\left(\frac{z^2}{z-a}-z\right) = a$$

$$f(\infty) = \lim_{z\to 1}[(1-z^{-1})F(z)] = \lim_{z\to 1}\frac{z-1}{z}\,\frac{z}{z-a} = \lim_{z\to 1}\frac{z-1}{z-a} = \begin{cases}0, & a\neq 1\\ 1, & a=1\end{cases}$$

5.2　离散时间系统的 Z 域分析

在连续系统分析中，通过单边拉普拉斯变换把描述系统的微分方程转化为 S 域代数方程，使得系统响应的求解变得简单。同样的思想，在离散系统中，通过单边 Z 变换将描述系统的差分方程转化为 Z 域代数方程，可以分别求得系统的零输入响应、零状态响应，也可以求得系统的全响应。

5.2.1　利用 Z 变换解差分方程

同连续系统一样，要想分析离散系统，首先要对系统进行描述，进而创建系统的数学模型。图 5.5 是离散系统的一般模型。

用数学表达式可以表示为

$$y(n) = T[f(n)]$$

$$f(n) \rightarrow \boxed{\text{离散系统}} \rightarrow y(n)$$

图 5.5 离散系统的一般模型

式中 T 为算子，指对激励 $f(n)$进行某种运算、处理或变换，最后得到响应 $y(n)$。当然，$f(n)$可以是系统的起始条件、输入序列或两者兼有，相应的响应 $y(n)$也分为零状态响应、零输入响应和全响应。差分方程就是描述离散系统的一种常用方法。

所谓差分方程，是指包含输出序列及其移位序列的方程，输出序列左、右移位的最大差值称为差分方程的阶数。差分方程很适于描述离散系统，它真实地反映了在离散时间 n 时系统输入、输出的运动状态。

差分方程的一般形式有

(1) N 阶前向差分方程：

$$\begin{aligned} &a_N y(n+N) + a_{N-1} y(n+N-1) + \cdots + a_1 y(n+1) + a_0 y(n) \\ &= b_M f(n+M) + b_{M-1} f(n+M-1) + \cdots + b_1 f(n+1) + b_0 f(n) \end{aligned} \tag{5.46}$$

(2) N 阶后向差分方程：

$$\begin{aligned} &a_0 y(n) + a_1 y(n-1) + \cdots + a_{N-1} y(n-N+1) + a_N y(n-N) \\ &= b_0 f(n) + b_1 f(n-1) + \cdots + b_{M-1} f(n-M+1) + b_M f(n-M) \end{aligned} \tag{5.47}$$

本书中一般采用后向差分方程，与连续系统微分方程相对应，N 阶 LTI 离散系统的后向差分方程一般形式为

$$\sum_{k=0}^{N} a_k y(n-k) = \sum_{r=0}^{M} b_r f(n-r) \tag{5.48}$$

当 $f(n)$是因果序列，且已知起始(边界)条件 $y(-1)$，$y(-2)$，…，$y(-N)$时，可利用单边 Z 变换求解式(5.48)。对式(5.48)两边取单边 Z 变换，利用单边 Z 变换的时移性，可得

$$\sum_{k=0}^{N} a_k z^{-k}\left[Y(z) + \sum_{l=-k}^{-1} y(l) z^{-l}\right] = \sum_{r=0}^{M} b_r z^{-r} F(z) \tag{5.49}$$

式中，$y(l)$是起始条件。在一定的条件下，根据式(5.49)可以求得系统的零状态响应、零输入响应和全响应。

1. 零状态响应

零状态响应是系统起始状态为 0，仅由激励引起的响应。当激励信号 $f(n)$是因果序列，并且系统起始条件为 0，即 $y(l)=0$，$-N \leqslant l \leqslant -1$ 时，响应即为零状态响应，式(5.49)变为

$$\sum_{k=0}^{N} a_k z^{-k} Y_{zs}(z) = \sum_{r=0}^{M} b_r z^{-r} F(z) \tag{5.50}$$

$$Y_{zs}(z) = \frac{\sum_{r=0}^{M} b_r z^{-r}}{\sum_{k=0}^{N} a_k z^{-k}} F(z) \tag{5.51}$$

令

$$H(z)=\frac{Y_{zs}(z)}{F(z)}=\frac{\sum_{r=0}^{M}b_r z^{-r}}{\sum_{k=0}^{N}a_k z^{-k}} \tag{5.52}$$

式中，$H(z)$为时域离散系统的系统(**传输**)函数。由此，零状态响应还可表示为

$$Y_{zs}(z)=H(z)F(z) \tag{5.53}$$

$$y_{zs}(n)=Z^{-1}[Y_{zs}(z)] \tag{5.54}$$

例 5.14 已知一离散系统的差分方程为 $y(n)-by(n-1)=f(n)$，其中 $f(n)=a^n\varepsilon(n)$，$y(-1)=0$。求 $y(n)$。

解 因为 $y(-1)=0$，所求的响应是零状态响应。对方程两边取单边 Z 变换

$$Y(z)-bz^{-1}Y(z)=F(z)$$

$$(1-bz^{-1})Y(z)=F(z)$$

$$\begin{aligned}Y(z)&=\frac{1}{1-bz^{-1}}X(z)=\frac{1}{1-bz^{-1}}\cdot\frac{1}{1-az^{-1}}\\&=\frac{z}{z-b}\cdot\frac{z}{z-a}\\&=\frac{1}{a-b}\left(\frac{az}{z-a}-\frac{bz}{z-b}\right)\end{aligned}$$

则

$$y(n)=\frac{1}{a-b}(a^{n+1}-b^{n+1})\varepsilon(n)$$

2. 零输入响应

零输入响应是输入为0，仅由系统始起储能引起的响应。此时激励 $f(n)=0$，起始条件为 $y(-1),y(-2),\cdots,y(-N)$，式(5.48)差分方程右边等于零，式(5.49)变为

$$\sum_{k=0}^{N}a_k z^{-k}\left[Y_{zi}(z)+\sum_{l=-k}^{-1}y(l)z^{-l}\right]=0$$

$$\sum_{k=0}^{N}a_k z^{-k}Y_{zi}(z)=-\sum_{k=0}^{N}\left[a_k z^{-k}\sum_{l=-k}^{-1}y(l)z^{-l}\right]$$

$$Y_{zi}(z)=\frac{-\sum_{k=0}^{N}\left[a_k z^{-k}\sum_{l=-k}^{-1}y(l)z^{-l}\right]}{\sum_{k=0}^{N}a_k z^{-k}} \tag{5.55}$$

其中，$y(l)$为系统的起始条件，$-N\leqslant l\leqslant -1$。逆变换后得零输入响应

$$y_{zi}(n)=Z^{-1}[Y_{zi}(z)]$$

例 5.15 差分方程同例 5.14，$f(n)=0$，$y(-1)=-1/b$，求 $y(n)$。

解 激励 $f(n)=0$，是零输入响应。对方程两边取单边 Z 变换得

$$Y(z)-b[z^{-1}Y(z)+y(-1)]=0$$

$$Y(z)-b\left[z^{-1}Y(z)-\frac{1}{b}\right]=0$$

$$(1-bz^{-1})Y(z)=-1$$

$$Y(z)=\frac{-1}{1-bz^{-1}}$$

$$y(n)=-b^{n}\varepsilon(n)$$

3. 全响应

利用 Z 变换，不需要分别求零状态响应与零输入响应，可以直接求解差分方程的全响应。

由式(5.49)知

$$Y(z)=\frac{\sum_{r=0}^{M}b_{r}z^{-r}}{\sum_{k=0}^{N}a_{k}z^{-k}}F(z)+\frac{-\sum_{k=0}^{N}\left[a_{k}z^{-k}\sum_{l=-k}^{-1}y(l)z^{-l}\right]}{\sum_{k=0}^{N}a_{k}z^{-k}}$$

$$y(n)=Z^{-1}\left[\frac{\sum_{r=0}^{M}b_{r}z^{-r}}{\sum_{k=0}^{N}a_{k}z^{-k}}F(z)+\frac{-\sum_{k=0}^{N}\left[a_{k}z^{-k}\sum_{l=-k}^{-1}y(l)z^{-l}\right]}{\sum_{k=0}^{N}a_{k}z^{-k}}\right] \tag{5.56}$$

即

$$y(n)=y_{zi}(n)+y_{zs}(n)$$

例 5.16 系统差分方程、激励 $f(n)$同例 5.14，$y(0)=0$，求响应 $y(n)$。

解 先求出起始条件 $y(-1)$，将 $n=0$ 代入原方程迭代

$$y(0)-by(0-1)=f(0)=1$$

可得 $y(-1)=-1/b$。既有 $f(n)$，又有起始条件 $y(-1)$，此时的 $y(n)$是全响应。

对方程两边取单边 Z 变换

$$Y(z)-b[z^{-1}Y(z)+y(-1)]=F(z)$$

$$Y(z)-b\left[z^{-1}Y(z)-\frac{1}{b}\right]=F(z)$$

$$(1-bz^{-1})Y(z)=F(z)-1$$

$$Y(z)=\frac{F(z)-1}{1-bz^{-1}}=\frac{1}{1-bz^{-1}}\cdot\left(\frac{1}{1-az^{-1}}-\frac{1}{1-bz^{-1}}\right)$$

$$=\frac{az}{(z-a)(z-b)}=\frac{a}{a-b}\left(\frac{z}{z-a}-\frac{z}{z-b}\right)$$

则完全响应为

$$y(n)=\frac{a}{a-b}(a^{n}-b^{n})\varepsilon(n)$$

5.2.2 离散时间系统的系统函数

若 LTI 离散系统的单位序列响应为 $h(n)$，输入信号为 $f(n)$，则系统产生的零状态响应可以用式(5.57)来表示

$$y(n)=f(n)*h(n) \tag{5.57}$$

根据 Z 变换时域卷积定理可知

$$Y(z)=F(z)H(z) \tag{5.58}$$

式中,$Y(z)$,$F(z)$和 $H(z)$分别表示 $y(n)$,$f(n)$和 $h(n)$的 Z 变换,因此定义

$$H(z)=\frac{Y(z)}{F(z)} \tag{5.59}$$

为离散时间系统的**系统函数**,它表示系统零状态响应的 Z 变换与其对应的激励的 Z 变换之比值。

由以上推导也可以看出:

系统函数 $H(z)$与单位序列响应 $h(n)$是一对 Z 变换,即

$$H(z)=Z[h(n)]=\sum_{n=-\infty}^{\infty}h(n)z^{-n} \tag{5.60}$$

所以系统函数是系统单位序列响应 $h(n)$的 Z 变换。

对于 N 阶线性时不变离散时间系统,既可以在时域中用差分方程来描述,也可以在 Z 域中用系统函数来描述,差分方程和系统函数之间的关系如下:

差分方程为

$$\sum_{k=0}^{N}a_k y(n-k)=\sum_{r=0}^{M}b_r f(n-r) \tag{5.61}$$

系统函数为

$$H(z)=Y(z)/F(z)=\frac{\sum_{r=0}^{M}b_r z^{-r}}{\sum_{k=0}^{N}a_k z^{-k}} \tag{5.62}$$

式(5.62)中 $H(z)$是 z^{-1}的 N 阶常系数有理式,由式(5.61)和式(5.62)可见,系统函数的系数就是差分方程的系数。

系统函数 $H(z)$一般是两个 z 变量的多项式之比,可分解为

$$H(z)=G\frac{(z-z_1)(z-z_2)\cdots(z-z_M)}{(z-p_1)(z-p_2)\cdots(z-p_N)}=G\frac{\prod_{r=1}^{M}(z-z_r)}{\prod_{k=1}^{N}(z-p_k)} \tag{5.63}$$

式(5.63)中$\{z_r\}$是 $H(z)$的零点,$\{p_k\}$是 $H(z)$的极点,G 是一个实常数,它们均由差分方程的系数 b_r、a_k 决定。由式(5.63)可见,除了系数 G 外,可以用零、极点唯一地确定 $H(z)$。将零点$\{z_r\}$与极点$\{p_k\}$标在 z 平面上,便可得到离散系统的零、极点图。

例 5.17 已知一 LTI 离散系统,其输入 $f(n)$和输出 $y(n)$满足

$$y(n)-y(n-1)-\frac{3}{4}y(n-2)=f(n-1)$$

求出该系统的系统函数 $H(z)$,并画出零、极点图。

解 对差分方程两边取 Z 变换并利用时移性质,得

$$Y(z)-z^{-1}Y(z)-\frac{3}{4}z^{-2}Y(z)=z^{-1}F(z)$$

$$Y(z)=\frac{z^{-1}}{1-z^{-1}-\frac{3}{4}z^{-2}}F(z)$$

所以

$$H(z)=\frac{Y(z)}{F(z)}=\frac{z^{-1}}{1-z^{-1}-\frac{3}{4}z^{-2}}=\frac{z}{z^2-z-\frac{3}{4}}=\frac{z}{\left(z-\frac{3}{2}\right)\left(z+\frac{1}{2}\right)}$$

于是，$H(z)$的零点为 $z=0$，有两个极点 $p_1=\frac{3}{2}$，$p_2=-\frac{1}{2}$，零、极点图如图 5.6 所示。

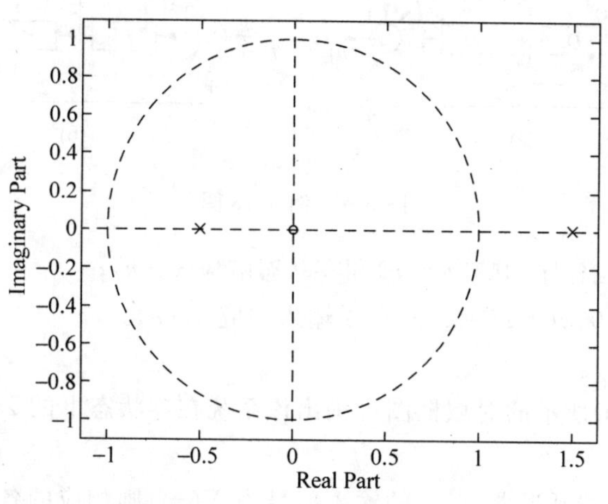

图 5.6　例 5.17 的零、极点图

5.2.3　系统的 Z 域框图

与连续时间系统类似，离散时间系统分析中也常遇到用时域框图描述的系统，这时可根据系统框图中各基本运算单元的运算关系列出描述该系统的差分方程，然后用时域法或 Z 变换法求该方程的解。如果能够直接由系统的时域框图画出其相应的 Z 域框图，就可直接根据 Z 域框图列写相应的代数方程，然后逆 Z 变换求解出响应，这将使运算简化。

时域离散系统的基本运算单元为乘法器、加法器、延时器，对其输入输出关系取 Z 变换，并利用线性、移位等性质，可得各运算单元的 Z 域模型，如表 5.1 所示。

表 5.1　时域离散系统基本运算单元的 Z 域模型

名称	时域模型	Z 域模型
乘法器	$f(n)\rightarrow (a) \rightarrow af(n)$ 或 $f(n)\xrightarrow{a} af(n)$	$F(z)\rightarrow (a) \rightarrow aF(z)$ 或 $F(z)\xrightarrow{a} aF(z)$
加法器	$f_1(n)$ (+)、$f_2(n)$ (±) → Σ → $f_1(n)\pm f_2(n)$	$F_1(z)$ (+)、$F_2(z)$ (±) → Σ → $F_1(z)\pm F_2(z)$
积分器 （起始状态为 0）	$f(n)\rightarrow$ [D] $\rightarrow f(n-1)$	$F(n)\rightarrow$ [z^{-1}] $\rightarrow z^{-1}F(z)$

由于含起始状态的框图比较复杂，而通常最关心的是系统的零状态响应的 Z 域框图，为使用简便，表 5.1 中只列出了零状态下的 Z 域框图，当然也给求零输入响应带来不便。

例 5.18 某 LTI 系统的时域框图如图 5.7(a)所示，已知输入 $f(n)=\varepsilon(n)$。

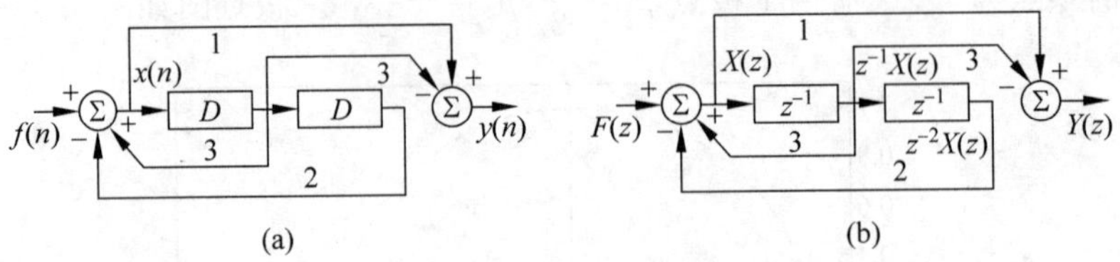

图 5.7 例 5.18 图

(1) 求系统的单位样序列响应 $h(n)$ 和零状态响应 $y_{zs}(n)$；

(2) 若 $y(-1)=0, y(-2)=0.5$，求零输入响应 $y_{zi}(n)$。

解

(1) 根据图 5.7(a)所示的时域框图可画出该系统在零状态下的 Z 域框图，如图 5.7(b)所示。

设图 5.7(b)中左端延迟器(z^{-1})的输入信号为 $X(z)$，则相应的各延迟器的输出信号为 $z^{-1}X(z)$、$z^{-2}X(z)$。对左端加法器，根据输出与输入相等的原则可列出方程，即

$$X(z) = 3z^{-1}X(z) - 2z^{-2}X(z) + F(z)$$

即

$$(1-3z^{-1}+2z^{-2})X(z) = F(z)$$

同理，由右端加法器的输出端可列出

$$Y_{zs}(z) = X(z) - 3z^{-1}X(z) = (1-3z^{-1})X(z)$$

从以上两式消去中间变量 $X(z)$，得

$$Y_{zs}(z) = \frac{1-3z^{-1}}{1-3z^{-1}+2z^{-2}}F(z) = H(z)F(z)$$

所以，系统函数

$$H(z) = \frac{1-3z^{-1}}{1-3z^{-1}+2z^{-2}} = \frac{z^2-3z}{z^2-3z+2} = \frac{2z}{z-1} + \frac{-z}{z-2}$$

取逆变换，得系统的单位序列响应为

$$h(n) = (2-2^n)\varepsilon(n)$$

当激励 $f(n)=\varepsilon(n)$，$\varepsilon(n)\leftrightarrow\dfrac{z}{z-1}$ 时，零状态响应的 Z 变换为

$$Y_{zs}(z) = H(z)F(z) = \frac{1-3z^{-1}}{1-3z^{-1}+2z^{-2}} \cdot \frac{z}{z-1} = \frac{z^2(z-3)}{(z-1)^2(z-2)}$$

将上式展开为部分分式，有

$$Y_{zs}(z) = \frac{2z}{(z-1)^2} + \frac{3z}{z-1} + \frac{-2z}{z-2}$$

取上式的逆变换，得零状态响应为

$$y_{zs}(n) = [2n+3-2(2)^n]\varepsilon(n)$$

(2) 由于

$$H(z)=\frac{1-3z^{-1}}{1-3z^{-1}+2z^{-2}}$$

因此零输入响应 $y_{zi}(n)$满足差分方程

$$y_{zi}(n)-3y_{zi}(n-1)+2y_{zi}(n-2)=05$$

对上式取 Z 变换,得

$$Y_{zi}(z)-3[z^{-1}Y_{zi}(z)+y_{zi}(-1)]+2[z^{-2}Y_{zi}(z)+y_{zi}(-1)z^{-1}+y_{zi}(-2)]=0$$

由上式可解得

$$Y_{zi}(z)=\frac{[3y_{zi}(-1)-2y_{zi}(-2)]-2y_{zi}(-1)z^{-1}}{1-3z^{-1}+2z^{-2}}$$

对零输入响应有

$y_{zi}(-1)=y(-1)=0, y_{zi}(-2)=y(-2)=\frac{1}{2}$,将它们代入上式,得

$$Y_{zi}(z)=\frac{-1}{1-3z^{-1}+2z^{-2}}=\frac{-z^2}{z^2-3z+2}=\frac{z}{z-1}+\frac{-2z}{z-2}$$

故得

$$y_{zi}(n)=(1-2\cdot 2^n)\varepsilon(n)=(1-2^{n+1})\varepsilon(n)$$

5.3 离散时间系统函数与系统特性

5.3.1 系统函数的零、极点分布与系统时域特性的关系

$H(z)$和 $h(n)$是一对 Z 变换对,所以只要知道 $H(z)$在 z 平面上的零、极点分布情况,就可以知道系统的单位序列响应 $h(n)$的变换规律。假设 $H(z)$的所有极点均为单极点,且 $M\leqslant N$,$H(z)$用部分分式展开为

$$H(z)=\frac{B(z)}{A(z)}=G\frac{\prod_{r=1}^{M}(z-z_r)}{\prod_{k=1}^{N}(z-p_k)}=G\frac{\prod_{r=1}^{M}(1-z_rz^{-1})}{\prod_{i=1}^{N}(1-p_iz^{-1})}=\sum_{i=1}^{N}\frac{A_i}{1-p_iz^{-1}} \tag{5.64}$$

式(5.64)对应的单位序列响应为

$$h(n)=\sum_{i=1}^{N}A_ip_i^n\varepsilon(n)=\sum_{i=1}^{N}h_i(n) \tag{5.65}$$

显然单位序列响应的特性仅取决于极点的分布,即系统的自然频率。由于常数 A_i 受零点的影响,所以零点的分布只影响单位序列响应的幅值和相位。

以单位圆$|z|=1$为界,可将 z 平面分为单位圆内、单位圆上和单位圆外三部分。下面分析 $H(z)$的极点位于不同位置时 $h(n)$波形的变化规律。

1. 单位圆内的极点($|z|<1$)

若 $H(z)$的所有极点都位于 z 平面的单位圆内,即$|z|<1$,分以下几种情况:

若 $H(z)$有一阶实极点 $p=a$,$|a|<1$,那么 $H(z)$的分母 $A(z)$中就有因子$(z-a)$,则

$h(n)$中就含有形式为$a^n\varepsilon(n)$的项。

若$H(z)$有二阶实极点$p=a$,则$A(z)$中就有因子$(z-a)^2$,$h(n)$中就含有形式为$na^{n-1}\varepsilon(n)$的项。

若$H(z)$在单位圆内有一阶共轭复极点$p_{1,2}=re^{\pm j\beta}$,$r<1$,则$A(z)$中就有因子$(z-re^{j\beta})\cdot(z-re^{-j\beta})$,$h(n)$中就有形式为$r^n\cos(\beta n+\theta)\varepsilon(n)$的项。

若$H(z)$有二阶共轭复极点$p_{1,2}=re^{\pm j\beta}$,则$A(z)$中就有因子$(z-re^{j\beta})^2(z-re^{-j\beta})^2$,$h(n)$中就有形式为$nr^n\cos(\beta n+\theta)\varepsilon(n)$的项。

若$H(z)$在单位圆内有二阶以上极点,这些极点对应的$h(n)$中的项也随n的增加而减小,最终趋于零。

综合以上几种情况,$H(z)$在单位圆内的极点对应$h(n)$的响应都是随n的增加而指数衰减,$n\to\infty$时,$h(n)\to 0$,即$h(n)$的波形是衰减的,$h(n)$绝对可和,一般称这样的时域离散系统为稳定系统。如图5.8所示。

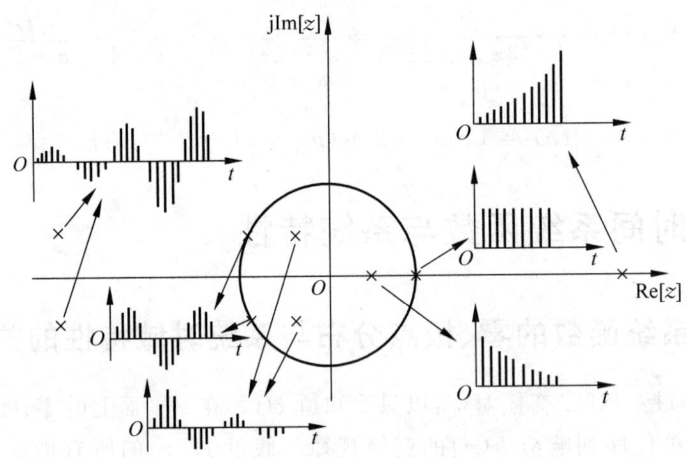

图5.8 $H(z)$的极点与$h(n)$波形对应的示意图

2. 单位圆上的极点($|z|=1$)

若$H(z)$在单位圆上有一阶实极点$p=\pm 1$,则$A(z)$中就有因子$z=\pm 1$,$h(n)$中就有形式为$(\pm 1)^n\varepsilon(n)$的项。

若$H(z)$在单位圆上有二阶实极点$p=\pm 1$,则$A(z)$中就有因子$(z\pm 1)^2$,$h(n)$中就有$n(\pm 1)^{n-1}\varepsilon(n)$的项。

若$H(z)$在单位圆上有共轭复极点$p_{1,2}=e^{\pm j\beta}$,则$A(z)$中就有因子$(z-e^{j\beta})(z-e^{-j\beta})$,$h(n)$中就有形式为$\cos(\beta n+\theta)\varepsilon(n)$的项。

若有二阶共轭复极点$p_{1,2}=e^{\pm j\beta}$,则$A(z)$中就有因子$(z-e^{j\beta})^2(z-e^{-j\beta})^2$,$h(n)$中就有形式为$n\cos(\beta n+\theta)\varepsilon(n)$的项。

综合以上几种情况,$H(z)$在单位圆上的一阶极点对应$h(n)$为阶跃序列或正弦序列,$h(n)$的波形是等幅的,称这样的系统为临界稳定系统;$H(z)$在单位圆上的二阶及二阶以上极点对应$h(n)$的波形随n的增大而增长,当$n\to\infty$时,$h(n)\to\infty$,$h(n)$不绝对可和,这样的系统称为不稳定系统。如图5.8所示。

3. 单位圆外极点（$|z|>1$）

与以上分析类似，当 $H(z)$ 的极点位于单位圆外时，$h(n)$ 将会随 n 的增大而增大，当 $n\to\infty$ 时，$h(n)\to\infty$，$h(n)$ 的波形是增幅的，$h(n)$ 不绝对可和，这样的系统为不稳定系统。如图 5.8 所示。

综上所述，$H(z)$ 在单位圆内的极点对应的 $h(n)$ 波形是衰减的，当 n 趋于无穷大时，响应趋于零，极点全部在单位圆内的系统是稳定的系统。$H(z)$ 在单位圆上的一阶极点对应的 $h(n)$ 波形是等幅的，系统临界稳定；$H(z)$ 在单位圆上的二阶及二阶以上极点对应的 $h(n)$ 波形是增幅的，系统不稳定。$H(z)$ 在单位圆外的极点对应的 $h(n)$ 波形是增幅的，系统不稳定。当然，以上讨论针对的系统为因果系统。

5.3.2 系统函数的零、极点分布与系统频率响应的关系

1. 离散系统的频率响应

与连续系统中频率响应的地位与作用类似，在离散系统中经常需要对输入信号的频谱进行分析处理，因此有必要研究离散系统的频率响应。

定义系统单位序列响应 $h(n)$ 的傅里叶变换 $H(e^{j\omega})$（序列的傅里叶变换将在第 6 章中介绍）为系统的**频率响应**，即

$$H(e^{j\omega}) = \sum_{n=-\infty}^{\infty} h(n)e^{-j\omega n} = |H(e^{j\omega})|e^{j\varphi(\omega)} \tag{5.66}$$

称 $|H(e^{j\omega})|\sim\omega$ 为系统的幅频特性函数，$\varphi(\omega)\sim\omega$ 为系统的相频特性函数。

任意激励信号都可以看作无穷多项虚指数信号 $e^{j\omega n}$ 的叠加，因此可以先研究虚指数信号作用于系统所引起的响应。设 LTI 系统的单位序列响应为 $h(n)$，当系统输入 $f(n)=e^{j\omega n}$ 时，系统产生的零状态响应 $y(n)$ 为

$$\begin{aligned} y(n) = h(n) * f(n) &= \sum_{m=-\infty}^{\infty} h(m)f(n-m) = \sum_{m=-\infty}^{\infty} h(m)e^{j\omega(n-m)} \\ &= e^{j\omega n}\sum_{m=-\infty}^{\infty} h(m)e^{-j\omega m} = H(e^{j\omega})e^{j\omega n} \end{aligned}$$

即

$$y(n) = H(e^{j\omega})e^{j\omega n} = |H(e^{j\omega})|e^{j[\omega n+\varphi(\omega)]} \tag{5.67}$$

式(5.67)说明，单频的复指数信号 $e^{j\omega n}$ 通过频率响应函数为 $H(e^{j\omega})$ 的系统后，输出仍为同频率复指数信号，只是幅度扩大 $|H(e^{j\omega})|$，相位移动 $\varphi(\omega)$。

例 5.19 设 LTI 系统的单位序列响应为 $h(n)$，系统起始状态为 0，当输入信号 $f(n)=\cos(\omega n)$ 时，求系统的输出信号 $y(n)$。

解 $f(n)=\cos(\omega n)=\frac{1}{2}(e^{j\omega n}+e^{-j\omega n})$

则

$$y(n) = \frac{1}{2}[H(e^{j\omega})e^{j\omega n} + H(e^{-j\omega})e^{-j\omega n}]$$

设 $h(n)$ 是实序列，则 $H^*(e^{j\omega})=H(e^{-j\omega})$，$|H^*(e^{j\omega})|=|H(e^{-j\omega})|$，$\varphi(\omega)=-\varphi(-\omega)$，所以

$$y(n)=\frac{1}{2}[|H(e^{j\omega})|e^{j\varphi(\omega)}e^{j\omega n}+|H(e^{-j\omega})|e^{j\varphi(-\omega)}e^{-j\omega n}]$$
$$=\frac{1}{2}|H(e^{j\omega})|\{e^{j[\omega n+\varphi(\omega)]}+e^{-j[\omega n+\varphi(\omega)]}\}$$
$$=|H(e^{j\omega})|\cos[\omega n+\varphi(\omega)] \tag{5.68}$$

由例 5.19 可见,线性时不变系统对单频正弦信号 $\cos(\omega n)$的响应为同频的正弦信号,只是幅度较 $\cos(\omega n)$放大$|H(e^{j\omega})|$倍,相位较 $\cos(\omega n)$增加 $\varphi(\omega)$,这就是其名称"频率响应函数"的物理含义。如果系统输入为一般的序列 $f(n)$,则 $H(e^{j\omega})$对 $f(n)$的不同频率成分进行加权处理即可。

2. 利用系统的零、极点分布分析系统的频率响应

根据序列傅里叶变换和 Z 变换的定义,如果 LTI 系统的系统函数 $H(z)$的收敛域包含单位圆$|z|=1$,则 $H(e^{j\omega})$与 $H(z)$之间的关系如下

$$H(e^{j\omega})=H(z)\big|_{z=e^{j\omega}} \tag{5.69}$$

设 $H(z)$共有 m 个零点、n 个极点,即

$$H(z)=\frac{b_m z^m+b_{m-1}z^{m-1}+b_{m-2}z^{m-2}+\cdots+b_1 z+b_0}{a_n z^n+b_{n-1}z^{n-1}+b_{n-2}z^{n-2}+\cdots+a_1 z+a_0}=\frac{b_m\prod_{i=1}^{m}(z-z_i)}{\prod_{i=1}^{n}(z-p_i)},\quad a_n=1$$

则

$$H(e^{j\omega})=H(z)\big|_{z=e^{j\omega}}=\frac{b_m\prod_{i=1}^{m}(e^{j\omega}-z_i)}{\prod_{i=1}^{n}(e^{j\omega}-p_i)} \tag{5.70}$$

下面用 z 平面几何分析的方法研究系统的零、极点分布对系统频率特性的影响。

在 z 平面中,如图 5.9 所示,$e^{j\omega}-z_i$ 表示 z 平面内由零点 z_i 指向单位圆上某点 $e^{j\omega}$的一个矢量,可以用其模 B_i 和相位 ψ_i 表示,$e^{j\omega}-p_i$ 表示由极点 p_i 指向单位圆上某点 $e^{j\omega}$的矢量,可以用模 A_i 和相位 θ_i 表示,即

$$\begin{aligned}(e^{j\omega}-z_i)&=B_i e^{j\psi_i}\\(e^{j\omega}-p_i)&=A_i e^{j\theta_i}\end{aligned} \tag{5.71}$$

jIm[z]
$A_ie^{j\theta_i}$
$e^{j\omega}$
$B_ie^{j\psi_i}$
p_i
O
1
Re[z]
z_i

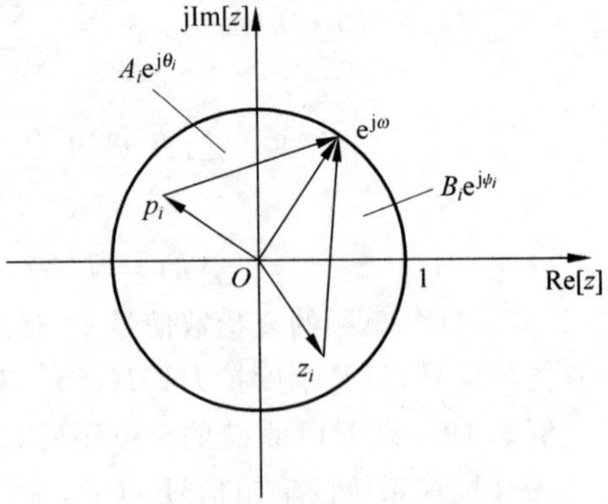

图 5.9 系统频响的几何作图法

则 $H(e^{j\omega})$又可表示为

$$H(e^{j\omega})=\frac{b_m\prod_{i=1}^{m}B_i e^{j\psi_i}}{\prod_{i=1}^{n}A_i e^{j\theta_i}}=|H(e^{j\omega})|e^{j\varphi(\omega)} \tag{5.72}$$

则系统的幅频响应和相频响应分别为

$$|H(e^{j\omega})|=\frac{b_m B_1 B_2\cdots B_m}{A_1 A_2\cdots A_n} \tag{5.73}$$

$$\varphi(\omega)=(\psi_1+\psi_2+\cdots+\psi_m)-(\theta_1+\theta_2+\cdots+\theta_n) \tag{5.74}$$

单位圆上的点 $e^{j\omega}$ 由 0 到 2π 不断移动，就可以得到全部的频率响应。显然单位圆上的点每转一周(2π)，频率特性就重复一次，也就是说频率特性的周期是 2π，所以只要一个周期就可以确定系统的频率响应。利用这个方法可以方便地由 $H(z)$ 的零、极点位置分布求出系统的频率响应。

例 5.20 已知某 LTI 因果系统的系统函数 $H(z)=\frac{1}{1-az^{-1}}$，$|a|<1$，用几何分析的方法求该系统的频响特性 $H(e^{j\omega})$。

解 由系统函数 $H(z)=\frac{1}{1-az^{-1}}=\frac{z}{z-a}$，可知系统有一个极点 $p=a$，一个零点 $z=0$，如图 5.10 所示。在 ω 从 0 到 π 变化的过程中，关注如下几个特殊点：

当 $\omega=0$ 时，$|H(e^{j\omega})|=\frac{C}{D}=\frac{1}{1-a}$，$\varphi(\omega)=0-0=0$；

当 $\omega=\frac{\pi}{2}$ 时，$|H(e^{j\omega})|=\frac{C}{D}=\frac{1}{\sqrt{1+a^2}}<\frac{1}{1-a}$，

$\phi(\omega)=\frac{\pi}{2}-\left(\pi-\arctan\frac{1}{a}\right)=\arctan\frac{1}{a}-\frac{\pi}{2}$；

当 $\omega=\pi$ 时，$|H(e^{j\omega})|=\frac{C}{D}=\frac{1}{\sqrt{1+a}}$，$\varphi(\omega)=\pi-\pi=0$。

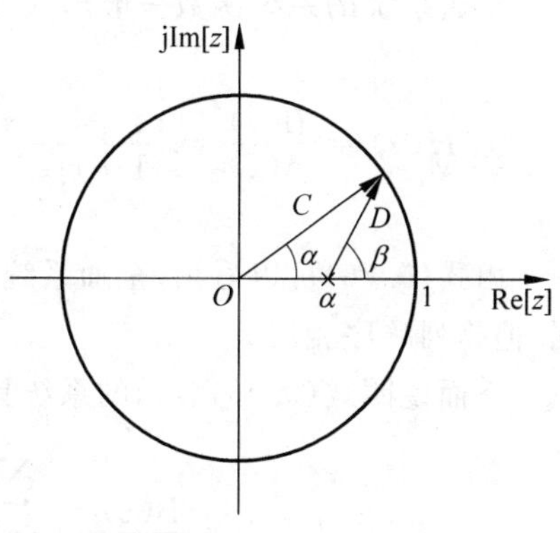

图 5.10 例 5.20 图

可见，在 $\omega=0\sim\pi$ 范围内，当 $\omega=0$ 时，$|H(e^{j\omega})|$ 最大；当 $\omega=\pi$ 时，$|H(e^{j\omega})|$ 最小。

而当 $\omega=\pi\sim2\pi$ 时，$|H(e^{j\omega})|$ 变化趋势与 $\omega=0\sim\pi$ 是对称的。

其中，a 分别为负数和正数时 $\varphi(\omega)\sim\omega$ 的变化趋势如图 5.11 所示。

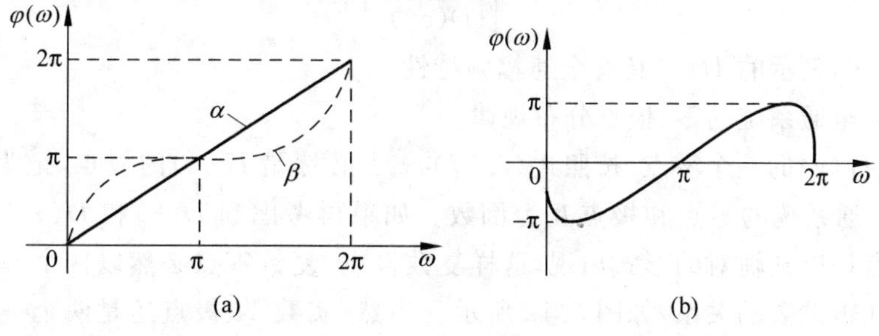

图 5.11 例 5.20 系统相频特性 $\varphi(\omega)$

由式(5.72)和式(5.73)以及上例可以归纳几何法确定频率响应 $H(e^{j\omega})$ 的一般规律：

(1) 在某个极点 p_i 附近，振幅特性 $|H(e^{j\omega})|$ 有可能形成峰值，p_i 越靠近单位圆，峰值越明显，p_i 在单位圆上，$|H(e^{j\omega})|\to\infty$，出现谐振。

(2) 在某个零点附近，振幅特性 $|H(e^{j\omega})|$ 有可能形成谷点，z_i 越靠近单位圆，谷点越明

显，z_i 在单位圆上，$|H(e^{j\omega})|=0$。

(3) 原点处的零、极点对振幅特性 $|H(e^{j\omega})|$ 无影响，只有一线性相位分量。

(4) 在零、极点附近相位变化较快(与实轴夹角有 $\pm\pi$ 的变化)。

3. 全通系统和最小相位系统

下面介绍几种特殊的系统，全通系统和最小相位系统。

1) 全通系统

如果系统的幅频特性对所有频率都等于1或常数，即

$$|H(e^{j\omega})|=1 \tag{5.75}$$

则该系统称为全通系统(全通滤波器、全通网络)。信号经过全通系统后，幅度特性保持不变，仅相位特性 $\varphi(\omega)$ 发生变化，系统起到纯相位滤波的作用。

全通系统的系统函数一般形式如下

$$H(z)=\frac{B(z)}{A(z)}=\frac{c_N+c_{N-1}z^{-1}+\cdots+c_1z^{N-1}+z^{-N}}{1+c_1z^{-1}+c_2z^{-2}+\cdots+c_Nz^{-N}}=\frac{\sum_{k=0}^{N}c_kz^{-N+k}}{\sum_{k=0}^{N}c_kz^{-k}},\quad c_0=1 \tag{5.76}$$

由式(5.76)可以看出，全通系统的系统函数 $H(z)$ 的特点是分子、分母多项式的系数相同，但排列顺序相反。

下面说明式(5.76)表示的系统具有全通幅频特性。

$$H(z)=\frac{B(z)}{A(z)}=\frac{\sum_{k=0}^{N}c_kz^{-N+k}}{\sum_{k=0}^{N}c_kz^{-k}}=z^{-N}\frac{\sum_{k=0}^{N}c_kz^{k}}{\sum_{k=0}^{N}c_kz^{-k}}=z^{-N}\frac{D(z^{-1})}{D(z)} \tag{5.77}$$

式(5.77)中，$D(z)=\sum_{k=0}^{N}c_kz^{-k}$。由于系数 c_k 是实数，因此

$$D(z^{-1})\big|_{z=e^{j\omega}}=D(e^{-j\omega})=D^*(e^{j\omega})$$

$$|H(e^{j\omega})|=\left|\frac{D^*(e^{j\omega})}{D(e^{j\omega})}\right|=1$$

证明了式(5.76)表示的 $H(z)$ 具有全通幅频特性。

下面分析全通系统的零、极点分布规律。

设 z_k 为 $H(z)$ 的一个零点，按照式(5.77)，z_k^{-1} 必然是 $H(z)$ 的极点，记为 $p_k=z_k^{-1}$，则 $p_kz_k=1$，即全通系统的零点和极点互为倒数。如果再考虑到 $D(z)$ 和 $D(z^{-1})$ 的系数为实数，其极、零点均以共轭对的形式出现，这样复数极点、复数零点必然以四个一组出现，极点与零点间呈共轭倒数的关系，如图5.12所示。当然，实数零、极点还是两个一组出现，零点与极点互为倒数。

2) 最小相位系统

由前面的知识可知，一个因果稳定的时域离散系统，其系统函数 $H(z)$ 的极点必须在单位圆内部，但零点可以在 z 平面的任意位置。如果系统所有的零点也都在单位圆内，则称为最小相位系统；如果所有的零点都在单位圆外，称为最大相位系统；若单位圆内、圆外都有零点，则称为混合相位系统。

最小相位系统在工程理论中较为重要，它有几个比较重要的特点：

(1) 在幅频响应特性相同的所有因果稳定系统集中，最小相位系统的相位延迟最小。或者从时域说，最小相位系统的时域波形延迟和能量延迟最小。

(2) 只有最小相位系统才有逆系统的存在。

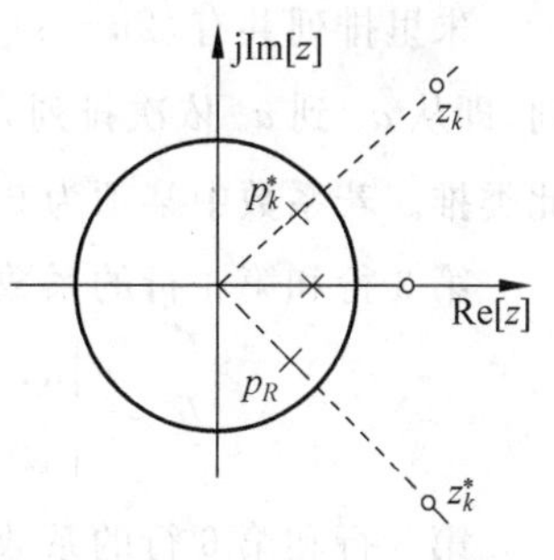

图 5.12 全通系统一组零、极点示意图

给定一个因果稳定的系统 $H(z)=\dfrac{B(z)}{A(z)}$，定义其逆系统为 $H_{\text{INV}}(z)=\dfrac{1}{H(z)}=\dfrac{A(z)}{B(z)}$，即 $H(z)$的零点是 $H_{\text{INV}}(z)$的极点，$H(z)$的极点是 $H_{\text{INV}}(z)$的零点，只有 $H(z)$为最小相位系统，其零点在单位圆内时，其逆系统的极点才会位于单位圆内，系统才是因果稳定的(物理可实现的)。逆系统在信号检测及解卷积中有重要应用。

5.3.3 系统函数的零、极点分布与系统稳定性的关系

根据 5.3.1 的内容，如果一时域离散系统 $H(z)$的所有极点都在单位圆内，则系统是稳定的；$H(z)$在单位圆上的一阶极点对应系统临界稳定；$H(z)$在单位圆上的二阶及二阶以上极点，或者单位圆外的极点对应系统不稳定。

对于高阶系统，直接求其极点比较麻烦，朱里提出了一种列表的方法来判断 $H(z)$的极点是否全部在单位圆内，这种方法称为朱里准则。朱里准则是根据 $H(z)$的分母 $A(z)$的系数列成的表来判断 $H(z)$的极点位置，该表又称朱里排列。

朱里判据：设 n 阶离散时间系统的系统函数为 $H(z)=\dfrac{B(z)}{A(z)}$，其分母

$$A(z)=a_nz^n+a_{n-1}z^{n-1}+a_{n-2}z^{n-2}+\cdots+a_1z+a_0$$

将分母 $A(z)$的系数列成表(朱里排列)，来判断 $H(z)$的极点位置，如表 5.2 所示。

表 5.2 朱里排列表

行	z^0	z^1	z^2	…	z^{n-2}	z^{n-1}	z^n
1	a_0	a_1	a_2	…	a_{n-2}	a_{n-1}	a_n
2	a_n	a_{n-1}	a_{n-2}	…	a_2	a_1	a_0
3	b_0	b_1	b_2	…	b_{n-2}	b_{n-1}	
4	b_{n-1}	b_{n-2}	b_{n-3}	…	b_1	b_0	
5	c_0	c_1	c_2	…	c_{n-2}		
6	c_{n-2}	c_{n-3}	c_{n-4}	…	c_0		
⋮	⋮	⋮	⋮	⋮			
$2n-5$	d_0	d_1	d_2	d_3			
$2n-4$	d_3	d_2	d_1	d_0			
$2n-3$	e_0	e_1	e_2				

朱里排列共有$(2n-3)$行。第1行为$A(z)$的各项系数从最低次幂到最高次幂依次排列,即从a_0到a_n依次排列,第2行是第1行的倒序排列;第4行是第3行的倒序排列;以此类推。若系数中某项为0,则用0替补。

第3行和第4行的系数为

$$b_i = \begin{vmatrix} a_0 & a_{n-i} \\ a_n & a_i \end{vmatrix} = a_0 a_i - a_{n-i} a_n,\quad i = 0,1,2,\cdots,n-1$$

第5行和第6行的系数为

$$c_i = \begin{vmatrix} b_0 & b_{n-1-i} \\ b_{n-1} & b_i \end{vmatrix} = b_0 b_i - b_{n-i-1} b_{n-1},\quad i = 0,1,2,\cdots,n-2$$

系数为持续该过程一直到$(2n-3)$行,该行最后一个元素为

$$e_2 = \begin{vmatrix} d_0 & d_1 \\ d_3 & d_2 \end{vmatrix} = d_0 d_2 - d_1 d_3$$

朱里准则是$A(z)=0$的根,即$H(z)$的极点全部在单位圆内的充分和必要条件为

$$\begin{cases} A(1) = A(z)\big|_{z=1} > 0 \\ (-1)^n A(-1) > 0 \\ |a_0| < a_n \\ |b_0| > |b_{n-1}| \\ |c_0| > |c_{n-2}| \\ \vdots \\ |e_0| > |e_2| \end{cases} \tag{5.78}$$

即只有当上述条件均满足时,离散系统才是稳定的,否则系统不稳定。

例 5.21 已知$H(z)=\dfrac{z^2+z+3}{12z^3-16z^2+7z-1}$,根据朱里准则判断系统的稳定性。

解 由系统可知

$$A(z) = 12z^3 - 16z^2 + 7z - 1$$

对$A(z)$的系数进行朱里排列,如下

$$\begin{matrix} -1 & 7 & -16 & 12 \\ 12 & -16 & 7 & -1 \end{matrix}$$

即

$$b_0 = a_0 a_0 - a_3 a_3 = (-1)\times(-1) - 12\times 12 = -143$$

$$b_1 = a_0 a_1 - a_2 a_3 = (-1)\times 7 - (-16)\times 12 = 185$$

$$b_2 = a_0 a_2 - a_1 a_3 = (-1)\times(-16) - 7\times 12 = -68$$

$$A(1) = 2 > 0,(-1)^3 A(-1) = 36 > 0$$

$$a_3 = 12 > |a_0| = 1,|b_0| = 143 > |b_2| = 68$$

根据朱里判据,该系统是稳定的。

5.4 Z 变换与拉普拉斯变换的关系

已知三种变换域的方法，即傅里叶变换，拉普拉斯变换和 Z 变换，这些变换之间有着密切的关系，在一定的条件下是可以转换的，现在我们来研究 Z 变换和拉普拉斯变换的关系。

对于一个连续时间信号 $f(t)$，每隔时间 T_s 冲激采样一次，其采样信号可表示为

$$f_s(t)=f(t)\delta_{T_s}(t)=f(t)\sum_{n=-\infty}^{\infty}\delta(t-nT_s)=\sum_{n=-\infty}^{\infty}f(nT_s)\delta(t-nT_s) \tag{5.79}$$

取 $f_s(t)$的双边拉普拉斯变换为

$$F_s(s)=\int_{-\infty}^{\infty}\left[\sum_{n=-\infty}^{\infty}f(nT_s)\delta(t-nT_s)\right]\mathrm{e}^{-st}\mathrm{d}t=\sum_{n=-\infty}^{\infty}f(nT_s)\mathrm{e}^{-snT_s} \tag{5.80}$$

取一个新的复变量 z，令 $z=\mathrm{e}^{sT_s}$，则

$$F(z)=\sum_{k=-\infty}^{\infty}f(nT_s)z^{-n} \tag{5.81}$$

因此，比较式(5.80)和式(5.81)可知

$$F_s(s)=F(z)\big|_{z=\mathrm{e}^{sT_s}}$$
$$F(z)=F_s(s)\big|_{s=\frac{1}{T_s}\ln z} \tag{5.82}$$

式中，T_s 是序列 $f(nT_s)$的时间间隔，重复频率为 $\Omega_s=\dfrac{2\pi}{T_s}$。分别将复变量 z 和 s 表示成极坐标形式和复数坐标形式，且令 ω 为 z 平面上的数字频率，Ω 为 s 平面上的模拟频率。

$$\left.\begin{aligned}z&=r\mathrm{e}^{\mathrm{j}\omega}\\ s&=\sigma+\mathrm{j}\Omega\end{aligned}\right\} \tag{5.83}$$

因为

$$z=\mathrm{e}^{sT_s}$$

则

$$r\mathrm{e}^{\mathrm{j}\omega}=\mathrm{e}^{(\sigma+\mathrm{j}\Omega)T_s}=\mathrm{e}^{\sigma T_s}\mathrm{e}^{\mathrm{j}\Omega T_s} \tag{5.84}$$

因为实部和实部相等，虚部和虚部相等，所以有

$$\left.\begin{aligned}r&=\mathrm{e}^{\sigma T_s}\\ \omega&=\Omega T_s\end{aligned}\right\} \tag{5.85}$$

由式(5.85)具体来讨论 s 平面和 z 平面的映射关系(如图 5.13 所示)。

(1) s 平面的一条横带映射为整个 z 平面。

先把 s 平面限定为平行于实轴的一条带域，即$-\dfrac{\pi}{T_s}\leqslant\Omega\leqslant\dfrac{\pi}{T_s}$，$-\infty\leqslant\sigma\leqslant\infty$，由式 $r=\mathrm{e}^{\sigma T_s}$ 的关系可知

$$\begin{cases}\sigma=0\rightarrow r=1\\ \sigma<0\rightarrow r<1\\ \sigma>0\rightarrow r>1\end{cases} \tag{5.86}$$

上式表明，在指定带域内：s 平面的虚轴($\sigma=0$)映射为 z 平面的单位圆(即$|r|=1$ 的圆)；s

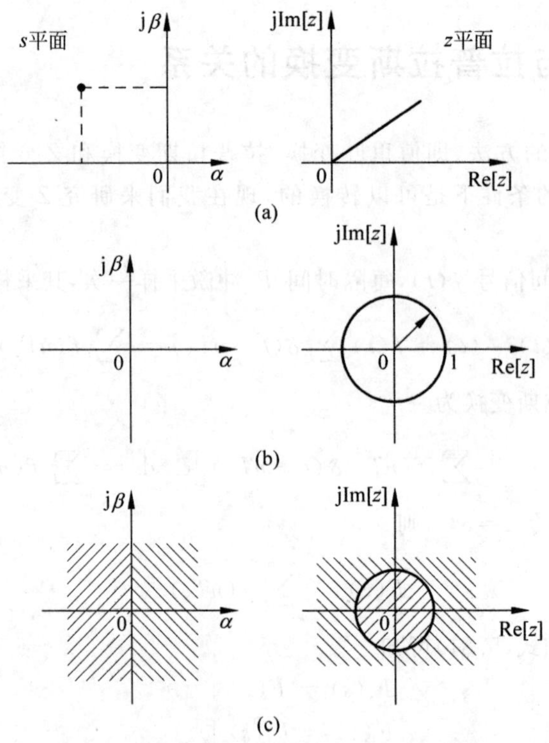

图 5.13　s 平面与 z 平面的对应关系

平面的右半平面($\sigma>0$)映射到 z 平面的单位圆外($|r|>1$)；s 平面的左半平面($\sigma<0$)映射到 z 平面的单位圆内($|r|<1$)。

(2) s 平面的实轴 $\Omega=0$,$s=\sigma$ 映射到 z 平面是正实轴,平行于实轴的直线(Ω 是常量)映射到 z 平面是始于原点的辐射线；通过 $\mathrm{j}\frac{n\Omega_s}{2}$,$n=\pm1,\pm3,\cdots$,而平行于实轴的直线映射到 z 平面是负实轴。

(3) 由于 $e^{j\theta}$是以 Ω_s 为周期的周期函数,因此在 s 平面上沿虚轴移动对于 z 平面上沿单位圆周期性旋转,每平移 Ω_s,则沿单位圆转一周。所以 s-z 平面映射并不是单值的。

5.5 利用 MATLAB 对离散系统进行 Z 域分析

例 5.22　已知 $f(n)=a^n\varepsilon(n)$,求该序列的 z 变换 $F(z)$。

程序如下：

```
>> f = sym('a^n');
>> F = ztrans(f)
```

运行结果为

```
F = -z/(a-z)
```

即

$$F(z)=\frac{z}{z-a}$$

例 5.23　已知 $F(z)=\frac{2z^2-2z}{(z-3)(z-5)^2}, |z|>5$，求 $f[n]$。

程序如下：

```
>> F = sym('(2 * z ^ 2 - 2 * z)/((z - 3) * (z - 5)^2)');
>> f = iztrans(F)
```

运行结果为

```
f = 3^n - 5^n/5 + (4 * 5^n * (n - 1))/5
```

例 5.24　已知某离散系统的系统函数为 $H(z)=\frac{z^2+6z+4}{4z^2-3z+2}$，求该系统的零、极点，并画出零、极点图。

程序如下：

```
>> a = [4  -3 2];
>> b = [1 6 4];
>> [p,z] = pzmap(b,a)
```

运行结果为

```
p = 0.3750 + 0.5995i     0.3750 - 0.5995i
z = - 5.2361       - 0.7639z
```

零、极点图如图 5.14 所示。

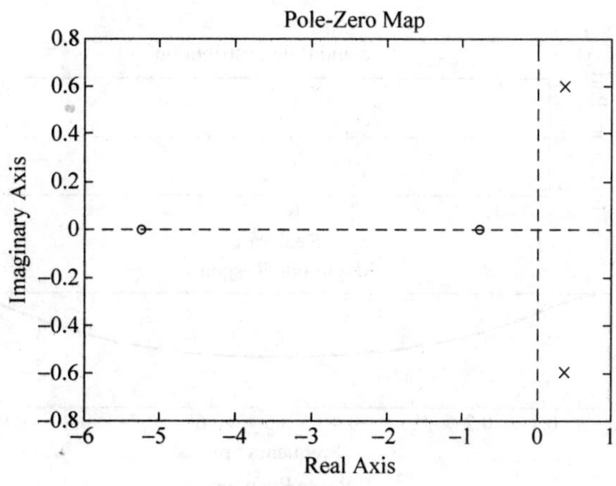

图 5.14　例 5.24 零、极点图

例 5.25　已知一个线性时不变因果系统，用下列差分方程描述 $y(n)=y(n-1)+y(n-2)+f(n-1)$。

(1) 求系统函数 $H(z)$，画出 $H(z)$ 的零、极点分布，指出其收敛区域，并分析系统的稳定性。

(2) 求系统的单位序列响应 $h(n)$。

解 (1) 对差分方程进行 Z 变换,得到

$$Y(z)=z^{-1}Y(z)+z^{-2}Y(z)+z^{-1}F(z)$$

因此

$$H(z)=\frac{Y(z)}{F(z)}=\frac{z^{-1}}{1-z^{-1}-z^{-2}}=\frac{z^{-1}}{(1-az^{-1})(1-bz^{-1})}=\frac{1}{a-b}\left(\frac{z}{z-a}-\frac{z}{z-b}\right)$$

得到系统零点 $z=0$,极点为 $z_1=a=(1+\sqrt{5})/2, z_2=b=(1-\sqrt{5})/2$。由于该系统为因果系统,因此收敛域为 $|z|>\frac{1+\sqrt{5}}{2}$。由于系统收敛域不包括单位圆,因此系统是不稳定的。

(2) 对 $H(z)$ 作逆 Z 变换,很容易得到

$$h(n)=\frac{1}{a-b}(a^n-b^n)\varepsilon(n)$$

其 MATLAB 实现程序如下,零、极点分布及频响特性曲线,即运行结果如图 5.15 所示。

```
close all;
clear all;
b = [1 0];
a = [1 -1 -1];
[H,W] = freqz(b,a,100);
mag = abs(H);
pha = angle(H);
figure,subplot(311),zplane(b,a),title('Zero and Pole Distribution');
subplot(312),plot(W/pi,mag),xlabel('Frequency:pi'),ylabel('Magnitude'),title('Magnitude
Response ');
subplot(313),plot(W/pi,pha/pi),xlabel('frequency:pi'),ylabel('Phase:pi'),title('Phase
Response');
```

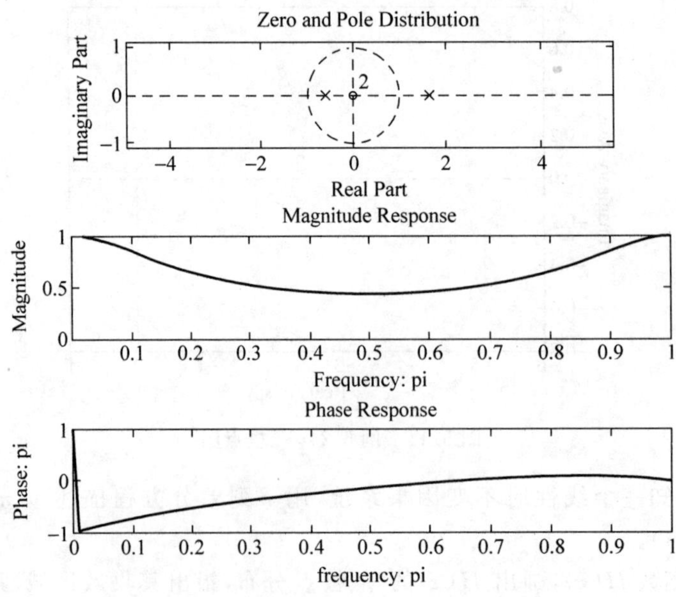

图 5.15 例 5.25 零、极点分布与频率响应特性曲线

习题

5.1 求下列序列的 Z 变换，并标明收敛域。

(1) $\left(\frac{1}{2}\right)^n\varepsilon(n)$

(2) $\left(-\frac{1}{4}\right)^n\varepsilon(n)$

(3) $\left(\frac{1}{3}\right)^{-n}\varepsilon(n)$

(4) $\left(\frac{1}{3}\right)^n\varepsilon(-n)$

(5) $-\left(\frac{1}{2}\right)^n\varepsilon(-n-1)$

(6) $\delta(n+1)$

(7) $\left(\frac{1}{2}\right)^n[\varepsilon(n)-\varepsilon(n-10)]$

(8) $\left(\frac{1}{2}\right)^n\varepsilon(n)+\left(\frac{1}{3}\right)^n\varepsilon(n)$

(9) $\delta(n)-\frac{1}{8}\delta(n-3)$

5.2 已知 $f(n)=a^n\varepsilon(n)$，$0<a<1$，分别求：

(1) $f(n)$的 Z 变换及收敛域；

(2) $nf(n)$的 Z 变换及收敛域；

(3) $a^{-n}\varepsilon(-n)$的 Z 变换及收敛域。

5.3 已知 $f(n)=a^{n+1}\varepsilon(n+1)$，分别求其单 Z 变换和双边 Z 变换及收敛域。

5.4 求矩形序列 $R_N(n)=\varepsilon(n)-\varepsilon(n-N)$的 Z 变换。

5.5 直接从下列 Z 变换求出它们所对应的序列。

(1) $F(z)=1$，　$|z|\leqslant\infty$

(2) $F(z)=z^3$，　$|z|<\infty$

(3) $F(z)=z^{-1}$，　$0<|z|\leqslant\infty$

(4) $F(z)=-2z^{-2}+2z+1$，　$0<|z|<\infty$

(5) $F(z)=\frac{1}{1-az^{-1}}$，　$|z|>a$

(6) $F(z)=\frac{1}{1-az^{-1}}$，　$|z|<a$

5.6 求下列 $F(z)$的逆变换 $f(n)$。

(1) $F(z)=\frac{1}{1+0.5z^{-1}}$，　$|z|>0.5$

(2) $F(z)=\frac{1-0.5z^{-1}}{1+\frac{3}{4}z^{-1}+\frac{1}{8}z^{-2}}$，　$|z|>\frac{1}{2}$

(3) $F(z)=\dfrac{1-\frac{1}{2}z^{-1}}{1-\frac{1}{4}z^{-2}}$，　$|z|>\dfrac{1}{2}$

(4) $F(z)=\dfrac{1-az^{-1}}{z^{-1}-a}$，　$|z|>\left|\dfrac{1}{a}\right|$

5.7　利用部分分式分解法求下面 $F(z)$的逆变换。

(1) $F(z)=\dfrac{1-\frac{1}{3}z^{-1}}{1-\frac{1}{4}z^{-2}}$，　$|z|>\dfrac{1}{2}$

(2) $F(z)=\dfrac{1-2z^{-1}}{1-\frac{1}{4}z^{-2}}$，　$|z|<\dfrac{1}{2}$

5.8　利用留数法重做上题。

5.9　利用两种逆 Z 变换方法求下列 $F(z)$的逆变换 $f(n)$。

$$F(z)=\frac{10z}{(z-1)(z-2)},\quad |z|>2$$

5.10　画出 $X(z)=\dfrac{-3z^{-1}}{2-5z^{-1}+2z^{-2}}$的零、极点图，在下列三种收敛域下，哪种情况对应左边序列、右边序列、双边序列？并求各对应序列。

(1) $|z|>2$

(2) $|z|<0.5$

(3) $0.5<|z|<2$

5.11　已知 $F(z)=\dfrac{3}{1-0.5z^{-1}}+\dfrac{2}{1-2z^{-1}}$，求出各种可能的逆变换表达式。

5.12　已知因果序列的 Z 变换 $F(z)$，求序列的初值 $f(0)$与终值 $f(\infty)$。

(1) $F(z)=\dfrac{1+z^{-1}+z^{-2}}{(1-z^{-1})(1-2z^{-1})}$

(2) $F(z)=\dfrac{1}{(1-0.5z^{-1})(1+0.5z^{-1})}$

(3) $F(z)=\dfrac{z^{-1}}{1-1.5z^{-1}+0.5z^{-2}}$

5.13　利用卷积定理求 $y(n)=f(n)*h(n)$，已知

(1) $f(n)=a^n\varepsilon(n)$，　$h(n)=b^n\varepsilon(-n)$

(2) $f(n)=a^n\varepsilon(n)$，　$h(n)=\delta(n-2)$

(3) $f(n)=a^n\varepsilon(n)$，　$h(n)=\varepsilon(n-1)$

5.14　已知下列 Z 变换式 $X(z)$和 $Y(z)$，利用 Z 域卷积定理求 $x(n)$与 $y(n)$乘积的 Z 变换。

(1) $X(z)=\dfrac{1}{1-0.5z^{-1}}$，　$|z|>0.5$

$Y(z)=\dfrac{1}{1-2z}$，　$|z|<0.5$

(2) $X(z)=\dfrac{0.99}{(1-0.1z^{-1})(1-0.1z)}$， $0.1<|z|<10$

$Y(z)=\dfrac{1}{1-10z}$， $|z|>0.1$

(3) $X(z)=\dfrac{z}{z-\mathrm{e}^{-b}}$， $|z|>\mathrm{e}^{-b}$

$Y(z)=\dfrac{z\sin\omega_0}{z^2-2z\cos\omega_0+1}$， $|z|>1$

5.15 已知系统的输入信号为 $f(n)=a^n\varepsilon(n)$，$0<|b|<1$，单位序列响应为 $h(n)=b^n\varepsilon(n)$，$0<|b|<1$，则

(1) 利用卷积法求系统的输出 $y(n)$；

(2) 用 Z 变换方法求系统的输出 $y(n)$。

5.16 用单边 Z 变换解下列差分方程。

(1) $y(n+2)+y(n+1)+y(n)=\varepsilon(n)$

$y(0)=1, y(1)=2$

(2) $y(n)+0.1y(n-1)-0.02y(n-2)=10\varepsilon(n)$

$y(-1)=4, y(-2)=6$

(3) $y(n)-0.9y(n-1)=0.05\varepsilon(n)$

$y(-1)=0$

5.17 用单边 Z 变换解下列差分方程。

(1) $y(n)-0.9y(n-1)=0.05\varepsilon(n), y(-1)=1$

(2) $y(n)=-5y(n-1)+n\varepsilon(n), y(-1)=0$

(3) $y(n)+2y(n-1)=(n-2)\varepsilon(n), y(0)=1$

5.18 因果系统的系统函数 $H(z)$ 如下所示，试说明这些系统是否稳定。

(1) $\dfrac{z+2}{8z^2-2z-3}$ (2) $\dfrac{8(1-z^{-1}-z^{-2})}{2+5z^{-1}+2z^{-2}}$

(3) $\dfrac{2z-4}{2z^2+z-1}$ (4) $\dfrac{1+z^{-1}}{1-z^{-1}+z^{-2}}$

5.19 由下列差分方程求系统函数 $H(z)$ 及单位序列响应 $h(n)$。

(1) $3y(n)-6y(n-1)=f(n)$

(2) $y(n)=f(n)-5f(n-1)+8f(n-3)$

(3) $y(n)-\dfrac{1}{2}y(n-1)=f(n)$

(4) $y(n)-3y(n-1)+3y(n-2)-y(n-3)=f(n)$

(5) $y(n)-5y(n-1)+6y(n-2)=f(n)-3f(n-2)$

5.20 求下列系统函数在 $10<|z|\leqslant\infty$ 及 $0.5<|z|<10$ 两种收敛域情况下系统的单位序列响应，并说明系统的稳定性与因果性。

$$H(z)=\frac{9.5z}{(z-0.5)(10-z)}$$

5.21 对于下列差分方程所表示的离散系统

$$y(n)+y(n-1)=f(n)$$

(1) 求系统函数 $H(z)$及单位序列响应 $h(n)$,并说明系统的稳定性。

(2) 若系统起始状态为零,$f(n)=10\varepsilon(n)$,求系统的响应。

5.22 某离散系统的差分方程为

$$2y(n)+y(n-1)=f(n)$$

(1) 若 $y(-1)=2$,求系统的零输入响应;

(2) 若 $f(n)=\left(\frac{1}{4}\right)^n\varepsilon(n)$,求系统的零状态响应;

(3) 若 $f(n)=\left(\frac{1}{4}\right)^n\varepsilon(n)$,$y(-1)=2$,求系统的全响应。

5.23 某 LTI 离散系统的系统函数为 $H(z)=\frac{z^2-3z}{z^2-3z+2}$,已知当激励 $f(n)=(-1)^n\varepsilon(n)$ 时,其全响应为

$$y(n)=\left[2+\frac{4}{3}\cdot 2^n+\frac{2}{3}\cdot(-1)^n\right]\varepsilon(n)$$

(1) 求零输入响应 $y_{zi}(n)$和零状态响应 $y_{zs}(n)$;

(2) 求起始状态 $y(-1)$和 $y(-2)$。

5.24 已知系统函数

$$H(z)=\frac{z}{z-k},\quad k\text{ 为常数}$$

(1) 写出对应的差分方程;

(2) 求系统的频率响应,并画出 $k=0,0.5,1$ 三种情况下系统的幅度响应和相位响应。

5.25 已知离散系统差分方程表达式

$$y(n)-\frac{1}{3}y(n-1)=f(n)$$

(1) 求系统函数 $H(z)$和单位序列响应 $h(n)$;

(2) 若系统的零状态响应为 $y(n)=3\left[\left(\frac{1}{2}\right)^n-\left(\frac{1}{3}\right)^n\right]\varepsilon(n)$,求激励信号 $f(n)$;

(3) 画系统函数的零、极点分布图;

(4) 粗略画出幅频响应特性曲线。

5.26 已知某离散系统差分方程如下

$$y(n)=0.9y(n-1)+f(n)+0.9f(n-1)$$

(1) 求系统函数 $H(z)$和单位序列响应 $h(n)$;

(2) 写出频率响应函数 $H(e^{j\omega})$的表达式,并定性画出其幅频特性图;

(3) 设输入 $f(n)=e^{j\omega_0 n}$,求输出 $y(n)$。

5.27 已知系统函数

$$H(z)=\frac{1-a^{-1}z^{-1}}{1-az^{-1}},\quad a\text{ 为实数}$$

在 z 平面用几何法证明该系统是全通系统,即 $H(e^{j\omega})$等于常数。

5.28 已知系统函数

$$H(z)=\frac{z^2-(2a\cos\omega_0)z+a^2}{z^2-(2a^{-1}\cos\omega_0)z+a^{-2}},\quad a>1$$

(1) 画出 $H(z)$在 z 平面的零、极点分布图；

(2) 借助 s-z 平面的映射规律，根据 $H(s)$的零、极点分布特性说明此系统具有全通特性。

5.29　已知时域离散系统的系统函数为

$$H(z)=\frac{B(z)}{A(z)}=\frac{B(z)}{z^3-3z^2+2.25z-0.5}$$

试用朱里判据判别系统的稳定性。

5.30　已知时域离散系统的系统函数的分母多项式为

$A(z)=4z^4-4z^3+2z-1$，试用朱里判据判别系统的稳定性。

离散傅里叶变换(DFT)与频域分析

信号的 Z 变换实现了离散信号和系统的复频域分析，但是如何利用计算机技术实现信号分析和运算，并且随着信号处理的发展，使计算机技术普及各行各业，这是离散博里叶变换(DFT)和快速博里叶变换(FFT)需要解决的问题。离散傅里叶变换实现了频域离散化，为计算机进行频域分析提供了可能；快速傅里叶变换大幅度减少了离散傅里叶变换的计算量，为时域、频域分析的计算机应用打下理论基础。虽然信号处理技术不依赖于计算机技术，但是应用计算机技术实现信号处理的方法是历史发展的必然选择。

本章主要讲述离散傅里叶变换的原理和典型应用。按照周期序列、卷积、周期序列的傅里叶级数(DFS)、周期序列的傅里叶变换、离散傅里叶变换(DFT)及其应用的顺序进行讲述。

本章是数字信号处理的重点内容，其中的卷积技术和离散傅里叶变换(DFT)技术是信号处理的标志性技术。

6.1 离散傅里叶级数

6.1.1 离散傅里叶级数的定义

周期为 T 的连续时间信号 $f(t)$ 可以展开为傅里叶级数，即

$$f(t)=\sum_{k=-\infty}^{\infty}F(k)\mathrm{e}^{\mathrm{j}k\omega_0 t} \tag{6.1}$$

$$F(k)=\frac{1}{T}\int_0^T f(t)\mathrm{e}^{-\mathrm{j}k\omega_0 t}\mathrm{d}t \tag{6.2}$$

式中，$F(k)$ 为 $f(t)$ 的傅里叶系数，$\omega_0=2\pi/T$。连续时间周期信号具有非周期离散频谱的特征。

若对周期信号 $f(t)$ 采样，每个周期采样 N 个点，采样间隔 $T_s=T/N$，周期采样信号 $f_s(t)$ 为 $f_s(t)=\sum\limits_{n=-\infty}^{\infty}f(n)\delta(t-nT_s)$，$f_s(t)$ 乘以 T_s，设 $T_sf_s(t)$ 的傅里叶级数的系数为 $F(k)$，由式(6.2)得

$$F(k)=\frac{1}{T}\int_0^T T_sf_s(t)\mathrm{e}^{-\mathrm{j}k\omega_0 t}\mathrm{d}t=\frac{1}{N}\int_0^T\Big\{\sum_{n=0}^{N-1}f(n)\delta(t-nT_s)\Big\}\mathrm{e}^{-\mathrm{j}k\omega_0 t}\mathrm{d}t=\frac{1}{N}\sum_{n=0}^{N-1}f(n)\mathrm{e}^{-\mathrm{j}k\omega_0 nT_s}$$

由于 $\omega_0 T_s=\frac{\omega_0 T}{N}=\frac{2\pi}{N}$，故有

$$F(k)=\frac{1}{N}\sum_{n=0}^{N-1} f(n)\mathrm{e}^{-\mathrm{j}\frac{2\pi}{N}kn} \tag{6.3}$$

式(6.3)中，$T_s f_s(t)$的傅里叶级数的系数 $F(k)$是 k 的周期函数，周期为 N。根据 $F(k)$也可求出 $f(n)$。若将上式写成

$$F(k)=\frac{1}{N}\left[f(0)+f(1)\mathrm{e}^{-\mathrm{j}\frac{2\pi}{N}k}+f(2)\mathrm{e}^{-\mathrm{j}\frac{2\pi}{N}k2}+\cdots+f(m)\mathrm{e}^{-\mathrm{j}\frac{2\pi}{N}km}+\cdots+f(N-1)\mathrm{e}^{-\mathrm{j}\frac{2\pi}{N}k(N-1)}\right]$$

将上式两边乘以 $\mathrm{e}^{\mathrm{j}\frac{2\pi}{N}km}$，并令 k 在 0 到 $N-1$ 范围内求和，由于

$$\sum_{k=0}^{N-1}\mathrm{e}^{\mathrm{j}\frac{2\pi}{N}k(m-n)}=\begin{cases}N, n=m\\0, n\neq m\end{cases}$$

则有

$$\sum_{k=0}^{N-1}F(k)\mathrm{e}^{\mathrm{j}\frac{2\pi}{N}km}=f(m)$$

把 m 换成 n，则

$$f(n)=\sum_{k=0}^{N-1}F(k)\mathrm{e}^{\mathrm{j}\frac{2\pi}{N}kn} \tag{6.4}$$

式(6.3)和式(6.4)构成一组变换对，称为离散时间信号 $f(n)$的离散傅里叶级数(DFS)，常表示为

$$F(k)=\mathrm{DFS}[f(n)]=\sum_{n=0}^{N-1} f(n)\mathrm{e}^{-\mathrm{j}\frac{2\pi}{N}kn} \tag{6.5}$$

$$f(n)=\mathrm{IDFS}[F(k)]=\frac{1}{2}\sum_{k=0}^{N-1}F(k)\mathrm{e}^{\mathrm{j}\frac{2\pi}{N}kn} \tag{6.6}$$

式(6.5)和式(6.6)表明，一个周期序列可以分解为有限个成谐波关系的指数序列之和，总谐波数为 N。$F(k)$是各谐波分量的复振幅，它反映了每一个谐波分量的幅度和相位，称为离散时间周期信号的频谱。离散时间周期信号的频谱是一个以 N 为周期的离散频谱，各谱线之间成谐波关系，谱线间隔为 $\Omega_0=2\pi/N$。

式(6.5)和式(6.6)给出的变换关系对于实际应用有重要的指导意义。因为实用中可以采用特殊的方法，如锁相技术，获得连续时间周期信号的整周期采样序列 $f(n)$，在计算机上可以很容易地求得周期信号对应的频谱。离散傅里叶级数由于是有限项求和，故它总是收敛的。

例 6.1　已知周期离散时间信号 $f(n)=\cos\left(\frac{\pi}{3}n\right)$，求傅里叶级数表示式及相应的频谱。

解　由于所给信号的数字频率为 $\Omega_0=\pi/3$，则该信号的周期为 $N=\frac{2\pi}{\pi/3}=6$，把余弦函数用指数函数表示，有 $f(n)=\cos\left(\frac{2\pi}{6}n\right)=\frac{1}{2}\left[\mathrm{e}^{\mathrm{j}\left(\frac{2\pi}{6}\right)n}+\mathrm{e}^{-\mathrm{j}\left(\frac{2\pi}{6}\right)n}\right]$，由于 $\mathrm{e}^{-\mathrm{j}\left(\frac{2\pi}{6}\right)n}=\mathrm{e}^{\mathrm{j}\left(\frac{2\pi}{6}\right)(6-1)n}=\mathrm{e}^{\mathrm{j}\left(\frac{2\pi}{6}\right)(5)n}$，于是 $f(n)=\frac{1}{2}\left[\mathrm{e}^{\mathrm{j}\left(\frac{2\pi}{6}\right)n}+\mathrm{e}^{\mathrm{j}\left(\frac{2\pi}{6}\times 5\right)n}\right]$，比较上式与式(6.6)，可得 $f(k)=$

$\begin{cases}\dfrac{1}{2}, & k=1,5\\ 0, & k=0,2,3,4\end{cases}$,如图 6.1 所示。

此信号的频谱是以 $N=6$ 为周期的周期离散频谱。

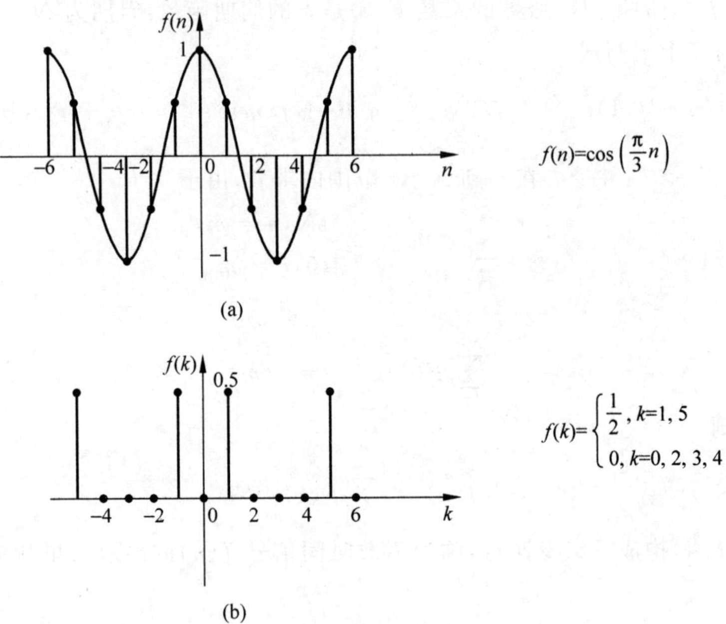

图 6.1　例 6.1 中的周期序列及其频谱

例 6.2　图 6.2(a)所示序列的周期 $N=10$,求其频谱。

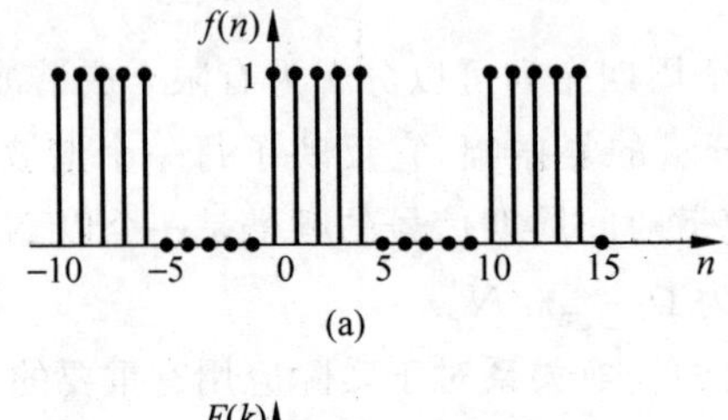

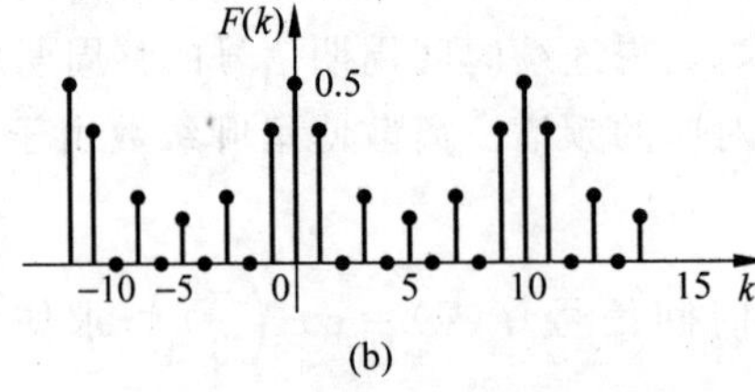

图 6.2　周期序列信号及其频谱

解　根据式(6.6),有

$$F(k)=\frac{1}{N}\sum_{n=0}^{N-1}f(n)\mathrm{e}^{-\mathrm{j}\left(\frac{2\pi}{N}\right)kn}=\frac{1}{10}\sum_{n=0}^{4}\mathrm{e}^{-\mathrm{j}\left(\frac{2\pi}{10}\right)kn}=\frac{1}{10}\times\frac{1-\left[\mathrm{e}^{-\mathrm{j}\left(\frac{2\pi}{10}\right)k}\right]^{5}}{1-\mathrm{e}^{-\mathrm{j}\left(\frac{2\pi}{10}\right)k}}$$

$$= \frac{1}{10} e^{-j\left(\frac{4\pi k}{10}\right)} \frac{\sin\left(\frac{\pi k}{2}\right)}{\sin\left(\frac{\pi k}{10}\right)}$$

图 6.2(b)为周期序列对应的幅度频谱(根据上式结果 $k=0$ 时 $F(0)=1/2$)。

上面的两个例子都表明时域以 N 为周期的序列，其频谱是以 N 为周期的离散频谱。即离散傅里叶级数对周期重复的序列实现了时域离散与频域离散的对应关系。同时，离散傅里叶级数的分析与综合(或正、逆变换)关系也具有与其他变换相类似的性质。

离散时间系统在周期序列 $f(n)$ 输入下的响应可用离散傅里叶级数分析。设系统是稳定的，系统函数为 $H(z)$，由于 $f(n)$ 可表示为

$$f(n) = \sum_{k=0}^{N-1} F(k) e^{j\frac{2\pi}{N}kn} \tag{6.7}$$

由 Z 变换的内容知，系统在指数序列 $f_k(n)=e^{j\frac{2\pi}{N}kn}$ 输入下的响应也为指数序列，即

$$y_k(n) = H(e^{j\frac{2\pi}{N}k}) e^{j\frac{2\pi}{N}kn}$$

运用线性系统的叠加性可得系统在式(6.7)输入下的响应为

$$y(n) = \sum_{k=0}^{N-1} H(e^{j\frac{2\pi}{N}k}) F(k) e^{j\frac{2\pi}{N}kn}$$

于是，输出序列的傅里叶系数为

$$Y(k) = H(e^{j\frac{2\pi}{N}k}) F(k) \tag{6.8}$$

6.1.2 离散傅里叶级数的性质

离散傅里叶级数的某些性质对于它在信号处理问题中的成功使用是因为 DFS 与 Z 变换和序列的傅里叶变换关系密切，所以很多性质和 Z 变换的性质相似，而 DFS 是和周期性序列联系在一起，所以存在一些重要差别。另外，在 DFS 表达式中时域和频域之间存在着完全的对偶性，而在序列的傅里叶变换和 Z 变换的表示式中这一点不存在。

考虑两个周期序列 $\tilde{f}_1(n)$、$\tilde{f}_2(n)$，其周期均为 N，若 $\tilde{f}_1(n)\leftrightarrow\tilde{F}_1(k)$，$\tilde{f}_2(n)\leftrightarrow\tilde{F}_2(k)$。

1. 线性

$$a\tilde{f}_1(n) + b\tilde{f}_2(n) \leftrightarrow a\tilde{F}_1(k) + b\tilde{F}_2(k) \tag{6.9}$$

周期也为 N，可由定义式证明。

2. 序列的移位

$$\tilde{f}(n) \leftrightarrow \tilde{F}(k)\text{，那么}\tilde{f}(n-m) \leftrightarrow W_N^{km}\tilde{F}(k) \tag{6.10}$$

其中，$W_N = e^{-j\frac{2\pi}{N}}$。

证明如下：

$$\sum_{n=0}^{N-1} \tilde{f}(n-m) W_N^{nk} = \sum_{i-m}^{N-1+m} \tilde{f}(i) W_N^{ki} W_N^{-mk} \, (i = m+n) = W_N^{-mk} \sum_{i=0}^{N-1} \tilde{f}(i) W_N^{ki}$$

$$= W_N^{-mk} \tilde{F}(k)$$

3. 调制特性

因为周期序列的傅里叶级数的系数序列也是一个周期序列,所以有类似的结果,l 为整数,那么

$$W_N^{-nl}\tilde{f}(n)\leftrightarrow\tilde{F}(k-l)\tag{6.11}$$

证明如下:

$$\sum_{n=0}^{N-1}W_N^{-nl}\tilde{f}(n)W_N^{kn}=\sum_{n=0}^{N-1}\tilde{f}(n)W_N^{(k-l)n}=\tilde{F}(k-l)$$

4. 对称性

下面给出几个定义。

(1) 共轭对称序列:满足 $f_e(n)=\tilde{f}_e(-n)$的序列 $f_e(n)$;

(2) 共轭反对称序列:满足 $f_o(n)=-\tilde{f}_o(-n)$的序列 $f_o(n)$;

(3) 偶对称序列、奇对称序列:若 $f_e(n)$和 $f_o(n)$为实序列,且满足 $f_e(n)=f_e(-n)$和 $f_o(n)=-f_o(-n)$;

(4) 任何一个序列都可表示成一个共轭对称序列和一个共轭反对称序列之和(对实序列,就是偶对称序列和奇对称序列之和),即有 $f(n)=f_e(n)+f_o(n)$。其中 $f_e(n)=(f(n)+\tilde{f}(-n))/2$,$f_o(n)=(f(n)-\tilde{f}(-n))/2$。

下面为对称性:

$$\tilde{f}^*(n)\leftrightarrow\tilde{F}^*(-k);\tilde{f}^*(-n)\leftrightarrow\tilde{F}^*(k)$$

$$\tilde{f}_e(n)=(\tilde{f}(n)+\tilde{f}^*(n))/2\leftrightarrow\mathrm{Re}(\tilde{F}(k))\tag{6.12}$$

证明如下:

$$\begin{aligned}\sum_{n=0}^{N-1}\tilde{f}^*(n)W_N^{kn}&=\Big[\sum_{n=0}^{N-1}\tilde{f}(n)W_N^{-kn}\Big]^*=\Big[\sum_{m=1-N}^{0}\tilde{f}(-m)W_N^{km}\Big]^*\\&=\Big[\sum_{m=0}^{N-1}\tilde{f}(-m)W_N^{km}\Big]^*=\tilde{F}^*(-k)\end{aligned}$$

注意:任意一个周期的 DFS 系数和主值区间中的 DFS 系数是一样的。

$$\begin{aligned}\sum_{n=0}^{N-1}\tilde{f}^*(n)W_N^{kn}&=\Big[\sum_{n=0}^{N-1}\tilde{f}(-n)W_N^{-kn}\Big]^*=\Big[\sum_{n'=1-N}^{0}\tilde{f}(n')W_N^{kn'}\Big]^*\\&=\Big[\sum_{n'=0}^{N-1}\tilde{f}(n')W_N^{kn'}\Big]^*=\tilde{F}^*(k)\end{aligned}$$

$$\begin{aligned}\sum_{n=0}^{N-1}\tilde{f}_e(n)W_N^{kn}&=\sum_{n=0}^{N-1}\frac{1}{2}(\tilde{f}(n)+\tilde{f}^*(n))W_N^{kn}=\frac{1}{2}[\tilde{F}(k)+\tilde{F}^*(-k)]\\&=\mathrm{Re}(\tilde{F}(k))\end{aligned}$$

5. 周期卷积

如果$\tilde{Y}(k)=\tilde{F}_1(k)\cdot\tilde{F}_2(k)$,则

$$\tilde{y}(n)=\sum_{m=0}^{N-1}\tilde{f}_1(n)\tilde{f}_2(n-m)=\sum_{m=0}^{N-1}\tilde{f}_2(m)\tilde{f}_1(n-m) \tag{6.13}$$

这是一个卷积和公式,但与线性卷积有所不同,首先在有限区间 $0\leqslant m\leqslant N-1$ 上求和,即在一个周期内进行求和;对于在区间 $0\leqslant m\leqslant N-1$ 以外的 m 值,$\tilde{f}_2(n-m)$的值在该区间上周期的重复。

如果$\tilde{y}(n)=\tilde{f}_1(n)\tilde{f}_2(n)$,则

$$\begin{aligned}\tilde{Y}(k)&=\mathrm{DFS}[\tilde{y}(n)]=\sum_{0}^{N-1}\tilde{y}(n)W_N^{nk}=\frac{1}{N}\sum_{l=0}^{N-1}\tilde{F}_1(l)\tilde{F}_2(k-l)\\&=\frac{1}{N}\sum_{l=0}^{N-1}\tilde{F}_2(l)\tilde{F}_1(k-l)\end{aligned} \tag{6.14}$$

6.2 离散傅里叶变换

6.2.1 四种信号及其傅里叶变换

四种傅里叶变换形式如表 6.1 所示。

表 6.1 四种傅里叶变换形式的归纳

时间函数	频率函数	时间函数	频率函数
连续和非周期	非周期和连续	离散和非周期	周期和连续
连续和周期	非周期和离散	离散和周期	周期和离散

1. 连续时间、连续频率——连续傅里叶变换(FT)

设 $f(t)$为连续时间非周期信号,傅里叶变换关系如图 6.3 所示为

$$f(t)\leftrightarrow F(\mathrm{j}\omega)$$

$$F(\mathrm{j}\omega)=\int_{-\infty}^{\infty}f(t)\mathrm{e}^{-\mathrm{j}\omega t}\mathrm{d}t$$

$$f(t)=\frac{1}{2\pi}\int_{-\infty}^{\infty}F(\mathrm{j}\omega)\mathrm{e}^{\mathrm{j}\omega t}\mathrm{d}t,\quad \int_{-\infty}^{\infty}|f(t)|\mathrm{d}t<\infty$$

可以看出时域连续函数的频谱是非周期的谱,而时域非周期函数的频谱是连续的谱。

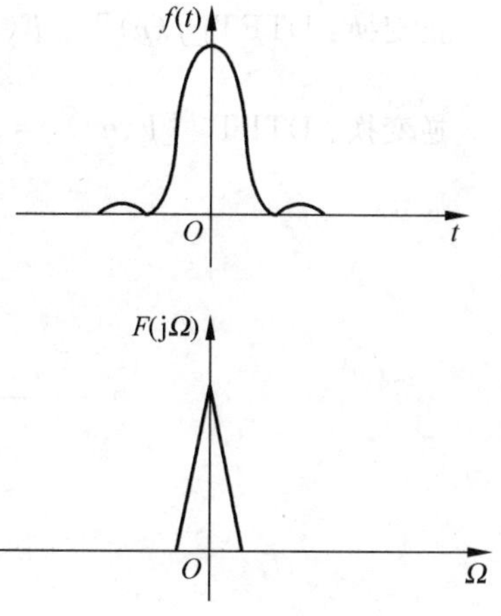

图 6.3 连续傅里叶变换

2. 连续时间、离散频率——傅里叶级数

设 $f(t)$代表一个周期为 T_1 的周期性连续时间函数,$f(t)$可展成傅里叶级数,如图 6.4 所示,其傅里叶级数的系数为 F_n,$f(t)$和 F_n 组成变换对,表示为

$$f(t)=\sum_{n=-\infty}^{\infty}F_n\mathrm{e}^{\mathrm{j}n\omega_1 t}$$

$$F_n = \frac{1}{T_1}\int_{-\frac{T_1}{2}}^{\frac{T_1}{2}} f(t)\mathrm{e}^{-\mathrm{j}n\omega_1 t}\mathrm{d}t, \quad T_1 = \frac{2\pi}{\omega_1}$$

注意：如果是周期性的采样脉冲信号 $p(t)$，周期用 T 表示(采样间隔)。采样脉冲信号的频率为 $\omega_s = \frac{2\pi}{T}$。

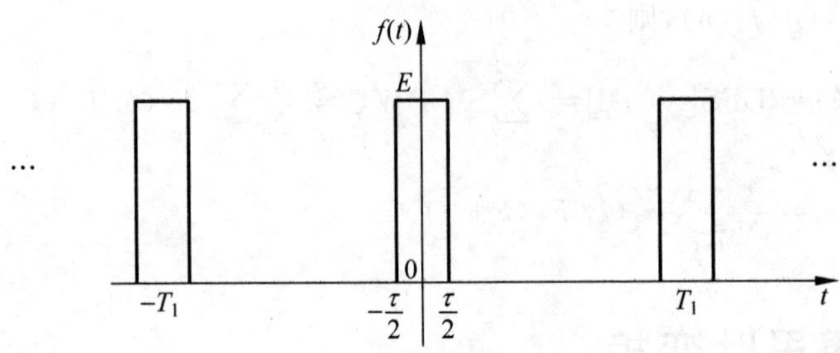

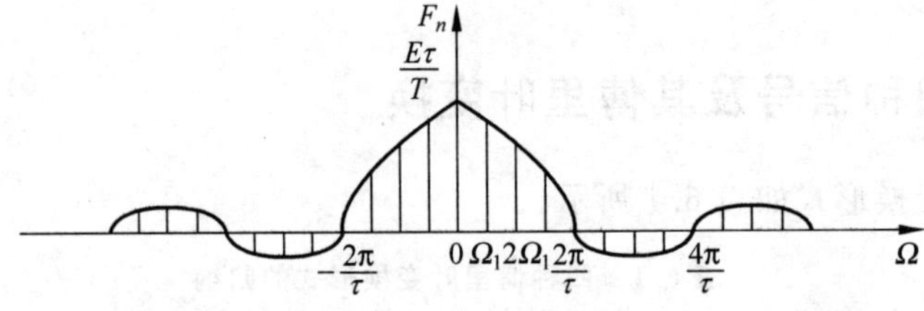

图 6.4　傅里叶级数

可以看出时域离散函数的频谱是周期的谱，而时域非周期函数的频谱是连续的谱。

3. 离散时间，连续频率——序列的傅里叶变换

序列的傅里叶变换如图 6.5 所示。

正变换：$\mathrm{DTFT}[f(n)] = F(\mathrm{e}^{\mathrm{j}\omega}) = \sum_{n=-\infty}^{\infty} f(n)\mathrm{e}^{-\mathrm{j}\omega n}$　(6.15)

逆变换：$\mathrm{DTFT}^{-1}[F(\mathrm{e}^{\mathrm{j}\omega})] = f(n) = \frac{1}{2\pi}\int_{-\pi}^{\pi} F(\mathrm{e}^{\mathrm{j}\omega})\mathrm{e}^{\mathrm{j}\omega n}\mathrm{d}\omega$　(6.16)

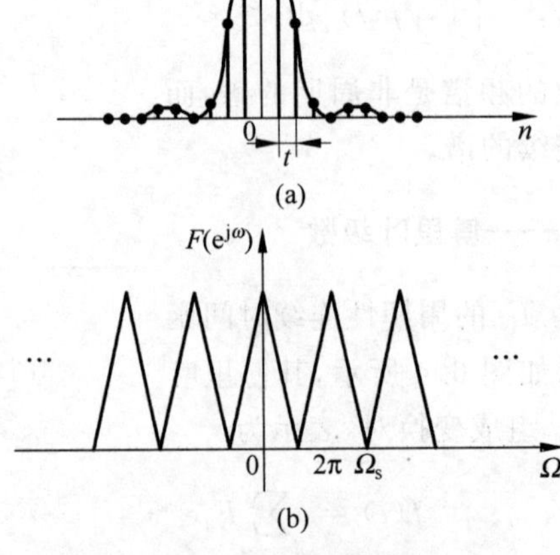

图 6.5　序列的傅里叶变换

$X(\mathrm{e}^{\mathrm{j}w})$级数收敛条件为 $\left|\sum_{n=-\infty}^{\infty} f(n)\mathrm{e}^{-\mathrm{j}wn}\right| = \sum_{n=-\infty}^{\infty} |f(n)| < \infty$

可以看出时域离散函数造成频域是周期的谱,而时域的非周期造成频域是连续的谱。

4. 离散时间、离散频率——离散傅里叶变换

上面讨论的三种傅里叶变换对,都不适于在计算机上运算,因为至少在一个域(时域或频域)中,函数是连续的。从数字计算角度看,人们感兴趣的是时域及频域都是离散的情况,这就是将要讲到的离散傅里叶变换,如图 6.6 所示。

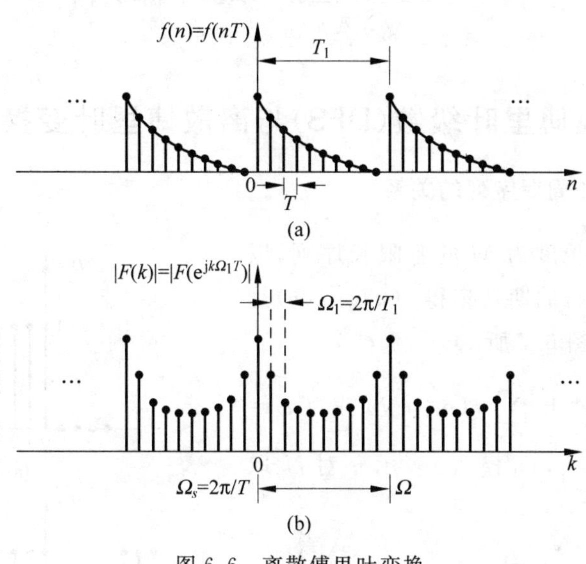

图 6.6 离散傅里叶变换

时域采样间隔 T,频域周期 $\Omega_s=2\pi/T$,时域周期 T_1,频域采样间隔 $\Omega_1=2\pi/T_1$。

6.2.2 离散信号傅里叶变换的定义

周期序列实际上只有有限个序列值才有意义,因而它的离散傅里叶级数表达式也适用于有限长序列,这就可以得到有限长序列的傅里叶变换(DFT)。

设 $f(n)$是一个长度为 M 的有限长序列,正变换:

$$F(k) = \mathrm{DFT}[f(n)] = \sum_{n=0}^{M-1} f(n)\mathrm{e}^{-\mathrm{j}\frac{2\pi}{N}nk} = \sum_{n=0}^{N-1} f(n)W_N^{nk}, \quad k = 0,1,2,\cdots,N-1 \tag{6.17}$$

逆变换:

$$f(n) = \mathrm{IDFT}[F(k)] = \frac{1}{N}\sum_{k=0}^{N-1} F(k)\mathrm{e}^{\mathrm{j}\frac{2\pi}{N}kn} = \frac{1}{N}\sum_{k=0}^{N-1} F(k)W_N^{-nk}, \quad n = 0,1,2,\cdots,N-1 \tag{6.18}$$

式中,$W_N=\mathrm{e}^{-\mathrm{j}\frac{2\pi}{N}}$,$N$ 称为 DFT 变换区间长度,$N\geqslant M$。

例 6.3 $f(n)=R_4(n)$,求 $f(n)$的 8 点和 16 点 DFT。

解 (1) DFT 变换区间 $N=8$,则

$$F(k) = \sum_{n=0}^{7} f(n)\mathrm{e}^{-\mathrm{j}\frac{2\pi}{8}kn} = \sum_{n=0}^{3} \mathrm{e}^{-\mathrm{j}\frac{2\pi}{8}kn} = \frac{1-\mathrm{e}^{-\mathrm{j}\frac{2\pi}{8}k4}}{1-\mathrm{e}^{-\mathrm{j}\frac{2\pi}{8}k}} = \frac{1-\mathrm{e}^{-\mathrm{j}k\pi}}{1-\mathrm{e}^{-\mathrm{j}\frac{\pi}{4}k}}$$

$$= \frac{\mathrm{e}^{-\mathrm{j}\frac{3\pi}{8}k}\sin\frac{\pi}{2}k}{\sin\frac{\pi}{8}k}, \quad k=0,1,2,\cdots,7$$

(2) DFT 变换区间 $N=16$,则

$$F(k)=\sum_{n=0}^{15} f(n)\mathrm{e}^{-\mathrm{j}\frac{2\pi}{16}kn}=\sum_{n=0}^{3}\mathrm{e}^{-\mathrm{j}\frac{2\pi}{16}kn}$$

$$= \frac{\mathrm{e}^{-\mathrm{j}\frac{3\pi}{16}k}\sin\frac{\pi}{4}k}{\sin\frac{\pi}{16}k}, \quad k=0,1,\cdots,15$$

6.2.3 离散傅里叶级数(DFS)与离散傅里叶变换(DFT)的关系

1. 有限长序列和周期序列的关系

设 $f(n)$ 是一个长度为 M 的有限长序列,以 $N(N\geqslant M)$ 为周期进行周期延拓得 $\tilde{f}(n)$。$\tilde{f}(n)$ 是 $f(n)$ 的周期延拓,如图 6.7 所示。

用式子表示 $\tilde{f}(n)=\sum_{r=-\infty}^{\infty} f(n+rN)$ 或 $\tilde{f}(n)=f(n \text{ 模 } N)=f\left((n)\right)_N$,($n$ 模 N)表示 n 对 N 取余数。

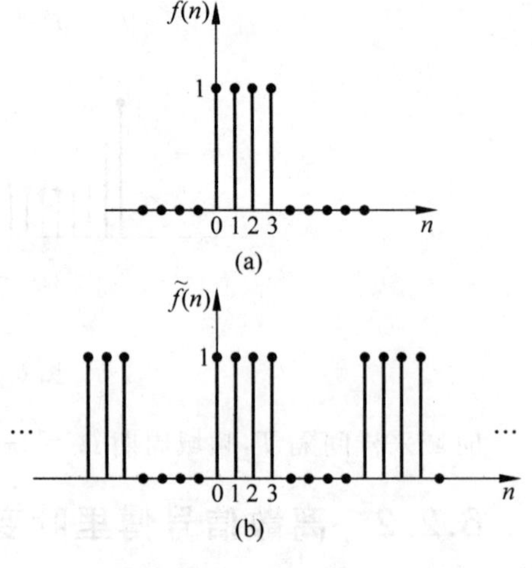

图 6.7 $x(n)$的周期延拓

2. DFS 与 DFT 的关系

周期序列 $\tilde{f}(n)$ 中从 $n=0$ 到 $N-1$ 的第一个周期为 $\tilde{f}(n)$ 的主值区间,而主值区间上的序列称为 $\tilde{f}(n)$ 的主值序列。周期序列的主值序列是有限长序列。利用前面的矩形序列符号 $R_N(n)$,则

$$R_N(n)=\begin{cases}1, & 0\leqslant n\leqslant N-1 \\ 0, & \text{其他 } n\end{cases}, \quad \text{且 } f(n)=\tilde{f}(n)R_N(n)$$

$f(n)$ 的周期延拓序列是 $\tilde{f}(n)$:$\tilde{f}(n)=f\left((n)\right)_N$;$\tilde{f}(n)$ 的主值序列是 $f(n)$:$f(n)=\tilde{f}(n)R_N(n)$。同理,把频域周期序列 $\tilde{F}(k)$ 也看作是有限长序列 $F(k)$ 的周期延拓,$F(k)$ 是 $\tilde{F}(k)$ 的主值序列。$F(k)$ 的周期延拓序列是 $\tilde{F}(k)$:$\tilde{F}(k)=F\left((k)\right)_N$;$\tilde{F}(k)$ 的主值序列是 $F(k)$:$F(k)=\tilde{F}(k)R_N(n)$。具体而言,把时域周期序列 $\tilde{f}(n)$ 看作是有限长序列 $f(n)$ 的周期延拓;同理把频域周期序列 $\tilde{F}(k)$ 也看作是有限长序列 $F(k)$ 的周期延拓。这样只要把 DFS 的定义式两边取主值区间,就得到了一个关于有限长序列的时频域对应的变换对。这就是数字信号处理课程里最重要的变换——离散傅里叶变换(DFT)。

离散傅里叶级数(DFS)如下。

正变换：

$$\widetilde{F}(k)=\mathrm{DFS}[\widetilde{f}(n)]=\sum_{n=0}^{N-1}\widetilde{f}(n)\mathrm{e}^{-\mathrm{j}\frac{2\pi}{N}kn}=\sum_{n=0}^{N-1}\widetilde{f}(n)W_N^{nk},\quad -\infty<k<\infty \tag{6.19}$$

逆变换：

$$\widetilde{f}(n)=\mathrm{IDFS}[\widetilde{F}(k)]=\frac{1}{N}\sum_{k=0}^{N-1}\widetilde{F}(k)\mathrm{e}^{\mathrm{j}\frac{2\pi}{N}kn}=\frac{1}{N}\sum_{k=0}^{N-1}\widetilde{F}(k)W_N^{-nk},\quad -\infty<n<\infty \tag{6.20}$$

式中，$W_N=\mathrm{e}^{-\mathrm{j}\frac{2\pi}{N}}$，$k$ 和 n 均为整数。

离散傅里叶变换(DFT)如下。

正变换：

$$F(k)=\mathrm{DFT}[f(n)]=\sum_{n=0}^{N-1}f(n)\mathrm{e}^{-\mathrm{j}\frac{2\pi}{N}nk}=\sum_{n=0}^{N-1}f(n)W_N^{nk},\quad k=0,1,2,\cdots,N-1$$

逆变换：

$$f(n)=\mathrm{IDFT}[F(k)]=\frac{1}{N}\sum_{k=0}^{N-1}F(k)\mathrm{e}^{\mathrm{j}\frac{2\pi}{N}kn}=\frac{1}{N}\sum_{k=0}^{N-1}F(k)W_N^{-nk},\quad n=0,1,2,\cdots,N-1$$

式中，$W_N=\mathrm{e}^{-\mathrm{j}\frac{2\pi}{N}}$，$N$ 称为 DFT 变换区间长度。

6.3　离散傅里叶变换的性质

1. 线性

若 $f_1(n)$和 $f_2(n)$是两个有限长度序列，长度分别为 N_1 和 N_2，则其线性组合 $f(n)=a_1f_1(n)+a_2f_2(n)$的 N 点 DFT 为

$$F(k)=a_1F_1(k)+a_2F_2(k),\quad 0\leqslant k\leqslant N-1 \tag{6.21}$$

其中，a_1 和 a_2 为常数，$N\geqslant\max(N_1,N_2)$，$F_1(k)$和 $F_2(k)$分别为 $f_1(n)$和 $f_2(n)$的 N 点 DFT。

2. 循环移位定理

1) 序列的循环移位

设 $f(n)$为有限长序列，长度为 N，则 $f(n)$的循环移位定义为

$$y(n)=f((n+m))_NR_N(n) \tag{6.22}$$

表明先将 $f(n)$以 N 为周期进行周期延拓得到序列$\widetilde{f}(n)=f((n))_N$，再将$\widetilde{f}(n)$左移得到$\widetilde{f}(n+m)$，最后取$\widetilde{f}(n+m)$主值区间($n=0$ 到 $N-1$)上的序列值，则得到有限长序列 $f(n)$的循环移位序列 $y(n)=f((n+m))_NR_N(n)$。

过程如图 6.8 所示。

2) 时域循环移位定理

设 $f(n)$为有限长序列，长度为 N，$y(n)$为 $f(n)$的循环移位序列，即 $y(n)=f((n+m))_NR_N(n)$，则

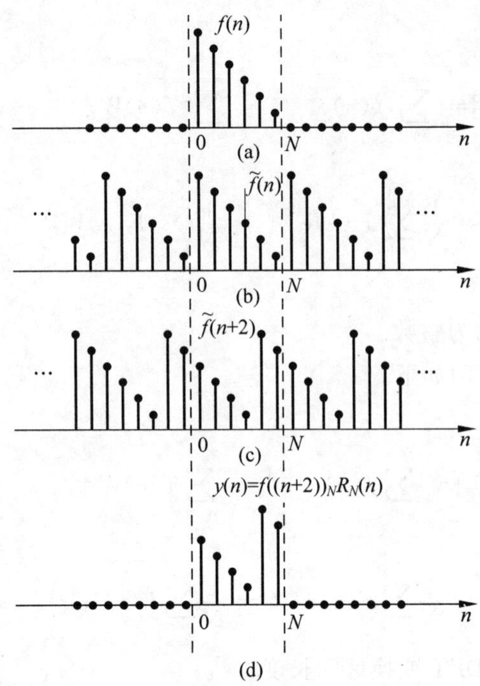

图 6.8 循环移位过程示意图($N=6$)

$$Y(k)=\mathrm{DFT}[y(n)]=\mathrm{DFT}[f((n+m))_N R_N(n)]=W_N^{-mk}F(k) \tag{6.23}$$

其中,$F(k)=\mathrm{DFT}[f(n)]$,$0\leqslant k\leqslant N-1$。

证明如下:$Y(k)=\mathrm{DFT}[y(n)]=\sum\limits_{n=0}^{N-1}f((n+m))_N R_N(n)W_N^{kn}=\sum\limits_{n=0}^{N-1}f((n+m))_N W_N^{kn}$

令 $n+m=n'$,则

$$Y(k)=\sum_{n=m}^{N-1+m}f((n'))_N W_N^{k(n-m)}=W_N^{-km}\sum_{n=m}^{N-1+m}f((n'))_N W_N^{kn}$$

由于上式中求和项以 N 为周期,所以对其在任意一个周期上的求和结果相同。将上式的求和区间改在主值区间,则得

$$Y(k)=W_N^{-km}\sum_{n=0}^{N-1}f((n'))_N W_N^{kn}=W_N^{-km}\sum_{n=0}^{N-1}f(n')_N W_N^{kn}=W_N^{-km}F(k),\quad 0\leqslant k\leqslant N-1$$

3) 频域循环移位定理

如果 $F(k)=\mathrm{DFT}[f(n)]$,$0\leqslant k\leqslant N-1$,$Y(k)=F((k+l))_N R_N(k)$则

$$y(n)=\mathrm{IDFT}[Y(k)]=W_N^{nl}f(n) \tag{6.24}$$

证明如下:

$$y(n)=\mathrm{IDFT}[Y(k)]=\frac{1}{N}\sum_{k=0}^{N-1}F((k+l))_N R_N(k)W_N^{-kn}=\frac{1}{N}\sum_{k=0}^{N-1}F\times((k+l))_N W_N^{-kn}$$

令 $k+l=k'$,则

$$y(n)=\frac{1}{N}\sum_{k=l}^{N-1+l}F((k'))_N W_N^{-(k'-l)n}=W_N^{nl}\left(\frac{1}{N}\sum_{k=l}^{N-1+l}F((k'))_N W_N^{-k'n}\right)$$

$$=W_N^{nl}\left(\frac{1}{N}\sum_{k=0}^{N-1}F((k'))_N W_N^{-k'n}\right)=W_N^{nl}\left(\frac{1}{N}\sum_{k=0}^{N-1}F(k')W_N^{-k'n}\right)$$

$$= W_N^{nl} f(n)$$

3. 循环卷积定理

有限长序列 $f_1(n)$和 $f_2(n)$，长度分别为 N_1 和 N_2，$N=\max[N_1,N_2]$。$f_1(n)$和 $f_2(n)$的 N 点 DFT 分别为

$$F_1(k) = \mathrm{DFT}[f_1(n)]$$
$$F_2(k) = \mathrm{DFT}[f_2(n)]$$

如果 $F(k)=F_1(k)F_2(k)$，则

$$f(n) = \mathrm{IDFT}[F(k)] = \sum_{m=0}^{N-1}\{f_1(m)[f_2((n-m))_N R_N(m)]\}$$

循环卷积过程如图 6.9 所示。

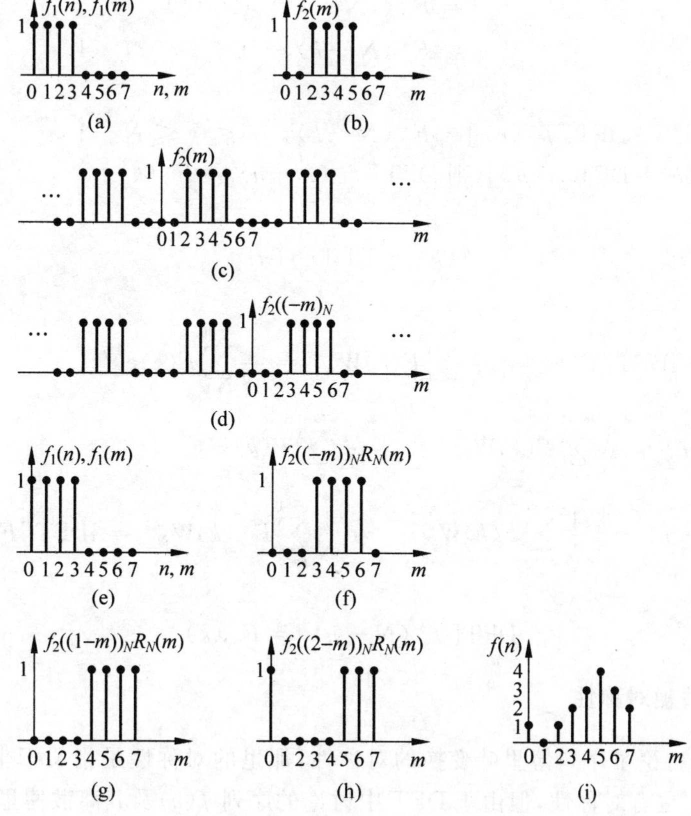

图 6.9 循环卷积的具体过程

循环卷积过程中，要求对循环反转，循环移位，特别是两个长度位 N 的序列的循环卷积长度仍为 N。显然与一般的线性卷积不同，故称为循环卷积。记为

$$f(n) = \sum_{m=0}^{N-1}\{f_1(m)[f_2((n-m))_N R_N(m)]\} \tag{6.25}$$

4. 复共轭序列的 DFT

设 $f^*(n)$是 $f(n)$的复共轭序列,长度为 N。

(1) 已知 $F(k)=\text{DFT}[f(n)]$,则 $\text{DFT}[f^*(n)]=F^*(N-k)$,$0\leqslant k\leqslant N-1$ 且 $F(N)=F(0)$。

证明如下:

$$\begin{aligned}\text{DFT}[f^*(n)] &= \sum_{n=0}^{N-1} f^*(n)W_N^{nk}R_N(k)\\ &= \left[\sum_{n=0}^{N-1} f(n)W_N^{-nk}\right]^* R_N(k)\\ &= \left[\sum_{n=0}^{N-1} f(n)W_N^{(N-k)n}\right]^* R_N(k)\\ &= F^*((N-k))_N(R_N(k)\\ &= F^*(N-k),\quad 0\leqslant k\leqslant N-1\end{aligned}$$

即

$$\text{DFT}[f^*(n)] = F^*(N-k),\quad 0\leqslant k\leqslant N-1 \tag{6.26}$$

(2) 已知 $F(k)=\text{DFT}[f(n)]$,则 $\text{DFT}[f^*(N-n)]=F^*(k)$。

证明如下:

$$F(k) = \text{DFT}[f(n)]$$

即

$$f(n) = \text{IDFT}[F(k)] = \frac{1}{N}\sum_{k=0}^{N-1} F(k)W_N^{-nk} = \frac{1}{N}\sum_{k=0}^{N-1} F(k)\mathrm{e}^{\mathrm{j}\frac{2\pi}{N}kn}$$

$$f(N-n) = \frac{1}{N}\sum_{k=0}^{N-1} F(k)W_N^{-(N-n)k} = \frac{1}{N}\sum_{k=0}^{N-1} F(k)W_N^{nk}$$

$$f^*(N-n) = \left[\frac{1}{N}\sum_{k=0}^{N-1} F(k)W_N^{nk}\right]^* = \frac{1}{N}\sum_{k=0}^{N-1} F^*(k)W_N^{-nk} = \text{IDFT}[F^*(k)]$$

即

$$\text{DFT}[f^*(N-n)] = F^*(k) \tag{6.27}$$

5. DFT 的共轭对称性

前面已详细讨论了序列傅里叶变换的对称性,那里的对称性是指关于坐标原点的纵坐标对称性。DFT 也有对称性,但由于 DFT 中讨论的序列 $f(n)$及其离散傅里叶变换 $F(k)$均为有限长序列,且定义区间为 0 到 $N-1$,所以这里的对称性是指关于 $N/2$ 点的对称性。下面讨论 DFT 的共轭对称性质(如表 6.2 所示)。

1) 有限长共轭对称序列和共轭反对称序列

为了区别于序列傅里叶变换中所定义的共轭对称和共轭反对称序列,下面用 $f_{\text{ep}}(n)$和 $f_{\text{op}}(n)$分别表示有限长共轭对称序列和共轭反对称序列。两者的定义如下

$$f_{\text{ep}}(n) = f_{\text{ep}}^*(N-n),\quad 0\leqslant n\leqslant N-1$$

$$f_{\text{op}}(n) = -f_{\text{op}}^*(N-n),\quad 0\leqslant n\leqslant N-1$$

当 N 为偶数时，将上式的 n 换成 $N/2-n$，得到

$$f_{ep}\left(\frac{N}{2}-n\right)=f_{ep}^{*}\left(\frac{N}{2}+n\right),\quad 0\leqslant n\leqslant\frac{N}{2-1}$$

当 N 为奇数时，将上式的 n 换成 $(N-1)/2-n$，得到

$$f_{ep}\left(\frac{N-1}{2}-n\right)=f_{ep}^{*}\left(\frac{N+1}{2}+n\right),\quad 0\leqslant n\leqslant\frac{N-1}{2-1}$$

所以，任意有限长序列 $f(n)$ 可表示成共轭对称分量和共轭反对称分量之和。

$$f(n)=f_{ep}(n)+f_{op}(n),\quad 0\leqslant n\leqslant N-1$$

将上式中的 n 换成 $N-n$，并取复共轭，得到

$$f^{*}(N-n)=f_{ep}^{*}(N-n)+f_{op}^{*}(N-n)=f_{ep}(n)f_{op}(n)$$

所以

$$f_{ep}(n)=\frac{1}{2}[f(n)+f^{*}(N-n)]$$

$$f_{op}(n)=\frac{1}{2}[f(n)-f^{*}(N-n)] \tag{6.28}$$

2) DFT 的共轭对称性

(1) 将有限长序列 $f(n)$ 分成实部与虚部，即 $f(n)=f_r(n)+\mathrm{j}f_i(n)$，则

$$F(k)=F_{ep}(k)+F_{op}(k)$$

其中，$f_r(n)\rightarrow F_{ep}(k)$，$\mathrm{j}f_i(n)\rightarrow F_{op}(k)$。 (6.29)

证明如下：

$$f_r(n)=\frac{1}{2}(f(n)+f^{*}(n))$$

$$\mathrm{DFT}[f_r(n)]=\frac{1}{2}(F(k)+F^{*}(N-k))=F_{ep}(k)$$

$$\mathrm{j}f_i(n)=\frac{1}{2}(f(n)-f^{*}(n))$$

$$\mathrm{DFT}[\mathrm{j}f_i(n)]=\frac{1}{2}(F(k)-F^{*}(N-k))=F_{op}(k)$$

(2) 将有限长序列 $f(n)$ 分成共轭对称部分和共轭反对称部分，$f(n)=f_{ep}(n)+f_{op}(n)$，$0\leqslant n\leqslant N-1$，则

$$F(k)=F_R(k)+\mathrm{j}F_I(k) \tag{6.30}$$

证明如下：

$$f_{ep}(n)=\frac{1}{2}(f(n)+f^{*}(N-n))$$

$$\mathrm{DFT}[f_{ep}(n)]=\frac{1}{2}(F(k)+F^{*}(k))=F_R(k)$$

$$f_{op}(n)=\frac{1}{2}(f(n)-f^{*}(N-n))$$

$$\mathrm{DFT}[f_{op}(n)]=\frac{1}{2}(F(k)-F^{*}(k))=\mathrm{j}F_I(k)$$

表 6.2 DFT 性质表(序列长皆为 N 点)

序号	序列	离散傅里叶变换(DFT)
1	$af_1(n)+bf_2(n)$	$aF_1(k)+bF_2(k)$
2	$f((n+m))_N R_N(n)$	$W_N^{-mk}F(k)$
3	$W_N^{nl}f(n)$	$f((k+l))_N R_N(k)$
4	$f_1(n)*f_2(n)=\sum_{m=0}^{N-1}f_1(m)f_2((n-m))_N R_N(n)$	$F_1(k)F_2(k)$
5	$f_1(n)f_2(n)$	$\frac{1}{N}\sum_{l=0}^{N-1}F_1(l)F_2((k-l))_N R_N(k)$
6	$f^*(n)$	$F^*(N-k)$
7	$f^*(N-n)$	$F^*(k)$
8	$f_{ep}(n)=\frac{1}{2}[f(n)+f^*(N-n)]$	$\mathrm{Re}[F(k)]$
9	$f_{op}(n)=\frac{1}{2}[f(n)-f^*(N-n)]$	$\mathrm{jIm}[F(k)]$
10	$\mathrm{Re}[f(n)]=\frac{1}{2}[f(n)+f^*(n)]$	$F_{ep}(k)=\frac{1}{2}[F(k)+F^*(N-k)]$
11	$\mathrm{jIm}[f(n)]=\frac{1}{2}[f(n)-f^*(n)]$	$F_{op}(k)=\frac{1}{2}[F(k)-F^*(N-k)]$
12	$f(n)$是任意实序列	$F(k)=F^*(N-k)$
13	$\sum_{n=0}^{N-1}f(n)y^*(n)=\frac{1}{N}\sum_{k=0}^{N-1}F(k)Y^*(k)$	DFT 形式下的帕塞瓦尔定理
14	$\sum_{n=0}^{N-1}\lvert f(n)\rvert^2=\frac{1}{N}\sum_{k=0}^{N-1}\lvert F(k)\rvert^2$	

6.4 线性卷积的计算

1. 线性卷积

$\xrightarrow{f(n)}$线性时不变系统 $h(n)\xrightarrow{y(n)}y(n)=f(n)*h(n)=\sum_{m=-\infty}^{\infty}f(m)h(n-m)$,设两个序列的长度分别是 N 和 M,则线性卷积后的序列长度为 $N+M-1$。

2. 循环卷积

$f_1(n)$和 $f_2(n)$的 N 点 DFT 分别为

$$F_1(k)=\mathrm{DFT}[f_1(n)],\quad F_2(k)=\mathrm{DFT}[f_2(n)]$$

如果

$$F(k)=F_1(k)F_2(k),\quad 0\leqslant k\leqslant N-1$$

则

$$f(n)=\mathrm{IDFT}[F(k)]=F(z)=\Big[\sum_{m=0}^{N-1}f_1(m)f_2(n-m)_N\Big]R_N(n)$$
$$=f_1(n)\otimes f_2(n)=f(n)$$

3. 循环卷积的计算

由于 DFT 有快速算法 FFT，当 N 很大时，在频域计算的速度快得多，因而常用 DFT(FFT)计算循环卷积，如图 6.10 所示。

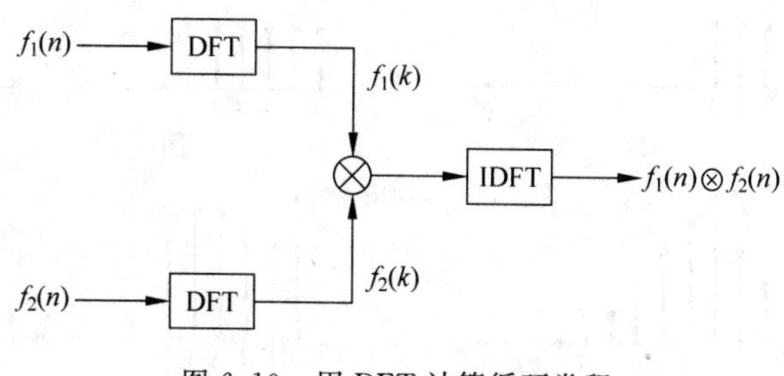

图 6.10 用 DFT 计算循环卷积

4. 利用循环卷积计算线性卷积

在实际应用中，为了分析时域离散线性系统对序列进行滤波处理等，需要计算两个序列的线性卷积。与计算循环卷积一样，为了提高运算速度，也希望用 DFT(FFT)计算线性卷积。而 DFT 只能直接用来计算循环卷积。

线性卷积和循环卷积之间有什么关系？假设 $h(n)$和 $f(n)$都是有限长序列，长度分别是 N 和 M。它们的线性卷积为

$$y_l(n)=f(n)*h(n)=h(n)*f(n)=\sum_{m=-\infty}^{\infty}h(m)f(n-m)$$
$$=\sum_{m=0}^{N-1}h(m)f(n-m)$$

其长度为 $N+M-1$。

取 $L\geqslant\max[N,M]$，$h(n)$和 $f(n)$的循环卷积为

$$y_c(n)=h(n)*f(n)=\Big[\sum_{m=0}^{L-1}h(m)f((n-m))_L\Big]R_L(n)$$

$$\tilde{f}(n)=f((n))_L=\sum_{r=-\infty}^{\infty}f(n+rL)$$

所以

$$y_c(n)=\Big[\sum_{m=0}^{L-1}h(m)f(n-m+rL)\Big]R_L(n)$$
$$=\Big[\sum_{r=-\infty}^{\infty}\sum_{m=0}^{N-1}h(m)f(n-m+rL)\Big]R_L(n)$$
$$=\Big[\sum_{r=-\infty}^{\infty}y_l(n+rL)\Big]R_L(n) \tag{6.31}$$

式(6.31)说明,$y_c(n)$等于$y_l(n)$以L为周期进行周期延拓序列的主值序列。$y_l(n)$的长度为$N+M-1$,因此只有当循环卷积长度$L \geqslant N+M-1$时,$y_c(n)=y_l(n)$。

例 6.4 如图 6.11 所示,$N=4$,$M=5$,线性卷积长度为 8,当取循环卷积长度为 6 时,$y_c(n) \neq y_l(n)$。

当取循环卷积长度为 8 时,$y_c(n)=y_l(n)$。

当取循环卷积长度为 10 时,$y_c(n)=y_l(n)$。

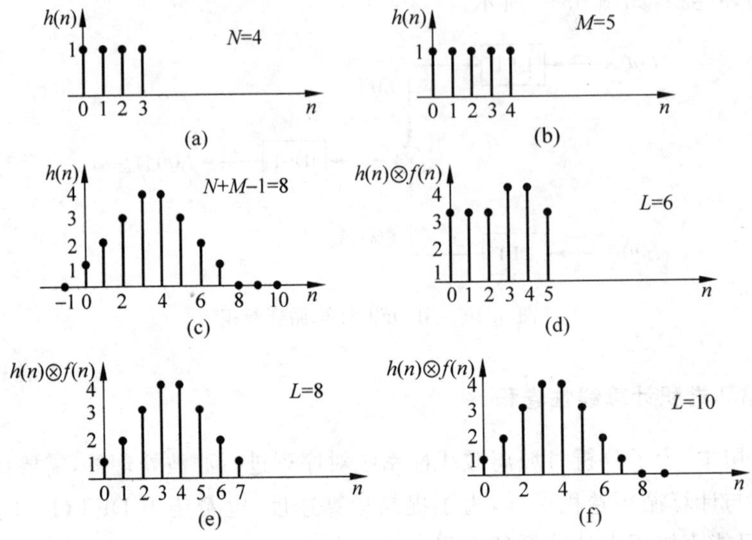

图 6.11　线性卷积与循环过程

小结:取$L=N+M-1$,可用 DFT 计算线性卷积。这种方法称为快速卷积。用 DFT 计算线性卷积的框图如图 6.12 所示。当$M \gg N$时,$L=N+M-1$,$h(n)$需补很多零点,且长序列必须全部输入后才能进行快速计算。因此要求存储容量大,运算时间长,如在处理地震信号和语音信号时。实际中采用的方法是将长序列分段计算,这种分段处理方法有两种:重叠相加法和重叠保留法。

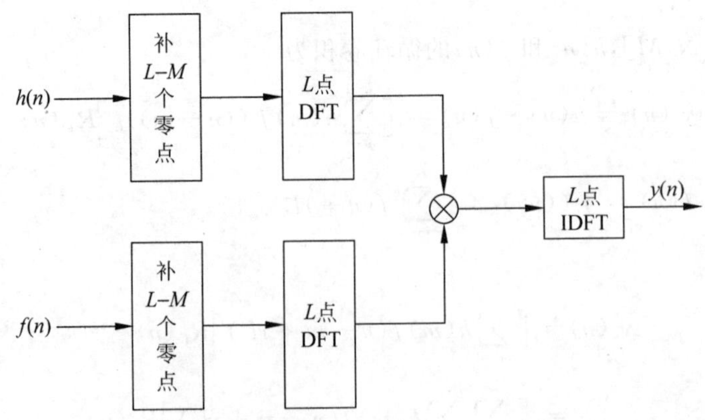

图 6.12　用 DFT 计算线性卷积框图

5. 重叠相加法

设序列 $h(n)$长度为 N,$f(n)$为无限长序列。将 $f(n)$均匀分段成 $f_k(n)$,每段长度取 M,则

$$f(n)=\sum_{k=0}^{\infty}f_k(n)$$

式中

$$f_k(n)=\begin{cases}f(n), & kM\leqslant n\leqslant(k+1)M-1\\0, & 其他\end{cases}$$

$h(n)$和 $x(n)$的线性卷积为

$$y(n)=h(n)*f(n)=h(n)*\sum_{k=0}^{\infty}f_k(n)=\sum_{k=0}^{\infty}h(n)*f_k(n)=\sum_{k=0}^{\infty}y_k(n)\quad(6.32)$$

其中,$y_k(n)=h(n)*f_k(n)$。

运算过程如图 6.13 所示。

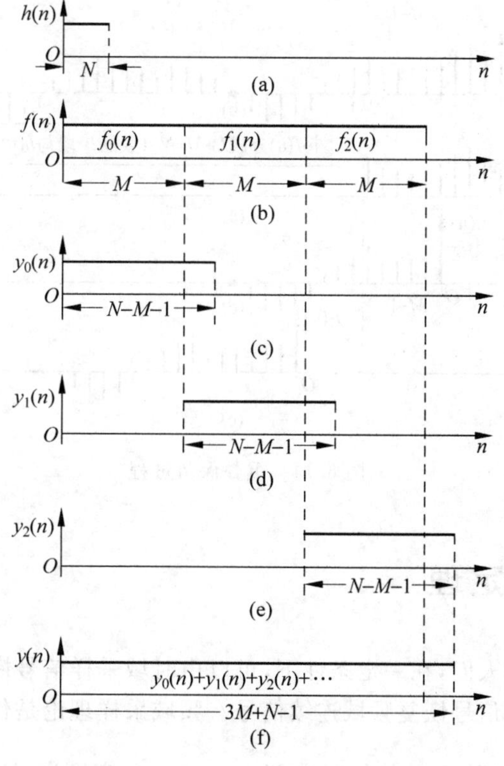

图 6.13　重叠相加法卷积示意图

每一分段卷积 $y_k(n)$的长度为 $N+M-1$,因此 $y_k(n)$与 $y_{k+1}(n)$有 $N-1$ 个点重叠,必须把重叠部分的 $y_k(n)$与 $y_{k+1}(n)$相加,才能得到完整的卷积序列 $y(n)$。这种方法不要求大的存储容量,且运算和延迟也大大减少。

6. 重叠保存法

与重叠相加法不同的是,$f(n)$分段后,相邻两段有 $M-1$ 点重叠——保存前一段后面的

$M-1$ 个点的数据。于是每小段长度为

$$N+M-1=L-1$$

$$f_i(n)=\begin{cases}f(n+iN-M+1), & 0\leqslant n\leqslant L-1\\0, & 其他\end{cases}$$

将长度为 N_1 的 $h(n)$ 序列补零至长度为 $L-1$,与 $f_i(n)$ 做周期卷积。

$$y_i(n)=f_i(n)\otimes h(n)=\sum_{m=0}^{L-1}f_i(m)h((n-m))_{L-1}R_{L-1}(n)$$

由于在每段的起始有 $M-1$ 点重叠,应将卷积结果的前 $M-1$ 点剔除,最后将各卷积结果相加即是线性卷积结果 $y(n)=f(n)*h(n)$。

将每一段圆卷积 $y_i(n)$ 结果左侧的 $M-1$ 点去除后再将其叠加即可得到正确结果,如图 6.14 所示。

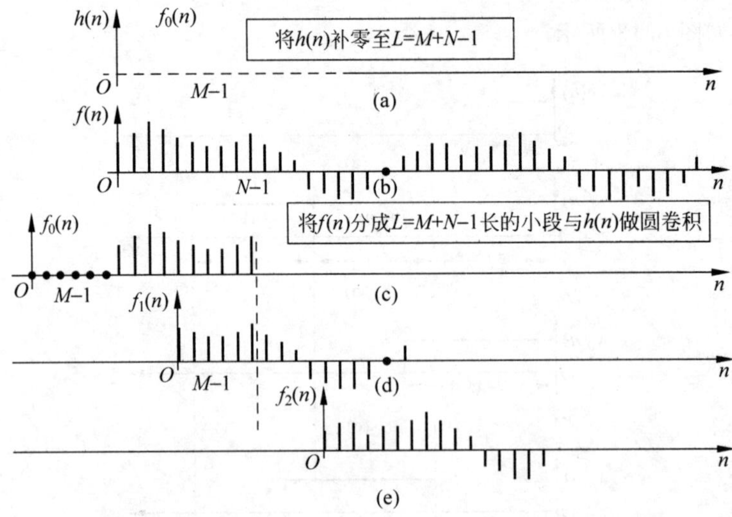

图 6.14 重叠保留过程

6.5 频率采样定理

时域采样定理告诉人们,在一定条件下,可以由时域采样信号恢复原来的连续信号。那么能不能也由频域采样信号恢复频域连续信号?频域采样理论是什么?

已知序列 $f(n)$及序列 $f(n)$的长度为 M。$f(n)$的 Z 变换为 $F(z)=\sum_{n=-\infty}^{\infty}f(n)z^{-n}$。因为 $F(z)$收敛域包含单位圆,所以其序列傅里叶变换 $F(e^{j\omega})$存在。

对 $F(e^{j\omega})$在区间$[0,2\pi]$上进行 N 点等间隔采样(对 $F(z)$在单位圆上进行 N 点等间隔采样),得到 $F(k)$或$\widetilde{F}(k)$,即

$$F(k)=\sum_{n=-\infty}^{\infty}f(n)e^{-j\frac{2\pi}{N}kn},\quad 0\leqslant k\leqslant N-1 \tag{6.33}$$

将$\widetilde{F}(k)$进行 IDFS 得周期序列$\tilde{f}(n)$,取$\tilde{x}(n)$的主值序列 $f_N(n)$,由此导出频域采样定理。

$$\begin{aligned}\tilde{f}(n) &= \text{IDFS}[\tilde{F}(k)] = \frac{1}{N}\sum_{k=0}^{N-1}F(k)W_N^{-kn} = \frac{1}{N}\sum_{k=0}^{N-1}\Big[\sum_{k=0}^{N-1}f(m)W_N^{km}\Big]W_N^{-kn}\\ &= \sum_{m=-\infty}^{\infty}f(m)\frac{1}{N}\sum_{k=0}^{N-1}W_N^{km}W_N^{-kn}\\ &= f(n+rN)\\ &= \sum_{r=-\infty}^{\infty}f(n+rN),\quad r\text{ 为整数}\end{aligned}$$

式中

$$\frac{1}{N}\sum_{k=0}^{N-1}W_N^{km}W_N^{-kn} = \frac{1}{N}\sum_{k=0}^{N-1}W_N^{k(m-n)} = \begin{cases}1, m = n+rN, r\text{ 为整数}\\ 0,\text{其他}\end{cases}$$

$$\tilde{f}(n) = \sum_{r=-\infty}^{\infty}f(n+rN) \tag{6.34}$$

从式(6.34)得，$F(z)$在单位圆上的 N 点等间隔采样$\tilde{F}(k)$的 IDFS，为原序列 $f(n)$以 N 为周期的周期延拓序列，即

$$f_N(n) = \tilde{f}(n)R_N(n) = \sum_{r=-\infty}^{\infty}f(n+rN)R_N(n) \tag{6.35}$$

所以只有当频域采样点数 $N\geqslant M$ 时，才有

$$f_N(n) = \text{IDFT}[F(k)] = f(n)$$

即可由频域采样 $F(k)$恢复原序列 $f(n)$，否则产生时域混叠现象。这就是频域采样定理。

6.5.1　Z 变换与 DFT 的关系

有限长序列可以进行 Z 变换

$$F(z) = Z[f(n)] = \sum_{n=0}^{N-1}f(n)z^{-n}$$

$$F(k) = \text{DFT}[f(n)] = \sum_{n=0}^{n-1}f(n)w_N^{nk}$$

其中，$0\leqslant k\leqslant N-1$。

比较上面两式可以得到

$$F(k) = F(z)\big|_{z=e^{j\frac{2\pi}{N}k}},\quad 0\leqslant k\leqslant N-1 \tag{6.36}$$

或

$$F(k) = F(e^{j\omega})\big|_{\omega=\frac{2\pi}{N}k},\quad 0\leqslant k\leqslant N-1 \tag{6.37}$$

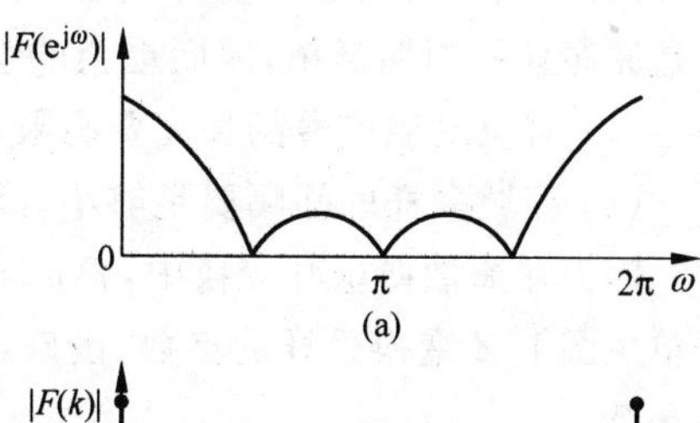

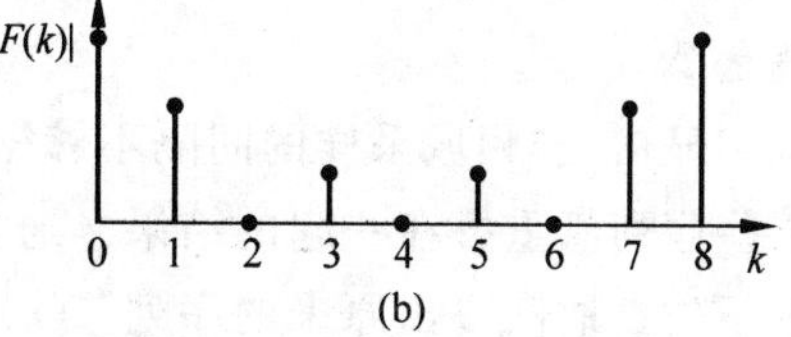

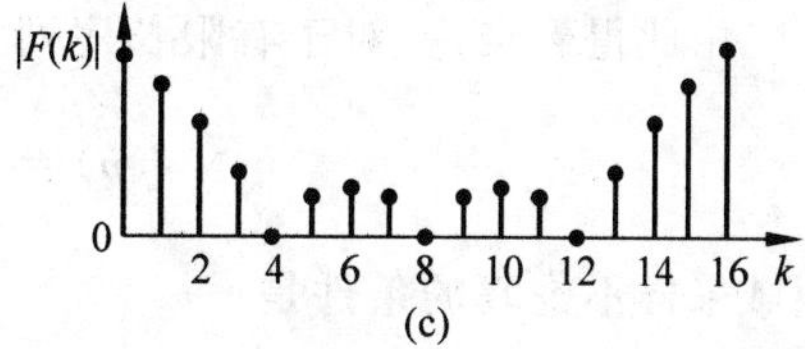

图 6.15　$F(k)$与 $F(e^{j\omega})$的关系

式(6.36)表明序列 $f(n)$的 N 点 DFT 是 $f(n)$的 Z 变换在单位圆上的 N 点等间隔采样。式(6.37)表明 $F(k)$是 $f(n)$的傅里叶变换 $F(e^{j\omega})$在区间$[0,2\pi]$上的 N 点等间隔采样。这就是 DFT 的物理意义。由此可见，DFT 的变换区间长度 N 不同，表示对 $F(e^{j\omega})$在$[0,2\pi]$区间上的采样间隔和采样点数不同，所以 DFT 的变换结果不同。图 6.15

为 $R_4(n)$ 的傅里叶变换 $F(e^{j\omega})$ 和 $R_4(n)$ 的 8 点、16 点 $F(k)$ 的对应图。

W_N^{-k} 是 z 平面单位圆上幅角为 $\omega=\dfrac{2\pi}{N}k$ 的点，即将 z 平面上的单位圆 N 等分后的第 k 点。

结论：

(1) $F(k)$ 也就是 Z 变换在单位圆上等间隔的采样值。

(2) $F(k)$ 也可看作是对序列傅里叶变换 $F(e^{j\omega})$ 的采样，采样间隔为

$$\omega_N = 2\pi/N$$

即

$$F(k) = F(e^{jk\omega})$$

6.5.2 不失真条件

为了不丢失任何信息，时域采样定理中提出了两个约束条件：

(1) 对 $f(t)$ 采样时，该信号的频带应该有限；

(2) 时域采样的间隔要足够小。

当然，对于这两条约束条件，采样定理给出了一定的数量关系。纵观这两条约束条件，都与时域离散化之后带来的频域周期性有关。由于频域的重复周期取决于采样间隔，间隔太大时会使周期重复的频谱发生重叠。当然，从时域信号直接观察也可看出，采样间隔太大不利于采样的恢复。

对照以上情况，有限长序列 $f(n)$ 的频域采样对应于单位圆上 Z 变换的采样，即

$$F(z)\Big|_{z=W^k} = F(z)\Big|_{f=e^{j\frac{2\pi}{N}k}}$$

同样，频域的离散将使时域信号发生周期性重复，也就是说，频域采样所对应的时域信号是原序列的周期延拓，因而也会产生与采样定理类似的两个约束条件；

(1) 对应时域信号的长度要有限，即为有限长序列，设该序列长度为 M；

(2) 频域采样的间隔要足够小，或者说要有足够多的采样点。

因为在离散傅里叶变换中，$f(n)$ 和 $F(k)$ 这一对离散傅里叶变换的长度是一样的，并等于单位圆上 Z 变换采样的点数，设该点数为 N，也就是说，频域离散导致的 $f(n)$ 的重复周期就是 N。

显然，当频域采样的间隔不够密，以至于 $N<M$ 时，在 $f(n)$ 的周期性重复中，就会出现某些序列值重叠在一起的结果。通常把这一现象也称为混叠，其后果是无法从混叠的信号中不失真地恢复出原来的序列 $f(n)$。

由此得到结论，对于有限长序列

$$f(n)=\begin{cases} f(n), & 0\leqslant n\leqslant M-1 \\ 0, & \text{其他} \end{cases}$$

频域采样不失真的条件是

$$N\geqslant M$$

其中，N 为频域采样的点数。如果 $x(n)$ 不是有限长序列，恢复出来的序列必然会带有误差，只有进一步增加采样点数才能减少这种误差。

6.5.3　$F(z)$的内插表达式

1. 由 $F(k)$恢复 $f(z)$，序列 $f(n)(0\leqslant n\leqslant N-1)$的 Z 变换为

$$F(z)=\sum_{n=0}^{N-1}f(n)z^{-n}$$

由于

$$f(n)=\frac{1}{N}\sum_{k=0}^{N-1}F(k)W_N^{-nk}$$

所以

$$\begin{aligned}f(z)&=\sum_{n=0}^{N-1}\left[\frac{1}{N}\sum_{k=0}^{N-1}F(k)W_N^{-nk}\right]Z^{-n}=\frac{1}{N}\sum_{k=0}^{N-1}\left[\sum_{n=0}^{N-1}W_N^{-nk}z^{-n}\right]F(k)\\&=\frac{1}{N}\sum_{k=0}^{N-1}[1+W_N^{-k}z^{-1}+W_N^{-2k}z^{-2}+\cdots+W_N^{-(N-1)k}z^{-(N-1)}]F(k)\\&=\frac{1}{N}\sum_{k=0}^{N-1}\left[\frac{(1-W_N^{-Nk}z^{-N})}{(1-W^{-k}z^{-1})}\right]F(k)\\&=\frac{1-z^{-N}}{N}\sum_{k=0}^{N-1}\frac{F(k)}{1-W_N^{-k}z^{-1}}\\&=\sum_{k=0}^{N-1}F(k)\frac{1-z^{-N}}{N(1-W_N^{-k}z^{-1})}=\sum_{k=0}^{N-1}F(k)\phi_k(z)\end{aligned}$$

即

$$f(z)=\sum_{k=0}^{N-1}F(k)\phi_k(z)\tag{6.38}$$

式(6.38)就是由 $F(k)$恢复 $f(z)$的内插公式，其中

$$\phi_k(z)=\frac{1-z^{-N}}{N(1-W_N^{-k}z^{-1})}=\frac{1}{N}\cdot\frac{z^N-1}{z^{N-1}(z-W_N^{-k})}\tag{6.39}$$

式(6.39)称作内插函数。

2. 内插函数的特性

将内插函数写成

$$\phi_k(z)=\frac{1}{N}\cdot\frac{z^N-1}{z^{N-1}(z-W_N^{-k})}$$

令分子为零，得 $z=e^{j\frac{2\pi}{N}r}$，$r=0,1,\cdots,k,\cdots,N-1$，所以有 N 个零点。令分母为零，得 $z=W_N^{-k}=e^{j\frac{2\pi}{N}k}$，为一阶极点，$z=0$ 为$(N-1)$阶极点。但是极点 $z=e^{j\frac{2\pi}{N}k}$ 与一零点相消。这样只有$(N-1)$个零点，采样点 $e^{j\frac{2\pi}{N}k}$ 称作本采样点。因此说，内插函数仅在本采样点处不为零，其他$(N-1)$个采样点均为零。内插函数的零、极点如图 6.16 所示。

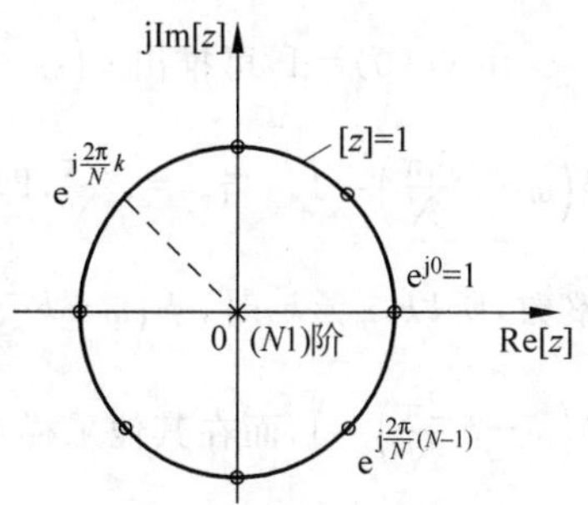

图 6.16　内插函数的零、极点

3. 频率响应

单位圆上的 Z 变换即为频响，$z=e^{j\omega}$代入

$$f(\mathrm{e}^{\mathrm{j}\omega}) = \sum_{k=0}^{N-1} F(k)\phi_k(\mathrm{e}^{\mathrm{j}\omega}) \tag{6.40}$$

4. 内插函数的频率特性

$z=\mathrm{e}^{\mathrm{j}\omega}$代入

$$\phi_k(z) = \frac{1-z^{-N}}{N(1-W_N^{-k}z^{-1})}$$

得

$$\phi_k(\mathrm{e}^{\mathrm{j}\omega}) = \frac{1}{N}\frac{1-\mathrm{e}^{-\mathrm{j}N\omega}}{1-\mathrm{e}^{-\mathrm{j}\left(\omega-k\frac{2\pi}{N}\right)}} = \frac{1}{N}\frac{\mathrm{e}^{-\mathrm{j}\frac{N\omega}{2}}\left(\mathrm{e}^{\mathrm{j}\frac{N\omega}{2}}-\mathrm{e}^{-\mathrm{j}\frac{N\omega}{2}}\right)}{\mathrm{e}^{-\mathrm{j}(\omega-\frac{2\pi}{N}k)/2}\left[\mathrm{e}^{\mathrm{j}\left(\omega-\frac{2\pi}{N}k\right)/2}-\mathrm{e}^{-\mathrm{j}(\omega-\frac{2\pi}{N}k)/2}\right]}$$

$$= \frac{1}{N}\frac{\sin\dfrac{N\omega}{2}}{\sin\left[\left(\omega-\dfrac{2\pi}{N}k\right)\Big/2\right]}\mathrm{e}^{-\mathrm{j}\left(\frac{N-1}{2}\omega+\frac{k\pi}{N}\right)} \tag{6.41}$$

当 $k=0$ 时,则有

$$\phi_0(\omega) = \frac{1}{N}\frac{\sin\dfrac{N\omega}{2}}{\sin\dfrac{\omega}{2}}\mathrm{e}^{-\mathrm{j}\left(\frac{N-1}{2}\right)\omega}$$

当 $\omega=0$ 时,有

$$\phi_0(0) = \frac{1}{N}\frac{\cos\dfrac{N\omega}{2}}{\cos\dfrac{\omega}{2}}\cdot\frac{\dfrac{1}{2}N}{\dfrac{1}{2}} = 1$$

当 $\omega=i\dfrac{2\pi}{N}(i=1,2,\cdots,N-1)$时,因为 $\sin\dfrac{N\omega}{2}=\sin(i\pi)=0$,所以 $\phi_0(\omega)=0$。这说明 $\phi_k(\mathrm{e}^{\mathrm{j}\omega})=\phi\left(\omega-k\dfrac{2\pi}{N}\right)$在本采样点为1在其他采样点为0。

当 $N=5$ 时,$\phi_0(\omega)$的幅度特性$\left|\phi_0(\omega)\right|$和相位特性 $\psi=-\dfrac{N-1}{2}\omega$,如图 6.17 所示。其中,$\left|\phi_0(\omega)\right| = \left|\dfrac{1}{N}\dfrac{\sin\dfrac{N\omega}{2}}{\sin\dfrac{\omega}{2}}\right| = \left|\dfrac{1}{5}\dfrac{\sin\dfrac{5\omega}{2}}{\sin\dfrac{\omega}{2}}\right|$,$\psi=-\dfrac{N-1}{2}\omega=-2\omega$。

由 $\phi_0(0)=1$,可推出 $\phi\left(\omega-k\dfrac{2\pi}{N}\right)$在 $\omega-k\dfrac{2\pi}{N}=0$ 时,$\phi\left(\omega-k\dfrac{2\pi}{N}\right)=1$;即在 $\omega=k\dfrac{2\pi}{N}$时,$\phi\left(\omega-k\dfrac{2\pi}{N}\right)=1$。当 $\omega=i\dfrac{2\pi}{N}$,即 $i=k$ 时,$\phi\left(\omega-k\dfrac{2\pi}{N}\right)=\phi\left[(i-k)\dfrac{2\pi}{N}\right]=1$。由于 i 与 k 均为整数,所以 $i\neq k$ 时,$\phi\left(\omega-k\dfrac{2\pi}{N}\right)=0$,这就是说,内插函数在本采样点 $\omega=\dfrac{2\pi}{N}k$ 上,$\phi\left(\omega-k\dfrac{2\pi}{N}\right)=1$,而在其他采样点 $\omega=i\dfrac{2\pi}{N}$,$i\neq k$ 上,$\phi\left(\omega-k\dfrac{2\pi}{N}\right)=0$。

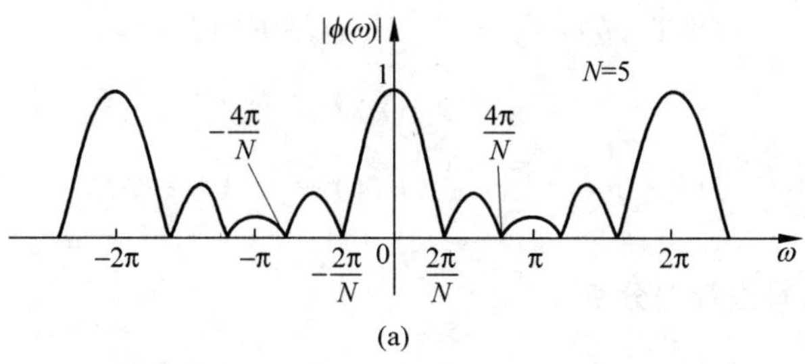

(a)

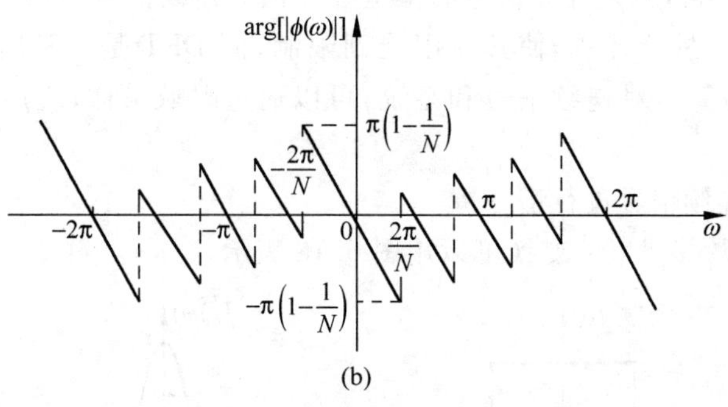

(b)

图 6.17　幅度与相位特性

5. $F(e^{j\omega})$与 $F(k)$的关系

函数 $\phi\left(\omega-k\frac{2\pi}{N}\right)$在本采样点$\left(\omega_k=k\frac{2\pi}{N}\right)\phi\left(\omega_k-k\frac{2\pi}{N}\right)=1$，而在其他采样点$\left(\omega_k=k\frac{2\pi}{N},i\neq k\right)$上的函数$\phi\left(\omega_i-k\frac{2\pi}{N}\right)=0$。整个 $X(e^{j\omega})$就是由 N 个 $\phi\left(\omega-k\frac{2\pi}{N}\right)$函数分别乘上 $X(k)$后求和。所以很明显，在每个采样点上 $F(e^{j\omega})$就精确地等于 $F(k)$(因为其他点的插值函数在这一点上的值为零，没有影响)即

$$F(e^{j\omega})\big|_{\omega=\frac{2\pi}{N}k}=F(k),\quad k=0,1,\cdots,N-1 \tag{6.42}$$

注意：一般来说这里的 $F(e^{j\omega})$和 $F(k)$都是复数。

各采样点之间的 $F(e^{j\omega})$值由各采样点的加权插值函数在所求 ω 点上的值的叠加得到的。

6.6　离散傅里叶变换的应用

1. 求两个不同实序列 $f_1(n)$、$f_2(n)$的 N 点 DFT

$$f(n)=f_1(n)+jf_2(n)$$

$$f(n)\to F(k)\to F^*(N-k)\to\frac{1}{2}(F(k)+F^*(N-k))\to\frac{1}{2}(F(k)-F^*(N-k))$$

利用 DFT 的共轭对称性

$$\begin{aligned}\mathrm{DFT}[f_1(n)]&=\frac{1}{2}(F(k)+F^*(N-k))\\&=F_{ep}(k)\end{aligned}$$

$$\begin{aligned}\mathrm{DFT}[\mathrm{j}f_i(n)] &= \frac{1}{2}(F(k)-F^*(N-k)) \\ &= F_{\mathrm{ep}}(k)\end{aligned}$$

$$\mathrm{DFT}[f_i(n)] = \frac{1}{2\mathrm{j}}(F(k)-F^*(N-k))$$

2. 用 DFT 对信号进行谱分析

所谓信号的谱分析,就是计算信号的傅里叶变换。连续信号与系统的傅里叶分析显然不便于直接用计算机进行计算,使其应用受到限制,而 DFT 是一种时域和频域均离散化的变换,适合数值运算。对连续信号和系统,可以通过时域采样,应用 DFT 进行近似谱分析。

1) 用 DFT 对连续信号进行谱分析

连续信号 $f(t)$及其傅里叶变换可以用图 6.18 表示。

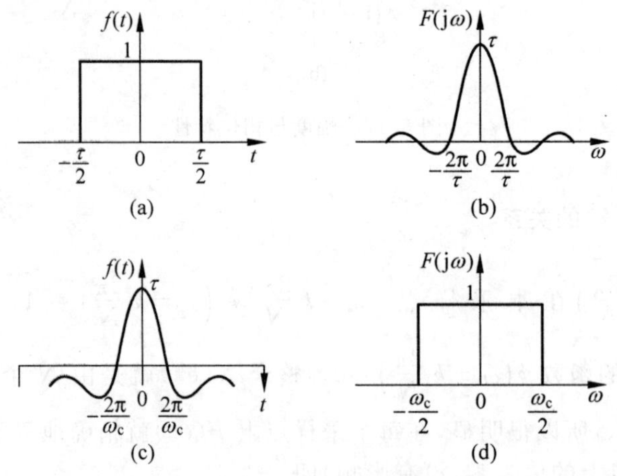

图 6.18 傅里叶变换理论

若信号持续时间有限长,则其频谱无限宽;若频谱有限宽,则其持续时间无限长。

所以,严格地讲,持续时间有限的带限信号是不存在的。但在工程中,常用 DFT 对连续信号进行谱分析。

对于持续时间无限长的信号,采样点数太多以至无法存储和计算,只好截取有限点;对于频谱很宽的信号,为防止时域采样后频谱混叠失真,可用预滤波法滤除幅度较小的高频成分,使连续信号的带宽小于折叠频率。这样,连续信号 $f_a(n)$持续时间为有限长,$F(\mathrm{j}\omega)$为有限带宽。为了利用 DFT 对 $f(n)$进行频谱分析,先对 $f_a(n)$进行时域采样得 $f(n)$,再对 $f(n)$进行 DFT 得到 $F(n)$,$F(k)$为 $f(n)$的傅里叶变换 $F(\mathrm{e}^{\mathrm{j}\omega})$在频率区间$[0,2\pi]$上的 N 点等间隔采样。这里 $F(k)$和 $f(n)$均为有限长。所以用 DFT 对连续信号进行谱分析是近似的,其近似程度与信号带宽、采样频率和截取长度有关。

设连续信号 $f_a(n)$持续时间为 T_p,最高频率为 f_c,则

$$F_a(\mathrm{j}\Omega) = \int_{-\infty}^{\infty} f_a(t)\mathrm{e}^{-\mathrm{j}\Omega t}\,\mathrm{d}t$$

$$F_{\mathrm{a}}(\mathrm{j}f) = FT[x_a(t)] = \int_{-\infty}^{\infty} f_{\mathrm{a}}(t)\mathrm{e}^{-\mathrm{j}\lambda\pi ft}\mathrm{d}t$$

对 $x_{\mathrm{a}}(n)$以采样间隔 $T\leqslant\frac{1}{2f_{\mathrm{c}}}$采样得 $f(n)= f_{\mathrm{a}}(nT)$。设共采样 N 点，并对 $F_{\mathrm{a}}(\mathrm{j}f)$作零阶近似，$t=nT$，$\mathrm{d}t=T$ 得

$$F(\mathrm{j}f) = T\sum_{n=0}^{N-1} f_{\mathrm{a}}(nT)\mathrm{e}^{-\mathrm{j}2\pi fnT} \tag{6.43}$$

显然，$F(\mathrm{j}f)$仍是 f 的连续周期函数，如图 6.19(b)所示。对 $F(\mathrm{j}f)$在区间$[0,f_s]$上等间隔采样 N 点，采样间隔为 F，如图 6.19(c)所示。

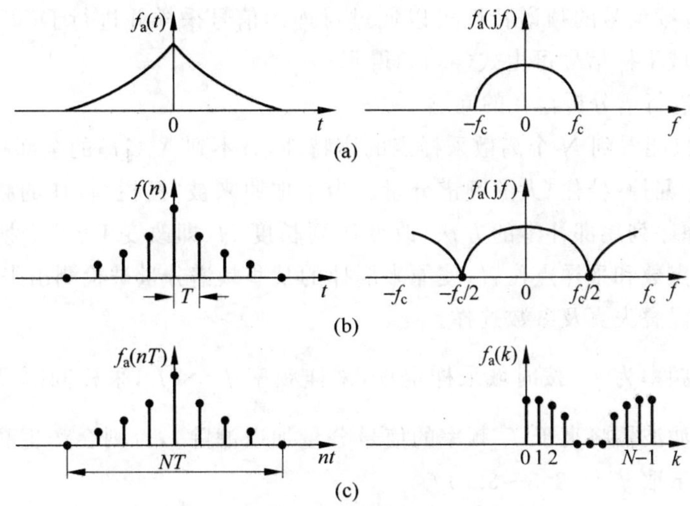

图 6.19 用 DFT 计算连续信号频谱原理

参数 f_s、T_{p}、N、F 的关系，即

$$f_s = \frac{1}{T}, \quad T_{\mathrm{p}} = \frac{1}{F}$$

$$f_s = NF, \quad T_{\mathrm{p}} = NT$$

所以

$$F = f_s/N = \frac{1}{NT}$$

将 $f=kF$ 代入 $F(\mathrm{j}f)$，得到 $F(\mathrm{j}f)$的采样，即

$$F(\mathrm{j}kF) = T\sum_{n=0}^{N-1} f_{\mathrm{a}}(nT)\mathrm{e}^{-\mathrm{j}\frac{2\pi}{N}kn}, \quad 0\leqslant k\leqslant N-1$$

令 $F_{\mathrm{a}}(k)=F(\mathrm{j}kF)$，$f(n)=F_{\mathrm{a}}(nT)$，则

$$F_{\mathrm{a}}(k) = T\sum_{n=0}^{N-1} f(n)\mathrm{e}^{-\mathrm{j}\frac{2\pi}{N}kn} = T\cdot\mathrm{DFT}[f(n)] \tag{6.44}$$

用同样的方法，由

$$f_{\mathrm{a}}(t) = \frac{1}{2\pi}\int_{-\infty}^{\infty} F_{\mathrm{a}}(\mathrm{j}\Omega)\mathrm{e}^{\mathrm{j}\Omega t}\mathrm{d}\Omega$$

推出

$$f_a(t)=\int_{-\infty}^{\infty}F_a(jf)e^{j2\pi ft}df$$

又有 $t=nT$,$dt=F$,$f=kT$,则

$$\begin{aligned}f(n)=f_a(nT)&=F\sum_{n=0}^{N-1}F_a(k)e^{j\frac{2\pi}{N}kn}\\&=FN\left(\frac{1}{N}\sum_{n=0}^{N-1}F_a(k)e^{j\frac{2\pi}{N}kn}\right)\\&=\frac{1}{T}\text{IDFT}[F_a(k)]\end{aligned}\tag{6.45}$$

式(6.44)说明,连续信号的频谱特性可以通过对连续信号采样并进行 DFT 再乘以 T 的近似方法得到。时域采样信号可由式(6.45)得到。

2) 用 DFT 进行谱分析存在的问题

栅栏效应:只能看到 N 个离散采样点的谱特性,看不到 $X_a(jf)$的全部频谱特性。由于栅栏效应,有可能漏掉(挡住)大的频谱分量。为了把原来被"栅栏"挡住的频谱分量检测出来,可以采用在原序列尾部补零的方法,改变序列长度 N(即改变 DFT 变换区间长度),从而增加频域采样点数和采样点位置,使原来漏掉的某些频谱分量被检测出来。

频率响应的混叠失真及参数选择。

设信号最高频率为 f_c,按时域采样定理,采样频率 $f_s>2f_c$,采样间隔 $T=\frac{1}{f_s}<\frac{1}{2f_c}$(时域采样之前用预滤波器将高于 f_c 频率的信号分量加以滤除),否则会产生频率响应的混叠失真。一般情况下取 $f_s=(2.5\sim3.0)f_c$。

对于 DFT,频率函数也要采样变成离散序列,频域采样间隔为 F,时域周期为 $T_p=\frac{1}{F}$。F 称为频率分辨率,显然 F 越小,谱分析的结果就越接近原连续信号频谱。所以 F 较小时,称频率分辨率较高。

设一组参数为 f_c,f_s,T,F,N,T_p。采样定理为 $f_s>2f_c$,$f_s=NF$,$F=\frac{f_s}{N}$。当 N 保持不变,要提高谱的分辨率,必须降低 f_s。但 f_s 受采样定理的限制。如维持 f_s 不变,为提高频率分辨率可以增加采样点数 N,因为 $NT=T_p$,所以只有增加对信号的观察时间 T_p。

参数选择由 $f_s>2f_c$,得 $N>\frac{2f_c}{F}$,$T_p\geqslant\frac{1}{F}$。

例 6.5 对实信号进行谱分析,要求谱分辨率 $F\leqslant10\text{Hz}$,信号最高频率 $f_c=2.5\text{kHz}$,试确定最小记录时间,最少的采样点数。如果 f_c 不变,要求谱分辨率增加一倍,最少的采样点数和最小的记录时间是多少?

解

$$F\leqslant10\text{Hz}$$

$$N>\frac{2f_c}{F}=2\times2500/10=500$$

$$T_p\geqslant\frac{1}{F}=1/10=0.1\text{s}$$

为使频率分辨率提高 1 倍,$F=5\text{Hz}$,则

$$N > \frac{2f_c}{F} = 2 \times 2500/5 = 1000$$

$$T_p \geqslant \frac{1}{F} = 1/5 = 0.2\text{s}$$

截断效应：如果 $x_a(t)$持续时间无限长，上述分析中要进行截断处理，所以会产生频率混叠和泄露现象，从而使谱分析产生误差。

如图 6.20 所示，无限长序列 $f_1(n)$的频谱为 $F_1(e^{j\omega})$(只画出一个周期)，现截取一个时间段信号 $f_2(n)$，其频谱为 $F_2(e^{j\omega})$。这里，截取有限长个数据，就相当于在时域乘一个矩形窗函数，窗内的数据并不改变。时域中相乘，频域中相当于卷积。卷积的结果 $f_2(n)$与原来的频谱不相同，有失真。这种失真最主要的是造成频谱的"扩散"(拖尾、变宽)，这就是所谓的"频谱泄露"。

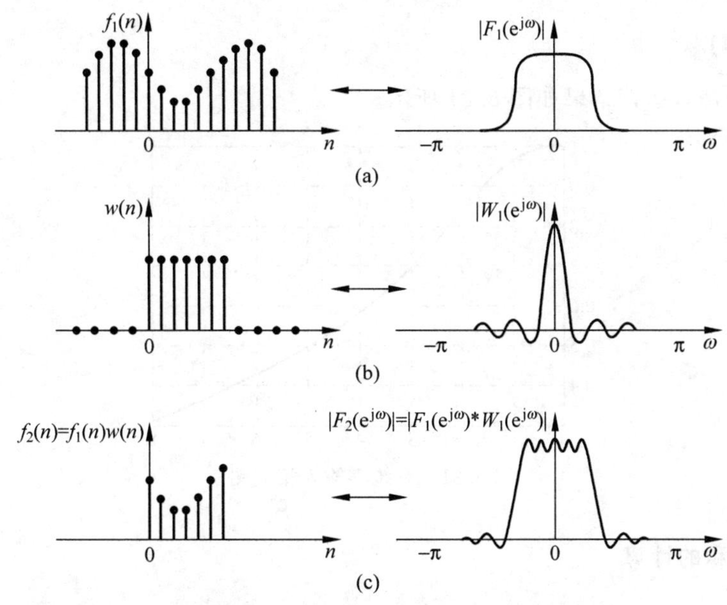

图 6.20　信号截断时产生的频谱泄露现象

应该说明，泄露也会造成混叠，因为泄露会导致频谱的扩展，从而使最高频率有可能超过折叠频率 $f_s/2$，造成频率响应的混叠失真。

减小泄露的方法，首先是取更长的数据，也就是窗宽加宽，当然数据太长，必然使运算存储量都增加，其次数据不要突然截断，也就是不要加矩形窗，而是要缓慢截断，即加各种缓变的窗(例如三角形窗、升余弦窗等)，使得窗谱的旁瓣能量更小，卷积后造成的泄露减小。

6.7 MATLAB 仿真

1. 差分方程的通用递推程序

例 6.6　描述 n 阶线性时不变(LTI)连续系统的微分方程为

$$a_1 y^{(n)}(t) + a_2 y^{(n-1)}(t) + \cdots + a_n y^{(1)}(t) + a_{n+1} y(t) = b_1 u^{(m)}(t) + \cdots + a_m u^{(1)}(t) + a_{m+1} u(t)$$

已知 y 及其各阶导数的初始值为 $y(0)$，$y_{(1)}(0)$，…，$y_{(n-1)}(0)$，求系统的零输入响应。

程序如下：

```
a = input('输入分母系数向量 a = [a1,a2...] = ');
n = length(a) - 1;
Y0 = input('输入初始条件向量 Y0 = [y0,Dy0,D2y0,...] = ');
p = roots(a);V = rot90(vander(p));c = V\Y0';
dt = input('dt = '); tf = input('tf = ')
9
t = 0:dt:tf; y = zeros(1, length(t));
for k = 1:n y = y + c(k) * exp(p(k) * t);end
plot(t,y),grid;
hold on
```

运行此程序并输入：

```
a = [3,5,7,1]; dt = 0.2;tf = 8;
```

Y0 取[1,0,0]，运行结果如图 6.21 所示。

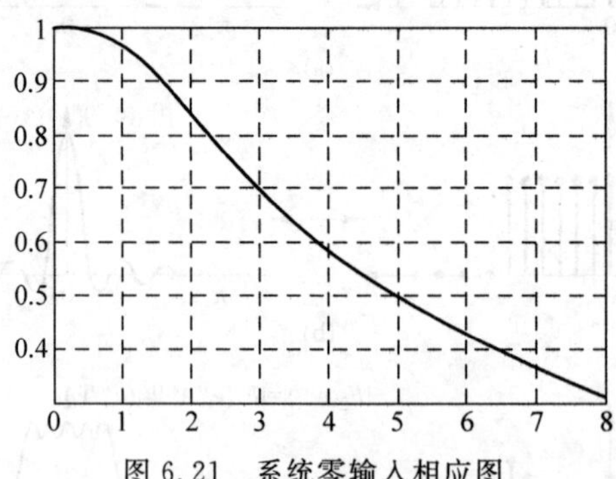

图 6.21　系统零输入相应图

2. 离散卷积的计算

```
c = conv(a,b)
```

式中 a,b 为待卷积两序列的向量表示，c 是卷积结果。

例如，$(s^3+2s+3)(s^2+3s+2)$，可用下面 MATLAB 语句求出。

```
a = [1,0,2,3];
b = [1,3,2];
c = conv(a,b)
```

例 6.7　求系统 $y''(t)+2y'(t)+100y(t)=10f(t)$ 的零状态响应，已知 $f(t)=(\sin 2pt)\varepsilon(t)$。

程序如下：

```
ts = 0;te = 5;dt = 0.01;
sys = tf([1],[1 2 100]);
t = ts:dt:te;
f = 10 * sin(2 * pi * t);
y = lsim(sys,f,t);
plot(t,y);
xlabel('Time(sec)') ;
```

```
ylabel('y(t)') ;
```

程序运行结果如图 6.22 所示。

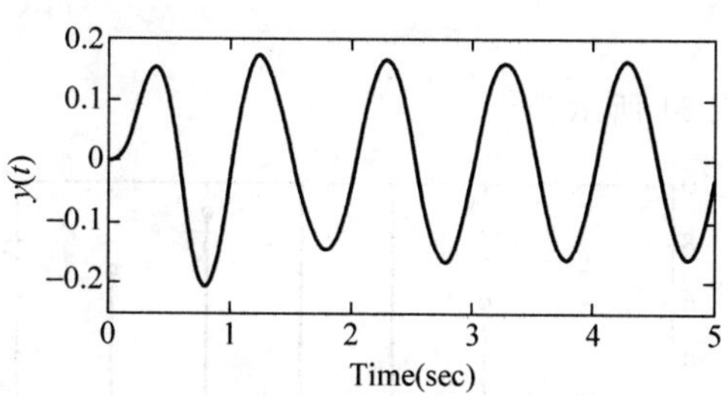

图 6.22　系统零状态响应图

例 6.8　分析噪声干扰的信号 $f(k)=s(k)+d(k)$通过 M 点滑动平均系统的响应,其中 $s(k)=(2k)0.9^k$ 是原始信号,$d(k)$是噪声。

程序如下:

```
R = 51 ; d = rand(1,R) - 0.5;
k = 0:R - 1;
s = 2 * k. * (0.9.^k); f = s + d;
figure(1);
plot(k,d,'r - .',k,s,'b -- ',k,f,'g - ');
M = 5; b = ones(M,1)/M; a = 1;
y = filter(b,a,f);
figure(2);
plot(k,s,'b -- ',k,y,'r - ');
```

噪声干扰信号 $f(k)=s(k)+d(k)$通过 M 点滑动平均系统的响应。

程序运行结果如图 6.23 所示。

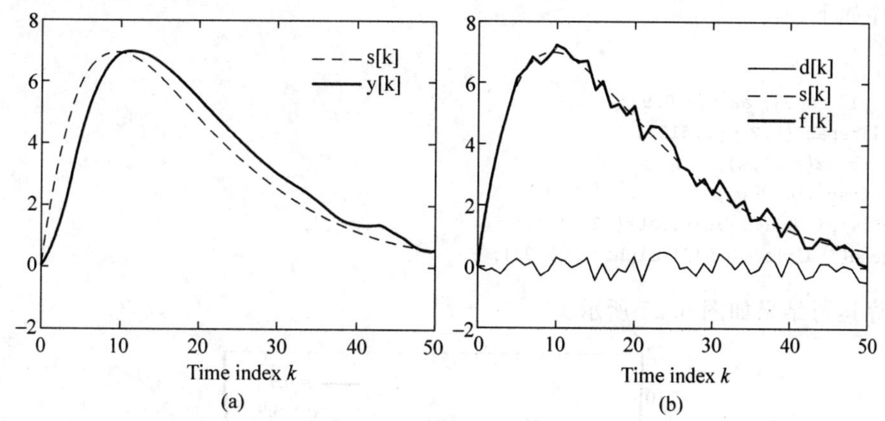

图 6.23　干扰信号响应图

例 6.9　计算 $x(k) * y(k)$并画出卷积结果,已知 $x(k)=\{1,2,3,4;k=0,1,2,3\}$,$y(k)=\{1,1,1,1,1;k=0,1,2,3,4\}$。

程序如下:

```
x = [1,2,3,4];
```

```
y = [1,1,1,1,1];
z = conv(x,y);
N = length(z);
stem(0:N-1,z);
```

程序运行结果如图 6.24 所示。

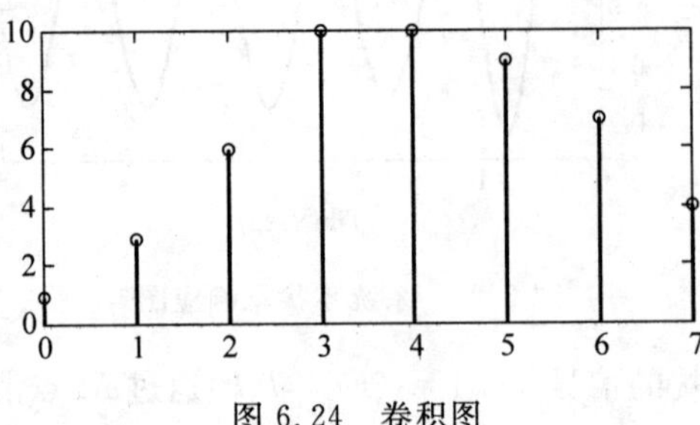

图 6.24　卷积图

3. 离散系统频响特性的计算

$$F(e^{j\Omega}) = \frac{B(e^{j\Omega})}{A(e^{j\Omega})} = \frac{b_0 + b_1 e^{-j\Omega} + \cdots + b_M e^{-j\Omega M}}{a_0 + a_1 e^{-j\Omega} + \cdots + a_N e^{-j\Omega N}}$$

计算频响的 MATLAB 函数

```
h = freqz(b,a,w)
```

其中,b 为分子的系数,a 为分母系数,w 为采样的频率点(至少 2 点),w 在 0～2 之间。幅频特性为 abs,相频特性为 angle。

例 6.10　画出 $F(e^{j\Omega})=\dfrac{1}{1-\alpha e^{-j\Omega}}$的频幅曲线。

程序如下:

```
b = [1];
a1 = [1 -0.9]; a2 = [1 0.9];
w = linspace(0,2*pi,512);
h1 = freqz(b,a1,w);
h2 = freqz(b,a2,w);
plot(w/pi,abs(h1),w/pi,abs(h2),':');
legend('\alpha = 0.9','\alpha = -0.9');
```

程序运行结果如图 6.25 所示。

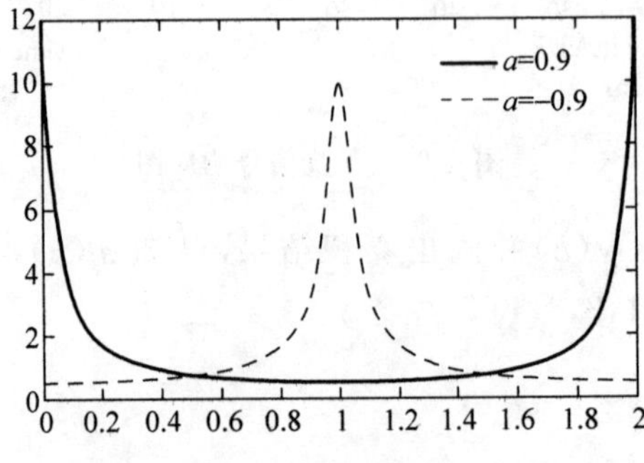

图 6.25　频幅曲线图

习题

6.1　计算下面序列的 N 点 DFT，在变换区间 $0\leqslant n\leqslant N-1$ 内，序列定义如下。

(1) $x(n)=\delta(n)$

(2) $x(n)=R_m(n),0<m<N$

(3) $x(n)=\cos\left(\frac{2\pi}{N}nm\right),0<m<N$

(4) $x(n)=\sin(w_0 n)\cdot R_N(n)$

(5) $x(n)=nR_N(n)$

6.2　已知下列 $X(k)$，求 $x(n)=\mathrm{IDFT}[X(k)]$。

(1) $X(k)=\begin{cases}\frac{N}{2}\mathrm{e}^{\mathrm{j}\theta}, & k=m\\ \frac{N}{2}\mathrm{e}^{-\mathrm{j}\theta}, & k=N-m\\ 0, & \text{其他}\end{cases}$

(2) $X(k)=\begin{cases}-\frac{N}{2}\mathrm{j}\mathrm{e}^{\mathrm{j}\theta}, & k=m\\ \frac{N}{2}\mathrm{j}\mathrm{e}^{-\mathrm{j}\theta}, & k=N-m\\ 0, & \text{其他}\end{cases}$

6.3　长度为 $N=10$ 的两个有限长序列

$$x_1(n)=\begin{cases}1, & 0\leqslant n\leqslant 4\\ 0, & 5\leqslant n\leqslant 9\end{cases}$$

$$x_2(n)=\begin{cases}1, & 0\leqslant n\leqslant 4\\ -1, & 5\leqslant n\leqslant 9\end{cases}$$

作图表示 $x_1(n)$、$x_2(n)$和 $y(n)=x_1(n)\otimes x_2(n)$。

6.4　设 $x_1(n)$和 $x_2(n)$是如下给出的两个 4 点序列

$$x_1(n)=\{1,2,2,1\},x_2(n)=\{1,-1,-1,1\}$$

(1) 求它们的线性卷积 $x_3(n)$；

(2) 计算循环卷积 $x_4(n)$使它等于 $x_3(n)$。

6.5　已知周期序列$\widetilde{X}(k)$如图 6.26 所示，其周期 $N=10$，试求解它的傅里叶级数系数 $\widetilde{X}(k)$。

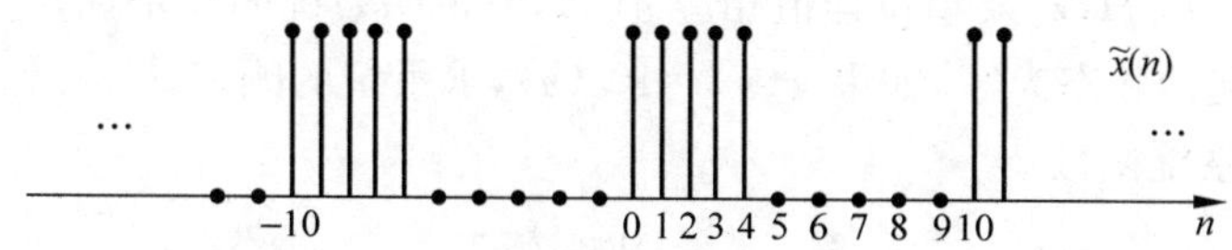

图 6.26　周期序列$\tilde{x}(n)$(周期 $N=10$)

6.6　两个有限长序列 $x(n)$和 $y(n)$的零值区间为

$$x(n)=0,\quad n<0,8\leqslant n$$

$$y(n)=0,\quad n<0,20\leqslant n$$

对每个序列做 20 点 DFT，即

$$X(k)=\mathrm{DFT}[x(n)],k=0,1,\cdots,19$$

$$Y(k)=\mathrm{DFT}[y(n)],k=0,1,\cdots,19$$

如果

$$F(k)=X(k)\cdot Y(k),\quad k=0,1,\cdots,19$$
$$f(n)=\text{IDFT}[F(k)],\quad k=0,1,\cdots,19$$

试问在哪些点上 $f(n)=x(n)*y(n)$,为什么?

6.7 用微处理机对实数序列做谱分析,要求谱分辨率 $F\leqslant 50\text{Hz}$,信号最高频率为1kHZ,试确定以下各参数。

(1) 最小记录时间 T_{pmin};

(2) 最大采样间隔 $T_{\max}$;

(3) 最少采样点数 $N_{\min}$;

(4) 在频带宽度不变的情况下,将频率分辨率提高1倍的 N 值。

6.8 我们希望利用 $h(n)$ 长度为 $N=50$ 的 FIR 滤波器对一段很长的数据序列进行滤波处理,要求采用重叠保留法通过 DFT 来实现。所谓重叠保留法,就是对输入序列进行分段(本题设每段长度为 $M=100$ 个采样点),但相邻两段必须重叠 V 个点,然后计算各段与 $h(n)$ 的 L 点(本题取 $L=128$)循环卷积,得到输出序列 $y_m(n)$,m 表示第 m 段计算输出。最后,从 $y_m(n)$ 中取出 B 个,使每段取出的 B 个采样点连接得到滤波输出 $y(n)$。

(1) 求 V;

(2) 求 B;

(3) 确定取出的 B 个采样应为 $y_m(n)$ 中的哪些采样点。

6.9 设 $x(t)=\sin(2\pi f_1 t)+\sin(2\pi f_2 t)+\sin(2\pi f_3 t)$,其中 $f_1=2\text{Hz}$,$f_2=2.02\text{Hz}$,$f_3=2.07\text{Hz}$,现用 $f_s=10\text{Hz}$ 对其进行采样。设 $T_{\text{p}}=25.6\text{s}$,试分析若对 $x(n)$ 做 DFT,能否分辨出三个频率分量?

6.10 利用 DFT 的分析和综合方程证明

$$\sum_{n=0}^{N-1}|f(n)|^2=\frac{1}{N}\sum_{k=0}^{N-1}|F(k)|^2$$

这就是普遍称作 DFT 的帕塞瓦尔关系。

6.11 对于下列差分方程所表示的离散系统

$$y(n)+y(n-1)=f(n)$$

(1) 求系统函数 $H(z)$ 及单位样值相应 $h(n)$,并说明系统的稳定性;

(2) 若系统起始状态为零,如果 $x(n)=10\varepsilon(n)$,求系统的响应。

6.12 已知系统函数

$$H(z)=\frac{z^2-(2a\cos\omega_0)z+a^2}{z^2-(2a^{-1}\cos\omega_0)z+a^{-2}},\quad a>1$$

(1) 画出 $H(z)$ 在 z 平面的零、极点分布图;

(2) 借助 s-z 平面的映射规律,利用 $H(s)$ 的零、极点分布特性说明此系统具有全通特性。

第7章 系统分析的状态变量法

7.1 系统的状态空间描述

7.1.1 状态空间基本概念

1. 状态、状态变量和状态向量

能完整描述和唯一确定系统时域行为或运行过程的一组独立(数目最小)的变量称为系统的状态,其中各个变量称为状态变量。当状态表示成以各状态变量为分量组成的向量时,称为状态向量。一个用 n 阶微分方程式描述的系统,就有 n 个独立变量,当这 n 个独立变量的时间响应都求得时,系统的运动状态也就被揭示无遗了。因此,可以说该系统的状态变量就是 n 阶系统的 n 个独立变量。系统的状态 $x(t)$ 由 $t=t_0$ 时的初始状态 $x(t_0)$ 及 $t\geqslant t_0$ 的输入 $f(t)$ 唯一确定。

状态变量的选取具有非唯一性,既可用某一组又可用另一组数目最少的变量作为状态变量。状态变量不一定在物理上可测量,有时只具有数学意义,但使用时毕竟还是选择容易测量的量作为状态变量,以便满足实现状态反馈、改善性能的要求。

对 n 阶微分方程描述的系统,当 n 个初始条件 $x(t_0),x^{(1)}(t_0),x^{(2)}(t_0),\cdots,x^{(n-1)}(t_0)$ 及 $t\geqslant t_0$ 的输入 $f(t)$ 给定时,可唯一确定方程的解,故 $x(t_0),x^{(1)}(t_0),x^{(2)}(t_0),\cdots,x^{(n-1)}(t_0)$ 这个 n 独立变量可选作状态变量。状态对于确定系统的行为既是必要的,又是充分的。n 阶系统状态变量所含独立变量的个数为 n,当变量个数小于 n 时,便不能完全确定系统的状态,而当变量个数大于 n 时,则存在多余的变量,这些多余的变量就不是独立变量。判断变量是否独立的基本方法是看它们之间是否存在代数约束。

把描述系统状态的 n 个状态变量 $x_1(t),x_2(t),\cdots,x_n(t)$ 看作向量 $\boldsymbol{x}(t)$ 的分量,则向量 $\boldsymbol{x}(t)$ 称为 n 维状态向量,记作

$$\boldsymbol{x}(t)=\begin{bmatrix}x_1(t)\\x_2(t)\\\vdots\\x_n(t)\end{bmatrix} \quad \text{或} \quad \boldsymbol{x}(t)=[x_1(t),x_2(t),\cdots,x_n(t)]^{\mathrm{T}} \tag{7.1}$$

2. 状态空间

以 n 个状态变量作为坐标轴所构成 n 维空间称为状态空间。系统在任意一个时刻的状

态,在状态空间中用一点来表示。随着时间的推移,$\boldsymbol{x}(t)$将在状态空间中描绘出一条轨迹,称为状态轨线。

3. 状态方程

描述系统状态变量与输入变量之间关系的一阶向量微分方程或差分方程称为系统的状态方程,它不含输入的微积分项。状态方程表征了系统由输入所引起的状态变化,一般情况下,状态方程既是非线性的,又是时变的,它可以表示为

$$\dot{\boldsymbol{x}}(t)=\boldsymbol{f}[x(t),f(t),t] \tag{7.2}$$

4. 输出方程

描述系统输出变量与系统状态变量和输入变量之间函数关系的代数方程称为输出方程,当输出由传感器得到时,又称为观测方程。输出方程的一般形式为

$$\boldsymbol{y}(t)=\boldsymbol{g}[x(t),f(t),t] \tag{7.3}$$

输出方程表征了系统状态和输入的变化所引起的系统输出变化。

5. 动态方程

状态方程与输出方程的组合称为动态方程,又称为状态空间表描述,其一般形式为

$$\begin{aligned}\dot{\boldsymbol{x}}(t)&=\boldsymbol{f}[x(t),f(t),t]\\ \boldsymbol{y}(t)&=\boldsymbol{g}[x(t),f(t),t]\end{aligned} \tag{7.4}$$

或离散形式

$$\begin{aligned}\boldsymbol{x}(n+1)&=\boldsymbol{f}[x(n),f(n),n]\\ \boldsymbol{y}(n)&=\boldsymbol{g}[x(n),f(n),n]\end{aligned} \tag{7.5}$$

6. 线性时变系统

线性系统的状态方程是一阶向量线性微分方程或差分方程,输出方程是向量代数方程。线性连续时间系统动态方程的一般形式为

$$\begin{aligned}\dot{\boldsymbol{x}}(t)&=\boldsymbol{A}(t)\boldsymbol{x}(t)+\boldsymbol{B}(t)\boldsymbol{f}(t)\\ \boldsymbol{y}(t)&=\boldsymbol{C}(t)\boldsymbol{x}(t)+\boldsymbol{D}(t)\boldsymbol{f}(t)\end{aligned} \tag{7.6}$$

设状态 x、输入 f、输出 y 的维数分别为 n,p,q,称 $n\times n$ 矩阵 $\boldsymbol{A}(t)$为系统矩阵或状态矩阵,称 $n\times p$ 矩阵 $\boldsymbol{B}(t)$为控制矩阵或输入矩阵,称 $q\times n$ 矩阵 $\boldsymbol{C}(t)$为输出矩阵或观测矩阵,称 $q\times p$ 矩阵 $\boldsymbol{D}(t)$为前馈矩阵或输入输出矩阵。

7. 线性定常系统

线性系统的 A,B,C,D 中的各元素全部是常数矩阵。即

$$\begin{aligned}\dot{\boldsymbol{x}}(t)&=\boldsymbol{A}\boldsymbol{x}(t)+\boldsymbol{B}\boldsymbol{f}(t)\\ \boldsymbol{y}(t)&=\boldsymbol{C}\boldsymbol{x}(t)+\boldsymbol{D}\boldsymbol{f}(t)\end{aligned} \tag{7.7}$$

对应的离散形式为

$$\begin{aligned}\boldsymbol{x}(n+1)&=\boldsymbol{A}\boldsymbol{x}(n)+\boldsymbol{B}\boldsymbol{f}(n)\\ \boldsymbol{y}(n)&=\boldsymbol{C}\boldsymbol{x}(n)+\boldsymbol{D}\boldsymbol{f}(n)\end{aligned} \tag{7.8}$$

$$\boldsymbol{x}=\begin{bmatrix}x_1\\x_2\\\vdots\\x_n\end{bmatrix}\quad\boldsymbol{f}=\begin{bmatrix}f_1\\f_2\\\vdots\\f_p\end{bmatrix}\quad\boldsymbol{y}=\begin{bmatrix}y_1\\y_2\\\vdots\\y_q\end{bmatrix}$$

$$\boldsymbol{A}=\begin{bmatrix}a_{11}&a_{12}&\cdots&a_{1n}\\a_{21}&a_{22}&\cdots&a_{2n}\\\vdots&\vdots&\ddots&\vdots\\a_{n1}&a_{n2}&\cdots&a_{nn}\end{bmatrix}\quad\boldsymbol{B}=\begin{bmatrix}b_{11}&b_{12}&\cdots&b_{1p}\\b_{21}&b_{22}&\cdots&b_{2p}\\\vdots&\vdots&\ddots&\vdots\\b_{n1}&b_{n2}&\cdots&b_{np}\end{bmatrix}$$

$$\boldsymbol{C}=\begin{bmatrix}c_{11}&c_{12}&\cdots&c_{1n}\\c_{21}&c_{22}&\cdots&c_{2n}\\\vdots&\vdots&\ddots&\vdots\\c_{q1}&c_{q2}&\cdots&c_{qn}\end{bmatrix}\quad\boldsymbol{D}=\begin{bmatrix}d_{11}&d_{12}&\cdots&d_{1p}\\d_{21}&d_{22}&\cdots&d_{2p}\\\vdots&\vdots&\ddots&\vdots\\d_{q1}&d_{q2}&\cdots&d_{qp}\end{bmatrix}$$

为书写方便，常把式(7.7)和式(7.8)简记为 $\boldsymbol{S}(\boldsymbol{A},\boldsymbol{B},\boldsymbol{C},\boldsymbol{D})$。

7.1.2　根据系统物理模型建立状态方程

用图 7.1 所示的 RLC 网络说明如何用状态变量描述这一系统。

系统有两个独立储能元件，即电容 C 和电感 L，故用二阶微分方程式描述该系统，所以应有两个状态变量。状态变量的选取，原则上是任意的，但考虑到电容的储能与其两端的电压 u_c 有关，电感的储能与流经它的电流 i 有关，故通常就以 u_c 和 i 作为此系统的两个状态变量。

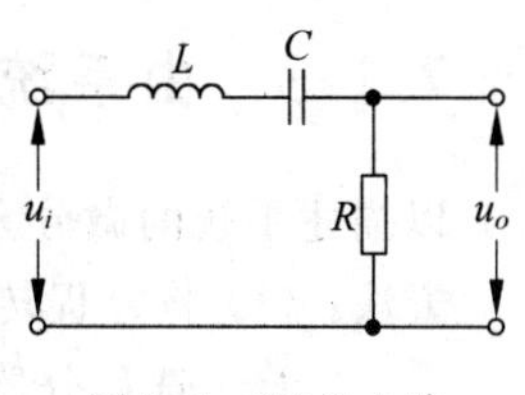

图 7.1　RLC 电路

根据电工学原理，容易写出两个含有状态变量的一阶微分方程式

$$C\frac{\mathrm{d}u_c}{\mathrm{d}t}=i$$

$$L\frac{\mathrm{d}i}{\mathrm{d}t}+Ri+u_c=u_i$$

即

$$\begin{aligned}\dot{u}_c&=\frac{1}{C}i\\\dot{i}&=-\frac{1}{L}u_c-\frac{R}{L}i+\frac{1}{L}u_i\end{aligned}\tag{7.9}$$

设状态变量 $x_1=u_c$，$x_2=i$，则该系统的状态方程为

$$\dot{x}_1=\frac{1}{C}x_2$$

$$\dot{x}_2=-\frac{1}{L}x_1-\frac{R}{L}x_2+\frac{1}{L}u_i$$

写成向量矩阵形式为

$$\begin{bmatrix}\dot{x}_1\\ \dot{x}_2\end{bmatrix}=\begin{bmatrix}0 & \frac{1}{C}\\ -\frac{1}{L} & -\frac{R}{L}\end{bmatrix}\begin{bmatrix}x_1\\ x_2\end{bmatrix}+\begin{bmatrix}0\\ \frac{1}{L}\end{bmatrix}u_i \tag{7.10}$$

简记为$\dot{\boldsymbol{x}}=\boldsymbol{A}\boldsymbol{x}+\boldsymbol{b}\boldsymbol{u}$

式中 $\boldsymbol{x}=\begin{bmatrix}x_1\\ x_2\end{bmatrix}$,$\boldsymbol{A}=\begin{bmatrix}0 & \frac{1}{C}\\ -\frac{1}{L} & -\frac{R}{L}\end{bmatrix}$,$\boldsymbol{b}=\begin{bmatrix}0\\ \frac{1}{L}\end{bmatrix}$

若改选 u_c 和$\dot{u}_c$作为两个状态变量,即令 $x_1=u_c$,$x_2=\dot{u}_c$,则该系统的状态方程为

$$\dot{x}_1 = x_2$$

$$\dot{x}_2 = -\frac{1}{LC}x_1-\frac{R}{L}x_2+\frac{1}{LC}f$$

即

$$\begin{bmatrix}\dot{x}_1\\ \dot{x}_2\end{bmatrix}=\begin{bmatrix}0 & 1\\ -\frac{1}{LC} & -\frac{R}{L}\end{bmatrix}\begin{bmatrix}x_1\\ x_2\end{bmatrix}+\begin{bmatrix}0\\ \frac{1}{LC}\end{bmatrix}f \tag{7.11}$$

比较式(7.11)和式(7.10),显然同一系统,状态变量选取得不同,状态方程也不同。

7.1.3 由系统的输入—输出方程建立状态方程

以描述系统的微分方程或差分方程为例。

方法:(1) 将方程转化成信号流图。

(2) 选积分器/延迟器的输出端信号作为状态变量。

(3) 列写状态方程和输出方程。

例 7.1 $y''(t)+3y'(t)+2y(t)=f'(t)+3f(t)$,写出其状态输出方程。

解 $H(s)=\dfrac{s+3}{s^2+3s+2}=\dfrac{s^{-1}+3s^{-2}}{1+3s^{-1}+2s^{-2}}$

根据系统函数结构以及梅森公式,可以获得信号流图如图 7.2 所示。

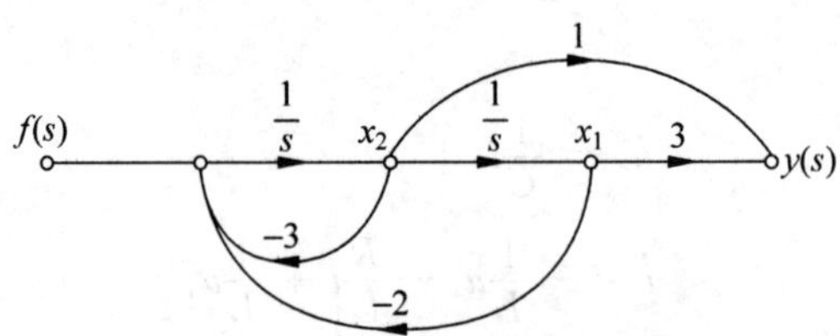

图 7.2 例 7.1 信号流图

选取信号流图中右边第一个积分器 x_1,第二个积分器输出 x_2

$$\dot{x}_1 = x_2$$

$$\dot{x}_2 = f-2x_1-3x_2$$

$$y = 3x_1+x_2$$

整理写成矩阵形式

$$\begin{bmatrix}\dot{x}_1\\ \dot{x}_2\end{bmatrix}=\begin{bmatrix}0 & 1\\ -2 & -3\end{bmatrix}\begin{bmatrix}x_1\\ x_2\end{bmatrix}+\begin{bmatrix}0\\ 1\end{bmatrix}f(t)$$

$$y(t)=\begin{bmatrix}3 & 1\end{bmatrix}\begin{bmatrix}x_1\\ x_2\end{bmatrix}$$

例 7.2　描述离散系统的差分方程为

$$y(n)+2y(n-1)-3y(n-2)-4y(n-3)=f(n-1)+2f(n-2)-3f(n-3)$$

写出状态方程与输出方程。

解　对原差分方程两边求取 Z 变换，可以获得系统函数

$$H(z)==\frac{z^{-1}+2z^{-2}-3z^{-3}}{1+2z^{-1}-3z^{-2}+4z^{-3}}$$

根据梅森公式，获得该系统的信号流图如图 7.3 所示。

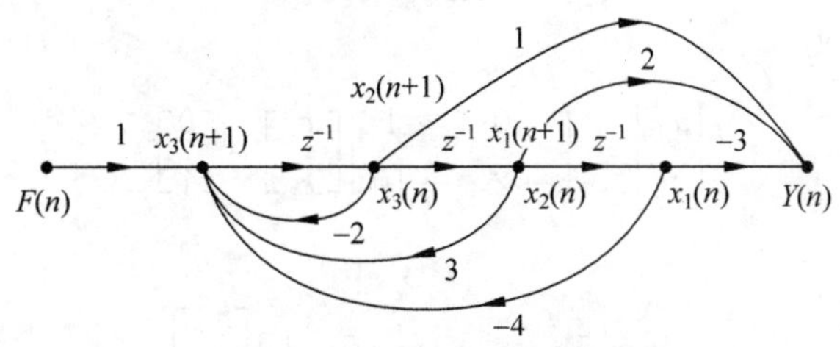

图 7.3　例 7.2 信号流图

选择右边第一个延迟器输出 $x_1(n)$，第二个积分器输出 $x_2(n)$，第三个积分器输出 $x_3(n)$，由信号流图可知

$$x_1(n+1)=x_2(n)$$

$$x_2(n+1)=x_3(n)$$

$$x_3(n+1)=-4x_1(n)+3x_2(n)-2x_3(n)+f(n)$$

$$y(n)=-3x_1(n)+2x_2(n)+x_3(n)$$

整理成矩阵式为系统的状态方程与输出方程

$$\begin{bmatrix}x_1(n+1)\\ x_2(n+1)\\ x_3(n+1)\end{bmatrix}=\begin{bmatrix}0 & 1 & 0\\ 0 & 0 & 1\\ -4 & 3 & -2\end{bmatrix}\begin{bmatrix}x_1(n)\\ x_2(n)\\ x_3(n)\end{bmatrix}+\begin{bmatrix}0\\ 0\\ 1\end{bmatrix}f(n)$$

$$y(n)=\begin{bmatrix}-3 & 2 & 1\end{bmatrix}\begin{bmatrix}x_1(n)\\ x_2(n)\\ x_3(n)\end{bmatrix}$$

7.1.4　将系统函数分解建立状态方程

例 7.3　已知系统的系统函数如下所示，列写其状态方程和输出方程

$$H(s)=\frac{s+5}{s^2+10s+2}$$

解　将系统函数化为积分器形式

$$H(s)=\frac{s+5}{s^2+10s+2}=\frac{s^{-1}+5s^{-2}}{1+10s^{-1}+2s^{-2}}$$

画出其信号流图如图 7.4 所示。

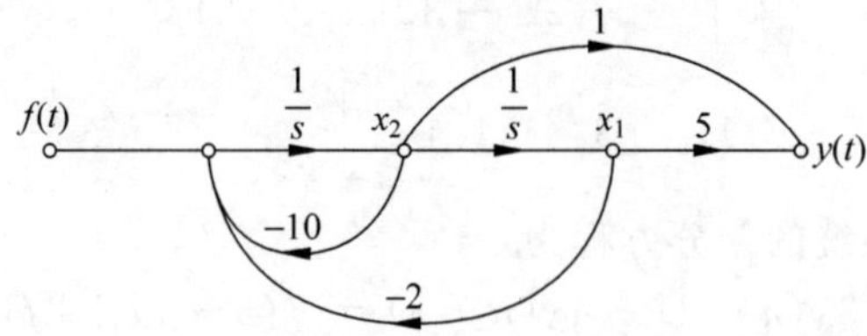

图 7.4 例 7.3 信号流图

右边第一个积分器输出 x_2,第二个积分器输出为 x_1,则

$$\dot{x}_1 = x_2$$

$$\dot{x}_2 = -2x_1 - 10x_2 + f$$

故系统状态方程为

$$\begin{bmatrix}\dot{x}_1\\ \dot{x}_2\end{bmatrix} = \begin{bmatrix}0 & 1\\ -2 & -10\end{bmatrix}\begin{bmatrix}x_1\\ x_2\end{bmatrix} + \begin{bmatrix}0\\ 1\end{bmatrix}f$$

系统输出方程为

$$y = 5x_1 + x_2 = \begin{bmatrix}5 & 1\end{bmatrix}\begin{bmatrix}x_1\\ x_2\end{bmatrix}$$

例 7.4 描述离散系统的差分方程为
$y(n)+6y(n-1)+11y(n-2)+6y(n-3)=3f(n-3)$,写出状态方程与输出方程。

解 对原差分方程两边求取 Z 变换,可以获得系统函数

$$H(z) = \frac{3z^{-3}}{1+6z^{-1}+11z^{-2}+6z^{-3}}$$

根据梅森公式,获得该系统的信号流图如图 7.5 所示。

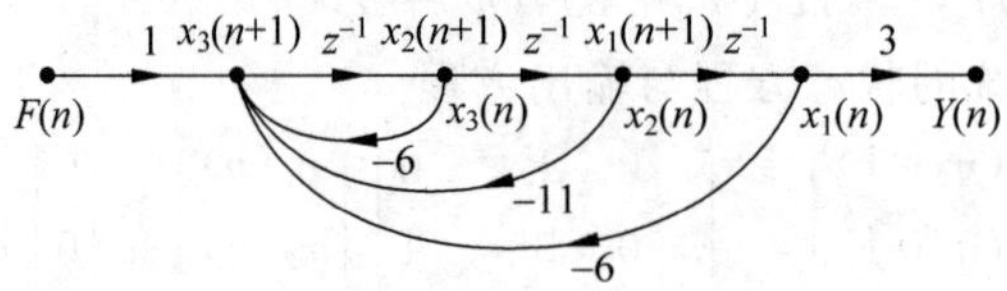

图 7.5 例 7.4 信号流图

选择右边第一个延迟器输出 $x_1(n)$,第二个积分器输出 $x_2(n)$,第三个积分器输出 $x_3(n)$,由图 7.5 可知

$$x_1(n+1) = x_2(n)$$

$$x_2(n+1) = x_3(n)$$

$$x_3(n+1) = -6x_1(n) - 11x_2(n) - 6x_3(n) + f(n)$$

$$y(n) = 3x_1(n)$$

整理成矩阵式为系统的状态方程与输出方程,即

$$\begin{bmatrix}x_1(n+1)\\ x_2(n+1)\\ x_3(n+1)\end{bmatrix} = \begin{bmatrix}0 & 1 & 0\\ 0 & 0 & 1\\ -6 & -11 & -6\end{bmatrix}\begin{bmatrix}x_1(n)\\ x_2(n)\\ x_3(n)\end{bmatrix} + \begin{bmatrix}0\\ 0\\ 1\end{bmatrix}f(n)$$

$$y(n)=\begin{bmatrix}3 & 0 & 0\end{bmatrix}\begin{bmatrix}x_1(n)\\x_2(n)\\x_3(n)\end{bmatrix}$$

例 7.5　已知系统的系统函数为

$$H(s)=\frac{5s+5}{s^3+7s^2+10s}$$

(1) 分别画出其直接形式、并联形式和串联形式的信号流图。

(2) 以积分器的输出为状态变量，列写对应信号流图的状态方程和输出方程。

解　(1)

直接形式

$$H(s)=\frac{5s+5}{s^3+7s^2+10s}=\frac{\frac{5}{s^2}+\frac{5}{s^3}}{1+\frac{7}{s}+\frac{10}{s^2}}$$

信号流图如图 7.6 所示。

并联形式

$$H(s)=\frac{5s+5}{s^3+7s^2+10s}=\frac{5s+5}{s(s+2)(s+5)}=\frac{\frac{1}{2}}{s}+\frac{-\frac{5}{6}}{(s+2)}+\frac{\frac{1}{3}}{(s+5)}$$

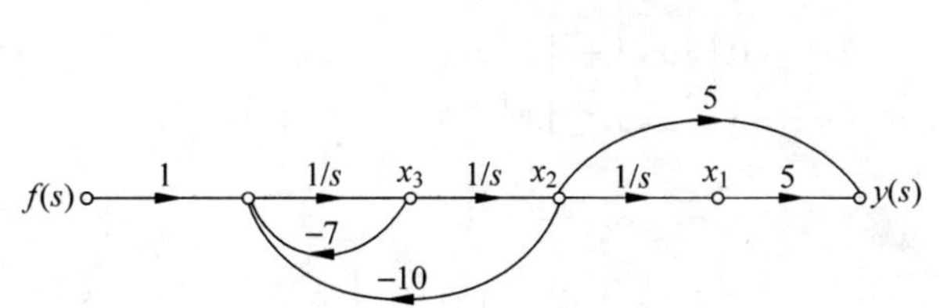

图 7.6　例 7.5 直接形式信号流图

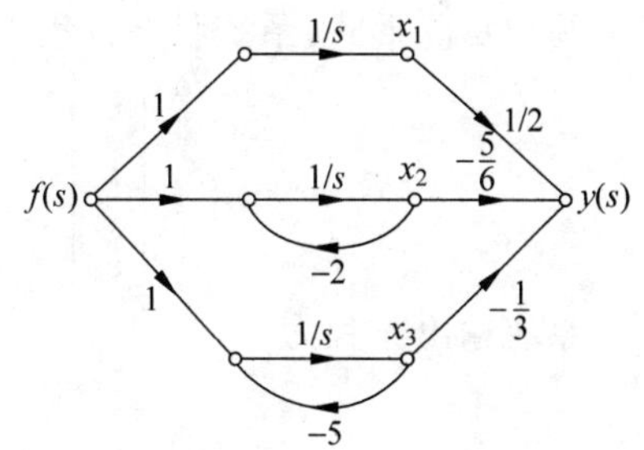

图 7.7　例 7.5 并联信号流图

信号流图如图 7.7 所示。

串联形式

$$H(s)=\frac{5s+5}{s^3+7s^2+10s}=\frac{5s+5}{s(s+2)(s+5)}=\frac{1}{s}\cdot\frac{\frac{1}{s}}{1+\frac{2}{s}}\cdot\frac{5+\frac{5}{s}}{1+\frac{5}{s}}$$

信号流图如图 7.8 所示。

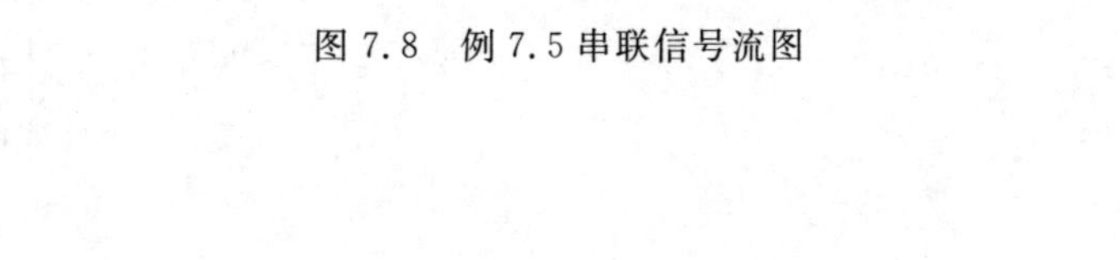

图 7.8　例 7.5 串联信号流图

(2) 根据以上三种不同的信号流图,可以分别写出其状态方程和输出方程。

直接形式

$$\begin{cases}\dot{x}_1 = x_2 \\ \dot{x}_2 = x_3 \\ \dot{x}_3 = -7x_3 - 10x_2 + f\end{cases}$$

写成矩阵形式,系统状态方程为

$$\begin{bmatrix}\dot{x}_1 \\ \dot{x}_2 \\ \dot{x}_3\end{bmatrix} = \begin{bmatrix}0 & 1 & 0 \\ 0 & 0 & 1 \\ 0 & -10 & -7\end{bmatrix}\begin{bmatrix}x_1 \\ x_2 \\ x_3\end{bmatrix} + \begin{bmatrix}0 \\ 0 \\ 1\end{bmatrix} f$$

系统输出方程为

$$y = \begin{bmatrix}5 & 5 & 0\end{bmatrix}\begin{bmatrix}x_1 \\ x_2 \\ x_3\end{bmatrix}$$

并联形式

$$\begin{cases}\dot{x}_1 = f(t) \\ \dot{x}_2 = -2x_2 + f \\ \dot{x}_3 = -5x_3 + f\end{cases}$$

写成矩阵形式,系统状态方程为

$$\begin{bmatrix}\dot{x}_1 \\ \dot{x}_2 \\ \dot{x}_3\end{bmatrix} = \begin{bmatrix}0 & 0 & 0 \\ 0 & -2 & 0 \\ 0 & 0 & -5\end{bmatrix}\begin{bmatrix}x_1 \\ x_2 \\ x_3\end{bmatrix} + \begin{bmatrix}1 \\ 1 \\ 1\end{bmatrix} f$$

系统输出方程为

$$y = \frac{1}{2}x_1 - \frac{5}{6}x_2 + \frac{1}{3}x_3 = \begin{bmatrix}\frac{1}{2} & -\frac{5}{6} & \frac{1}{3}\end{bmatrix}\begin{bmatrix}x_1 \\ x_2 \\ x_3\end{bmatrix}$$

串联形式

$$\begin{cases}\dot{x}_1 = -5x_1 + x_2 \\ \dot{x}_2 = -2x_2 + x_3 \\ \dot{x}_3 = f\end{cases}$$

写成矩阵形式,系统状态方程为

$$\begin{bmatrix}\dot{x}_1 \\ \dot{x}_2 \\ \dot{x}_3\end{bmatrix} = \begin{bmatrix}-5 & 1 & 0 \\ 0 & -2 & 1 \\ 0 & 0 & 0\end{bmatrix}\begin{bmatrix}x_1 \\ x_2 \\ x_3\end{bmatrix} + \begin{bmatrix}0 \\ 0 \\ 1\end{bmatrix} f$$

系统输出方程为

$$y = 5x_1 + 5(x_2 - 5x_1) = -20x_1 + 5x_2 = \begin{bmatrix}-20 & 5 & 0\end{bmatrix}\begin{bmatrix}x_1 \\ x_2 \\ x_3\end{bmatrix}$$

7.2　系统函数(传递函数)

7.2.1　系统函数(传递函数)矩阵

1. 连续系统的系统函数

系统函数——系统初始松弛(即初始条件为零)时,输出量的拉氏变换式与输入量的拉氏变换式之比。

假设状态空间表达式为

$$\begin{aligned}\dot{\boldsymbol{x}}(t) &= \boldsymbol{A}\boldsymbol{x}(t)+\boldsymbol{B}\boldsymbol{f}(t)\\ \boldsymbol{y}(t) &= \boldsymbol{C}\boldsymbol{x}(t)+\boldsymbol{D}\boldsymbol{f}(t)\end{aligned} \tag{7.12}$$

两边取拉普拉斯变换有

$$s\boldsymbol{X}(s)-\boldsymbol{X}(0)=\boldsymbol{A}\boldsymbol{X}(s)+\boldsymbol{B}\boldsymbol{F}(s) \tag{7.13}$$

$$[s\boldsymbol{I}-\boldsymbol{A}]\boldsymbol{X}(s)=\boldsymbol{B}\boldsymbol{F}(s)+\boldsymbol{X}(0) \tag{7.14}$$

如果$[s\boldsymbol{I}-\boldsymbol{A}]^{-1}$存在,则

$$\boldsymbol{X}(s)=[s\boldsymbol{I}-\boldsymbol{A}]^{-1}\boldsymbol{B}\boldsymbol{F}(s)+[s\boldsymbol{I}-\boldsymbol{A}]^{-1}\boldsymbol{X}(0) \tag{7.15}$$

如果$x(0)=0$,则状态变量对输入向量的传递函数矩阵为

$$\boldsymbol{X}(s)=[s\boldsymbol{I}-\boldsymbol{A}]^{-1}\boldsymbol{B}\boldsymbol{F}(s)=H_{XF}(s)\boldsymbol{F}(s) \tag{7.16}$$

状态变量对输入向量的传递函数矩阵为

$$\boldsymbol{H}_{XF}(s)=[s\boldsymbol{I}-\boldsymbol{A}]^{-1}\boldsymbol{B}=\frac{\mathrm{adj}[s\boldsymbol{I}-\boldsymbol{A}]}{\det[s\boldsymbol{I}-\boldsymbol{A}]}\boldsymbol{B} \tag{7.17}$$

而

$$\begin{aligned}\boldsymbol{Y}(s) &= \boldsymbol{C}\boldsymbol{X}(s)+\boldsymbol{D}\boldsymbol{F}(s)\\ &= \boldsymbol{C}[s\boldsymbol{I}-\boldsymbol{A}]^{-1}\boldsymbol{B}\boldsymbol{F}(s)+\boldsymbol{D}\boldsymbol{F}(s)\\ &= \{\boldsymbol{C}[s\boldsymbol{I}-\boldsymbol{A}]^{-1}\boldsymbol{B}+\boldsymbol{D}\}\boldsymbol{F}(s)=\boldsymbol{H}(s)\boldsymbol{F}(s)\end{aligned} \tag{7.18}$$

系统函数矩阵为

$$\boldsymbol{H}(s)=\boldsymbol{C}[s\boldsymbol{I}-\boldsymbol{A}]^{-1}\boldsymbol{B}+\boldsymbol{D}=\boldsymbol{C}\frac{\mathrm{adj}[s\boldsymbol{I}-\boldsymbol{A}]}{\det[s\boldsymbol{I}-\boldsymbol{A}]}\boldsymbol{B}+\boldsymbol{D} \tag{7.19}$$

例 7.6　系统状态方程式为

$$\begin{aligned}\dot{x} &= \begin{bmatrix}0 & 1\\ -6 & -5\end{bmatrix}x+\begin{bmatrix}0\\ 1\end{bmatrix}f\\ y &= [1\quad 1]x\end{aligned}$$

求系统函数。

解

$$H(s)=\boldsymbol{C}[s\boldsymbol{I}-\boldsymbol{A}]^{-1}\boldsymbol{B}=[1\quad 1]\begin{bmatrix}s & -1\\ 6 & s+5\end{bmatrix}^{-1}\begin{bmatrix}0\\ 1\end{bmatrix}=[1\quad 1]\frac{\mathrm{adj}\begin{bmatrix}s & -1\\ 6 & s+5\end{bmatrix}}{\det\begin{bmatrix}s & -1\\ 6 & s+5\end{bmatrix}}\begin{bmatrix}0\\ 1\end{bmatrix}$$

$$=[1\quad 1]\frac{\begin{bmatrix}s+5 & 1\\-6 & s\end{bmatrix}}{s^2+5s+6}\begin{bmatrix}0\\1\end{bmatrix}=\frac{s+1}{s^2+5s+6}$$

例 7.7 线性定常系统状态空间表达式为

$$\dot{x}(t)=\begin{bmatrix}0 & 1 & 0\\0 & -4 & 3\\-1 & -1 & -2\end{bmatrix}x(t)+\begin{bmatrix}0 & 0\\1 & 0\\0 & 1\end{bmatrix}f(t),\quad y(t)=\begin{bmatrix}1 & 0 & 0\\0 & 0 & 1\end{bmatrix}x(t)$$

求系统函数矩阵。

解 注意 $D=0$,则

$$H(s)=\boldsymbol{C}[s\boldsymbol{I}-\boldsymbol{A}]^{-1}\boldsymbol{B}=\begin{bmatrix}1 & 0 & 0\\0 & 0 & 1\end{bmatrix}\begin{bmatrix}s & -1 & 0\\0 & s+4 & -3\\1 & 1 & s+2\end{bmatrix}^{-1}\begin{bmatrix}0 & 0\\1 & 0\\0 & 1\end{bmatrix}$$

$$=\frac{1}{s^3+6s^2+11s+3}\begin{bmatrix}s+2 & 3\\-(s+1) & s(s+4)\end{bmatrix}$$

2. 离散系统的系统函数

设有离散系统为

$$\begin{aligned}x(n+1)&=\boldsymbol{A}x(n)+\boldsymbol{B}f(n)\\y(n)&=\boldsymbol{C}x(n)+\boldsymbol{D}f(n)\end{aligned}\tag{7.20}$$

对上式两边求 Z 变换,获得状态的 Z 变换为

$$X(z)=[z\boldsymbol{I}-\boldsymbol{A}]^{-1}zx(0)+[z\boldsymbol{I}-\boldsymbol{A}]^{-1}\boldsymbol{B}F(z)\tag{7.21}$$

与时域解相比较可得

$$\boldsymbol{\Phi}(n)=A^n=z^{-1}\{[z\boldsymbol{I}-\boldsymbol{A}]^{-1}z\}^{-1}$$

称为系统状态转移矩阵。

定义

$$\boldsymbol{\Phi}(z)=[z\boldsymbol{I}-\boldsymbol{A}]^{-1}z\tag{7.22}$$

为系统预解矩阵,则

$$X(z)=[z\boldsymbol{I}-\boldsymbol{A}]^{-1}zx(0)+[z\boldsymbol{I}-\boldsymbol{A}]^{-1}\boldsymbol{B}F(z)=\boldsymbol{\Phi}(z)x(0)+z^{-1}\boldsymbol{\Phi}(z)\boldsymbol{B}F(z)$$

系统输出的 Z 变换为

$$\begin{aligned}Y(z)&=C[z\boldsymbol{I}-\boldsymbol{A}]^{-1}zx(0)+C[z\boldsymbol{I}-\boldsymbol{A}]^{-1}\boldsymbol{B}F(z)+\boldsymbol{D}F(z)\\&=C\boldsymbol{\Phi}(z)x(0)+[Cz^{-1}\boldsymbol{\Phi}(z)\boldsymbol{B}+\boldsymbol{D}]F(z)\\&=C\boldsymbol{\Phi}(z)x(0)+H(z)F(z)\end{aligned}$$

定义

$$H(z)=\boldsymbol{C}z^{-1}\boldsymbol{\Phi}(z)\boldsymbol{B}+\boldsymbol{D}=C[z\boldsymbol{I}-\boldsymbol{A}]^{-1}\boldsymbol{B}+\boldsymbol{D}\tag{7.23}$$

为离散系统的系统传递函数。

例 7.8 已知离散系统的状态空间描述为

$$\begin{bmatrix}x_1(n+1)\\x_2(n+1)\end{bmatrix}=\begin{bmatrix}0.5 & 0\\0.25 & 0.25\end{bmatrix}\begin{bmatrix}x_1(n)\\x_2(n)\end{bmatrix}+\begin{bmatrix}1\\0\end{bmatrix}f(n)$$

$$Y(n)=\begin{bmatrix}1 & 0\\ 1 & -1\end{bmatrix}\begin{bmatrix}x_1(n)\\ x_2(n)\end{bmatrix}$$

求其系统函数。

解　注意 $D=0$,则

$$H(z)=\boldsymbol{C}z^{-1}\boldsymbol{\Phi}(z)\boldsymbol{B}+\boldsymbol{D}=\boldsymbol{C}[z\boldsymbol{I}-\boldsymbol{A}]^{-1}\boldsymbol{B}+\boldsymbol{D}$$

$$=\begin{bmatrix}1 & 0\\ 1 & -1\end{bmatrix}[z\boldsymbol{I}-\boldsymbol{A}]^{-1}\begin{bmatrix}1\\ 0\end{bmatrix}$$

$$\boldsymbol{H}(z)=\begin{bmatrix}1 & 0\\ 1 & -1\end{bmatrix}\begin{bmatrix}\dfrac{1}{z-0.5} & 0\\ \dfrac{1}{z-0.5}-\dfrac{1}{z-0.25} & \cdot\dfrac{1}{z-0.25}\end{bmatrix}\begin{bmatrix}1\\ 0\end{bmatrix}=\begin{bmatrix}\dfrac{1}{z-0.5}\\ \dfrac{1}{z-0.25}\end{bmatrix}$$

7.2.2　系统函数描述和状态空间描述的比较

(1) 系统函数是系统在初始松弛的假定下输入—输出间的关系描述,非初始松弛系统不能应用这种描述；状态空间表达式既可以描述初始松弛系统,也可以描述非初始松弛系统。

(2) 系统函数仅适用于线性定常系统；而状态空间表达式可以在定常系统中应用,也可以在时变系统中应用。

(3) 对于数学模型不明的线性定常系统,难以建立状态空间表达式；用实验法获得频率特性,进而可以获得传递函数。

(4) 系统函数只能给出系统的输出信息；而状态空间表达式不仅给出输出信息,还能够提供系统内部状态信息。

综上所示,系统函数和状态空间表达式这两种描述各有所长,在系统分析和设计中都得到广泛应用。

7.3　状态方程的求解

系统的状态空间描述的建立为分析系统的行为和特性提供了可能性。对系统进行分析的目的,是要揭示系统状态的运动规律和基本特性。下面通过求解状态方程来研究系统状态的运动规律。

7.3.1　线性连续系统状态方程的解

1. 连续系统的运动分析

线性定常连续系统状态空间描述为

$$\dot{\boldsymbol{x}}(t)=\boldsymbol{A}\boldsymbol{x}(t)+\boldsymbol{B}\boldsymbol{f}(t)\tag{7.24}$$

$$\boldsymbol{y}(t)=\boldsymbol{C}\boldsymbol{x}(t)+\boldsymbol{D}\boldsymbol{f}(t)\tag{7.25}$$

系统的分析主要求解上述一阶微分方程式(7.24),有了式(7.24)的解,输出方程式(7.25)迎刃而解。

由于 e^{-At} 不等于零，整理式(7.24)后，两边同乘以 e^{-At} 得

$$e^{-At}[\dot{\boldsymbol{x}}(t)-\boldsymbol{A}\boldsymbol{x}(t)]=e^{-At}\boldsymbol{B}\boldsymbol{f}(t)$$

由于

$$\frac{d}{dt}[e^{-At}\boldsymbol{x}(t)]=-\boldsymbol{A}e^{-At}\boldsymbol{x}(t)+e^{-At}\dot{\boldsymbol{x}}(t)=e^{-At}[\dot{\boldsymbol{x}}(t)-\boldsymbol{A}\boldsymbol{x}(t)]$$

对上式两边积分后有

$$e^{-At}\boldsymbol{x}(t)-\boldsymbol{x}(0)=\int_0^t e^{-A\tau}\boldsymbol{B}\boldsymbol{f}(t)d\tau$$

即

$$x(t)=\mathbf{e}^{At}\boldsymbol{x}(0)+\int_0^t e^{A(t-\tau)}\boldsymbol{B}\boldsymbol{f}(\tau)d\tau=\boldsymbol{\Phi}(t)\boldsymbol{x}(0)+\int_0^t\boldsymbol{\Phi}(t-\tau)\boldsymbol{B}\boldsymbol{f}(t)d\tau \tag{7.26}$$

$\boldsymbol{\Phi}(t)=\mathbf{e}^{At}$ 称系统的状态转移矩阵；式(7.26)中，第一项是系统对初始状态的响应，即零输入响应；第二项是系统对输入作用的响应，即零状态响应。通过变量代换，式(7.26)又可表示为

$$\boldsymbol{x}(t)=\boldsymbol{\Phi}(t)\boldsymbol{x}(0)+\int_0^t\boldsymbol{\Phi}(\tau)\boldsymbol{B}\boldsymbol{f}(t-\tau)d\tau=\boldsymbol{\Phi}(t)\boldsymbol{x}(0)+\boldsymbol{\Phi}(t)\boldsymbol{B}*\boldsymbol{f}(t) \tag{7.27}$$

若取 t_0 作为初始时刻，则有

$$\boldsymbol{x}(t)=\boldsymbol{\Phi}(t-t_0)x(t_0)+\int_{t_0}^t\boldsymbol{\Phi}(t-\tau)\boldsymbol{B}\boldsymbol{f}(\tau)d\tau \tag{7.28}$$

2. 状态方程的拉普拉斯变换分析方法

将式(7.24)两边取拉氏变换，考虑初始状态 $x(0)$，有

$$s\boldsymbol{x}(s)-\boldsymbol{x}(0)=\boldsymbol{A}\boldsymbol{x}(s)+\boldsymbol{B}\boldsymbol{f}(s)$$

$$\boldsymbol{x}(s)=(s\boldsymbol{I}-\boldsymbol{A})^{-1}\boldsymbol{x}(0)+(s\boldsymbol{I}-\boldsymbol{A})^{-1}\boldsymbol{B}\boldsymbol{f}(s)$$

进行拉氏逆变换有

$$\boldsymbol{x}(t)=\boldsymbol{L}^{-1}(s\boldsymbol{I}-\boldsymbol{A})^{-1}x(0)+\boldsymbol{L}^{-1}[(s\boldsymbol{I}-\boldsymbol{A})^{-1}\boldsymbol{B}\boldsymbol{f}(s)] \tag{7.29}$$

如果求解出 $\boldsymbol{x}(t)$，则输出 $\boldsymbol{y}(t)$ 通过计算输出方程 $\boldsymbol{y}(t)=\boldsymbol{C}\boldsymbol{x}(t)+\boldsymbol{D}\boldsymbol{f}(t)$ 获得

例 7.9 某连续 LTI 系统的状态方程为

$$\begin{bmatrix}\dot{x}_1(t)\\ \dot{x}_2(t)\end{bmatrix}=\begin{bmatrix}-3 & -2\\ 2 & 2\end{bmatrix}\begin{bmatrix}x_1(t)\\ x_2(t)\end{bmatrix}+\begin{bmatrix}3\\ 0\end{bmatrix}f(t)$$

若起始状态 $x_1(0_-)=2, x_2(0_-)=-1, f(t)=\varepsilon(t)$，试用时域法求方程的解。

解 (1) 时域法

$$|s\boldsymbol{I}-\boldsymbol{A}|=\begin{vmatrix}s+3 & 2\\ -2 & s-2\end{vmatrix}=(s+2)(s-1)=0$$

得 $s_1=-2, s_2=1$。

由附录 B 中的哈密顿-凯莱定理可知

$$\alpha_0-2\alpha_1=e^{-2t},\quad \alpha_0=\frac{1}{3}(e^{-2t}+2e^t)$$

$$\alpha_0+\alpha_1=e^t,\quad \alpha_1=\frac{1}{3}(-e^{-2t}+e^t)$$

$$\mathrm{e}^{At}=\alpha_0\boldsymbol{I}+\alpha_1\boldsymbol{A}=\begin{bmatrix}\alpha_0-3\alpha_1 & -2\alpha_1\\ 2\alpha_1 & \alpha_0+2\alpha_1\end{bmatrix}$$

$$=\begin{bmatrix}\frac{4}{3}\mathrm{e}^{-2t}-\frac{1}{3}\mathrm{e}^{t} & \frac{2}{3}\mathrm{e}^{-2t}-\frac{2}{3}\mathrm{e}^{t}\\ -\frac{2}{3}\mathrm{e}^{-2t}+\frac{2}{3}\mathrm{e}^{t} & -\frac{1}{3}\mathrm{e}^{-2t}+\frac{4}{3}\mathrm{e}^{t}\end{bmatrix}$$

所以

$$\begin{bmatrix}x_1(t)\\ x_2(t)\end{bmatrix}=\begin{bmatrix}\frac{4}{3}\mathrm{e}^{-2t}-\frac{1}{3}\mathrm{e}^{t} & \frac{2}{3}\mathrm{e}^{-2t}-\frac{2}{3}\mathrm{e}^{t}\\ -\frac{2}{3}\mathrm{e}^{-2t}+\frac{2}{3}\mathrm{e}^{t} & -\frac{1}{3}\mathrm{e}^{-2t}+\frac{4}{3}\mathrm{e}^{t}\end{bmatrix}\begin{bmatrix}2\\ -1\end{bmatrix}\varepsilon(t)$$

$$+\begin{bmatrix}\frac{4}{3}\mathrm{e}^{-2t}-\frac{1}{3}\mathrm{e}^{t} & \frac{2}{3}\mathrm{e}^{-2t}-\frac{2}{3}\mathrm{e}^{t}\\ -\frac{2}{3}\mathrm{e}^{-2t}+\frac{2}{3}\mathrm{e}^{t} & -\frac{1}{3}\mathrm{e}^{-2t}+\frac{4}{3}\mathrm{e}^{t}\end{bmatrix}\varepsilon(t)*\begin{bmatrix}3\\ 0\end{bmatrix}\varepsilon(t)$$

$$=\begin{bmatrix}2\mathrm{e}^{-2t}\varepsilon(t)\\ -\mathrm{e}^{-2t}\varepsilon(t)\end{bmatrix}+\begin{bmatrix}4\mathrm{e}^{-2t}\varepsilon(t)*\varepsilon(t)-\mathrm{e}^{t}\varepsilon(t)*\varepsilon(t)\\ -2\mathrm{e}^{-2t}\varepsilon(t)*\varepsilon(t)+2\mathrm{e}^{t}\varepsilon(t)*\varepsilon(t)\end{bmatrix}$$

$$=\begin{bmatrix}2\mathrm{e}^{-2t}\varepsilon(t)\\ -\mathrm{e}^{-2t}\varepsilon(t)\end{bmatrix}+\begin{bmatrix}(3-2\mathrm{e}^{-2t}-\mathrm{e}^{t})\varepsilon(t)\\ (-3+\mathrm{e}^{-2t}+2\mathrm{e}^{t})\varepsilon(t)\end{bmatrix}$$

$$=\begin{bmatrix}(3-\mathrm{e}^{t})\varepsilon(t)\\ (-3+2\mathrm{e}^{t})\varepsilon(t)\end{bmatrix}$$

例 7.10　某连续 LTI 系统的状态方程与输出方程分别为

$$\begin{bmatrix}\dot{x}_1(t)\\ \dot{x}_2(t)\end{bmatrix}=\begin{bmatrix}1 & 2\\ 0 & -1\end{bmatrix}\begin{bmatrix}x_1(t)\\ x_2(t)\end{bmatrix}+\begin{bmatrix}0 & 1\\ 1 & 0\end{bmatrix}\begin{bmatrix}f_1(t)\\ f_2(t)\end{bmatrix}$$

$$\begin{bmatrix}y_1(t)\\ y_2(t)\end{bmatrix}=\begin{bmatrix}1 & 1\\ 0 & -1\end{bmatrix}\begin{bmatrix}x_1(t)\\ x_2(t)\end{bmatrix}+\begin{bmatrix}1 & 0\\ 1 & 0\end{bmatrix}\begin{bmatrix}f_1(t)\\ f_2(t)\end{bmatrix}$$

起始状态为 $\begin{bmatrix}x_1(0_-)\\ x_2(0_-)\end{bmatrix}=\begin{bmatrix}1\\ -1\end{bmatrix}$，输入为 $\begin{bmatrix}f_1(t)\\ f_2(t)\end{bmatrix}=\begin{bmatrix}\varepsilon(t)\\ \delta(t)\end{bmatrix}$，试求状态方程的解和系统的输出。

解　$(s\boldsymbol{I}-\boldsymbol{A})^{-1}=\begin{bmatrix}s-1 & -2\\ 0 & s+1\end{bmatrix}^{-1}=\begin{bmatrix}\frac{1}{s-1} & \frac{2}{(s-1)(s+1)}\\ 0 & \frac{1}{s+1}\end{bmatrix}$

$$\begin{bmatrix}X_1(s)\\ X_2(s)\end{bmatrix}=\begin{bmatrix}\frac{1}{s-1} & \frac{2}{(s-1)(s+1)}\\ 0 & \frac{1}{s+1}\end{bmatrix}\begin{bmatrix}1\\ -1\end{bmatrix}+\begin{bmatrix}\frac{1}{s-1} & \frac{2}{(s-1)(s+1)}\\ 0 & \frac{1}{s+1}\end{bmatrix}\begin{bmatrix}0 & 1\\ 1 & 0\end{bmatrix}\begin{bmatrix}\frac{1}{s}\\ 1\end{bmatrix}$$

$$=\begin{bmatrix}\frac{1}{s+1}\\ \frac{-1}{s+1}\end{bmatrix}+\begin{bmatrix}\frac{1}{s-1} & \frac{2}{(s-1)(s+1)}\\ 0 & \frac{1}{s+1}\end{bmatrix}\begin{bmatrix}1\\ \frac{1}{s}\end{bmatrix}$$

$$=\begin{bmatrix}\frac{1}{s+1}\\ \frac{-1}{s+1}\end{bmatrix}+\begin{bmatrix}\frac{1}{s-1}+\frac{2}{s(s-1)(s+1)}\\ \frac{1}{s(s+1)}\end{bmatrix}=\begin{bmatrix}\frac{1}{s+1}\\ \frac{-1}{s+1}\end{bmatrix}+\begin{bmatrix}\frac{-2}{s}+\frac{2}{s-1}+\frac{1}{s+1}\\ \frac{1}{s}-\frac{1}{s+1}\end{bmatrix}$$

$$=\begin{bmatrix}\frac{-2}{s}+\frac{2}{s-1}+\frac{2}{s+1}\\ \frac{1}{s}-\frac{2}{s+1}\end{bmatrix}$$

求逆变换获得

$$\begin{bmatrix}x_1(t)\\ x_2(t)\end{bmatrix}=\begin{bmatrix}(2e^t+2e^{-t}-2)\varepsilon(t)\\ (1-2e^{-t})\varepsilon(t)\end{bmatrix}$$

系统输出为

$$\begin{aligned}\begin{bmatrix}y_1(t)\\ y_2(t)\end{bmatrix}&=\begin{bmatrix}1 & 1\\ 0 & -1\end{bmatrix}\begin{bmatrix}x_1(t)\\ x_2(t)\end{bmatrix}+\begin{bmatrix}1 & 0\\ 1 & 0\end{bmatrix}\begin{bmatrix}f_1(t)\\ f_2(t)\end{bmatrix}\\ &=\begin{bmatrix}1 & 1\\ 0 & -1\end{bmatrix}\begin{bmatrix}(2e^t+2e^{-t}-2)\varepsilon(t)\\ (1-2e^{-t})\varepsilon(t)\end{bmatrix}+\begin{bmatrix}1 & 0\\ 1 & 0\end{bmatrix}\begin{bmatrix}\varepsilon(t)\\ \delta(t)\end{bmatrix}\\ &=\begin{bmatrix}(2e^t-1)\varepsilon(t)\\ (2e^{-t}-1)\varepsilon(t)\end{bmatrix}+\begin{bmatrix}\varepsilon(t)\\ \varepsilon(t)\end{bmatrix}=\begin{bmatrix}2e^t\varepsilon(t)\\ 2e^{-t}\varepsilon(t)\end{bmatrix}\end{aligned}$$

7.3.2 线性离散系统状态方程的解

求解离散系统运动的方法主要有 Z 变换法和递推法，前者只适用于线性定常系统，而后者对非线性系统、时变系统都适用，且特别适合计算机计算。

对 n 阶线性定常离散系统

$$\begin{cases}x[n+1]=\boldsymbol{A}x[n]+\boldsymbol{B}f[n]\\ x[0]=x_0\end{cases}\tag{7.30}$$

1. 递推法

$$\begin{aligned}x[0]&=x_0\\ x[1]&=\boldsymbol{A}x[0]+\boldsymbol{B}f[0]\\ x[2]&=\boldsymbol{A}x[1]+\boldsymbol{B}f[1]\\ &=\boldsymbol{A}^2x[0]+\boldsymbol{AB}f[0]+\boldsymbol{B}f[1]\\ x[3]&=\boldsymbol{A}x[2]+\boldsymbol{B}f[2]\\ &=\boldsymbol{A}^3x[0]+\boldsymbol{A}^2\boldsymbol{B}f[0]+\boldsymbol{AB}f[1]+\boldsymbol{B}f[2]\\ &\vdots\\ x[n]&=\boldsymbol{A}^nx[0]+\boldsymbol{A}^{n-1}\boldsymbol{B}f[0]+\cdots+\boldsymbol{B}f[n-1]\\ &=\boldsymbol{A}^nx[0]+\sum_{j=0}^{n-1}\boldsymbol{A}^j\boldsymbol{B}f[n-j-1]=\boldsymbol{A}^nx[0]+\sum_{j=0}^{n-1}\boldsymbol{A}^{n-j-1}\boldsymbol{B}f[j]\end{aligned}\tag{7.31}$$

$\boldsymbol{\Phi}(n)=A^n$ 称为离散系统的状态转移矩阵，上式也可表示为

$$x[n]=\boldsymbol{\Phi}(n)x[0]+\sum_{j=0}^{n-1}\boldsymbol{\Phi}(n-j-1)Bf[j] \tag{7.32}$$

$$x[n]=\boldsymbol{\Phi}(n)x[0]+\boldsymbol{\Phi}(n-1)B*f[n] \tag{7.33}$$

2. 离散系统的 Z 变换求解方法

设离散系统状态空间描述

$$\begin{cases}\boldsymbol{x}(n+1)=\boldsymbol{A}\boldsymbol{x}(n)+\boldsymbol{B}\boldsymbol{f}(n),x[0]=x_0\\ \boldsymbol{y}(n)=\boldsymbol{C}\boldsymbol{x}(n)+\boldsymbol{D}\boldsymbol{f}(n)\end{cases} \tag{7.34}$$

状态方程和输出方程两边取单边 Z 变换，化简得

$$\boldsymbol{X}(z)=[z\boldsymbol{I}-\boldsymbol{A}]^{-1}z\boldsymbol{x}(0)+[z\boldsymbol{I}-\boldsymbol{A}]^{-1}\boldsymbol{B}\boldsymbol{F}(z) \tag{7.35}$$

与时域解相比较可得

定义

$$\boldsymbol{\Phi}(n)=\boldsymbol{A}^n=z^{-1}\{[z\boldsymbol{I}-\boldsymbol{A}]^{-1}z\}^{-1} \tag{7.36}$$

为系统状态转移矩阵。

定义

$$\boldsymbol{\Phi}(z)=[z\boldsymbol{I}-\boldsymbol{A}]^{-1}\boldsymbol{z} \tag{7.37}$$

为系统预解矩阵。

$$\boldsymbol{X}(z)=[z\boldsymbol{I}-\boldsymbol{A}]^{-1}z\boldsymbol{x}(0)+[z\boldsymbol{I}-\boldsymbol{A}]^{-1}\boldsymbol{B}\boldsymbol{F}(z)=\boldsymbol{\Phi}(z)\boldsymbol{x}(0)+z^{-1}\boldsymbol{\Phi}(z)\boldsymbol{B}\boldsymbol{F}(z)$$

系统输出为

$$\begin{aligned}\boldsymbol{Y}(z)&=\boldsymbol{C}[z\boldsymbol{I}-\boldsymbol{A}]^{-1}zx(0)+\boldsymbol{C}[z\boldsymbol{I}-\boldsymbol{A}]^{-1}\boldsymbol{B}F(z)+\boldsymbol{D}\boldsymbol{F}(z)\\&=\boldsymbol{C}\boldsymbol{\Phi}(z)\boldsymbol{x}(0)+[\boldsymbol{C}z^{-1}\boldsymbol{\Phi}(z)\boldsymbol{B}+\boldsymbol{D}]\boldsymbol{F}(z)\\&=\boldsymbol{C}\boldsymbol{\Phi}(z)\boldsymbol{x}(0)+\boldsymbol{H}(z)\boldsymbol{F}(z)\end{aligned}$$

定义

$$\boldsymbol{H}(z)=\boldsymbol{C}z^{-1}\boldsymbol{\Phi}(z)\boldsymbol{B}+\boldsymbol{D}=\boldsymbol{C}[z\boldsymbol{I}-\boldsymbol{A}]^{-1}\boldsymbol{B}+\boldsymbol{D} \tag{7.38}$$

为离散系统的系统函数。

例 7.11 某离散 LTI 系统的状态方程与输出方程分别为

$$\begin{bmatrix}x_1(n+1)\\x_2(n+1)\end{bmatrix}=\begin{bmatrix}0.5&0\\0.25&0.25\end{bmatrix}\begin{bmatrix}x_1(n)\\x_2(n)\end{bmatrix}+\begin{bmatrix}1\\0\end{bmatrix}f(n)$$

$$y(n)=[2\quad 3]\begin{bmatrix}x_1(n)\\x_2(n)\end{bmatrix}$$

求单位冲激响应。

解 先求系统函数，然后逆变换可获得冲激响应为

$$(z\boldsymbol{I}-\boldsymbol{A})^{-1}=\begin{bmatrix}z-0.5&0\\-0.25&z-0.25\end{bmatrix}^{-1}=\begin{bmatrix}\dfrac{1}{z-0.5}&0\\\dfrac{0.25}{(z-0.25)(z-0.5)}&\dfrac{1}{z-0.25}\end{bmatrix}$$

$$H(z)=[2\quad 3]\begin{bmatrix}\dfrac{1}{z-0.5}&0\\\dfrac{0.25}{(z-0.25)(z-0.5)}&\dfrac{1}{z-0.25}\end{bmatrix}\begin{bmatrix}1\\0\end{bmatrix}$$

$$=[2\quad 3]\begin{bmatrix}\dfrac{1}{z-0.5}\\ \dfrac{0.25}{(z-0.25)(z-0.5)}\end{bmatrix}=\frac{2}{z-0.5}+\frac{0.75}{(z-0.25)(z-0.5)}$$

$$=\frac{5}{z-0.5}-\frac{3}{(z-0.25)}$$

求逆变换获得冲激响应

$$h(n)=\left[10\cdot\left(\frac{1}{2}\right)^n-12\cdot\left(\frac{1}{4}\right)^n\right]\varepsilon(n-1)$$

例 7.12 某离散 LTI 系统的状态方程与输出方程分别为

$$\begin{bmatrix}x_1(n+1)\\x_2(n+1)\end{bmatrix}=\begin{bmatrix}-1 & 2\\-3 & 4\end{bmatrix}\begin{bmatrix}x_1(n)\\x_2(n)\end{bmatrix}+\begin{bmatrix}1\\0\end{bmatrix}f(n)$$

$$y(n)=[1\quad -1]\begin{bmatrix}x_1(n)\\x_2(n)\end{bmatrix}$$

(1) 求单位冲激响应与单位阶跃响应;

(2) 若 $x_1(0)=x_2(0)=1,f(n)=\varepsilon(n)$,求系统的输出。

解 (1) 仿照例 7.11,可以先求系统函数

$$(z\boldsymbol{I}-\boldsymbol{A})^{-1}=\begin{bmatrix}z+1 & -2\\3 & z-4\end{bmatrix}^{-1}=\begin{bmatrix}\dfrac{z-4}{(z-1)(z-2)} & \dfrac{2}{(z-1)(z-2)}\\ \dfrac{-3}{(z-1)(z-2)} & \dfrac{z+1}{(z-1)(z-2)}\end{bmatrix}$$

$$H(z)=[1\quad -1]\begin{bmatrix}\dfrac{z-4}{(z-1)(z-2)} & \dfrac{2}{(z-1)(z-2)}\\ \dfrac{-3}{(z-1)(z-2)} & \dfrac{z+1}{(z-1)(z-2)}\end{bmatrix}\begin{bmatrix}1\\0\end{bmatrix}$$

$$=[1\quad -1]\begin{bmatrix}\dfrac{z-4}{(z-1)(z-2)}\\ \dfrac{-3}{(z-1)(z-2)}\end{bmatrix}=\frac{1}{z-2}$$

逆变换获得冲激响应为

$$h(n)=2^{n-1}\varepsilon(n-1)$$

求阶跃响应,注意 $D=0$,则

$$G(z)=[1\quad -1]\begin{bmatrix}\dfrac{z-4}{(z-1)(z-2)} & \dfrac{2}{(z-1)(z-2)}\\ \dfrac{-3}{(z-1)(z-2)} & \dfrac{z+1}{(z-1)(z-2)}\end{bmatrix}\begin{bmatrix}1\\0\end{bmatrix}\frac{z}{z-1}$$

$$=[1\quad -1]\begin{bmatrix}\dfrac{z-4}{(z-1)(z-2)}\\ \dfrac{-3}{(z-1)(z-2)}\end{bmatrix}\frac{z}{z-1}=\frac{z}{(z-1)(z-2)}$$

逆变换获得阶跃响应为

$$g(n)=(2^n-1)\varepsilon(n)$$

(2) $Y(z)=\boldsymbol{C}(z\boldsymbol{I}-\boldsymbol{A})^{-1}zx(0)+\boldsymbol{C}(z\boldsymbol{I}-\boldsymbol{A})^{-1}\boldsymbol{B}F(z)$

$$=\begin{bmatrix}1 & -1\end{bmatrix}\begin{bmatrix}\dfrac{z-4}{(z-1)(z-2)} & \dfrac{2}{(z-1)(z-2)}\\ \dfrac{-3}{(z-1)(z-2)} & \dfrac{z+1}{(z-1)(z-2)}\end{bmatrix}z\begin{bmatrix}1\\1\end{bmatrix}+\frac{z}{(z-1)(z-2)}$$

$$=\begin{bmatrix}1 & -1\end{bmatrix}\begin{bmatrix}\dfrac{z-2}{(z-1)(z-2)}\\ \dfrac{z-2}{(z-1)(z-2)}\end{bmatrix}z+\frac{z}{(z-1)(z-2)}=\frac{z}{(z-1)(z-2)}$$

逆变换获得输出为

$$y(n)=(2^n-1)\varepsilon(n)$$

7.4　能控性与能观性

7.4.1　系统的能控性

能控性所考查的只是系统在输入 $f(t)$ 的作用下，状态矢量 $x(t)$ 的转移情况，而与输出 $y(t)$ 无关，所以只需从状态方程的研究出发即可。

1. 线性连续定常系统的能控性定义

线性连续定常系统

$$\dot{\boldsymbol{x}}(t)=\boldsymbol{A}\boldsymbol{x}(t)+\boldsymbol{B}\boldsymbol{f}(t) \tag{7.39}$$

如果存在一个分段连续的输入 $f(t)$，能在有限时间区间$[t_0,t_f]$内，使系统由某一初始状态 $\boldsymbol{x}(t_0)$，转移到指定的任意终端状态 $\boldsymbol{x}(t_f)$，则称此状态是能控的。若系统的所有状态都是能控的，则称系统是状态完全能控的，简称系统是能控的。

2. 能控性的判别

线性连续定常单输入系统

$$\dot{\boldsymbol{x}}(t)=\boldsymbol{A}\boldsymbol{x}(t)+\boldsymbol{b}f(t) \tag{7.40}$$

其能控的充分必要条件是由 $\boldsymbol{A},\boldsymbol{b}$ 构成的能控性矩阵

$$\boldsymbol{M}=\begin{bmatrix}\boldsymbol{b} & \boldsymbol{A}\boldsymbol{b} & \boldsymbol{A}^2\boldsymbol{b} & \cdots & \boldsymbol{A}^{n-1}\boldsymbol{b}\end{bmatrix} \tag{7.41}$$

满秩，即 $\mathrm{rank}\boldsymbol{M}=n$。否则当 $\mathrm{rank}\boldsymbol{M}<n$ 时，系统为不能控的。

下面推导系统状态完全能控的条件，在不失一般性的条件下，假设终端状态 $\boldsymbol{x}(t_f)$ 为状态空间的原点，并设初始时间为零，即 $t_0=0$。

方程(7.40)的解为

$$\boldsymbol{x}(t)=e^{\boldsymbol{A}t}\boldsymbol{x}(0)+\int_0^t e^{\boldsymbol{A}(t-\tau)}\boldsymbol{b}f(\tau)d\tau$$

由能控性定义，可得

$$\boldsymbol{x}(t_f)=0=e^{\boldsymbol{A}t_f}\boldsymbol{x}(0)+\int_0^{t_f} e^{\boldsymbol{A}(t_f-\tau)}\boldsymbol{b}f(\tau)d\tau$$

即

$$x(0)=-\int_0^{t_f}\mathrm{e}^{-\boldsymbol{A}\tau}\boldsymbol{b}\boldsymbol{f}(\tau)\mathrm{d}\tau \tag{7.42}$$

注意到 $\mathrm{e}^{-\boldsymbol{A}\tau}$ 可写成

$$\mathrm{e}^{-\boldsymbol{A}\tau}=\sum_{k=0}^{n-1}\alpha_k(\tau)\boldsymbol{A}^k \tag{7.43}$$

将式(7.43)代入式(7.42)中,可得

$$\boldsymbol{x}(0)=-\sum_{k=0}^{n-1}\boldsymbol{A}^k\boldsymbol{b}\int_0^{t_f}\alpha_k(\tau)\boldsymbol{f}(\tau)\mathrm{d}\tau \tag{7.44}$$

设

$$\int_0^{t_f}\alpha_k(\tau)f(\tau)\mathrm{d}\tau=\beta_k$$

那么式(7.44)变为

$$\begin{aligned}\boldsymbol{x}(0)&=-\sum_{k=0}^{n-1}\boldsymbol{A}^k\boldsymbol{b}\beta_k\\&=-[\boldsymbol{b}\quad\boldsymbol{A}\boldsymbol{b}\quad\cdots\quad\boldsymbol{A}^{n-1}\boldsymbol{b}]\begin{bmatrix}\beta_0\\\beta_1\\\vdots\\\beta_{n-1}\end{bmatrix}\end{aligned} \tag{7.45}$$

要是系统能控,则对任意给定的初始状态 $\boldsymbol{x}(t_0)$,应能从式(7.45)解出 $\beta_0,\beta_1,\cdots,\beta_{n-1}$ 来,因此必须保证

$$\boldsymbol{M}=[\boldsymbol{b}\quad\boldsymbol{A}\boldsymbol{b}\quad\boldsymbol{A}^2\boldsymbol{b}\quad\cdots\quad\boldsymbol{A}^{n-1}\boldsymbol{b}]$$

的逆存在,亦即其秩必须等于 n。

同理,可以证明,对于多输入系统

$$\dot{\boldsymbol{x}}(t)=\boldsymbol{A}\boldsymbol{x}(t)+\boldsymbol{B}f(t) \tag{7.46}$$

其能控的充分必要条件是由 $\boldsymbol{A},\boldsymbol{B}$ 构成的能控性矩阵

$$\boldsymbol{M}=[\boldsymbol{B}\quad\boldsymbol{A}\boldsymbol{B}\quad\boldsymbol{A}^2\boldsymbol{B}\quad\cdots\quad\boldsymbol{A}^{n-1}\boldsymbol{B}] \tag{7.47}$$

满秩,即 $\mathrm{rank}\boldsymbol{M}=n$。否则当 $\mathrm{rank}\boldsymbol{M}<n$ 时,系统为不能控的。

需要注意的是,对于单输入系统,$\boldsymbol{M}$ 阵为 $n\times n$ 的方阵,$\mathrm{rank}\boldsymbol{M}=n$ 与 $\boldsymbol{M}$ 的行列式的值不为零是等价的,故可以通过计算 $\boldsymbol{M}$ 的行列式的值是否为零来判断 $\boldsymbol{M}$ 是否满秩。而对于多输入系统,此时 $\boldsymbol{M}$ 为 $n\times nr$ 的矩阵,其秩的确定一般的说要复杂一些。由于矩阵 $\boldsymbol{M}$ 和 $\boldsymbol{M}^{\mathrm{T}}$ 积 $\boldsymbol{M}\boldsymbol{M}^{\mathrm{T}}$ 是 $n\times n$ 方阵,而它的秩等价于 $\boldsymbol{M}$ 的秩,因此可以通过计算方阵 $\boldsymbol{M}\boldsymbol{M}^{\mathrm{T}}$ 的秩来确定 $\boldsymbol{M}$ 的秩。

例 7.13 已知某系统如下,试判断其是否能控。

$$\dot{\boldsymbol{x}}=\begin{bmatrix}-4&5\\1&0\end{bmatrix}x+\begin{bmatrix}-5\\1\end{bmatrix}f$$

解

$$\boldsymbol{M}=[\boldsymbol{b}\quad\boldsymbol{A}\boldsymbol{b}]=\begin{bmatrix}-5&25\\1&-5\end{bmatrix}$$

显然其秩为 1，不满秩，故系统为不能控的。

例 7.14　判断下列系统的能控性。

(1) $\begin{bmatrix}\dot{x}_1\\\dot{x}_2\end{bmatrix}=\begin{bmatrix}1&1\\1&0\end{bmatrix}\begin{bmatrix}x_1\\x_2\end{bmatrix}+\begin{bmatrix}0\\1\end{bmatrix}f$；

(2) $\begin{bmatrix}\dot{x}_1\\\dot{x}_2\\\dot{x}_3\end{bmatrix}=\begin{bmatrix}0&1&0\\0&0&1\\-2&-4&-3\end{bmatrix}\begin{bmatrix}x_1\\x_2\\x_3\end{bmatrix}+\begin{bmatrix}1&0\\0&1\\-1&1\end{bmatrix}\begin{bmatrix}f_1\\f_2\end{bmatrix}$；

(3) $\begin{bmatrix}\dot{x}_1\\\dot{x}_2\\\dot{x}_3\end{bmatrix}=\begin{bmatrix}-3&1&0\\0&-3&0\\0&0&-1\end{bmatrix}\begin{bmatrix}x_1\\x_2\\x_3\end{bmatrix}+\begin{bmatrix}1&-1\\0&0\\2&0\end{bmatrix}\begin{bmatrix}f_1\\f_2\end{bmatrix}$。

解

(1) 由于该系统控制矩阵 $\boldsymbol{b}=\begin{bmatrix}1\\0\end{bmatrix}$，系统矩阵 $\boldsymbol{A}=\begin{bmatrix}1&1\\1&0\end{bmatrix}$，所以

$$\boldsymbol{Ab}=\begin{bmatrix}1&1\\1&0\end{bmatrix}\begin{bmatrix}1\\0\end{bmatrix}=\begin{bmatrix}1\\1\end{bmatrix}$$

从而系统的能控性矩阵为

$$\boldsymbol{M}=[\boldsymbol{b}\quad\boldsymbol{Ab}]=\begin{bmatrix}1&1\\0&1\end{bmatrix}$$

显然有

$$\text{rank}\boldsymbol{M}=\text{rank}[\boldsymbol{b}\quad\boldsymbol{Ab}]=2=n$$

满足能控性的充要条件，所以该系统能控。

(2) 由于该系统控制矩阵为

$$\boldsymbol{B}=\begin{bmatrix}1&0\\0&1\\-1&1\end{bmatrix}$$

系统矩阵为

$$\boldsymbol{A}=\begin{bmatrix}0&1&0\\0&0&1\\-2&-4&-3\end{bmatrix}$$

则有

$$\boldsymbol{AB}=\begin{bmatrix}0&1&0\\0&0&1\\-2&-4&-3\end{bmatrix}\begin{bmatrix}1&0\\0&1\\-1&1\end{bmatrix}=\begin{bmatrix}0&1\\-1&1\\1&-7\end{bmatrix}$$

$$\boldsymbol{A}^2\boldsymbol{B}=\begin{bmatrix}0&1&0\\0&0&1\\-2&-4&-3\end{bmatrix}\begin{bmatrix}0&1\\-1&1\\1&-7\end{bmatrix}=\begin{bmatrix}-1&1\\1&-7\\1&15\end{bmatrix}$$

从而系统的能控性矩阵为

$$\boldsymbol{M}=[\boldsymbol{B}\quad \boldsymbol{AB}\quad \boldsymbol{A}^2\boldsymbol{B}]=\begin{bmatrix}1 & 0 & 0 & 1 & -1 & 1\\0 & 1 & -1 & 1 & 1 & -7\\-1 & 1 & 1 & -7 & 1 & 15\end{bmatrix}$$

有

$$\text{rank}\boldsymbol{M}=3=n$$

满足能控性的充要条件，所以该系统能控。

(3) 由于该系统控制矩阵为

$$\boldsymbol{B}=\begin{bmatrix}1 & -1\\0 & 0\\2 & 0\end{bmatrix}$$

系统矩阵为

$$\boldsymbol{A}=\begin{bmatrix}-3 & 1 & 0\\0 & -3 & 0\\0 & 0 & -1\end{bmatrix}$$

则有

$$\boldsymbol{AB}=\begin{bmatrix}-3 & 1 & 0\\0 & -3 & 0\\0 & 0 & -1\end{bmatrix}\begin{bmatrix}1 & -1\\0 & 0\\2 & 0\end{bmatrix}=\begin{bmatrix}-3 & 3\\0 & 0\\-2 & 0\end{bmatrix}$$

$$\boldsymbol{A}^2\boldsymbol{B}=\begin{bmatrix}-3 & 1 & 0\\0 & -3 & 0\\0 & 0 & -1\end{bmatrix}\begin{bmatrix}-3 & 3\\0 & 0\\-2 & 0\end{bmatrix}=\begin{bmatrix}9 & -9\\0 & 0\\2 & 0\end{bmatrix}$$

于是，系统的能控性矩阵为

$$\boldsymbol{M}=[\boldsymbol{B}\quad \boldsymbol{AB}\quad \boldsymbol{A}^2\boldsymbol{B}]=\begin{bmatrix}1 & -1 & -3 & 3 & 9 & -9\\0 & 0 & 0 & 0 & 0 & 0\\2 & 0 & -2 & 0 & 2 & 0\end{bmatrix}$$

可知

$$\text{rank}\boldsymbol{M}=2<n$$

不满足能控性的充要条件，所以该系统不完全能控。

例 7.15 试判断下列系统的能控性。

$$\dot{\boldsymbol{x}}=\begin{bmatrix}1 & 2 & 1\\0 & 1 & 0\\1 & 0 & 3\end{bmatrix}x+\begin{bmatrix}1 & 0\\0 & 1\\0 & 0\end{bmatrix}f$$

解 $\boldsymbol{M}=[\boldsymbol{B}\quad \boldsymbol{AB}\quad \boldsymbol{A}^2\boldsymbol{B}]=\begin{bmatrix}1 & 0 & 1 & 2 & 2 & 4\\0 & 1 & 0 & 1 & 0 & 1\\0 & 0 & 1 & 0 & 4 & 2\end{bmatrix}$，则

$$\boldsymbol{MM}^{\mathrm{T}}=\begin{bmatrix}26 & 6 & 17\\6 & 3 & 2\\17 & 2 & 21\end{bmatrix}$$

易知 $\boldsymbol{MM}^{\mathrm{T}}$ 是满秩的，故 $\boldsymbol{M}$ 满秩，系统是能控的。实际上在本例中，$\boldsymbol{M}$ 的满秩从 $\boldsymbol{M}$ 矩阵前

三列即可直接看出，它包含在

$$[\boldsymbol{B}\quad \boldsymbol{AB}]=\begin{bmatrix}1&0&1&2\\0&1&0&1\\0&0&1&0\end{bmatrix}$$

的矩阵中，所以在多输入系统中，有时并不一定要计算出全部 $\boldsymbol{M}$ 阵。这也说明，在多输入系统中，系统的能控性条件是较容易满足的。

3. 输出能控性概念

如果需要控制的是输出量，则需研究输出能控性。输出能控性定义为

对于系统

$$\dot{\boldsymbol{x}}(t)=\boldsymbol{Ax}(t)+\boldsymbol{Bf}(t)$$
$$\boldsymbol{y}(t)=\boldsymbol{Cx}(t)+\boldsymbol{Df}(t)$$

在有限时间区间 $t\in[t_0,\quad t_f]$，存在一个无约束的分段连续的输入 $f(t)$，能使任意初始输出 $\boldsymbol{y}(t_0)$ 转移到任意终端输出 $\boldsymbol{y}(t_f)$，则称系统是输出完全能控的，简称输出能控。

系统输出能控的充分必要条件是

$$\boldsymbol{S}=[\boldsymbol{CB}\quad \boldsymbol{CAB}\quad \boldsymbol{CA}^2\boldsymbol{B}\quad \cdots\quad \boldsymbol{CA}^{n-1}\boldsymbol{B}\quad \boldsymbol{D}] \tag{7.48}$$

的秩为输出变量的数目 m。

7.4.2 系统的能观性

1. 能观性定义

能观性表示的是输出 $\boldsymbol{y}(t)$ 反映状态矢量 $\boldsymbol{x}(t)$ 的能力，与控制作用没有直接关系，所以分析能观性问题时，只需从齐次状态方程和输出方程出发，即

$$\begin{aligned}&\dot{\boldsymbol{x}}(t)=\boldsymbol{Ax}(t);\quad \boldsymbol{x}(t_0)=\boldsymbol{x}_0\\&\boldsymbol{y}(t)=\boldsymbol{Cx}(t)\end{aligned} \tag{7.49}$$

如果对任意给定的输入 $f(t)$，在有限的观测时间 $t_f>t_0$，使得根据 $[t_0,t_f]$ 期间的输出 $\boldsymbol{y}(t)$ 能唯一地确定系统在初始时刻的状态 $\boldsymbol{x}(t_0)$，则称状态 $\boldsymbol{x}(t_0)$ 是能观的。若系统的每一个状态都是能观的，则称系统是状态完全能观测的。

2. 能观性的判别

线性连续定常系统

$$\begin{aligned}&\dot{\boldsymbol{x}}(t)=\boldsymbol{Ax}(t)\\&\boldsymbol{y}(t)=\boldsymbol{Cx}(t)\end{aligned} \tag{7.50}$$

其能观的充分必要条件是由 $\boldsymbol{A}$，$\boldsymbol{C}$ 构成的能观性矩阵

$$\boldsymbol{N}=\begin{bmatrix}\boldsymbol{C}\\\boldsymbol{CA}\\\vdots\\\boldsymbol{CA}^{n-1}\end{bmatrix} \tag{7.51}$$

满秩，即 $\text{rank}\boldsymbol{N}=n$。否则当 $\text{rank}\boldsymbol{N}<n$ 时，系统为不能观的。

证明 由式(7.50)可以求得

$$\boldsymbol{y}(t)=\boldsymbol{C}\mathrm{e}^{\boldsymbol{A}t}\boldsymbol{x}(t_0)$$

由于 $\mathrm{e}^{\boldsymbol{A}t}=\sum_{k=0}^{\infty}\frac{1}{k!}\boldsymbol{A}^k t^k$

令 $\alpha(k)=\frac{t^k}{K!}$

可得

$$y(t)=\sum_{k=0}^{n-1}\frac{1}{k!}t^k\boldsymbol{C}\boldsymbol{A}^k x(t_0)$$

$$=[\alpha_0(t)\boldsymbol{I}\quad \alpha_1(t)\boldsymbol{I}\quad \cdots\quad \alpha_{n-1}(t)\boldsymbol{I}]\begin{bmatrix}\boldsymbol{C}\\ \boldsymbol{CA}\\ \vdots\\ \boldsymbol{CA}^{n-1}\end{bmatrix}x(t_0) \tag{7.52}$$

因此,根据在时间区间 $t_0\leqslant t\leqslant t_f$ 测量到的 $\boldsymbol{y}(t)$,要能从式(7.52))唯一地确定 $\boldsymbol{x}(t_0)$,即完全能观的充要条件是矩阵

$$\boldsymbol{N}=\begin{bmatrix}\boldsymbol{C}\\ \boldsymbol{CA}\\ \vdots\\ \boldsymbol{CA}^{n-1}\end{bmatrix}$$

满秩。

同样,对于单输出系统,$\boldsymbol{N}$ 阵为 $n\times n$ 的方阵,rank$\boldsymbol{N}=n$ 与 $\boldsymbol{N}$ 的行列式的值不为零是等价的,故可以通过计算 $\boldsymbol{N}$ 的行列式的值是否为零来判断 $\boldsymbol{N}$ 是否满秩。而对于多输出系统,此时 $\boldsymbol{N}$ 为 $nm\times n$ 的矩阵,由于矩阵$\boldsymbol{N}^{\mathrm{T}}$ 和 $\boldsymbol{N}$ 积$\boldsymbol{N}^{\mathrm{T}}\boldsymbol{N}$ 是 $n\times n$ 方阵,而它的秩等价于 $\boldsymbol{N}$ 的秩,因此可以通过计算方阵 $\boldsymbol{N}^{\mathrm{T}}\boldsymbol{N}$ 的秩来确定 $\boldsymbol{N}$ 的秩。

例 7.16 试确定当 p 与 q 为何值时下列系统不能控,为何值时不能观测。

$$\begin{bmatrix}\dot{x}_1\\ \dot{x}_2\end{bmatrix}=\begin{bmatrix}1 & 12\\ 1 & 0\end{bmatrix}\begin{bmatrix}x_1\\ x_2\end{bmatrix}+\begin{bmatrix}p\\ -1\end{bmatrix}\boldsymbol{f}$$

$$\boldsymbol{y}=[q\quad 1]\begin{bmatrix}x_1\\ x_2\end{bmatrix}$$

解 系统的能控性矩阵为

$$\boldsymbol{M}=[\boldsymbol{b}\quad \boldsymbol{Ab}]=\begin{bmatrix}p & p-12\\ -1 & p\end{bmatrix}$$

其行列式为

$$\det[\boldsymbol{b}\quad \boldsymbol{Ab}]=p^2+p-12$$

根据判定能控性的定理,若系统能控,则系统能控性矩阵的秩为 2,亦即 $\det[b\quad Ab]\neq 0$,可知 $p\neq -4$ 或 $p\neq 3$。

系统能观测性矩阵为

$$\boldsymbol{N}=\begin{bmatrix}c\\ c\boldsymbol{A}\end{bmatrix}=\begin{bmatrix}q & 1\\ q+1 & 12q\end{bmatrix}$$

其行列式为

$$\det\begin{bmatrix} c \\ c\boldsymbol{A} \end{bmatrix} = 12q^2 - q - 1$$

根据判定能观性的定理，若系统能观，则系统能观性矩阵的秩为 2，亦即 $\det\begin{bmatrix} c \\ c\boldsymbol{A} \end{bmatrix} \neq 0$，可知 $q \neq \frac{1}{3}$ 或 $q \neq -\frac{1}{4}$。

7.5 MATLAB 应用于状态变量分析

7.5.1 利用 MATLAB 求解状态空间表达式

MATLAB 控制系统工具箱提供了 ss2tf 和 tf2ss 两个函数，来实现系统的状态空间(ss)表示法和系统函数(tf)表示法之间的转换为

```
[A,B,C,D] = tf2ss(num,den);
[num,den] = ss2tf(A,B,C,D,iu);
```

例 7.17 系统的动态特性是由下列微分方程描述

(1) $y''' + 5y'' + 7y' + 3y = f' + 2f$；

(2) $y''' + 3y'' + 2y' + y = f'' + 2f' + f$。

试求出其相应的状态空间表达式。

解

(1) 程序如下：

```
num = [1,2];
den = [1,5,7,3];
G = tf(num,den);
sys = ss(G)
```

运行结果：

```
a =
            x1       x2       x3
   x1       -5    -1.75    -0.75
   x2        4        0        0
   x3        0        1        0


b =
        f1
   x1   1
   x2   0
   x3   0


c =
        x1   x2   x3
```

```
   y1  0  0.25  0.5

d =
          f1
   y1  0
```

所以状态空间表达式为

$$\dot{x}=\begin{bmatrix}-5 & -1.75 & -0.75\\ 4 & 0 & 0\\ 0 & 1 & 0\end{bmatrix}x+\begin{bmatrix}1\\0\\0\end{bmatrix}f$$

$$y=\begin{bmatrix}0 & 0.25 & 0.5\end{bmatrix}x+[0]f$$

(2) 程序如下:

```
num = [1,2,1];
den = [1,3,2,1];
G = tf(num,den);
sys = ss(G)
```

运行结果:

```
a =
          x1    x2    x3
   x1    -3    -1   -0.5
   x2     2     0     0
   x3     0     1     0


b =
          u1
   x1     2
   x2     0
   x3     0


c =
           x1    x2    x3
   y1     0.5   0.5   0.25


d =
          u1
   y1     0
```

所以状态空间表达式为

$$\dot{x}=\begin{bmatrix}-3 & -1 & -0.5\\ 2 & 0 & 0\\ 0 & 1 & 0\end{bmatrix}x+\begin{bmatrix}2\\0\\0\end{bmatrix}f$$

$$y=\begin{bmatrix}0.5 & 0.5 & 0.25\end{bmatrix}x+[0]f=\begin{bmatrix}0.5 & 0.5 & 0.25\end{bmatrix}x$$

例 7.18 状态空间描述如下,试求系统函数。

$$\begin{bmatrix}\dot{x}_1\\\dot{x}_2\\\dot{x}_3\end{bmatrix}=\begin{bmatrix}0&1&0\\0&0&1\\-6&-11&-6\end{bmatrix}\begin{bmatrix}x_1\\x_2\\x_3\end{bmatrix}+\begin{bmatrix}1&0\\2&-1\\0&2\end{bmatrix}\begin{bmatrix}u_1\\u_2\end{bmatrix},\quad \begin{bmatrix}y_1\\y_2\end{bmatrix}=\begin{bmatrix}1&-1&0\\2&1&-1\end{bmatrix}\begin{bmatrix}x_1\\x_2\\x_3\end{bmatrix}$$

解

程序如下：

```
<< clear:close all;
A=[0  1  0;0  0  1;-6  -11  -6];B=[1  0;2  -1;0  2];
C=[1  -1  0;2  1  -1];D=[0  0;0  0];
[num1, den1] = ss2tf(A,B,C,D,1)
[num2, den2] = ss2tf(A,B,C,D,2)
```

运行结果：

```
num1 =
         0   -1.0000   -4.0000   29.0000
         0    4.0000   56.0000   52.0000

den1 =
    1.0000   6.0000   11.0000   6.0000

num2 =
         0    1.0000     3.0000     -4.0000
         0   -3.0000   -17.0000   -14.0000

den2 =
    1.0000   6.0000   11.0000   6.0000
```

所以，系统函数 $H(s)=\dfrac{1}{s^3+6s^2+11s+6}\begin{bmatrix}-s^2-4s+29 & s^2+3s-4\\4s^2+56s+52 & -3s^2-17s-14\end{bmatrix}$

7.5.2　状态方程求解

1. 拉普拉斯/Z 变换方法

例 7.19　利用 MATLAB 求下列系统方程为

$$\dot{x}=\begin{bmatrix}-1&0\\0&-2\end{bmatrix}x+\begin{bmatrix}1\\1\end{bmatrix}f,\quad x(0)=\begin{bmatrix}2\\3\end{bmatrix}$$

$$y=[1.5\quad 0.5]x$$

并画出状态响应和输出响应曲线。

解

程序如下：

```
% 计算例 7.19 题的零状态响应、零输入响应和输出响应,并画出响应图
a=[-1 0;0 -2];b=[1;1];              %输入系统矩阵 A
c=[1.5 0.5]; d=0;
G=ss(a,b,c,d);                      %建立状态空间描述的系统模型
x0=[2;3];                           %初始状态
```

```
syms s t;
G0 = inv(s * eye(size(a)) - a);        % 求零输入响应 x1
x1 = ilaplace(G0) * x0
G1 = inv(s * eye(size(a)) - a) * b;    % 求零状态响应 x2
x2 = ilaplace(G1/s)
x = x1 + x2                            % 系统的状态响应 x
y = c * x                              % 系统的输出响应 y
for I = 1:61;                          % 计算在各时间点状态值 xt 和输出值 yt
    tt = 0.1 * (I - 1);
    xt(:,I) = subs(x(:),'t',tt);
    yt(I) = subs(y,'t',tt);
end;
plot(0:60,[xt;yt]);                    % 绘响应曲线(如图 7.9)
```

运行结果:

```
x1 =
[ 2 * exp( - t)]
[ 3 * exp( - 2 * t)]
x2 =
[          1 - exp( - t)]
[ 1/2 - 1/2 * exp( - 2 * t)]
x =
[          exp( - t) + 1]
[ 5/2 * exp( - 2 * t) + 1/2]
y =
3/2 * exp( - t) + 7/4 + 5/4 * exp( - 2 * t)
```

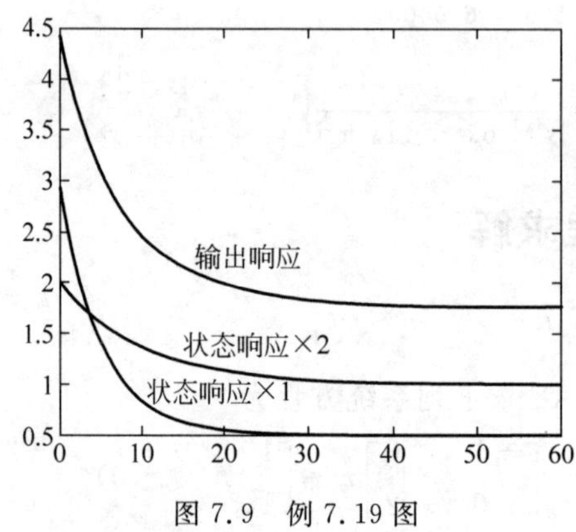

图 7.9 例 7.19 图

例 7.20 已知某离散因果系统的状态方程和输出方程分别为

$$\begin{bmatrix} x_1(n+1) \\ x_2(n+1) \end{bmatrix} = \begin{bmatrix} 0 & 1 \\ -6 & 5 \end{bmatrix} \begin{bmatrix} x_1(n) \\ x_2(n) \end{bmatrix} + \begin{bmatrix} 0 \\ 1 \end{bmatrix} f(n)$$

$$\begin{bmatrix} y_1(n) \\ y_2(n) \end{bmatrix} = \begin{bmatrix} 1 & 1 \\ 2 & -1 \end{bmatrix} \begin{bmatrix} x_1(n) \\ x_2(n) \end{bmatrix}$$

初始状态为$\begin{bmatrix} x_1(0) \\ x_2(0) \end{bmatrix} = \begin{bmatrix} 1 \\ 2 \end{bmatrix}$,激励 $f(n)=\varepsilon(n)$。求状态方程的解和系统的输出。

解

程序如下：

```
<<%用变换域解法求解状态变量和输出响应
clear;close all
syms z
A = [0  1; - 6  5];B = [0;1];
C = [1  1;2  - 1];D = [0;0];
r0 = [1;2];
X = z/(z - 1);
phiz = inv(z * eye(2) - A);
rz = phiz * (r0 + B * X);
rz = simplify(rz)

rn = iztrans(rz)
yz = C * phiz * z * r0 + (C * phiz * B + D) * X;
yz = simplify(yz)
yn = iztrans(yz)
```

运行结果：

```
rz =
  1/(2 * (z - 1)) - 1/(z - 2) + 3/(2 * (z - 3))
(3 * z^2 - 8 * z + 6)/((z - 1) * (z - 2) * (z - 3))

rn =
3^n/2 - 2^n/2 - kroneckerDelta(n, 0)/2 + 1/2
(3 * 3^n)/2 - 2^n - kroneckerDelta(n, 0) + 1/2
yz =
    1/(z - 1) + 6/(z - 3) + 3
1/(2 * (z - 1)) - 3/(2 * (z - 3))
yn =
  2 * 3^n + 1
1/2 - 3^n/2
kroneckerDelta(n,0) = δ(n)
```

2. 状态方程的数值解法

当一个系统用状态空间表示法来表示时，可利用 MATLAB 的 lsim 函数求解系统的响应。连续时间系统 lsim 函数的语句格式为

```
y = lsim(sys,f,t,x0)
```

其中，sys 是由 sys＝ss(A,B,C,D)获得的状态空间表示法所表示的连续系统模型；t 是由等距的时间采样点组成的时间向量；f 为描述输入信号的矩阵，其列数为输入的数目，其第 i 行即输入信号在 t(i)时刻的值；x_0 为系统的初始状态，默认值为 0。

对离散时间系统而言，输入 u 的采用率应与系统本身的采样率相同，因此参数 t 就是冗余的，可以设为[]，即 empty 矩阵，因此 lsim 函数的语句格式为

```
y = lsim(sys,f,[],x0)
```

其中，sys 是由 sys=ss(A,B,C,D,[])获得的状态空间表示法所表示的离散时间系统模型。

例 7.21 已知系统的状态方程、输出方程、激励信号和系统的起始状态分别为

$$\begin{bmatrix}\dot{x}_1(t)\\ \dot{x}_2(t)\end{bmatrix}=\begin{bmatrix}-3 & 1\\ -2 & 0\end{bmatrix}\begin{bmatrix}x_1(t)\\ x_2(t)\end{bmatrix}+\begin{bmatrix}0\\ 1\end{bmatrix}\varepsilon(t);y(t)=\begin{bmatrix}0 & 1\end{bmatrix}\begin{bmatrix}x_1(t)\\ x_2(t)\end{bmatrix}$$

$$\begin{bmatrix}x_1(0_-)\\ x_2(0_-)\end{bmatrix}=\begin{bmatrix}2\\ 0\end{bmatrix}$$

试用并用 MATLAB 数值求解法求解 $y(t)$。

解

程序如下：

```
>> t = 0:0.01:4;
>> y = - 1 + 3 * exp( - 2 * t) - 2 * exp( - t);
>> plot(t,y),grid on
>> xlabel('t'),ylabel('yt')
>> clear
>> t = 0:0.01:4;
>> A = [ - 3,1; - 2,0];B = [1;0];
>> C = [0 1];D = 0;
>> r0 = [2;0];
>> f(:,1) = ones(length(t),1);
>> sys = ss(A,B,C,D);
>> y = lsim(sys,f,t,r0);
>> subplot(211)
>> plot(t,y(:,1)),grid on
>> xlabel('t'),ylabel('yt')
```

运行结果如图 7.10 所示。

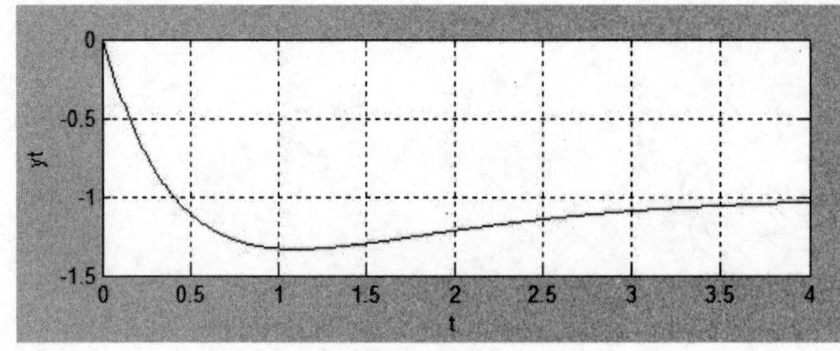

图 7.10 例 7.21 图

例 7.22 已知系统的状态方程、输出方程、激励信号和系统的初始条件分别为

$$\begin{bmatrix}x_1(n+1)\\ x_2(n+1)\end{bmatrix}=\begin{bmatrix}-1 & 3\\ 2 & 4\end{bmatrix}\begin{bmatrix}x_1(n)\\ x_2(n)\end{bmatrix}+\begin{bmatrix}11 & 0\\ 0 & 6\end{bmatrix}\begin{bmatrix}f_1(n)\\ f_2(n)\end{bmatrix}$$

$$y(n)=\begin{bmatrix}1 & -1\end{bmatrix}\begin{bmatrix}x_1(n)\\ x_2(n)\end{bmatrix}+\begin{bmatrix}0 & 1\end{bmatrix}\begin{bmatrix}f_1(n)\\ f_2(n)\end{bmatrix}$$

$$\begin{bmatrix}f_1(n)\\ f_2(n)\end{bmatrix}=\begin{bmatrix}\delta(n)\\ u(n)\end{bmatrix},\quad \begin{bmatrix}x_1(0)\\ x_2(0)\end{bmatrix}=\begin{bmatrix}2\\ 3\end{bmatrix}$$

试用 MATLAB 数值求解法求解输出响应 $y(n)$。

解

程序如下：

```
<<%用数值解法求解输出响应
clear;close all;
N=15;
n=0:N;
A=[-1  3;-2  4];B=[11  0;0  6];
C=[1  -1];D=[0  1];
r0=[2;3];
u=[1 0 0 0 0 0 0 0 0 0 0 0 0 0 0 0;1 1 1 1 1 1 1 1 1 1 1 1 1 1 1 1];
sys=ss(A,B,C,D,[]);
yn=lsim(sys,u,[],r0);
stem(n,yn,'filled'),grid on
xlabel('n'),ylabel('y(n)')
```

运行结果如图 7.11 所示。

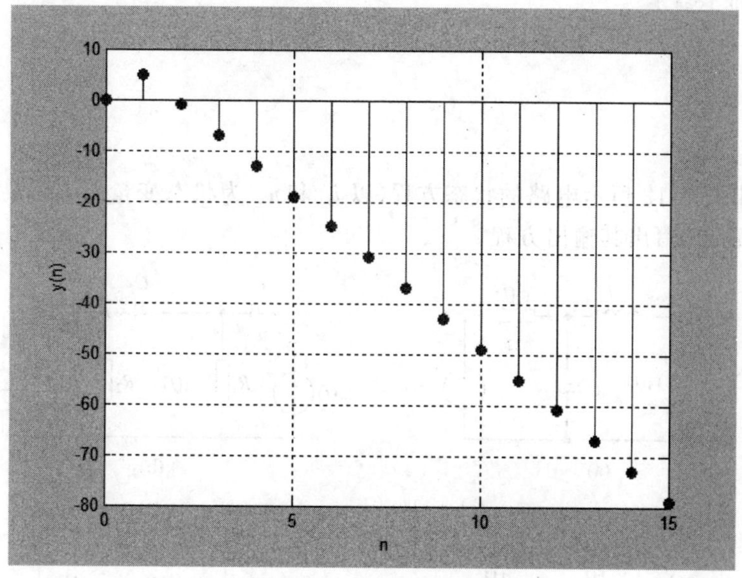

图 7.11　例 7.22 图

7.5.3　用 MATLAB 判断线性系统的能控性和能观性

用 MATLAB 来判断线性系统的能控性和能观性是非常方便的。ctrb 命令用于求取系统的能控矩阵 M，obsv 命令用于求取系统的能观矩阵 N，命令格式为

```
M =ctrb (A , B )
N =obsv (A ,C )
```

式中，$M=[B \quad AB \quad A^2B \quad \cdots \quad A^{n-1}B]$，$N=[C \quad CA \quad CA^2 \quad \cdots \quad CA^{n-1}]^T$。

采用命令 rank（M）和 rank（N）可以得到能控矩阵 M 和能观矩阵 N 的秩，若 M 或 N

的秩是 n,则系统是状态完全能控的或能观的。

例 7.23 线性定常系统

$$\dot{x}=\begin{bmatrix}-3 & 1\\ 1 & -3\end{bmatrix}x+\begin{bmatrix}1 & 1\\ 1 & 1\end{bmatrix}f$$

$$y=\begin{bmatrix}1 & 1\\ 1 & -1\end{bmatrix}x$$

判别系统的能控性和能观性。

解

判断该系统能控性和能观性的 MATLAB 程序如下所示。

```
a = [ -3 ,1 ; 1 , -3 ];
b = [1 , 1 ; 1 , 1 ];
c = [ 1 , 1 ; 1 , -1 ]; d = [ 0 ];
cam = ctrb (a , b );
rcam = rank (cam )
oam = obsv ( a , c );
roam = rank (oam )
```

习题

7.1 写出图 7.12 所示电路的状态方程(以 i_L 和 u_C 为状态变量)。若以上电阻上电压(如图中 y)为输出,写出其输出方程。

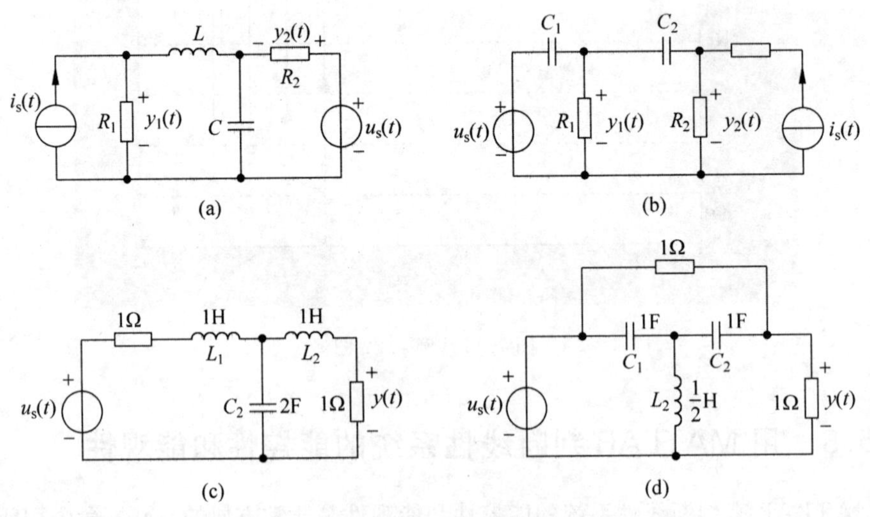

图 7.12 题 7.1 图

7.2 已知系统结构图如图 7.13 所示,其状态变量为 x_1,x_2,x_3。试求动态方程。

7.3 写出题 7.14 图所示各连续系统的状态方程和输出方程。

7.4 写出如图 7.15 用信号流图描述的各连续系统的状态和输出方程。

7.5 已知系统微分方程为

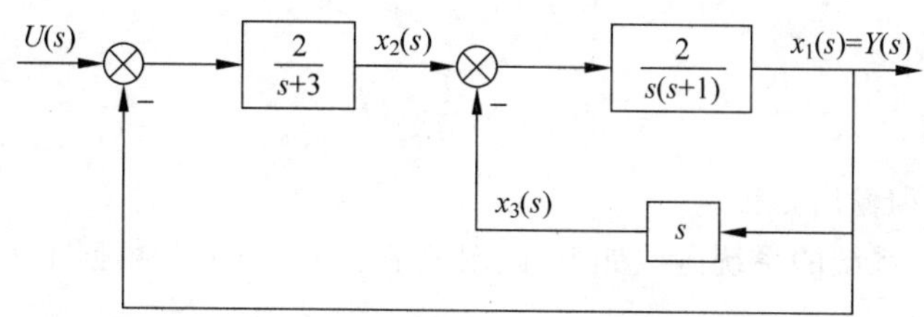

图 7.13　题 7.2 图

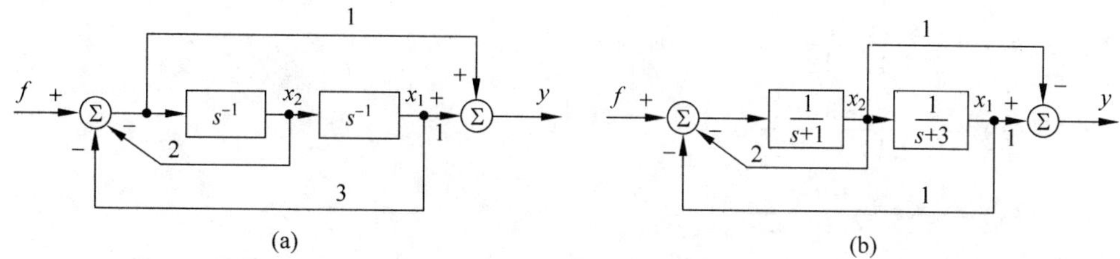

图 7.14　题 7.3 图

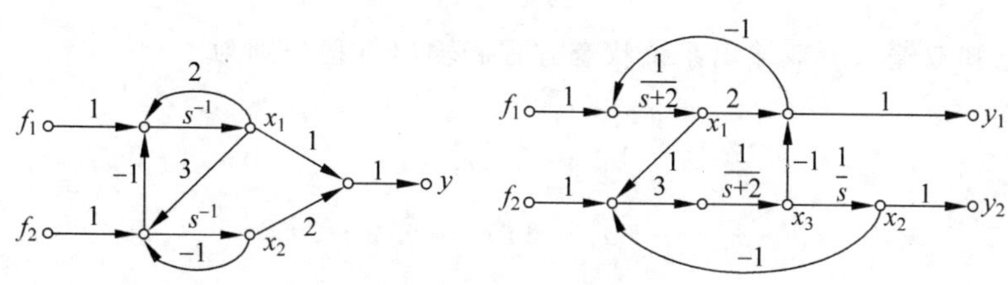

图 7.15　题 7.4 图

$$\frac{\mathrm{d}^3}{\mathrm{d}t^3}y(t)+8\frac{\mathrm{d}^2}{\mathrm{d}t^2}y(t)+19\frac{\mathrm{d}}{\mathrm{d}t}y(t)+12y(t)=10f(t)$$

试求系统函数，系统的零、极点并列出其状态方程和输出方程。

7.6　描述连续系统的微分方程如下，写出各系统的状态方程和输出方程。

(1) $y'''(t)+5y''(t)+7y'(t)+3y(t)=f(t)$

(2) $y''(t)+4y(t)=f(t)$

(3) $y'''(t)+4y'(t)+3y(t)=f'(t)+f(t)$

(4) $y'''(t)+5y''(t)+y'(t)+2y(t)=f'(t)+f(t)$

(5) $y'''(t)+3y''(t)+2y'(t)+y(t)=f''(t)+2f'(t)+f(t)$

7.7　给定系统微分方程表达式如下

$$a\frac{\mathrm{d}^3}{\mathrm{d}t^3}y_1(t)+b\frac{\mathrm{d}^2}{\mathrm{d}t^2}y_1(t)+c\frac{\mathrm{d}}{\mathrm{d}t}y_1(t)+dy_1(t)=0$$

选状态变量为

$$x_1(t)=ay_1(t)$$

$$x_2(t)=a\frac{\mathrm{d}}{\mathrm{d}t}y_1(t)+by_1(t)$$

$$x_3(t)=a\frac{\mathrm{d}^2}{\mathrm{d}t^2}y_1(t)+b\frac{\mathrm{d}}{\mathrm{d}t}y_1(t)+cy_1(t)$$

输出信号取

$$y(t)=\frac{\mathrm{d}}{\mathrm{d}t}y_1(t)$$

列出状态方程和输出方程。

7.8 描述连续系统的系统函数如下，画出其直接形式的信号流图，写出其相应的状态方程和输出方程。

(1) $H(s)=\dfrac{3s+5}{s^2+3s+6}$

(2) $H(s)=\dfrac{2s^2+9s}{s^2+4s+12}$

(3) $H(s)=\dfrac{s^2+3s}{(s+1)^2(s+2)}$

(4) $H(s)=\dfrac{s^2+2}{s^3+2s^2+2s+1}$

7.9 已知系统的系统函数如下所示，绘制信号流图，并写出状态方程和输出方程

$$H(s)=\frac{5s+10}{s^2+7s+12}$$

7.10 已知双输入—双输出系统状态方程和输出方程分别为

$$\dot{x}_1=x_2+f_1$$

$$\dot{x}_2=x_3+2f_1-f_2$$

$$\dot{x}_3=-6x_1-11x_2-6x_3+2f_2$$

$$y_1=x_1-x_2$$

$$y_2=2x_1+x_2-x_3$$

绘制信号流图，写出矩阵形式的动态方程。

7.11 写出图7.16所示离散系统的状态方程和输出方程。

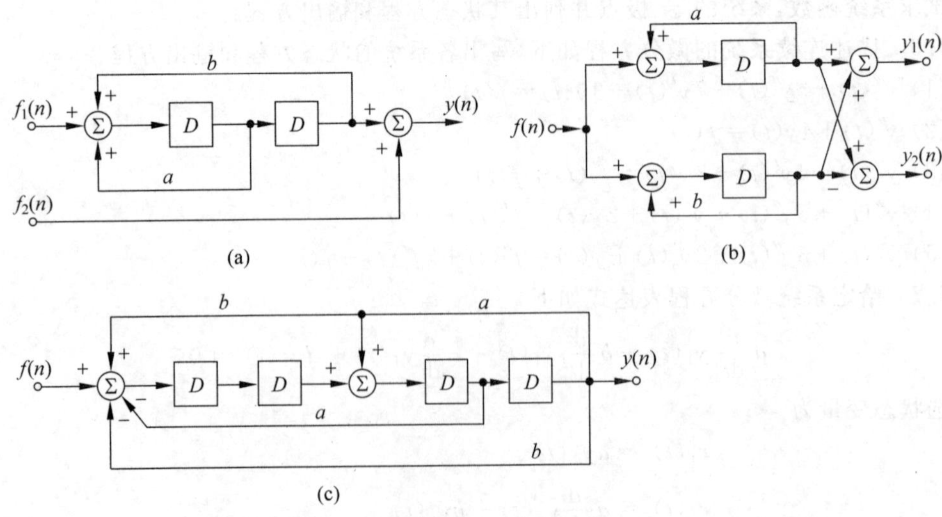

图7.16 题7.11图

7.12　写出图 7.17 中用信号流图描述的离散系统的状态方程。

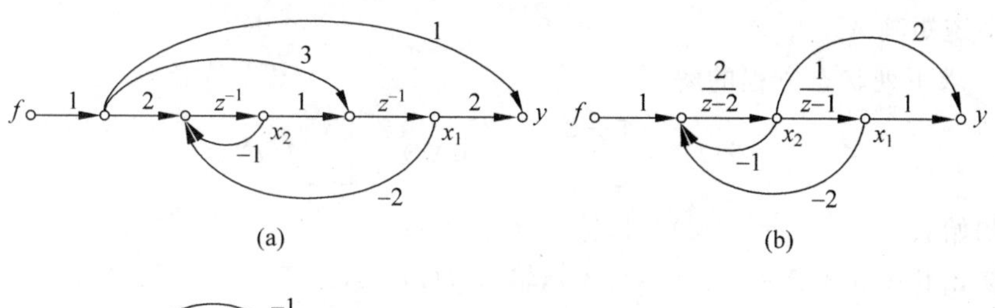

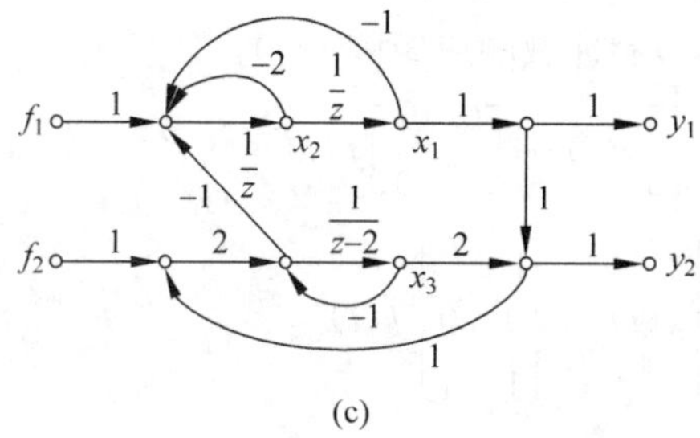

图 7.17　题 7.9 图

7.13　已知系统状态方程为 $\begin{cases}\dot{\boldsymbol{x}}=\begin{bmatrix}0 & 1 & 0\\ -2 & -3 & 0\\ -1 & 1 & 3\end{bmatrix}\boldsymbol{x}+\begin{bmatrix}0\\1\\2\end{bmatrix}f\\ \boldsymbol{y}=\begin{bmatrix}0 & 0 & 1\end{bmatrix}\end{cases}$，试求系统函数 $G(s)$。

7.14　已知系统 $\boldsymbol{\Phi}_1(t)=\begin{bmatrix}6\mathrm{e}^{-t}-5\mathrm{e}^{-2t} & 4\mathrm{e}^{-t}-4\mathrm{e}^{-2t}\\ -3\mathrm{e}^{-t}+3\mathrm{e}^{-2t} & -2\mathrm{e}^{-t}+3\mathrm{e}^{-2t}\end{bmatrix}$

$$\boldsymbol{\Phi}_2(t)=\begin{bmatrix}2\mathrm{e}^{-t}-\mathrm{e}^{-2t} & \mathrm{e}^{-t}-\mathrm{e}^{-2t}\\ -2\mathrm{e}^{-t}+2\mathrm{e}^{-2t} & -\mathrm{e}^{-t}+2\mathrm{e}^{-2t}\end{bmatrix}$$

判断 $\boldsymbol{\Phi}_1$，$\boldsymbol{\Phi}_2$ 是否是状态转移矩阵。若是，则确定系统的状态阵 A；如果不是，请说明理由。

7.15　已知系统 $\dot{\boldsymbol{x}}=\boldsymbol{A}\boldsymbol{x}$ 的转移矩阵 $\boldsymbol{\Phi}(t,t_0)$ 为

$$\boldsymbol{\Phi}(t,t_0)=\begin{bmatrix}2\mathrm{e}^{-t}-\mathrm{e}^{-2t} & 2(\mathrm{e}^{-2t}-\mathrm{e}^{-t})\\ \mathrm{e}^{-t}-\mathrm{e}^{-2t} & 2\mathrm{e}^{-2t}-\mathrm{e}^{-t}\end{bmatrix}$$

试确定矩阵 $\boldsymbol{A}$。

7.16　如已知 LTI 离散系统的状态转移矩阵为

$$\boldsymbol{\varphi}(n)=\begin{bmatrix}2^{n+1}-(3)^n & 2^n-(3)^n\\ -2^{n+1}+2(3)^n & -2^n+2(3)^n\end{bmatrix}$$

$$\boldsymbol{\varphi}(n)=\begin{bmatrix}(1-n)(-1)^n-(3)^n & -n(-1)^n\\ n(-1)^n & (1+n)(-1)^n\end{bmatrix}$$

分别求与其相对应的系统矩阵 $\boldsymbol{A}$。

7.17　已知某 LTI 连续系统在零输入条件下，则当 $\boldsymbol{x}(0)=\begin{bmatrix}1\\-1\end{bmatrix}$ 时，$\boldsymbol{x}(t)=\begin{bmatrix}\mathrm{e}^{-2t}\\-\mathrm{e}^{-2t}\end{bmatrix}$；

当 $\boldsymbol{x}(0)=\begin{bmatrix}2\\-1\end{bmatrix}$ 时，$\boldsymbol{x}(t)=\begin{bmatrix}2\mathrm{e}^{-t}\\-\mathrm{e}^{-t}\end{bmatrix}$，求

(1) 状态转移矩阵$\boldsymbol{\varphi}(t)$;

(2) 系统矩阵$\mathbf{A}$。

7.18 求下列状态方程的解

$$\dot{\boldsymbol{x}}(t)=\begin{bmatrix}-3 & -2\\ 2 & 2\end{bmatrix}\boldsymbol{x}(t)+\begin{bmatrix}3\\0\end{bmatrix}f(t)$$

(1) 初始状态 $x_1(0)=x_2(0)=1$,输入 $f(t)=0$;

(2) 初始状态 $x_1(0)=2,x_2(0)=-1$,输入 $f(t)=\varepsilon(t)$。

7.19 求下述系统的系统函数矩阵 $H(s)$和冲激响应矩阵 $h(t)$。

$$\dot{\boldsymbol{x}}(t)=\begin{bmatrix}0 & 3\\ -1 & -4\end{bmatrix}\boldsymbol{x}(t)+\begin{bmatrix}0 & 1\\1 & 0\end{bmatrix}f(t)$$

$$\boldsymbol{y}(t)=\begin{bmatrix}1 & 2\\ -1 & 1\\ 1 & 1\end{bmatrix}\boldsymbol{x}(t)+\begin{bmatrix}0 & 0\\0 & 0\\1 & 1\end{bmatrix}f(t)$$

7.20 描述离散系统的状态方程为

$$\begin{bmatrix}x_1(n+1)\\x_2(n+1)\end{bmatrix}=\begin{bmatrix}1/2 & 1/6\\ 0 & 1/3\end{bmatrix}\begin{bmatrix}x_1(n)\\x_2(n)\end{bmatrix}+\begin{bmatrix}0\\1\end{bmatrix}\begin{bmatrix}f_1(n)\\f_2(n)\end{bmatrix}$$

求下列条件下方程的解。

(1) 初始状态 $x_1(0)=x_2(0)=1$,输入 $f(n)=0$;

(2) 初始状态 $x_1(0)=1,x_2(0)=-1$,输入 $f(n)=\varepsilon(n)$。

7.21 描述离散系统的动态方程为

$$\begin{bmatrix}x_1(n+1)\\x_2(n+1)\end{bmatrix}=\begin{bmatrix}0 & -1/4\\ 1/2 & 3/4\end{bmatrix}\begin{bmatrix}x_1(n)\\x_2(n)\end{bmatrix}+\begin{bmatrix}0\\1\end{bmatrix}\begin{bmatrix}f_1(n)\\f_2(n)\end{bmatrix}$$

$$y(n)=\begin{bmatrix}0 & 1\end{bmatrix}\begin{bmatrix}x_1(n)\\x_2(n)\end{bmatrix}$$

(1) 求系统的单位序列响应 $h(n)$和系统函数 $H(z)$;

(2) 如初始状态 $x_1(0)=x_2(0)=1$,输入 $f(n)=\varepsilon(n)$,求状态方程的解和系统的输出。

7.22 试判断下列系统的状态可控性。

(1) $\dot{x}=\begin{bmatrix}-2 & 2 & -1\\ 0 & -2 & 0\\ 1 & -4 & 0\end{bmatrix}x+\begin{bmatrix}0\\0\\1\end{bmatrix}f$

(2) $\dot{x}=\begin{bmatrix}1 & 1 & 0\\ 0 & 1 & 0\\ 0 & 1 & 1\end{bmatrix}x+\begin{bmatrix}0\\1\\0\end{bmatrix}f$

(3) $\dot{x}=\begin{bmatrix}1 & 1 & 0\\ 0 & 1 & 0\\ 0 & 1 & 1\end{bmatrix}x+\begin{bmatrix}0 & 0\\0 & 1\\1 & 0\end{bmatrix}\begin{bmatrix}f_1\\f_2\end{bmatrix}$

(4) $\dot{x}=\begin{bmatrix}-4 & 0 & 0\\ 0 & -4 & 0\\ 0 & 0 & 1\end{bmatrix}x+\begin{bmatrix}1\\2\\1\end{bmatrix}f$

(5) $\dot{x}=\begin{bmatrix}\lambda_1 & 1 & & \\ & \lambda_1 & & 0 \\ & & \lambda_1 & \\ 0 & & & \lambda_1\end{bmatrix}x+\begin{bmatrix}0\\1\\1\\1\end{bmatrix}f$

(6) $\dot{x}=\begin{bmatrix}\lambda_1 & 1 & & \\ & \lambda_1 & 1 & 0 \\ & & \lambda_1 & \\ 0 & & & \lambda_1\end{bmatrix}x+\begin{bmatrix}0\\0\\1\\1\end{bmatrix}f$

7.23　设系统状态方程为$\dot{x}=\begin{bmatrix}0 & 1\\ -1 & a\end{bmatrix}x+\begin{bmatrix}1\\ b\end{bmatrix}f$，并设系统状态可控，试求 a，b。

附录A 系统的信号流图与梅森公式

A.1 信号流图及其组成

信号流图也是一种系统的描述。由节点与有向支路构成的能表征系统功能与信号流动方向的图,称为系统的信号流图,简称信号流图或流图。信号流图和结构框图一样,可用以表示系统的结构及变量传递过程中的数学关系。用框图描述系统的功能比较直观,便于绘制。信号流图是用有向的线图描述方程变量之间因果关系的一种图,用它描述系统比方框图更加简便。信号流图首先由 Mason 于 1953 年提出的,应用非常广泛,可以通过 Mason (梅森)公式(不必经过图形简化)将系统函数与相应的信号流图联系起来,不仅有利于系统分析,而且也便于系统模拟,特别适合对于复杂结构系统的分析。

例如,图 A.1(a)所示的系统框图,可用图 A.1(b)来表示,图 A.1(b)即为图 A.1(a)的信号流图。图 A.1(b)中的小圆圈"o"代表变量,有向支路代表一个子系统及信号传输(或流动)方向,支路上标注的 $H(s)$代表支路(子系统)的传输函数。这样,根据图 A.1(b),同样可写出系统各变量之间的关系,即

$$Y(s) = H(s)F(s) \tag{A.1}$$

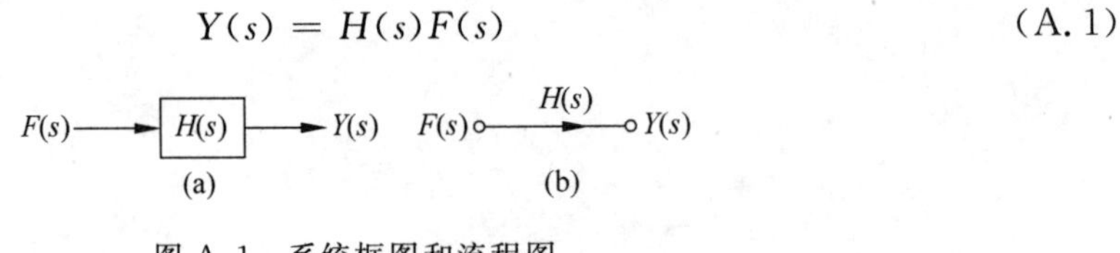

图 A.1 系统框图和流程图

信号流图构成的基本图形符号有三种:节点、支路和支路增益。

(1) 节点——用符号"°"表示。节点代表系统中的一个变量(信号)。

(2) 支路——用符号"→"表示,支路是连接两个节点的有向线段,其中的箭头表示信号的传递方向。

(3) 增益——用标在支路旁边的系统函数"G"表示支路增益。支路增益定量描述信号从支路一端沿箭头方向传送到另一端的函数关系。

信号流图由节点和有向线段(支路)组成,节点(用圆圈表示)表示系统中的变量(包括输入、输出变量),有向线段表示两个节点之间的传递方向和信号(变量)的变换关系,在有向线段上方标注增益,增益是两个变量之间的因果关系式,实际上这里的增益就是两个变量之间的传递函数表达式。

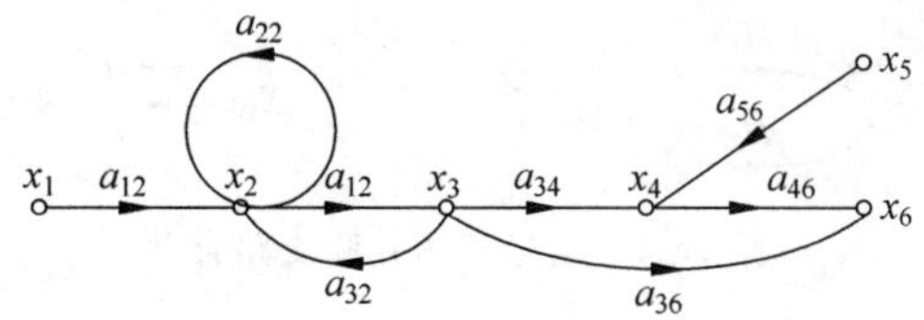

图 A.2　信号流图示例

图 A.2 中：$a_{12}a_{23}a_{34}a_{46}$称为从 x_1 到 x_6 的通道传输，$a_{23}a_{32}$称为回环传输，a_{22}称为自回环传输。

信号流图使用的术语定义如下：

(1) 源节点：只有输出支路而无输入支路的节点称为源节点或输入节点，图 A.2 中的 x_1 节点、x_5 节点均为源节点，相当于输入信号。

(2) 阱节点：只有输入支路而无输出支路的节点称为阱节点或输出节点，图 A.2 中的节点 x_6 就属于阱节点，对应系统的输出信号。

(3) 混合节点：若在一个节点上既有输入支路，又有输出支路，则这样的节点即为混合节点。混合节点除了代表变量外，还对输入它的信号有求和的功能，它所代表的变量就是所有输入信号的和，此和信号就是它的输出信号。如图 A.2 中的 x_3 就是混合节点，相当于比较点或引出点。

(4) 前向通路：从源节点开始并且终止于阱节点，与其他节点相交不多于一次的通路称为前向通路。

(5) 回路：如果通路的起点和终点是同一节点，并且与其他任何节点相交不多于一次的闭合路径称为回路。

(6) 回路增益：回路中各支路增益的乘积，称为回路增益。

(7) 前向通路增益：前向通路中各支路增益的乘积称为前向通路增益。

(8) 不接触回路：信号流图中没有任何共同节点的回路，称为不接触回路或互不接触回路。

A.2　信号流图的简化

1. 串联支路合并

两条增益分别为 H_1和 H_2支路相串联，可以合并为一条增益为 H_1H_2的支路，同时消去中间的结点。

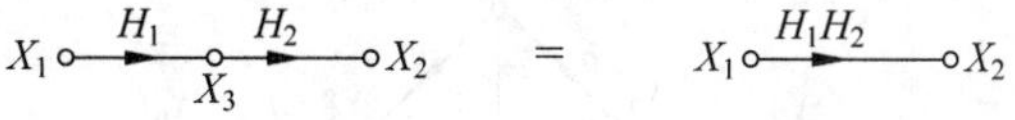

X_1 —H_1→ X_3 —H_2→ X_2　＝　X_1 —H_1H_2→ X_2

图 A.3　信号流图串联支路合并

2. 并联支路合并

两条增益分别为 H_1和 H_2的支路相并联，可以合并为一条增益为 H_1+H_2的支路。

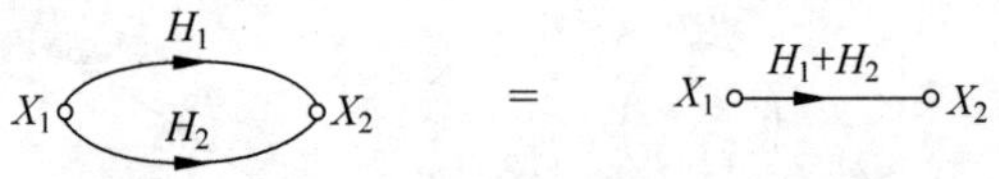

图 A.4　信号流图并联支路合并

3. 混联

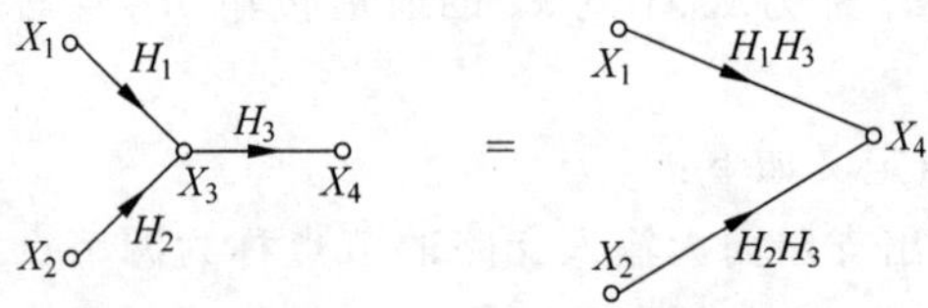

图 A.5　信号流图混联

$$X_4 = H_3 X_3 = H_3(H_1 X_1 + H_2 X_2) = H_1 H_3 X_1 + H_2 H_3 X_2$$

4. 自环的消除

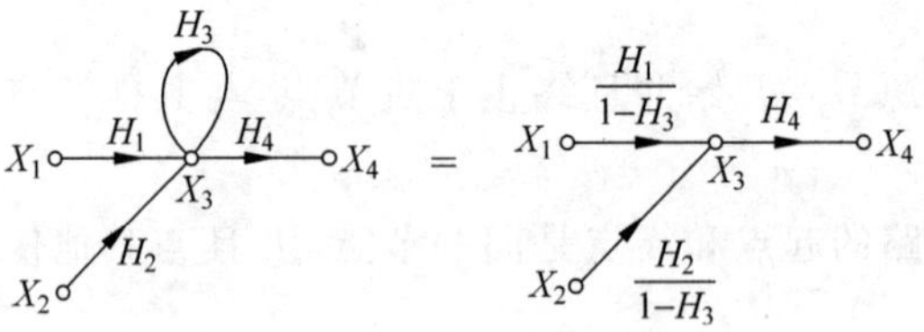

图 A.6　信号流图自环的消除

$$X_3 = H_1 X_1 + H_2 X_2 + H_3 X_3 \quad X_3 = \frac{H_1}{1-H_3} X_1 + \frac{H_2}{1-H_3} X_2$$

信号流图化简步骤：

(1) 将串联支路合并从而减少结点；

(2) 将并联支路合并从而减少支路；

(3) 消除自环。

反复运用以上步骤，可将复杂的信号流图简化为只有一个源点和一个汇点的信号流图，从而求得系统函数。

例 A.1　化简图 A.7 所示信号流图。

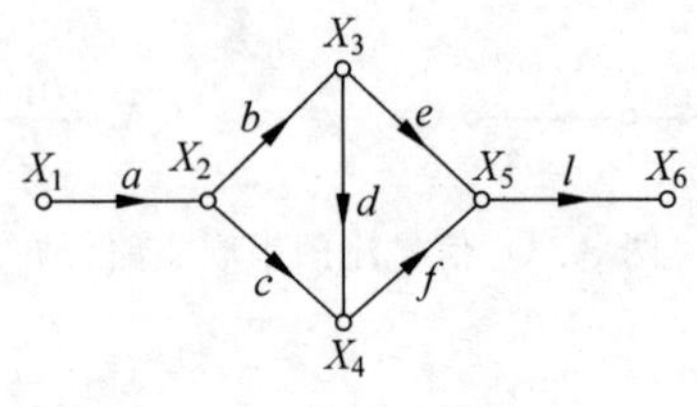

图　A.7

解 消 X_3 如图 A.8 所示。

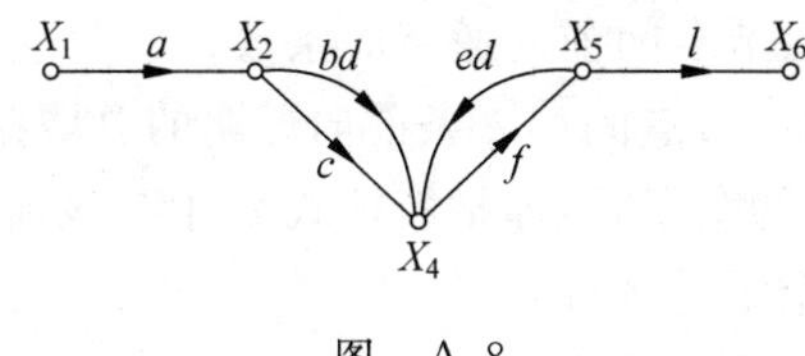

X_1
a
X_2
bd
ed
X_5
l
X_6
c
f
X_4

图 A.8

消 X_2 如图 A.9 所示。

X_1
$a(c+bd)$
ed
X_5
l
X_6
f
X_4

图 A.9

消 X_4 如图 A.10 所示。

edf
X_1
X_5
l
X_6
$af(c+bd)$

图 A.10

消自环如图 A.11 所示。

$\frac{af(c+bd)}{1-edf}$
X_1
X_5
l
X_6

图 A.11

A.3 梅森增益公式

对于一些结构复杂的系统，采用信号流图化简的方法求系统函数是较麻烦的。而用梅森公式，则可以不做任何结构变换，只要通过对信号流图的观察，分析和计算，就能直接写出系统函数。

计算任意输入节点和输出节点之间系统函数 $H(s)$ 的梅森增益公式为

$$H(s)=\frac{Y(s)}{F(s)}=\frac{1}{\Delta}\sum_{k=1}^{n}P_k\Delta_k \tag{A.2}$$

式中，Δ 称为信号流图的特征行列式，其计算公式为

$$\Delta=1-\sum L_a+\sum L_bL_c-\sum L_dL_eL_f+\cdots$$

$\sum L_a$—— 所有不同回路的回路增益之和；

$\sum L_bL_c$—— 所有两两互不接触回路的回路增益乘积之和；

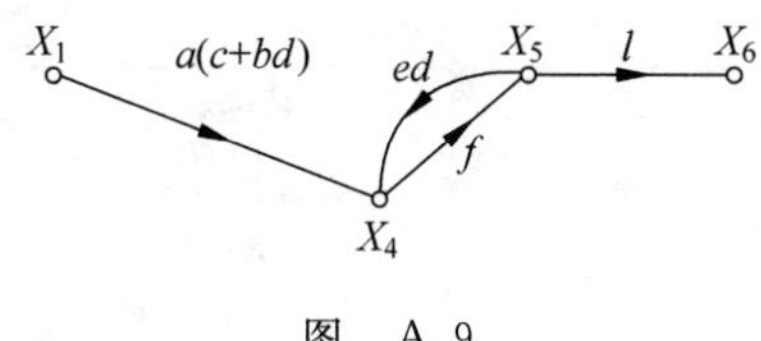

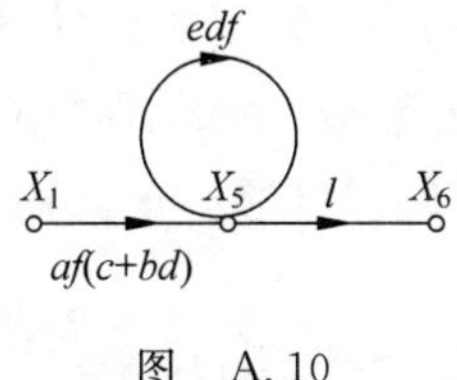

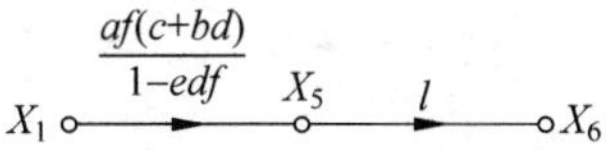

$\sum L_d L_e L_f$—— 所有互不接触回路中，每次取其中三个回路增益的乘积之和；

n—— 从输入节点到输出节点间前向通路的条数；

P_k—— 从输入节点到输出节点间第 k 条前向通路的总增益；

Δ_k—— 第 k 条前向通路的余子式，即把特征式 Δ 中与该前向通路相接触回路的回路增益置为零后，所余下的部分。

例 A.2 求图 A.12 所示系统函数。

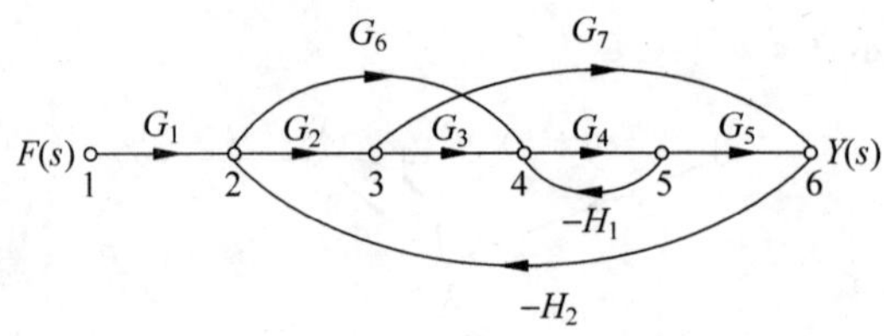

图 A.12

解 前向通路有 3 个

$$1 \to 2 \to 3 \to 4 \to 5 \to 6 \quad P_1 = G_1 G_2 G_3 G_4 G_5 \quad \Delta_1 = 1$$

$$1 \to 2 \to 4 \to 5 \to 6 \quad P_2 = G_1 G_6 G_4 G_5 \quad \Delta_2 = 1$$

$$1 \to 2 \to 3 \to 6 \quad P_3 = G_1 G_2 G_7 \quad \Delta_3 = 1 + G_4 H_1$$

4 个单独回路为

$$4 \to 5 \to 4 \quad L_1 = -G_4 H_1$$

$$2 \to 3 \to 6 \to 2 \quad L_2 = -G_2 G_7 H_2$$

$$2 \to 4 \to 5 \to 6 \to 2 \quad L_3 = -G_6 G_4 G_5 H_2$$

$$2 \to 3 \to 4 \to 5 \to 6 \to 2 \quad L_4 = -G_2 G_3 G_4 G_5 H_2$$

L_1 与 L_2 互不接触，则

$$L_{12} = G_4 G_2 G_7 H_1 H_2$$

$$\Delta = 1 + G_1 H_4 + G_2 G_7 H_2 + G_6 G_4 G_5 H_2 + G_2 G_3 G_4 G_5 H_2 + G_4 G_2 G_7 H_1 H_2$$

$$\frac{Y(s)}{F(s)} = \frac{1}{\Delta}(P_1\Delta_1 + P_2\Delta_2 + P_3\Delta_3)$$

$$= \frac{G_1 G_2 G_3 G_4 G_5 + G_1 G_6 G_4 G_5 + G_1 G_2 G_7}{1 + G_4 H_1 + G_2 G_7 H_2 + G_6 G_4 G_5 H_2 + G_2 G_3 G_4 G_5 H_2 + G_4 G_2 G_7 H_1 H_2}$$

例 A.3 系统如图 A.13 所示，求系统函数 $H(s)=\dfrac{Y(s)}{F(s)}$。

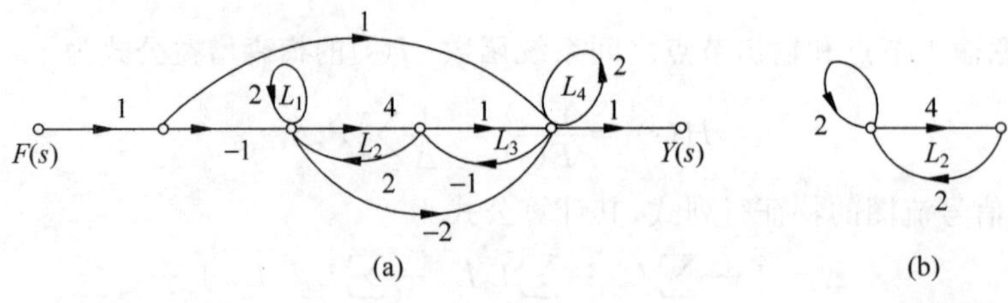

图 A.13

解 1. 求Δ

(1) 求 $\sum_i L_i$：该图共有5个环路，其传输函数分别为 $L_1=2, L_2=2\times4=8, L_3=1\times(-1)=-1, L_4=2, L_5=-2\times(-1)\times2=4$，故 $\sum_i L_i = L_1+L_2+L_3+L_4+L_5=15$。

(2) 求 $\sum_{m,n} L_m L_n$：该图中两两互不接触的环路共有3组，即 $L_1L_3=2\times(-1)=-2$，$L_1L_4=2\times2=4, L_2L_4=8\times2=16$，故 $\sum_{m,n} L_m L_n = L_1L_2+L_1L_4+L_2L_4=18$ 该图中没有3个和3个以上互不接触的环路，所以 $\sum_{p,q,r} L_p L_q L_r = 0$。

故得

$$\Delta = 1-\sum_i L_i + \sum_{m,n} L_m L_n - \sum_{p,q,r} L_p L_q L_r + \dots = 1-15+18=4$$

2. 求 $\sum_k P_k \Delta_k$

(1) 求 P_k：该图共有3个前向通路，其传输函数分别为 $P_1=1\times1\times1=1, P_2=1\times(-1)\times4\times1\times1=-4, P_3=1\times(-1)\times(-2)\times1=2$。

(2) 求 Δ_k：除去 P_1 前向通路中所包含的支路和节点后，所剩子图如图 A.13(b)所示。该子图共有两个环路，故

$$\sum_i L_i = L_1+L_2=2+2\times4=2+8=10$$

故

$$\Delta = 1-\sum_i L_i = 1-10=-9$$

除去 P_2, P_3 前向通路中所包含的支路和节点后，已无子图存在，故有

$$\Delta_2=\Delta_3=1$$

故得

$$\sum_k P_k\Delta_k = P_1\Delta_1+P_2\Delta_2+P_3\Delta_3 = 1\times(-9)+(-4)\times1+2\times1=-11$$

(3)

$$H(s)=\frac{Y(s)}{F(s)}=\frac{1}{\Delta}\sum_k P_k\Delta_k=\frac{1}{4}(-11)=-\frac{11}{4}$$

A.4 梅森公式在信号与系统中的若干问题

1. 微分方程/差分方程(或系统方框图)转成信号流图

已知微分方程/差分方程可以转成方框图，因此以方框图为例说明如何转成信号流图。

一般步骤：

(1) 选输入、输出、积分器(延迟器)输出、加法器输出为变量；

(2) 建立变量间的传输关系和传输函数，根据变量间的传输关系和信号流图的规定画信号流图。

例 A.4 已知系统的微分方程，绘制系统信号流图。

$$y''(t) + a_1 y'(t) + a_0 y(t) = b_1 f'(t) + b_0 f(t)$$

解 根据微分方程，画出方框图也如图 A.14 所示，选取的变量也如图 A.14 所示，根据绘制信号流图规则，微分方程系统的信号流图如图 A.15 所示。

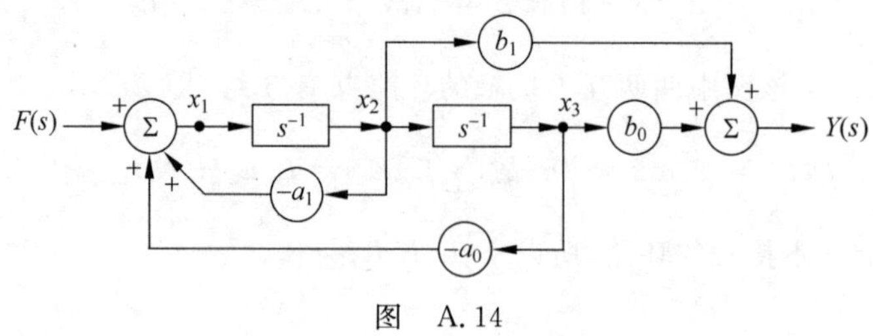

图 A.14

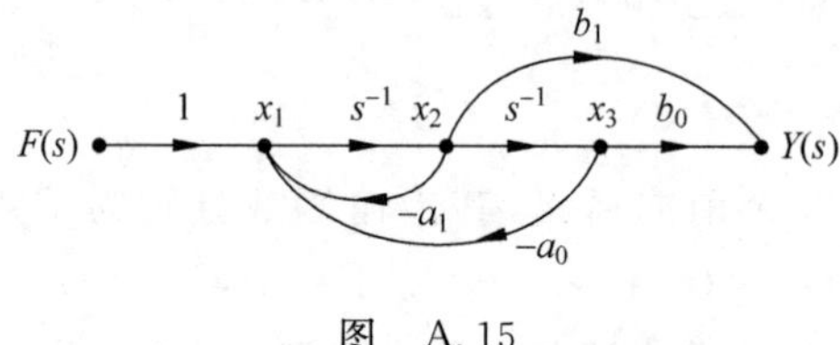

图 A.15

例 A.5 已知系统的差分方程，绘制系统信号流图。

$$y(n) + a_1 y(n-1) + a_0 y(n-2) = b_1 f(n-1) + b_0 f(n-2)$$

解 根据差分方程，画出方框图如图 A.16 所示，选取的变量也如图 A.16 示，根据绘制信号流图规则，微分方程系统的信号流图如图 A.17 所示。

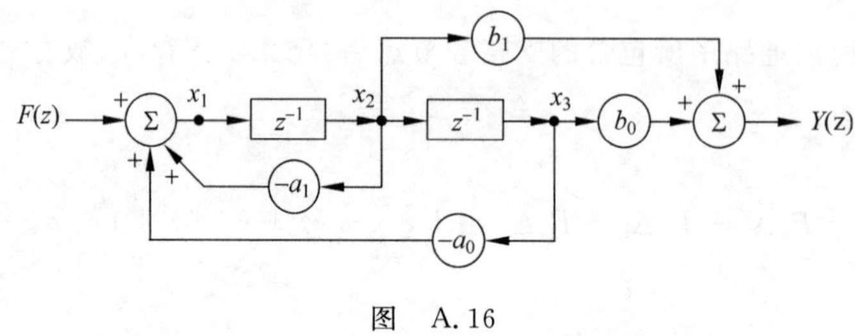

图 A.16

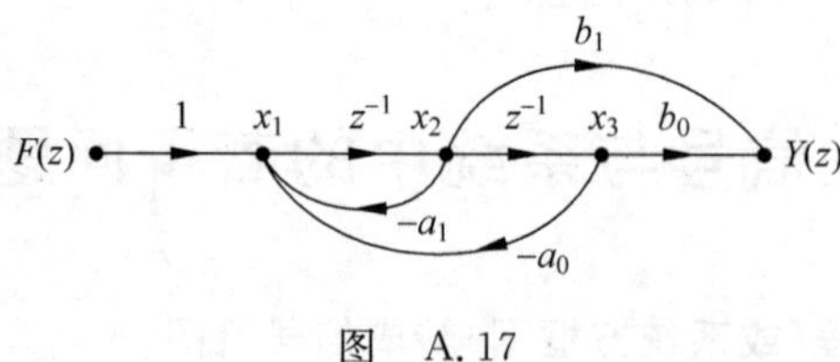

图 A.17

2. 已知系统函数转成信号流图

应用梅森公式可以容易画出信号流图。

例 A.6 已知系统的系统函数

$$H(s) = \frac{b_2 s^2 + b_1 s + b_0}{s^2 + a_1 s + a_0}$$

求信号流图。

解 将上式分子，分母同乘以 s^{-2}，上式可以写成

$$H(s)=\frac{b_2+b_1s^{-1}+b_0s^{-2}}{1+a_1s^{-1}+a_0s^{-2}}=\frac{b_2+b_1s^{-1}+b_0s^{-2}}{1-(-a_1s^{-1}-a_0s^{-2})}$$

应用梅森公式，上式中的分母可以看作是特征行列式的 Δ，括号内表示有两个相互接触的回路，其增益分别为 $-a_1s^{-1}$ 和 $-a_0s^{-2}$。$H(S)$ 的分子表示三条前向通路，其增益分别为 b_2，b_1s^{-1} 和 b_0s^{-2}，并且不与各前向通路接触的子图的特征行列式 $\Delta_k(k=1,2,3)$ 均等于 1，也就是说，信号流图中两个回路都与前向通路相接触，这样就可以获得信号流图如图 A.18 所示。

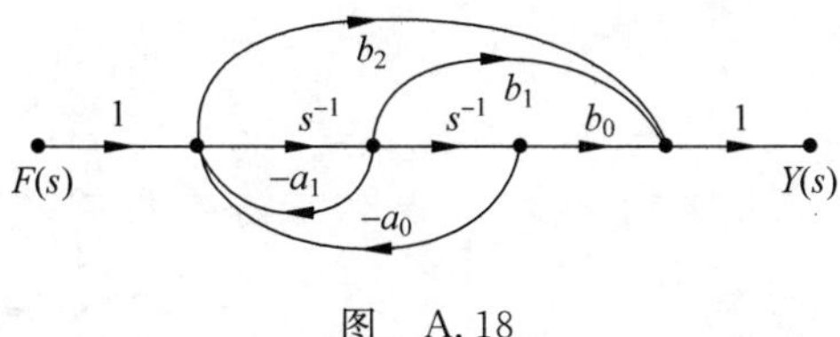

图 A.18

例 A.7 已知离散系统的系统函数为

$$H(z)=\frac{2z+3}{z^3+3z^2+2z+2}$$

将上式分子，分母同乘以 z^{-3}，上式可以写成

$$H(z)=\frac{2z^{-2}+3z^{-3}}{1-(-3z^{-1}-2z^{-2}-2z^{-3})}$$

仿照上例，例 A.5 获得信号流图如图 A.19 所示。

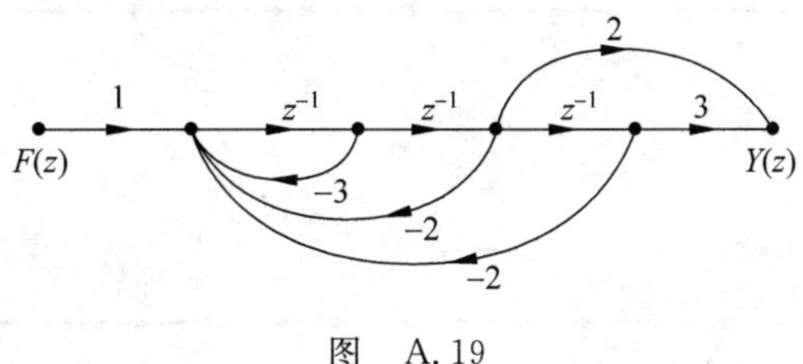

图 A.19

习题

A.1 试用梅森公式求图 A.20 所示信号流图对应的系统函数。

A.2 已知某系统的信号流图如图 A.21 所示，试用梅森公式求解系统函数 $H(s)$。

A.3 如图 A.22 所示电路，求电压比函数 $H(S)=\dfrac{U_2(S)}{U_1(S)}$，绘制信号流图。

A.4 已知因果系统的系统函数，绘制信号流图。

(1) $x(z)=\dfrac{1+z^{-1}+z^{-2}}{(1-z^{-1})(1-2z^{-1})}$ (2) $x(z)=\dfrac{1}{(1-0.5z^{-1})(1+0.5z^{-1})}$

(3) $x(z)=\dfrac{z^{-1}}{1-1.5z^{-1}+0.5z^{-2}}$ (4) $x(z)=\dfrac{1+z^{-1}+z^{-2}}{(1-z^{-1})(1-2z^{-1})}$

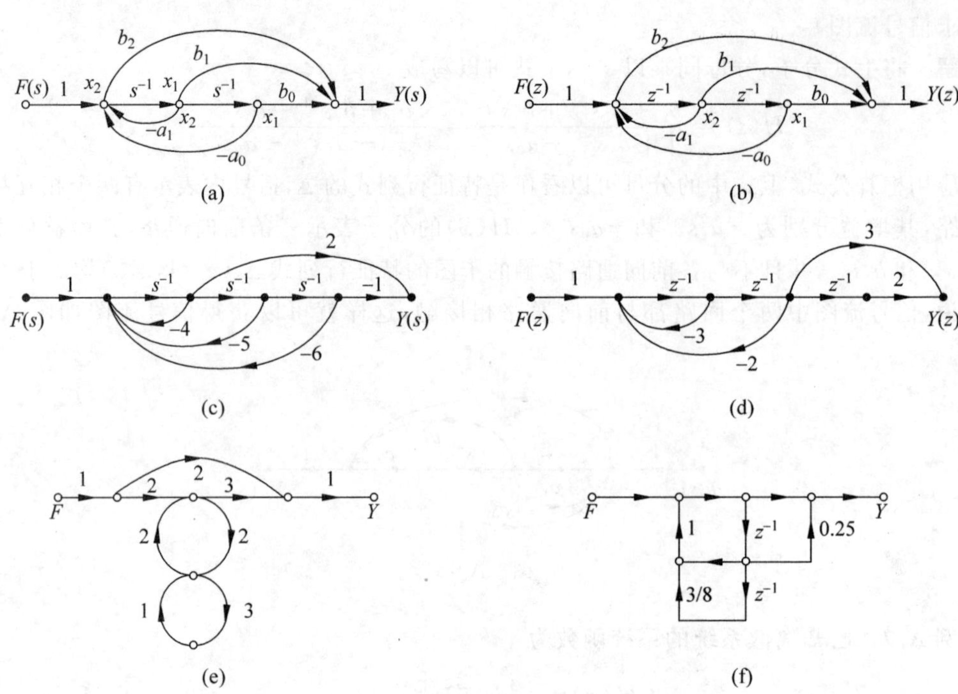

图 A.20

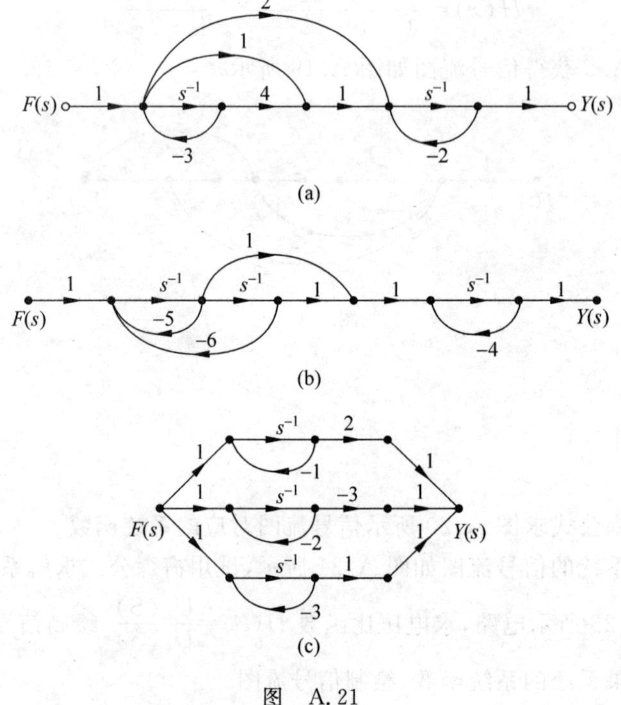

图 A.21

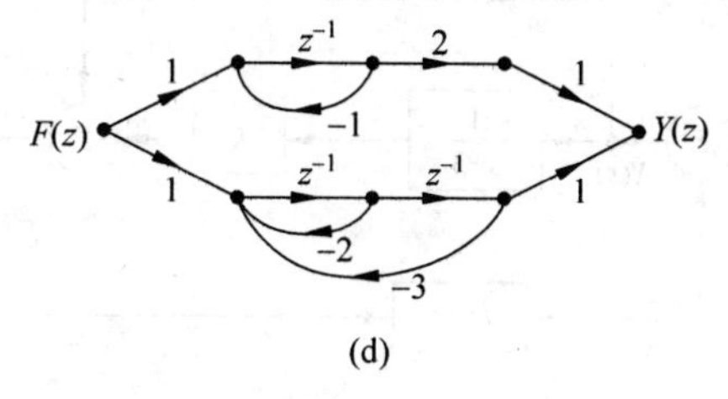

(d)

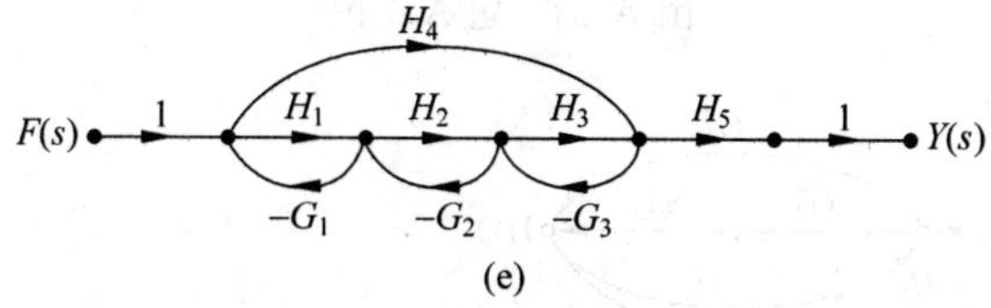

(e)

图　A.21(续)

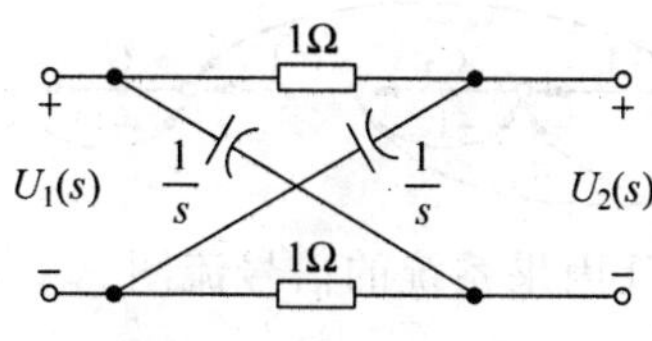

图 A.22　题 A.3 图

(5) $H(z)=\dfrac{1+z^{-1}}{1-z^{-1}+z^{-2}}$

A.5　分别画出下列各系统函数对应的信号流图。

(1) $H(s)=\dfrac{s+1}{(s+1)^2+2^2}$

(2) $H(s)=\dfrac{s^2+3s+1}{s^3+6s^2+11s+6}$

(3) $H(s)=\dfrac{6}{s^2+5s+6}$

A.6　求图 A.23 所示系统的系统函数 $H(s)=\dfrac{Y(s)}{F(s)}$。

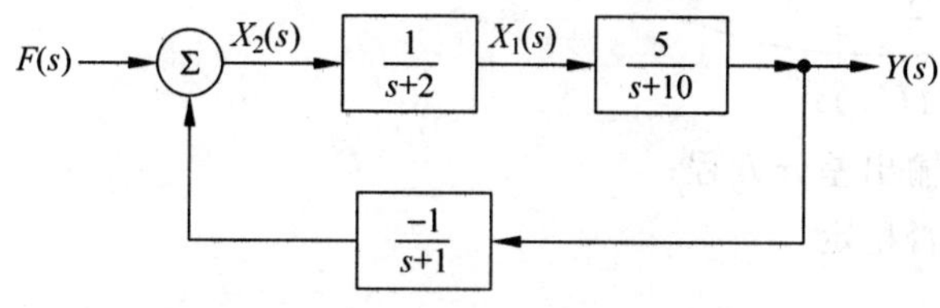

图 A.23　题 A.6 图

A.7　如图 A.24 所示系统，今欲使 $H(s)=\dfrac{Y(s)}{F(s)}=2$，求子系统的传输函数 $H_1(s)$。

A.8　求下面信号流图的系统函数 $Y(s)/F(s)$。

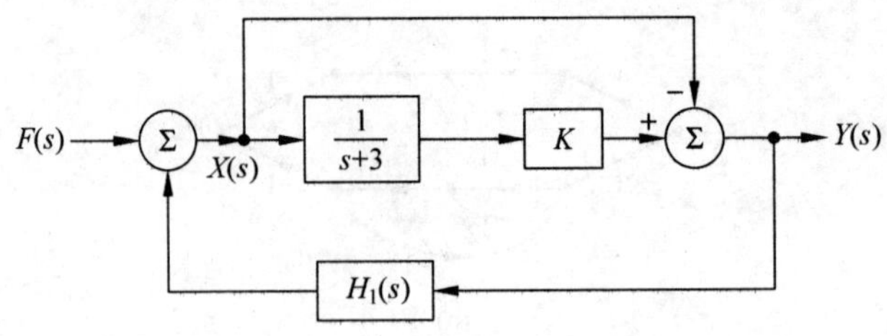

图 A.24 题 A.7 图

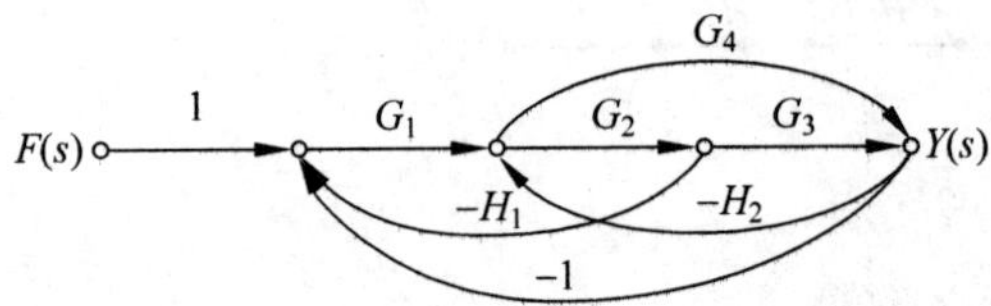

A.9 试求下面信号流图系统函数 $Y(s)/F(s)$。

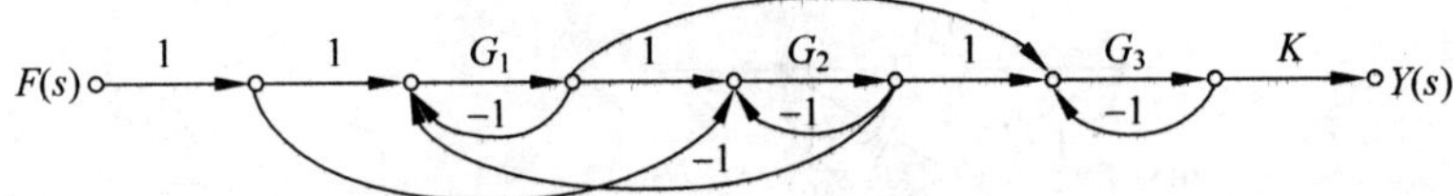

A.10 如图所示为连续 LTI 因果系统的信号流图。

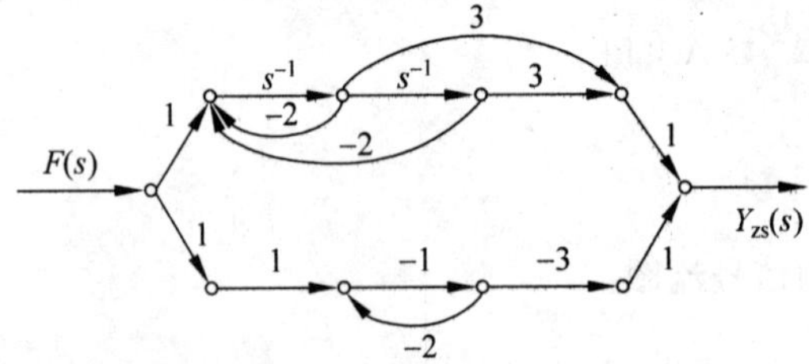

(1) 求系统函数 $H(s)$；

(2) 列写输入输出微分方程；

(3) 判断系统是否稳定。

A.11 如图所示为离散 LTI 因果系统的信号流图。

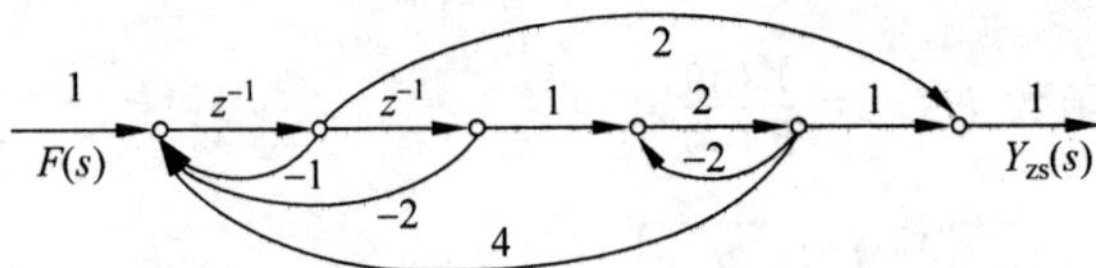

(1) 求系统函数 $H(z)$；

(2) 列写出输入输出差分方程；

(3) 判断系统是否稳定。

附录B 哈密顿-凯莱定理

B.1 特征值和特征矢量

设 $\boldsymbol{A}$ 是 $n\times n$ 阶矩阵

$$\boldsymbol{A}=\begin{bmatrix} a_{11} & a_{12} & \cdots & a_{1n} \\ a_{21} & a_{22} & \cdots & a_{2n} \\ \vdots & \vdots & \ddots & \vdots \\ a_{n1} & a_{n2} & \cdots & a_{nn} \end{bmatrix}$$

若存在一个非零的 n 维列矢量 $\boldsymbol{\xi}$，则

$$\boldsymbol{\xi}=\begin{bmatrix} \xi_1 \\ \xi_2 \\ \vdots \\ \xi_n \end{bmatrix}$$

和一个数量 λ，使得

$$\boldsymbol{A\xi}=\lambda\boldsymbol{\xi} \tag{B.1}$$

则称 $\boldsymbol{\xi}$ 为 $\boldsymbol{A}$ 的特征矢量或本征矢量，λ 称为 $\boldsymbol{A}$ 的特征值或本征值。

式(B.1)可写为

$$\boldsymbol{A\xi}-\lambda\boldsymbol{\xi}=\boldsymbol{0} \tag{B.2}$$

根据矩阵乘法，n 维列矢量 $\boldsymbol{\xi}$ 可写为

$$\boldsymbol{\xi}=\boldsymbol{I\xi}$$

于是，式(B.2)可写为

$$\boldsymbol{A\xi}-\lambda\boldsymbol{I\xi}=(\boldsymbol{A}-\lambda\boldsymbol{I})\,\boldsymbol{\xi}=\boldsymbol{0} \tag{B.3}$$

这是一个线性方程组，其具体形式为

$$\begin{bmatrix} a_{11}-\lambda & a_{12} & \cdots & a_{1n} \\ a_{21} & a_{22}-\lambda & \cdots & a_{2n} \\ \vdots & \vdots & \ddots & \vdots \\ a_{n1} & a_{n2} & \cdots & a_{nn}-\lambda \end{bmatrix}\begin{bmatrix} \xi_1 \\ \xi_2 \\ \vdots \\ \xi_n \end{bmatrix}=\begin{bmatrix} 0 \\ 0 \\ \vdots \\ 0 \end{bmatrix} \tag{B.4}$$

由于 $\xi_1,\xi_2,\cdots,\xi_n$ 不全为零，因此式(B.3)中的矩阵($\boldsymbol{A}-\lambda\boldsymbol{I}$)必须是奇异矩阵，也就是说，该矩阵的行列式必定是零，即

$$\det(\boldsymbol{A}-\lambda\boldsymbol{I})=0 \quad 或 \quad \det(\lambda\boldsymbol{I}-\boldsymbol{A})=0$$

如果 $\boldsymbol{A}$ 是 $n\times n$ 矩阵,那么($\boldsymbol{A}-\lambda\boldsymbol{I}$)或($\lambda\boldsymbol{I}-\boldsymbol{A}$)也是 $n\times n$ 矩阵,称为 $\boldsymbol{A}$ 的特征矩阵。$\det(\boldsymbol{A}-\lambda\boldsymbol{I})$ 或者 $\det(\lambda\boldsymbol{I}-\boldsymbol{A})$ 是 λ 的多项式,称为 $\boldsymbol{A}$ 的特征多项式。$\det(\boldsymbol{A}-\lambda\boldsymbol{I})=0$ 或 $\det(\lambda\boldsymbol{I}-\boldsymbol{A})=0$ 称为 $\boldsymbol{A}$ 的特征方程,它的根称为特征根。由定义式(B.1)可知 $\boldsymbol{A}$ 的特征根就是特征值。

规定 $\boldsymbol{A}$ 的特征多项式为

$$p(\lambda)=\det(\lambda\boldsymbol{I}-\boldsymbol{A}) \tag{B.5}$$

其特征方程为

$$p(\lambda)=\det(\lambda\boldsymbol{I}-\boldsymbol{A})=0 \tag{B.6}$$

例 B.1 求方阵

$$\boldsymbol{A}=\begin{bmatrix}-4 & 2\\ -3 & 1\end{bmatrix}$$

的特征值。

解 根据定义,$\boldsymbol{A}$ 的特征多项式为

$$p(\lambda)=\det(\lambda\boldsymbol{I}-\boldsymbol{A})$$

而

$$\begin{aligned}\lambda\boldsymbol{I}-\boldsymbol{A}&=\lambda\begin{bmatrix}1 & 0\\ 0 & 1\end{bmatrix}-\begin{bmatrix}-4 & 2\\ -3 & 1\end{bmatrix}=\begin{bmatrix}\lambda & 0\\ 0 & \lambda\end{bmatrix}-\begin{bmatrix}-4 & 2\\ -3 & 1\end{bmatrix}\\ &=\begin{bmatrix}\lambda+4 & -2\\ 3 & \lambda-1\end{bmatrix}\end{aligned}$$

所以,特征多项式

$$\begin{aligned}p(\lambda)&=\det\begin{bmatrix}\lambda+4 & -2\\ 3 & \lambda-1\end{bmatrix}=(\lambda+4)(\lambda-1)-(-2)(3)\\ &=\lambda^2+3\lambda+2\end{aligned}$$

$\boldsymbol{A}$ 的特征方程为

$$p(\lambda)=\lambda^2+3\lambda+2=0$$

即

$$\lambda^2+3\lambda+2=(\lambda+1)(\lambda+2)=0$$

得矩阵 $\boldsymbol{A}$ 的特征值(特征根)为

$$\lambda_1=-1,\quad \lambda_2=-2$$

例 B.2 $\boldsymbol{A}$ 是一个 3×3 矩阵,求

$$\boldsymbol{A}=\begin{bmatrix}-2 & 2 & -1\\ 0 & -2 & 0\\ 1 & -4 & 0\end{bmatrix}$$

的特征值。

解 $\boldsymbol{A}$ 的特征多项式为

$$p(\lambda)=\det(\lambda\boldsymbol{I}-\boldsymbol{A})=\begin{bmatrix}\lambda+2 & -2 & 1\\ 0 & \lambda+2 & 0\\ -1 & 4 & \lambda\end{bmatrix}$$

$$=\lambda^3+4\lambda^2+5\lambda+2$$
$$=(\lambda+1)^2(\lambda+2)$$

故得 $\boldsymbol{A}$ 的特征根为

$$\lambda_1=\lambda_2=-1(\text{二重根})$$
$$\lambda_3=-2$$

一般而言，$n\times n$ 矩阵 $\boldsymbol{A}$ 的特征多项式 $p(\lambda)$是一个 λ 的 n 次多项式

$$\begin{aligned}p(\lambda)&=\det(\lambda\boldsymbol{I}-\boldsymbol{A})\\&=a_0+a_1\lambda+\cdots+a_{n-1}\lambda^{n-1}+a_n\lambda^n\\&=\sum_{i=0}^{n}a_i\lambda^i\end{aligned}\tag{B.7}$$

如果 $\boldsymbol{A}$ 是实矩阵，即 $\boldsymbol{A}$ 的元素都是实数，则其特征多项式的系数也是实数。

$n\times n$ 的实矩阵 $\boldsymbol{A}$ 共有 n 个特征值(根)，它们可能是实数，也可能是复数。如果是复数，则必共轭成对。这些特征根中可能是单根，也可能是重根。

B.2 哈密顿-凯莱定理

在介绍定理之前，先简述矩阵多项式的概念。

如果 λ 是一变数，以 λ 的多项式为元素作成的矩阵，可称为多项式矩阵或$\boldsymbol{\lambda}$ 矩阵。例如

$$\begin{bmatrix}2\lambda^2+\lambda & -\lambda^2+1\\ \lambda^2-\lambda & 3\lambda\end{bmatrix}$$

根据矩阵加法和数乘的规则，上述$\boldsymbol{\lambda}$ 矩阵可以写为

$$\begin{aligned}\begin{bmatrix}2\lambda^2+\lambda & -\lambda^2+1\\ \lambda^2-\lambda & 3\lambda\end{bmatrix}&=\begin{bmatrix}2\lambda^2 & -\lambda^2\\ \lambda^2 & 0\end{bmatrix}+\begin{bmatrix}\lambda & 0\\ -\lambda & 3\lambda\end{bmatrix}+\begin{bmatrix}0 & 1\\ 0 & 0\end{bmatrix}\\&=\begin{bmatrix}2 & -1\\ 1 & 0\end{bmatrix}\lambda^2+\begin{bmatrix}1 & 0\\ -1 & 3\end{bmatrix}\lambda+\begin{bmatrix}0 & 1\\ 0 & 0\end{bmatrix}\end{aligned}$$

这是系数为矩阵的多项式，可称为矩阵多项式。所以，一个元素为多项式的矩阵，即多项式矩阵，也可表示为矩阵多项式，即系数为矩阵的多项式。

元素是数的矩阵(即纯数矩阵)可看作是多项式矩阵的特例，而多项式矩阵可看作是纯数矩阵的推广。

哈密顿-凯莱(Cayley-Hamilton)定理：任何 $n\times n$ 方阵 $\boldsymbol{A}$ 恒满足它自己的特征方程式，即

$$p(\boldsymbol{A})=\boldsymbol{0}\tag{B.8}$$

证明如下：

令 $\boldsymbol{A}$ 的特征多项式

$$p(\lambda)=\det(\lambda\boldsymbol{I}-\boldsymbol{A})=a_0+a_1\lambda+a_2\lambda^2+\cdots+a_{n-1}\lambda^{n-1}+a_n\lambda^n\tag{B.9}$$

根据逆矩阵的定义

$$(\lambda\boldsymbol{I}-\boldsymbol{A})^{-1}=\frac{\operatorname{adj}(\lambda\boldsymbol{I}-\boldsymbol{A})}{\det(\lambda\boldsymbol{I}-\boldsymbol{A})}=\frac{\operatorname{adj}(\lambda\boldsymbol{I}-\boldsymbol{A})}{p(\lambda)}$$

上式等号两端前乘以$(\lambda\boldsymbol{I}-\boldsymbol{A})$，然后乘以 $p(\lambda)$，得

$$p(\lambda)\boldsymbol{I}=(\lambda\boldsymbol{I}-\boldsymbol{A})\operatorname{adj}(\lambda\boldsymbol{I}-\boldsymbol{A}) \tag{B.10}$$

特征矩阵$(\lambda\boldsymbol{I}-\boldsymbol{A})$是$n\times n$阶的$\lambda$矩阵,其伴随矩阵的元素是$(n-1)(n-1)$子矩阵的行列式。因此,式(B.10)中$\operatorname{adj}(\lambda\boldsymbol{I}-\boldsymbol{A})$的元素是$\lambda$的多项式,其最高次数为$(n-1)$。所以,可将它写成系数为矩阵的$\lambda$的$(n-1)$次多项式,令

$$\operatorname{adj}(\lambda\boldsymbol{I}-\boldsymbol{A})=\boldsymbol{B}_0+\boldsymbol{B}_1\lambda+\boldsymbol{B}_2\lambda^2+\cdots+\boldsymbol{B}_{n-2}\lambda^{n-2}+\boldsymbol{B}_{n-1}\lambda^{n-1} \tag{B.11}$$

将式(B.9)和式(B.11)代入式(B.10),得

$$\begin{aligned}&a_0\boldsymbol{I}+a_1\boldsymbol{I}\lambda+a_2\boldsymbol{I}\lambda^2+\cdots+a_{n-1}\boldsymbol{I}\lambda^{n-1}+a_n\boldsymbol{I}\lambda^n\\&=-\boldsymbol{A}\boldsymbol{B}_0+(\boldsymbol{B}_0-\boldsymbol{A}\boldsymbol{B}_1)\lambda+(\boldsymbol{B}_1-\boldsymbol{A}\boldsymbol{B}_2)\lambda^2+\cdots+(\boldsymbol{B}_{n-2}-\boldsymbol{A}\boldsymbol{B}_{n-1})\lambda^{n-1}+\boldsymbol{B}_{n-1}\lambda^n\end{aligned}$$

上式在λ为任何值时均成立,故λ同次幂的系数应相等。比较等式两端λ同次幂的系数,得

$$\begin{aligned}a_0\boldsymbol{I}&=-\boldsymbol{A}\boldsymbol{B}_0\\a_1\boldsymbol{I}&=\boldsymbol{B}_0-\boldsymbol{A}\boldsymbol{B}_1\\a_2\boldsymbol{I}&=\boldsymbol{B}_1-\boldsymbol{A}\boldsymbol{B}_2\\&\vdots\\a_{n-1}\boldsymbol{I}&=\boldsymbol{B}_{n-2}-\boldsymbol{A}\boldsymbol{B}_{n-1}\\a_n\boldsymbol{I}&=\boldsymbol{B}_{n-1}\end{aligned}$$

将以上一组方程中,第二个方程前乘以$\boldsymbol{A}$,第三个方程前乘以$\boldsymbol{A}^2$,依此类推,最后一个方程(它是第$n+1$个)乘以$\boldsymbol{A}^n$。然后,将等号左端和右端分别相加,显然等号右端为零方阵。于是有

$$a_0\boldsymbol{I}+a_1\boldsymbol{A}+a_2\boldsymbol{A}^2+\cdots+a_{n-1}\boldsymbol{A}^{n-1}+a_n\boldsymbol{A}^n=\boldsymbol{0} \tag{B.12}$$

与式(B.9)相对照,上式可写为

$$p(\boldsymbol{A})=\boldsymbol{0}$$

即式(B.8)。这就证明了哈密顿-凯莱定理。

哈密顿-凯莱定理有许多推论。

式(B.12)可写为

$$a_0\boldsymbol{I}=-(a_1\boldsymbol{A}+a_2\boldsymbol{A}^2+\cdots+a_{n-1}\boldsymbol{A}^{n-1}+a_n\boldsymbol{A}^n)$$

如果$\boldsymbol{A}$是非奇异的,则有逆矩阵$\boldsymbol{A}^{-1}$。用$\boldsymbol{A}^{-1}$乘上式等号两端,再除以a_0,得

$$\boldsymbol{A}^{-1}=-\frac{1}{a_0}(a_1\boldsymbol{I}+a_2\boldsymbol{A}+\cdots+a_{n-1}\boldsymbol{A}^{n-2}+a_n\boldsymbol{A}^{n-1}) \tag{B.13}$$

若已知$\boldsymbol{A}$的特征多项式$p(\lambda)$的系数,则仅用矩阵乘法,利用式(B.13)就可求得逆矩阵$\boldsymbol{A}^{-1}$。

实际上,若$\boldsymbol{A}$为$n\times n$矩阵,则$\boldsymbol{A}$的任意次幂均可用低于n的各次幂表示。

例 B.3 用方阵

$$\boldsymbol{A}=\begin{bmatrix}1&4\\2&3\end{bmatrix}$$

验证哈密顿-凯莱定理,并求出$\boldsymbol{A}^{-1}$和$\boldsymbol{A}^3$、$\boldsymbol{A}^4$。

解 $\boldsymbol{A}$的特征多项式为

$$p(\lambda)=\det(\lambda\boldsymbol{I}-\boldsymbol{A})=\det\begin{bmatrix}\lambda-1&-4\\-2&\lambda-3\end{bmatrix}=\lambda^2-4\lambda-5$$

$$p(\boldsymbol{A})=\boldsymbol{A}^2-4\boldsymbol{A}-5\boldsymbol{I}=\begin{bmatrix}1 & 4\\2 & 3\end{bmatrix}^2-4\begin{bmatrix}1 & 4\\2 & 3\end{bmatrix}-5\begin{bmatrix}1 & 0\\0 & 1\end{bmatrix}$$
$$=\begin{bmatrix}9 & 16\\8 & 17\end{bmatrix}-\begin{bmatrix}4 & 16\\8 & 12\end{bmatrix}-\begin{bmatrix}5 & 0\\0 & 5\end{bmatrix}=\begin{bmatrix}0 & 0\\0 & 0\end{bmatrix}$$

即

$$p(\boldsymbol{A})=\boldsymbol{A}^2-4\boldsymbol{A}-5\boldsymbol{I}=\boldsymbol{0} \tag{B.14}$$

这正是哈密顿-凯莱定理所表明的结论。由上式可得

$$\boldsymbol{A}^{-1}=\frac{1}{5}(\boldsymbol{A}-4\boldsymbol{I})$$
$$=\frac{1}{5}\left\{\begin{bmatrix}1 & 4\\2 & 3\end{bmatrix}-4\begin{bmatrix}1 & 0\\0 & 1\end{bmatrix}\right\}$$
$$=\frac{1}{5}\begin{bmatrix}-3 & 4\\2 & -1\end{bmatrix}$$

由式(B.14)可得

$$\boldsymbol{A}^2=4\boldsymbol{A}+5\boldsymbol{I}$$

将上式等号两端乘以 $\boldsymbol{A}$,并再将 $\boldsymbol{A}^2$代入,得

$$\boldsymbol{A}^3=4\boldsymbol{A}^2+5\boldsymbol{A}=4(4\boldsymbol{A}+5\boldsymbol{I})+5\boldsymbol{A}=21\boldsymbol{A}+20\boldsymbol{I}$$

同理可得

$$\boldsymbol{A}^4=\boldsymbol{A}\cdot\boldsymbol{A}^3=\boldsymbol{A}(21\boldsymbol{A}+20\boldsymbol{I})=21\boldsymbol{A}^2+20\boldsymbol{A}$$
$$=21(4\boldsymbol{A}+5\boldsymbol{I})+20\boldsymbol{A}=104\boldsymbol{A}+105\boldsymbol{I}$$

用同样的方法,$\boldsymbol{A}^5$,$\boldsymbol{A}^6$,…,都可表示为 $\boldsymbol{A}$ 的一次多项式(本例中 $\boldsymbol{A}$ 为 2×2 矩阵)。因此,$\boldsymbol{A}$ 的任意一个多项式或级数也可用 $\boldsymbol{A}$ 的一次多项式表示。

一般而言,若 $\boldsymbol{A}$ 为 $n\times n$ 方阵,其特征多项式是 λ 的 n 次多项式,那么根据哈密顿-凯莱定理可知,$\boldsymbol{A}^n$,$\boldsymbol{A}^{n+1}$,…,都能表示成 $\boldsymbol{A}$ 的 $(n-1)$次多项式,因此可得如下结论(也可称为定理)。

$n\times n$ 方阵 $\boldsymbol{A}$ 的函数 $g(\boldsymbol{A})$可表示为一个次数不超过$(n-1)$的 $\boldsymbol{A}$ 的多项式,即

$$g(\boldsymbol{A})=a_0\boldsymbol{I}+a_1\boldsymbol{A}+\cdots+a_{n-1}\boldsymbol{A}^{n-1}=\sum_{i=0}^{n-1}a_i\boldsymbol{A}^i \tag{B.15}$$

参考答案

第 1 章

1.1

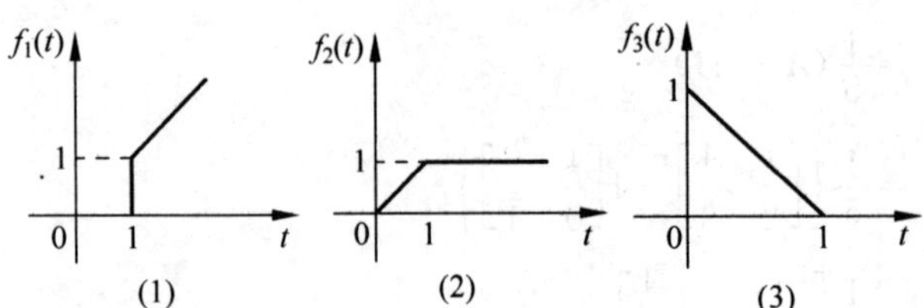

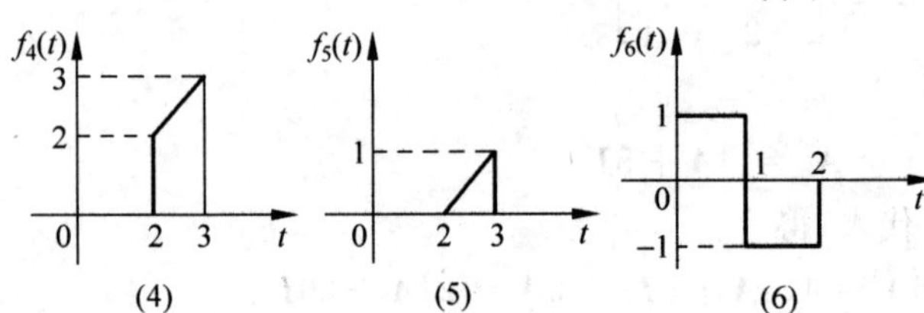

1.2

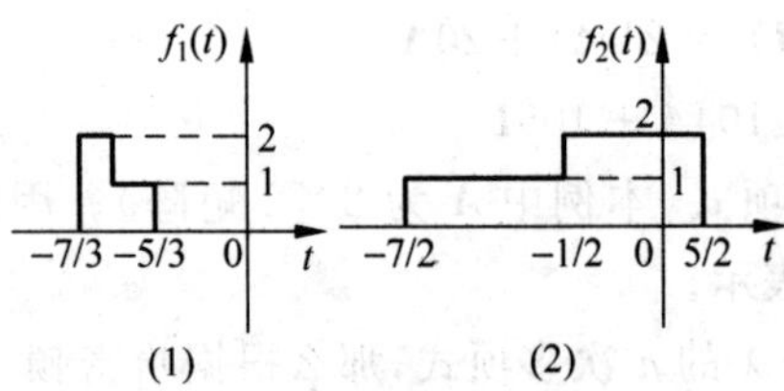

1.3

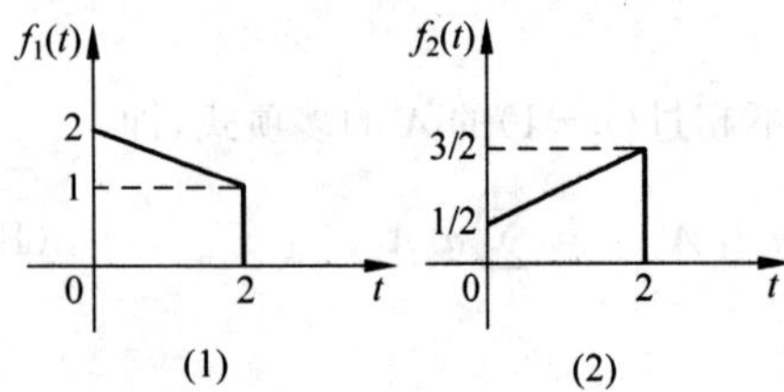

1.4

（1）原式$=f(t_0)\delta(t)$

（2）原式 $=\int_{-\infty}^{\infty} f(t_0+t_0)\delta(t-t_0)\mathrm{d}t = f(2t_0)$

（3）原式 $=\int_{-4}^{2} \mathrm{e}^{-3}\delta(t+3)\mathrm{d}t = \mathrm{e}^{-3}$

（4）原式 $=\int_{0}^{\infty} \mathrm{e}^{-1}\sin(-1)\delta(t+1)\mathrm{d}t = 0$ （$\delta(t+1)$ 不在积分区间内）

（5）原式 $=\frac{\mathrm{d}}{\mathrm{d}t}[\mathrm{e}^{0}\delta(t)] = \delta'(t)$

（6）原式 $=\int_{-\infty}^{\infty} f(0-t_0)\delta(t)\mathrm{d}t = f(-t_0)$

(7) 原式 $=\int_{-\infty}^{\infty} f(t_0-0)\delta(t)\mathrm{d}t=f(t_0)$

(8) 原式 $=\int_{-\infty}^{\infty}\delta(t-t_0)\varepsilon\left(t_0-\frac{t_0}{2}\right)\mathrm{d}t=\varepsilon\left(\frac{t_0}{2}\right)=\begin{cases}0, & t_0<0\\1, & t_0>0\end{cases}$

(9) 原式 $=\int_{-\infty}^{\infty}\delta(t-t_0)\varepsilon(t_0-2t_0)\mathrm{d}t=\varepsilon(-t_0)=\begin{cases}0, & t_0>0\\1, & t_0<0\end{cases}$

(10) 原式 $=\int_{-\infty}^{\infty}(\mathrm{e}^{-2}-2)\delta(t+2)\mathrm{d}t=\mathrm{e}^{-2}-2$

(11) 原式 $=\int_{-\infty}^{\infty}\left(\frac{\pi}{6}+\sin\frac{\pi}{6}\right)\delta\left(t-\frac{\pi}{6}\right)\mathrm{d}t=\frac{\pi}{6}+\frac{1}{2}$

(12) 原式 $=\int_{-\infty}^{\infty}[\mathrm{e}^{0}\delta(t)-\mathrm{e}^{-\mathrm{j}\Omega t_0}\delta(t-t_0)]\mathrm{d}t=1-\mathrm{e}^{-\mathrm{j}\Omega t_0}$

1.5 计算下列积分

(1) $\int_{-\infty}^{\infty}(2+t)\delta(t)\mathrm{d}t=2$　　(2) $\int_{-\infty}^{t}(2+\tau)\delta(\tau)\mathrm{d}\tau=2\varepsilon(t)$

(3) $\int_{-t}^{\infty}(2+\tau)\delta(\tau)\mathrm{d}\tau=2\varepsilon(-t)$　　(4) $\int_{-\infty}^{\infty}\mathrm{e}^{-t}\delta'(t)\mathrm{d}t=1$

(5) $\int_{0}^{3\pi}t\sin\left(\frac{t}{2}\right)\delta(\pi-t)\mathrm{d}t=\pi$　　(6) $\int_{1}^{3}(4t^4+3t^2+2t+1)\delta(t)\mathrm{d}t=0$

(7) $\int_{0_-}^{t}[\delta(\tau^2-\tau)-2\delta(\tau-2)]\mathrm{d}\tau=\varepsilon(t)+\varepsilon(t-1)-2\varepsilon(t-2)$

(8) $\int_{-\infty}^{t}\delta(\tau+1)\cos\omega_0\tau\mathrm{d}\tau=\cos\omega_0\varepsilon(t+1)$

1.6 $f'(t)=\mathrm{e}^{-t}\delta(t)-\mathrm{e}^{-t}\varepsilon(t)$
$=\delta(t)-\mathrm{e}^{-t}\varepsilon(t)$

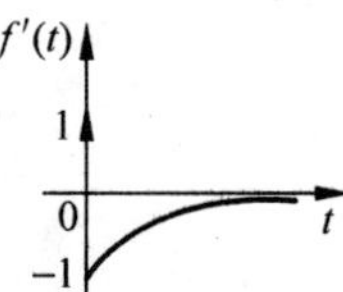

1.7

$$f'(t)=\frac{2E}{\tau}\left[\varepsilon\left(t+\frac{\tau}{2}\right)-\varepsilon(t)\right]-\frac{2E}{\tau}\left[\varepsilon(t)-\varepsilon\left(t-\frac{\tau}{2}\right)\right]$$
$$=\frac{2E}{\tau}\left[\varepsilon\left(t+\frac{\tau}{2}\right)-\varepsilon u(t)+\varepsilon\left(t-\frac{\tau}{2}\right)\right]$$
$$f''(t)=\frac{2E}{\tau}\left[\delta\left(t+\frac{\tau}{2}\right)-2\delta(t)+\delta\left(t-\frac{\tau}{2}\right)\right]$$

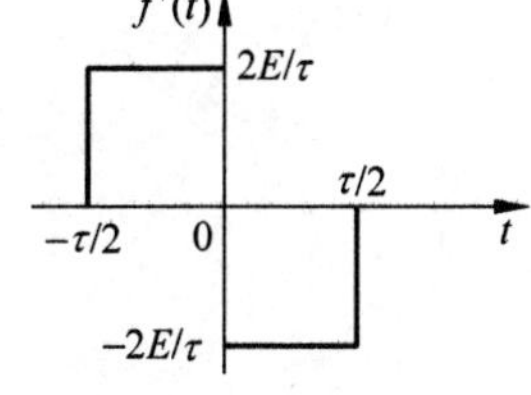

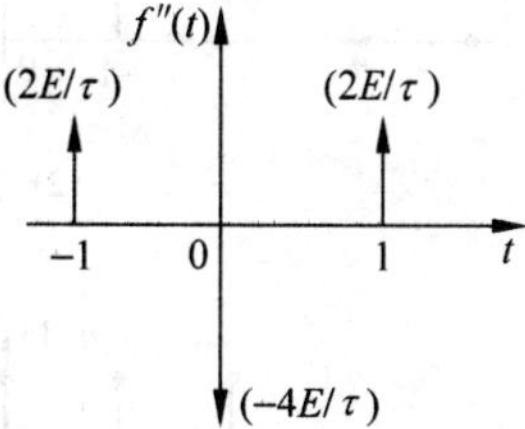

1.8

(1) $f_1^{(-1)}(t)=\int_{1}^{t}\varepsilon(\tau-1)\mathrm{d}\tau-\int_{3}^{t}\varepsilon(\tau-3)\mathrm{d}\tau$

$$=\tau\Big|_1^t\varepsilon(t-1)-\tau\Big|_3^t\varepsilon(t-3)=(t-1)\varepsilon(t-1)-(t-3)\varepsilon(t-3)$$

(2) $f_2^{(-1)}(t)=\varepsilon(t-1)$

(3) $f_3^{(-1)}(t)=\int_0^t\sin\pi\tau\mathrm{d}\tau=\dfrac{-1}{\pi}\cos\pi\tau\Big|_0^t=\dfrac{1}{\pi}(1-\cos\pi t)$

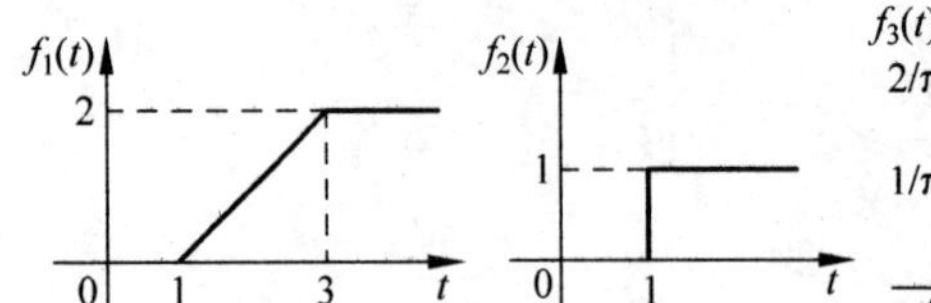

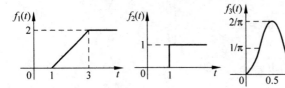

1.9

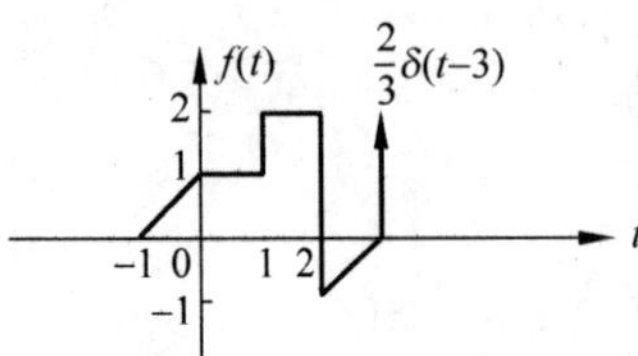

1.10

(1) $E=2,P=0$,能量信号；(2) $E=0.5,P=0$,能量信号；(3) $E=\infty,P=0.5$,功率信号；(4) $E=\infty,P=1$,功率信号；(5) $E=\infty,P=100$,功率信号；(6) $E=\infty,P=10$,功率信号。

1.11

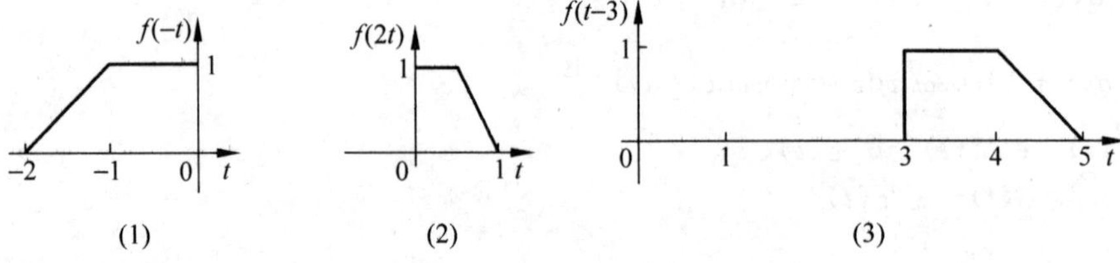

(1) (2) (3)

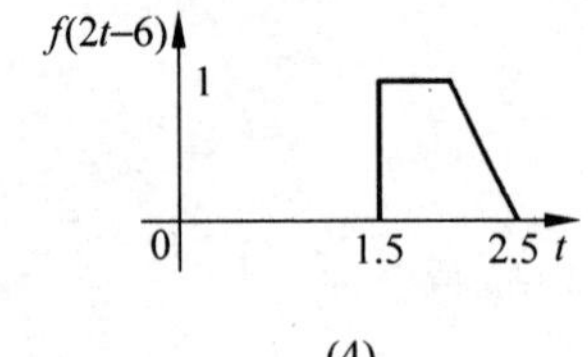

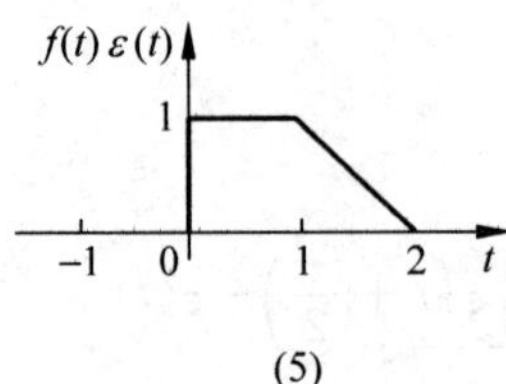

(4) (5)

1.12

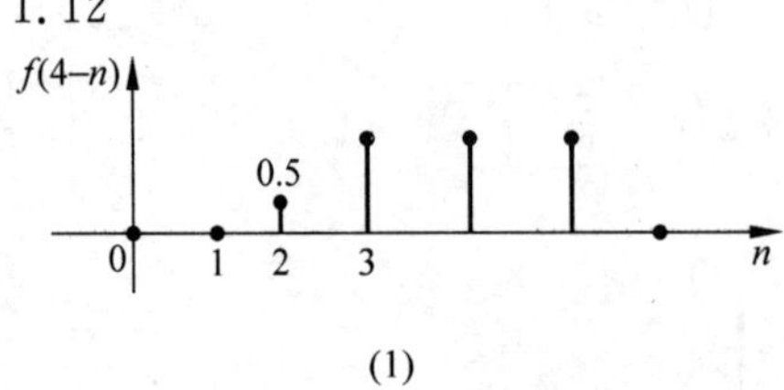

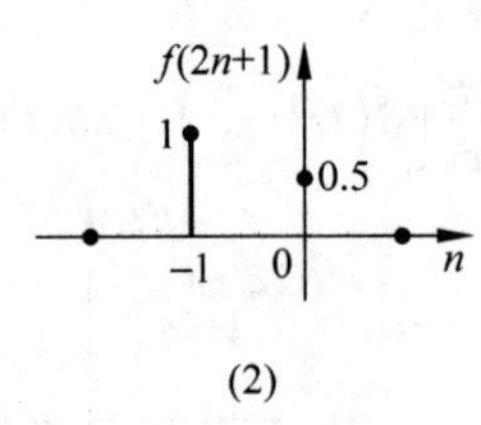

(1) (2)

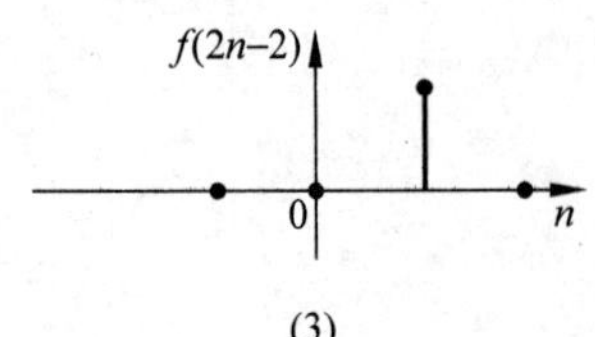

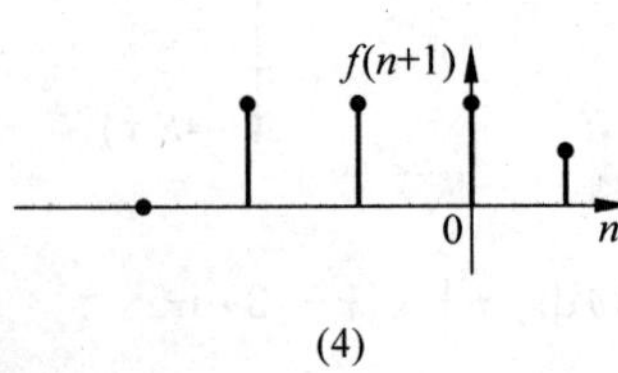

(3) (4)

1.13 (1)(2)非线性；(3)(4)(5)(6)为线性

1.14 (1)(2)时不变；(3)(4)为时变

1.15

(1) $y'(t)+2y(t)=f'(t)+f(t)$ （线性、时不变）

(2) $y'(t)+ty(t)=f(t)$ （线性、时变）

(3) $y'(t)+y^2(t)=f'(t)$ （非线性、时不变）

(4) $y''(t)+3y'(t)+2y(t)=f(t)+2$ （非线性、时不变）

(5) $y(n)+2y(n-1)=f(n)-f(n-1)$ （线性、时不变）

(6) $y(n)+2y(n-1)+2y(n-2)=nf(n)$ （线性、时变）

(7) $y(n)=\sum_{n=-\infty}^{+\infty} f(t)\delta(t-nT)$ （线性、时变）

(8) $y(t)=2f(t)+3$ （时不变、非线性）

(9) $y(n)=\sin\left(\frac{2\pi}{7}n+\frac{\pi}{6}\right)f(n)$ （线性、时变）

(10) $y(t)=\int_{-\infty}^{t} f(\tau-1)\mathrm{d}\tau$ （线性、时不变）

(11) $y(n)=\sum_{m=-\infty}^{n} f(m)$ （线性、时不变）

1.16 非因果的、时变的

1.17

(1) $y(t)=3\mathrm{e}^{-3t}\varepsilon(t)+[\mathrm{e}^{-3(t-t_0)}2\sin2(t-t_0)]\varepsilon(t-t_0)$

(2) $[5.5\mathrm{e}^{-3t}+0.5\sin2t]\varepsilon(t)$

1.18 略

1.19

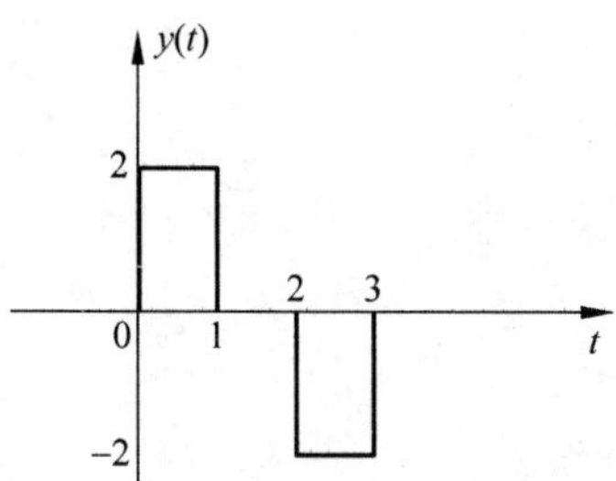

1.20 $-\mathrm{e}^{-t}+4\cos2t$

1.21 $y(t-1)-y(t-2)$

1.22

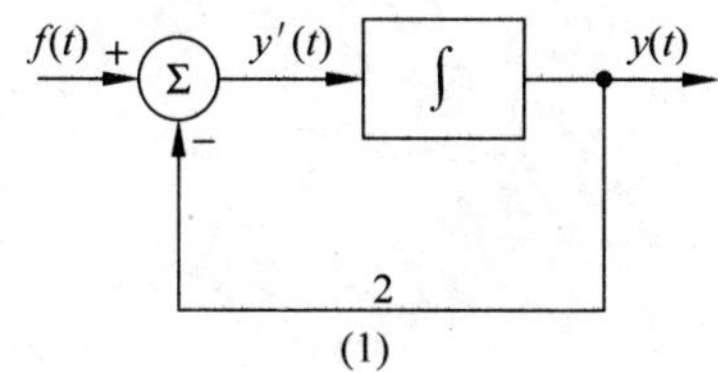

(1)

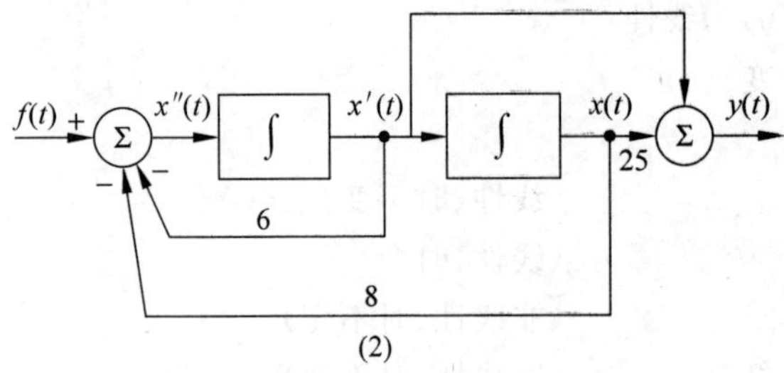

(2)

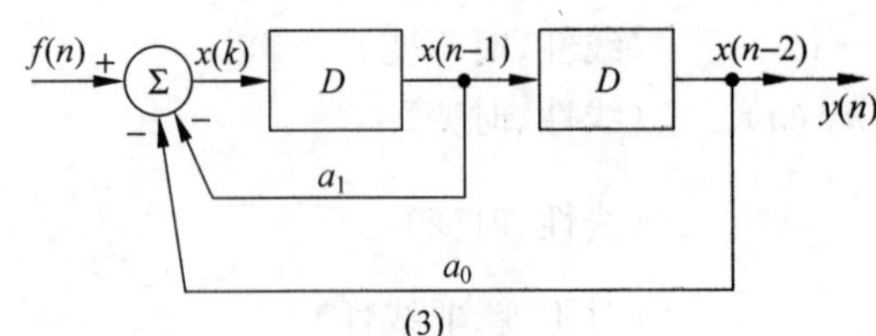

(3)

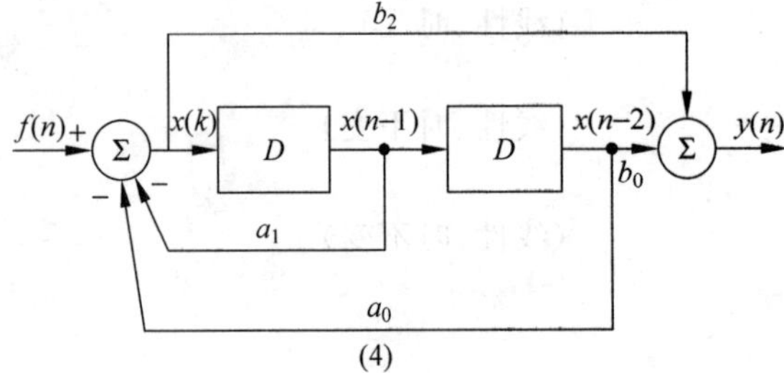

(4)

1.23

(1) $y(n)+\frac{3}{4}y(n-1)+\frac{1}{8}y(n-2)=f(n)+\frac{1}{3}f(n-1)$

(2) $y(n)+\frac{1}{2}y(n-1)+\frac{1}{4}y(n-2)=f(n)$

(3) $y''(t)+a_1y'(t)+a_0y(t)=f(t)$

(4) $y''(t)+a_1y'(t)+a_0y(t)=b_0f(t)+b_1f'(t)$

1.24

(1) $y'(t)+3y(t)=f'(t)+2f(t)$

(2) $y''(t)+3y'(t)+2y(t)=f(t)$

(3) $y(n)+ay(n-1)=f(n)+bf(n-1)$

(4) $y(n)-2y(n-1)+3y(n-2)=4f(n)-5f(n-1)+6f(n-2)$

1.25 (1) 线性、时不变、因果、稳定

(2) 非线性、时不变、因果、不稳定

(3) 非线性、时不变、因果、稳定

(4) 线性、时变、非因果、稳定

(5) 非线性、时不变、因果、稳定

(6) 线性、时变、非因果、不稳定

1.26 略

1.27 $y(t)=22e^{-t}+9e^{-3t}$

1.28 $y(t)=6+27e^{-t}+2e^{-3t}$

1.29 $y_x(t)=5e^{-2t}-4e^{-3t}$

1.30 (1) $(t+1)e^{-t}$ (2) te^{-t} (3) $-te^{-t}$ (4) $2e^{-t}$

第2章

2.1 (1) $[2e^{-2t}-e^{-3t}]\varepsilon(t)$ (2) $2\cos t\varepsilon(t)$

2.2 (1) $\left[\frac{1}{2}+\frac{1}{2}e^{-2t}\right]\varepsilon(t)$ (2) $\left[\frac{1}{4}e^{-t}-\frac{4}{3}e^{-2t}+\frac{1}{12}e^{-5t}\right]\varepsilon(t)$

2.3 (1) $y_x=[(4t+1)e^{-2t}]\varepsilon(t)$ $y_f=[-(t+2)e^{-2t}+2e^{-t}]\varepsilon(t)$

(2) $y_x=e^{-t}\sin t\varepsilon(t)$ $y_f=e^{-t}\sin t\varepsilon(t)$

2.4 (1) $h(t)=\delta(t)-3e^{-2t}\varepsilon(t)$ $g(t)=\left[-\frac{1}{2}+\frac{3}{2}e^{-2t}\right]\varepsilon(t)$

(2) $h(t)=\delta'(t)-2\delta(t)+4e^{-2t}\varepsilon(t)$

(3) $h(t)=e^{-4t}\varepsilon(t)$ $g(t)=\left[\frac{1}{4}-\frac{1}{4}e^{-4t}\right]\varepsilon(t)$

(4) $h(t)=[-2e^{-t}+10e^{-2t}-8e^{-3t}]\varepsilon(t)$ $g(t)=\left[\frac{1}{3}+2e^{-t}-5e^{-2t}+\frac{8}{3}e^{-3t}\right]\varepsilon(t)$

2.5 (1) $\frac{1}{2}t^2\varepsilon(t)$ (2) $\frac{1}{2}[1-e^{-2t}]\varepsilon(t)$ (3) $[te^{-2t}]\varepsilon(t)$

2.6 (1) $e^{-t}\varepsilon(t)$ (2) $\varepsilon(t)-\varepsilon(t-1)$

2.7 $\frac{1}{2}[e^{-2t}]\varepsilon(t)$

2.8 $h(t)=-e^{-t}[\cos t+\sin t]\varepsilon(t)-\sin t[(\varepsilon(t-\pi)-\varepsilon(t-2\pi))]+\delta(t)-\delta(t-\pi)-\delta(t-2\pi)$

2.9 $$y(t)=\begin{cases}0, & t<1 or t>4\\ \frac{1}{\pi}(\cos\pi t+1), & 1<t<2\\ \frac{2}{\pi}\cos\pi t, & 2<t<3\\ \frac{1}{\pi}(\cos\pi t-1), & 3<t<4\end{cases}$$

2.10 $y_x=e^{-3t}\sin t\varepsilon(t)$

2.11 (1) $y(t)=\frac{2}{3}e^{-3t}+\frac{1}{3}, t>0$

$y_h(t)=\frac{2}{3}e^{-3t}$

$y_p(t)=\frac{1}{3}, t>0$

(2) $y(t)=\frac{1}{2}e^{-3t}+\frac{1}{2}e^{-t}, t>0$

$y_h(t)=\frac{1}{2}e^{-3t}$

$y_p(t)=\frac{1}{2}e^{-t}, t>0$

(3) $y(t)=e^{-3t}+te^{-3t}, t>0$

$y_h(t)=e^{-3t}$

$y_p(t)=t\mathrm{e}^{-3t}, t>0$

(4) $y(t)=\frac{10}{9}\mathrm{e}^{-3t}+\frac{1}{3}t-\frac{1}{9}, t>0$

$y_h(t)=\frac{10}{9}\mathrm{e}^{-3t}$

$y_p(t)=\frac{1}{3}t-\frac{1}{9}, t>0$

(5) $y(t)=\frac{7}{10}\mathrm{e}^{-3t}+\frac{3}{10}\cos t+\frac{1}{10}\sin t, t>0$

$y_h(t)=\frac{7}{10}\mathrm{e}^{-3t}$

$y_p(t)=\frac{3}{10}\cos t+\frac{1}{10}\sin t, t>0$

(6) $y(t)=\mathrm{e}^{-3t}+\mathrm{e}^{-3t}\sin t, t>0$

$y_h(t)=\mathrm{e}^{-3t}$

$y_p(t)=\mathrm{e}^{-3t}\sin t, t>0$

2.12 $v_c(t)=(1+4t)\mathrm{e}^{-2t}, t\geqslant 0^-$

2.13 $h(t)=\frac{1}{kc}\mathrm{e}^{-\frac{t}{RC}}\varepsilon(t)$

$g(t)=\int_{-\infty}^{t}h(\tau)\mathrm{d}\tau=(1-\mathrm{e}^{-\frac{t}{RC}})\varepsilon(t)$

2.14 $h(t)=\frac{R}{L}\mathrm{e}^{-\frac{R}{L}t}\varepsilon(t)$

$g(t)=(1-\mathrm{e}^{-\frac{R}{L}t})\varepsilon(t)$

2.15 $y(t)=g(t-1)-g(t-3)=\mathrm{e}^{-(t-1)}\varepsilon(t-1)-\mathrm{e}^{-(t-3)}\varepsilon(t-3)$

2.16 当 $t<0$ 时, $y(t)=0$

当 $0\leqslant t\leqslant 1$ 时, $y(t)=t$

当 $1\leqslant t\leqslant 2$ 时, $y(t)=t$

当 $2\leqslant t\leqslant 3$ 时, $y(t)=6-2t$

当 $t>3$ 时, $y(t)=0$

2.17 $h(t)=(\mathrm{e}^{-3t}-\mathrm{e}^{-4t})\varepsilon(t)$

$y_x(t)=(6\mathrm{e}^{-3t}-5\mathrm{e}^{-4t})\varepsilon(t)$

$y_f(t)=\left(\frac{1}{12}-\frac{1}{3}\mathrm{e}^{-3t}+\frac{1}{4}\mathrm{e}^{-4t}\right)\varepsilon(t)$

$y(t)=\frac{1}{12}+\frac{17}{3}\mathrm{e}^{-3t}-\frac{19}{4}\mathrm{e}^{-4t}, t>0$

2.18 (1) $y_h(n)=-\left(\frac{1}{2}\right)^n\varepsilon(n)$ (2) $y_p(n)=2\varepsilon(n)$

(3) $y(n)=\left[-\left(\frac{1}{2}\right)^n+2\right]\varepsilon(n)$

2.19 (1) $-\cos\left(\frac{\pi n}{3}\right)+\frac{\sqrt{3}}{3}\sin\left(\frac{\pi n}{3}\right), n\geqslant 0$ (2) $[(-1)^n-n(-1)^n]\varepsilon(n)$

(3) $\left[\frac{4}{3}(2)^n+\frac{1}{3}\left(\frac{1}{2}\right)^n\right]\varepsilon(n)$

2.20 (1) $\left[\frac{1}{5}\left(\frac{1}{4}\right)^n+\frac{4}{5}(-1)^n\right]\varepsilon(n)$

(2) $\left[\frac{1}{17}\left(\frac{1}{4}\right)^n+\frac{16}{17}\cos\left(\frac{\pi n}{2}\right)+\frac{4}{17}\sin\left(\frac{\pi n}{2}\right)\right]\varepsilon(n)$

(3) $\left[\frac{8}{3}-2\left(\frac{1}{2}\right)^n+\frac{1}{3}\left(\frac{1}{4}\right)^n\right]\varepsilon(n)$

2.21 (1) $h(n)=\left(\frac{1}{2}\right)^n\varepsilon(n)$ (2) $h(n)=\delta(n)-\delta(n-1)$

(3) $h(n)=\left[2\left(\frac{1}{2}\right)^n-\left(\frac{1}{4}\right)^n\right]\varepsilon(n)$

2.22 (1) $y(n)=f(n)+f(n-1)$

(2) $y(n)-0.5y(n-1)=f(n)$

(3) $y(n)-\frac{5}{6}y(n-1)+\frac{1}{6}y(n-2)=2f(n)-\frac{5}{6}f(n-1)$

2.23 (1) {1,4,6,4,1} (2){1,0,4,0,6,0,4,0,1} (3){1,2,3,4,3,2,1}

2.24 (1) $\delta(n-7)$ (2) $\left(\frac{1}{2}\right)^{n-1}\varepsilon(n-3)$ (3) $h(n)=\sin\left(\frac{n\pi}{2}\right)+\cos\left(\frac{n\pi}{2}\right)$

2.25 系统的单位脉冲响应为 $h(n)=\left[9\left(\frac{1}{2}\right)^n-8\left(\frac{1}{3}\right)^n\right]\varepsilon(n)$

系统的零输入 n 响应为 $y_x(n)=\left[-\left(\frac{1}{2}\right)^n+\left(\frac{1}{3}\right)^{n+1}\right]\varepsilon(n)$

系统的零状态响应为$y_f(n)=\left[4\left(\frac{1}{3}\right)^n-9\left(\frac{1}{2}\right)^n+6\right]\varepsilon(n)$

系统的安全响应为 $y(n)=y_x(n)+y_f(n)=\left[\frac{19}{3}\left(\frac{1}{3}\right)^n-\frac{19}{2}\left(\frac{1}{2}\right)^n+6\right]\varepsilon(n)$

2.26 (1) $(2^{n-3}-1)\varepsilon(n-4)$

(2) $(n-1)\varepsilon(n-2)$

(3) $\left[2-\left(\frac{1}{2}\right)^n\right]\varepsilon(n)$

(4) $\left[-\frac{1}{3}\left(\frac{1}{2}\right)^n+\frac{4}{3}(2)^n\right]\varepsilon(n)$

(5) $\begin{cases}\frac{\beta^{n+1}-\partial^{n+1}}{\beta-\partial}\varepsilon(n), & \partial\neq\beta\\(k+1)\partial^n\varepsilon(n), & \partial=\beta\end{cases}$

2.27 (1) $h(n)=-\varepsilon(n)+2^{n+1}\varepsilon(n)$

(2) $y_x(n)=2^{n+2}, n\geqslant 0$

(3) $y_f(n)=\left(\frac{9}{2}\cdot 3^n-2^{n+2}+\frac{1}{2}\right)\varepsilon(n)$

(4) $y(n)=\frac{9}{2}\cdot 3^n+\frac{1}{2}, n\geqslant 0$

2.28 $h(n)=\delta(n)-2(-0.5)^n\varepsilon(n-1)$

(1) $y(n)=\begin{cases}1-2(-0.5)^n, & n\geqslant 1\\ 1, & n=0\end{cases}$

(2) $\frac{4}{9}(-0.5)^n+\frac{5}{3}n-\frac{4}{9}, n\geqslant 0$

(3) $\frac{7}{5}\cdot 2^n-\frac{2}{5}(-0.5)^n, n\geqslant 0$

2.29

(1) $y_x(n)=(-2)^{n-1}\varepsilon(n)$

$y_f(n)=\left[\frac{4}{9}\times(-2)^n+\frac{1}{3}n-\frac{4}{9}\right]\varepsilon(n)$

$h(n)=(-2)^n\varepsilon(n)$

(2) $y_x(n)=0$

$y_f(n)=\left[-\frac{9}{16}(-1)^n+\frac{9}{4}n(-1)^n+\frac{9}{16}3^n\right]\varepsilon(n)$

$h(n)=(1+n)(-1)^n\varepsilon(n)$

(3) $y_x(n)=0$

$y_f(n)=(2^{n+2}-4)\varepsilon(n)$

$h(n)=2^n\varepsilon(n)$

2.30

(1) $f_2(n)=0.5\sum_{k=-\infty}^{n}f_1(k-1)$

$y_2(n)=0.5\sum_{k=-\infty}^{n}y_1(k-1)=\{0.5,0,1,2,1.5,2,2,\cdots\}k=1,2,\cdots$

(2) 图略。

第3章

3.1 (1) $-\frac{2}{\mathrm{j}(\omega-1)}\mathrm{e}^{-\mathrm{j}\frac{3}{2}(\omega-1)}$

(2) $\mathrm{e}^2\frac{\mathrm{j}\omega}{\mathrm{j}\omega+2}$

(3) $\mathrm{e}^{-\mathrm{j}(\omega-2)}\left[\pi\delta(\omega-2)-\frac{1}{\mathrm{j}(\omega-2)}\right]$

(4) $\left.\frac{2E\tau\cos\frac{\omega\tau}{2}}{\pi\left[1-\left(\frac{\omega\tau}{\pi}\right)^2\right]}\right|_{\substack{\tau=2\\E=1}}=\frac{4\cos\omega}{\pi\left[1-\left(\frac{2\omega}{\pi}\right)^2\right]}=\mathrm{Sa}\left(\omega+\frac{\pi}{2}\right)+\mathrm{Sa}\left(\omega-\frac{\pi}{2}\right)$

3.2 (a) $\tau\mathrm{Sa}\left(\frac{\omega\tau}{2}\right)\mathrm{e}^{-\mathrm{j}\frac{\omega\tau}{2}}$ (b) $\frac{\mathrm{j}4\left[\sin\left(\frac{\omega\tau}{2}\right)\right]^2}{\omega}$

(c) $\frac{8\sin\omega\cos^2\omega}{\omega}$ (d) $\frac{1-\mathrm{e}^{\mathrm{j}\omega\tau}-\mathrm{j}\omega\tau e^{-\mathrm{j}\omega\tau}}{-\omega^2\tau}$ (e) $\frac{8\left[\sin\left(\frac{\omega\tau}{2}\right)\right]^2}{\tau\omega^2}$

3.3 (1) $F(-\omega)e^{-j\omega}$

(2) $-je^{-j\omega}\dfrac{dF(-\omega)}{d\omega}$

(3) $\dfrac{1}{2}F\left(\dfrac{\omega}{2}\right)e^{-j\frac{5}{2}\omega}$

3.4 (1) $\dfrac{j}{2}\dfrac{dF\left(\dfrac{\omega}{2}\right)}{d\omega}$

(2) $j\dfrac{dF(\omega)}{d\omega}-2F(\omega)$

(3) $\dfrac{j}{2}\dfrac{dF\left(-\dfrac{\omega}{2}\right)}{d\omega}-F\left(-\dfrac{\omega}{2}\right)$

(4) $-\omega\dfrac{dF(\omega)}{d\omega}-F(\omega)$

3.5 $j\omega\dfrac{1}{|a|}F\left(\dfrac{\omega}{a}\right)e^{j\frac{\omega b}{a}}$

$F(0)=\int_{-\infty}^{+\infty}f(t)dt$

$f(0)=\dfrac{1}{2\pi}\int_{-\infty}^{+\infty}F(j\omega)d\omega$

3.6 (1) 2ω (2) 16 (3) 4π (4) 是 $f(t)$的偶分量

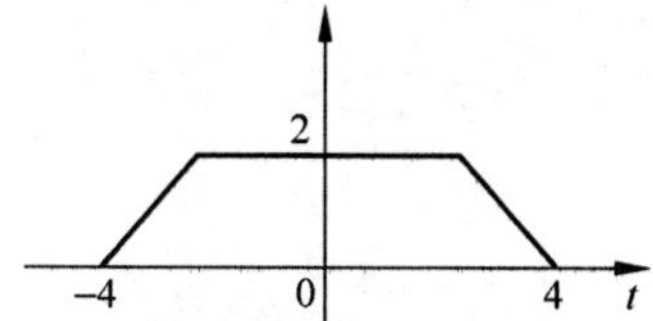

3.7 $\dfrac{1}{4}$MHz, $\dfrac{1}{2}$MHz, $\dfrac{1}{2}$MHz

3.8 图略，$\dfrac{8E}{\omega^2(\tau-\tau_1)}\sin\dfrac{\omega(\tau+\tau_1)}{4}\sin\dfrac{\omega(\tau-\tau_1)}{4}$

3.9 $\dfrac{\omega_1}{\omega_1^2-\omega^2}(1+e^{-j\frac{\omega T}{2}})$, $\dfrac{\omega_1\omega^2}{\omega^2-\omega_1^2}(1+e^{-j\frac{\omega T}{2}})$ $\left(\omega_1=\dfrac{2\pi}{T}\right)$

3.10 略

3.11 $2R(2\omega)$

3.12 $\dfrac{E\tau}{4}e^{-j2\tau\omega}\left[Sa^2\left(\dfrac{(\omega+\omega_0)\tau}{4}\right)e^{-j2\tau\omega_0}+Sa^2\left(\dfrac{(\omega-\omega_0)\tau}{4}\right)e^{j2\tau\omega_0}\right]$

3.13 $\sin(\omega_0 t)\varepsilon(t)\leftrightarrow\dfrac{j\pi}{2}[\delta(\omega+\omega_0)-\delta(\omega-\omega_0)]+\dfrac{\omega_0}{(\omega_0^2-\omega^2)}$

$\cos(\omega_0 t)\varepsilon(t)\leftrightarrow\dfrac{\pi}{2}[\delta(\omega+\omega_0)+\delta(\omega-\omega_0)]+\dfrac{j\omega}{(\omega_0^2-\omega^2)}$

3.14 图略，

$$f(t)\cos(\omega_0 t)\leftrightarrow\frac{1}{2}\{F[j(\omega+\omega_0)]+F[j(\omega-\omega_0)]\}$$

$$f(t)e^{j\omega_0 t}\leftrightarrow F[j(\omega+\omega_0)]$$

$$f(t)\cos(\omega_1 t)\leftrightarrow \frac{1}{2}\{F[j(\omega+\omega_1)]+F[j(\omega-\omega_1)]\}$$

3.15 图略，$f_1(t)*f_2(t)\to\tau_1\tau_2\mathrm{Sa}\left(\frac{\omega\tau_1}{2}\right)\mathrm{Sa}\left(\frac{\omega\tau_2}{2}\right)$

3.16 $F(j\omega)=\frac{1}{(a+j\omega)^2}\leftrightarrow te^{-at}\varepsilon(t)$

3.17 图略，$\frac{\sin at}{\pi t}\cos\omega_0 t$

3.18 (1) $2\pi\sum\limits_{n=-\infty}^{+\infty}a_n\delta(\omega-n\omega_0)$

(2) $\pi[\delta(\omega+2)-\delta(\omega-2)+\delta(\omega+1)-\delta(\omega-1)]$

(3) $2\sum\limits_{n=-\infty}^{+\infty}\delta(\omega-2n)$

(4) $\frac{\pi}{2}\sum\limits_{n=-\infty}^{+\infty}\mathrm{Sa}\left(\frac{n\pi}{4}\right)\delta(\omega-n\omega_1)$

3.19 $\sum\limits_{n=-\infty}^{+\infty}a_nF(\omega-n\omega_0)$

(1) $\frac{1}{2}\left[F\left(\omega+\frac{1}{2}\right)+F\left(\omega-\frac{1}{2}\right)\right]$

(2) $\frac{1}{2}[F(\omega+2)+F(\omega-2)-F(\omega+1)-F(\omega-1)]$

(3) $\frac{1}{2\pi}\sum\limits_{n=-\infty}^{+\infty}F(\omega-n)$

3.20 图略

3.21 200Hz

3.22 (1) $\frac{200}{\pi},\frac{\pi}{200}$ (2) $\frac{100}{\pi},\frac{\pi}{100}$ (3) $\frac{120}{\pi},\frac{\pi}{120}$

3.23 $2e^{-\frac{t-\tau}{RC}}\varepsilon(t-\tau)$

3.24 (1) $h(t)=(e^{-2t}-e^{-4t})\varepsilon(t)$

(2) $y_{zs}(t)=\left[-\frac{1}{4}e^{-4t}+\frac{1}{2}t^2e^{-2t}-\frac{1}{2}te^{-2t}+\frac{1}{4}e^{-2t}\right]\varepsilon(t)$

3.25 (1) $g(t)=(1-2e^{-t})\varepsilon(t)$

(2) $y(t)=(2e^{-t}-3e^{-2t})\varepsilon(t)$

3.26

(1) 当 $a<\omega_c$ 时，$y(t)=\frac{\sin at}{\pi t}$

(2) 当 $a>\omega_c$ 时，$y(t)=\frac{\sin\omega_c t}{\pi t}$

(3) 第(2)种情况下输出有失真

3.27 $y(t)=\frac{1}{\sqrt{2}\pi}\cos\left(\frac{1}{4}t+45^\circ\right)$

3.28 $y(t)=\frac{\sin t}{2\pi t}$

3.29

$$G_1'(\mathrm{j}\omega)=\frac{1}{2}G_1(\mathrm{j}\omega)$$

$$G_2'(\mathrm{j}\omega)=\frac{1}{2}G_2(\mathrm{j}\omega)$$

3.30 图略，$y(t)=\frac{1}{2\pi}\mathrm{Sa}(t)=\frac{\sin(t)}{2\pi t}$

第4章

4.1 (1) $\frac{1}{s}-\frac{1}{s+a}$

(2) $2-\frac{3}{s+5}$

(3) $\frac{1}{(s+2)^2}$

(4) $\frac{3}{(s+1)^2+9}$

(5) $\frac{1}{2}\left(\frac{1}{s}+\frac{s}{s^2+4\omega_0^2}\right)$

(6) $\ln\left(\frac{s+5}{s+3}\right)$

4.2 (1) $\frac{1-\mathrm{e}^{-3s}}{s}$

(2) $\frac{s^2-\omega^2}{(s^2+\omega^2)^2}$

(3) $\frac{1}{4}\left[\frac{3s^2-27}{(s^2+9)^2}+\frac{s^2-81}{(s^2+81)^2}\right]$

(4) $\frac{1}{s^2}[1-(1+s)\mathrm{e}^{-s}]\mathrm{e}^{-s}$

(5) $\frac{\mathrm{e}^2}{s+1}$

(6) $\frac{\mathrm{e}^{-s+1}(s+2)}{(s+1)^2}$

4.3

(1) $\frac{1}{s+1}\mathrm{e}^{-3(s+1)}$

(2) $\frac{1}{s+1}\mathrm{e}^{-3s}$

(3) $\frac{\mathrm{e}^3}{s+1}$

(4) $\frac{1}{s^2}[1-(1+s)\mathrm{e}^{-s}]\mathrm{e}^{-s}$

4.4

(a) $\frac{(1+e^{-s})(1-e^{-2s})}{s}$ (b) $\frac{(1-e^{-s})^2}{s}$

(c) $\frac{1-e^{-Ts}-Tse^{-Ts}}{Ts^2}$ (d) $\frac{1-e^{-2(s+2)}}{s+2}$

4.5

$\frac{1-e^{-(s+1)}}{s+1}\frac{1}{1+e^{-(s+1)}}$

4.6

$\frac{1}{s+2}\cdot\frac{1}{s}$

4.7 $f(t)=\pm e^{-t}\varepsilon(t)$

4.8 (1) $f(0)=1$; $f(\infty)=0$

(2) $f(0)=0$; $f(\infty)=0$

4.9

(1) $e^{-t}\varepsilon(t)$

(2) $\sin t\varepsilon(t)+\delta(t)$

(3) $(e^{2t}-e^{t})\varepsilon(t)$

(4) $[(t^2-t+1)e^{-t}-e^{-2t}]\varepsilon(t)$

(5) $(3e^{-2t}-2e^{-t})\varepsilon(t)$

(6) $\delta(t)-2(e^{-t}-e^{-2t})\varepsilon(t)$

(7) $A\cos(kt)$

(8) $\frac{1}{6}\left[\frac{\sqrt{3}}{3}\sin(\sqrt{3}t)-t\cos(\sqrt{3}t)\right]$

(9) $\frac{1}{4}[1-\cos(t-1)]\varepsilon(t-1)$

(10) $f(t)=\frac{1}{t}(e^{-9t}-1)\varepsilon(t)$

4.10

(1) 在右半平面存在极点,故傅里叶变换不存在。

(2) $\frac{2j\omega}{-\omega^2+2j\omega+5}$

(3) $\frac{1}{j\omega(1-\omega^2)}+\pi\delta(\omega)-\frac{\pi}{2}[\delta(\omega+1)+\delta(\omega-1)]$

4.11

(1) $s^2R(s)-sr(0_-)-r'(0_-)+3[sR(s)-r(0_-)]+2R(s)=sE(s)$

$r'(0_-)=r(0_-)=0, e(0_-)=0, E(s)=\frac{1}{s}$

$R(s)=\frac{1}{(s^2+3s+2)}=\frac{1}{s+1}-\frac{1}{s+2}\Rightarrow r(t)=(e^{-t}-e^{-2t})\varepsilon(t)$

(2) $y(t)=(2e^{-2t}+6te^{-2t})\varepsilon(t)$

(3) $y(t)=(3e^{-t}+7e^{-2t}-7e^{-3t})\varepsilon(t)$

4.12 $y_3(t)=y_{zi}(t)+y_{zs3}(t)=(1+e^{-t})\varepsilon(t)-(1-e^{-t+1})\varepsilon(t-1)$

4.13 (1) $e^{-2t}-e^{-3t}$ (2) $-2e^{-2t}+6e^{-3t}$

4.14 $y_{zi}(t)=(5e^{-2t}-4e^{-3t})\varepsilon(t)$, $y_{zs}(t)=\left(\frac{1}{2}-\frac{3}{2}e^{-2t}+e^{-3t}\right)\varepsilon(t)$

4.15 $y_{zi}(t)=(3e^{-t}-2e^{-2t})\varepsilon(t)$, $y_{zs}(t)=[3e^{-t}-(2t+3)e^{-2t}]\varepsilon(t)$

4.16 $i(t)=\left(5-\frac{10}{3}e^{-\frac{2}{3}t}\right)\varepsilon(t)$

4.17

(1) $H(s)=\frac{5s+5}{s^3+7s^2+10s}$

(2) $H(s)=\frac{1}{1+e^{-(s+1)}}$

4.18 $h(t)=3\delta(t)+(e^{-t}-8e^{-2t})\varepsilon(t)$

4.19 $g(t)=(1-e^{-2t}+2e^{-3t})\varepsilon(t)$

4.20 $f(t)=\left(1+\frac{1}{2}e^{-2t}\right)\varepsilon(t)$

4.21 $y(t)=(t-1+3e^{-t})\varepsilon(t)$

4.22 $R=2\Omega, L=2\text{H}, C=\frac{1}{RL}=\frac{1}{4}\text{F}$

4.23 (1) $H(s)=\frac{5}{s^2+5s+5}$

(2) 图略，极点 $p_{1,2}=\frac{-1\pm j\sqrt{19}}{2}$

(3) $h(t)=\frac{10}{\sqrt{19}}e^{-\frac{t}{2}}\sin\left(\frac{\sqrt{19}}{2}t\right)\varepsilon(t)$

4.24 $h(t)=\varepsilon(t)-\varepsilon(t-1)$ $H(s)=\frac{1-e^{-s}}{s}$

4.25

(1) $H(s)\frac{-3s-4}{s^2+5s+6}$, $h(t)=(2e^{-2t}-5e^{-3t})\varepsilon(t)$

(2) $y(t)=\left[-\frac{2}{3}-e^{-2t}+\frac{5}{3}e^{-3t}\right]\varepsilon(t)$

4.26 $y(t)=\left(2e^{-t}+\frac{1}{2}e^{-3t}\right)\varepsilon(t)$，自由分量为 $2e^{-t}$；强迫分量为$\frac{1}{2}e^{-3t}$；全响应均为暂态分量；稳态分量为 0。

4.27

$y_{zi}(t)=[4e^{-2t}-3e^{-3t}]\varepsilon(t)$

$y_{zs}(t)=\left[\frac{3}{2}-2e^{-t}+\frac{1}{2}e^{-2t}\right]\varepsilon(t)$

$y_{自由响应}(t)=\left[2e^{-t}-\frac{5}{2}e^{-2t}\right]\varepsilon(t)$

$y_{强迫响应}(t)=\frac{3}{2}$

4.28 略

4.29 (1) $H(s)=\frac{k}{s^2+(3-k)s+1}$

(2) $k\leqslant 3$ 时系统稳定

4.30 (1) $H(s)=\frac{ks}{(s+1)(s+1/2)}$

(2) 图略,系统稳定

(3) $h(t)=4\mathrm{e}^{-t}-2\mathrm{e}^{-\frac{1}{2}t}$

第 5 章

5.1

(1) $\frac{z}{z-0.5}, |z|>0.5$

(2) $\frac{z}{z-0.25}, |z|>0.25$

(3) $\frac{z}{z-3}, |z|>3$

(4) $-\frac{z}{z--1/3}, |z|<1/3$

(5) $\frac{z}{z-0.5}, |z|<0.5$

(6) $z, |z|<\infty$

(7) $\frac{1-(0.5z^{-1})^{10}}{1-0.5z^{-1}}, |z|>0$

(8) $\frac{z(2z-5/6)}{(z-0.5)(z-1/3)}, |z|>0.5$

(9) $1-\frac{1}{8}z^{-3}, |z|>0$

5.2 (1) $\frac{1}{az^{-1}}, |z|>a$

(2) $\frac{-az^{-2}}{(1-az^{-1})^2}, |z|>a$

(3) $\frac{1}{1-az}, |z|<a^{-1}$

5.3 单边 $\frac{1}{az^{-1}}, |z|>a$;　双边 $\frac{z}{1-az^{-1}}, |z|>a$

5.4 $\frac{1-z^{-N}}{1-z^{-1}}, |z|>1$

5.5

(1) $\delta(n)$

(2) $\delta(n+3)$

(3) $\delta(n-1)$

(4) $-2\delta(n-2)+2\delta(n+1)+\delta(n)$

(5) $a^n\varepsilon(n)$

(6) $-a^n\varepsilon(-n-1)$

5.6

(1) $(-0.5^n)\varepsilon(n)$

(2) $\left[4\left(-\frac{1}{2}\right)^n-3\left(-\frac{1}{4}\right)^n\right]\varepsilon(n)$

(3) $\left(-\frac{1}{2}\right)^n\varepsilon(n)$

(4) $\frac{a^2-1}{a}\left(\frac{1}{a}\right)^n\varepsilon(n)-a\delta(n)$

5.7 (1) $f(n)=\left[\frac{1}{6}\left(\frac{1}{2}\right)^n+\frac{5}{6}\left(-\frac{1}{2}\right)^n\right]\varepsilon(n)$

(2) $f(n)=\left[\frac{3}{2}\left(\frac{1}{2}\right)^n-\frac{5}{2}\left(-\frac{1}{2}\right)^n\right]\varepsilon(-n-1)$

5.8 (1) $f(n)=\left[\frac{1}{6}\left(\frac{1}{2}\right)^n+\frac{5}{6}\left(-\frac{1}{2}\right)^n\right]\varepsilon(n)$

(2) $f(n)=\left[\frac{3}{2}\left(\frac{1}{2}\right)^n-\frac{5}{2}\left(-\frac{1}{2}\right)^n\right]\varepsilon(-n-1)$

5.9 $f(n)=10(2^n-1)\varepsilon(n)$

5.10 图略

(1) 当$|z|>2$时为右边序列，$f(n)=\left[\left(\frac{1}{2}\right)^n-2^n\right]\varepsilon(n)$

(2) 当$|z|=0.5$时为左边序列，$f(n)=\left[2^n-\left(\frac{1}{2}\right)^n\right]\varepsilon(-n-1)$

(3) 当$0.5<|z|<2$时为双边序列，$f(n)=\left(\frac{1}{2}\right)^n\varepsilon(n)+2^n\varepsilon(-n-1)$

5.11

$|z|<0.5$时，$f(n)=-\left[3\cdot\left(\frac{1}{2}\right)^n+2\cdot(2)^n\right]\varepsilon(-n-1)$

$0.5<|z|<2$时，$f(n)=3\cdot\left(\frac{1}{2}\right)^n\varepsilon(n)-2\cdot(2)^n\varepsilon(-n-1)$

$|z|>2$时，$f(n)=\left[3\cdot\left(\frac{1}{2}\right)^n+2\cdot(2)^n\right]\varepsilon(n)$

5.12

(1) $f(0)=1$，$f(\infty)$不存在

(2) $f(0)=1$，$f(\infty)=0$

(3) $f(0)=0$，$f(\infty)=2$

5.13

(1) $y(n)=\frac{b}{b-a}[a^n\varepsilon(n)+b^n\varepsilon(-n-1)]$

(2) $y(n)=a^{n-2}\varepsilon(n-2)$

(3) $y(n)=\frac{1-a^n}{1-a}\varepsilon(n)$

5.14

(1) $1, |z|\geqslant 0$

(2) $\frac{1}{1-100z}, |z|>0.01$

(3) $\frac{e^{-b}z\sin\omega_0}{z^2-2e^{-b}z\cos\omega_0+e^{-2b}}, |z|>0.25$

5.15 $y(n)=\frac{a^{n+1}-b^{n+1}}{a-b}\varepsilon(n)$((1)、(2)答案相同)

5.16

(1) $y(n)=\left(\frac{1}{3}+\frac{2}{3}\cos\frac{2n\pi}{3}+\frac{4\sqrt{3}}{3}\sin\frac{2n\pi}{3}\right)\varepsilon(n)$

(2) $y(n)=[9.26+0.66\cdot(-0.2)^n-0.20\cdot(0.1)^n]\varepsilon(n)$

(3) $y(n)=[0.5-0.45(0.9)^n]\varepsilon(n)$

5.17

(1) $y(n)=[0.5+0.45(0.9)^n]\varepsilon(n)$

(2) $y(n)=\left[\frac{5}{36}(n+1)+\frac{1}{36}n-\frac{5}{36}(-5)^n\right]\varepsilon(n)$

$=\left[\frac{n}{6}+\frac{5}{36}-\frac{5}{36}(-5)^n\right]\varepsilon(n)$

(3) $y(n)=\frac{1}{9}[3n-4+13(-2)^n]\varepsilon(n)=\left[-\frac{4}{9}(n+1)+\frac{7}{9}n+\frac{13}{9}(-2)^2\right]\varepsilon(n)$

5.18

(1) 系统是稳定的。

(2) 系统是不稳定的。

(3) 系统是临界稳定的。

(4) 系统是临界稳定的。

5.19

(1) $H(z)=\frac{Y(z)}{F(z)}=\frac{1}{3-6z^{-1}}=\frac{1}{3}\cdot\frac{z}{z-2}$

$h(n)=\frac{1}{3}\cdot 2^n\varepsilon(n)$

(2) $H(z)=\frac{Y(z)}{F(z)}=1-5z^{-1}+8z^{-3}$

$h(n)=\delta(n)-5\delta(n-1)+8\delta(n-3)$

(3) $H(z)=\frac{Y(z)}{F(z)}=\frac{1}{1-\frac{1}{2}z^{-1}}=\frac{z}{z-\frac{1}{2}}$

$h(n)=\left(\frac{1}{2}\right)^n\varepsilon(n)$

(4) $H(z)=\frac{Y(z)}{F(z)}=\frac{1}{1-3z^{-1}+3z^{-2}-z^{-3}}=\frac{z^3}{(z-1)^3}$

$$h(z)=\text{Res}[H(z)\cdot z^{n-1}]_{z=1}=\frac{1}{2}(n+2)(n+1)\varepsilon(n)$$

(5) $H(z)=-\frac{1}{2}-\frac{1}{2}\cdot\frac{z}{z-2}+\frac{2z}{z-3}$

$$h(n)=-\frac{1}{2}\delta(n)-\frac{1}{2}(2^n)\varepsilon(n)+2.3^n\varepsilon(n)$$

5.20

$h(n)=(0.5^n-10^n)\varepsilon(n)$

当 $10<|z|\leqslant\infty$ 时，系统为因果系统且不稳定。

当 $0.5<|z|<10$ 时，系统不是因果系统而是稳定系统。

5.21

(1) $H(z)=\frac{Y(z)}{F(z)}=\frac{z}{z+1}, h(n)=(-1)^n u(n)$

系统临界稳定。

(2) $y(n)=5[1+(-1)^n]\varepsilon(n)$

5.22 (1) $-\left(-\frac{1}{2}\right)^n\varepsilon(n)$

(2) $\frac{1}{3}\left(-\frac{1}{2}\right)^n\varepsilon(n)+\frac{1}{6}\left(\frac{1}{4}\right)^n\varepsilon(n)$

(3) $-\frac{2}{3}\left(-\frac{1}{2}\right)^n\varepsilon(n)+\frac{1}{6}\left(\frac{1}{4}\right)^n\varepsilon(n)$

5.23 (1) $y_{zi}(n)=[1+2\cdot 2^n]\varepsilon(n)$, $y_{zs}=\left[2-\frac{2}{3}\cdot 2^n+\frac{2}{3}\cdot(-1)^n\right]\varepsilon(n)$

(2) $y(-1)=2, y(-2)=\frac{3}{2}$

5.24

(1) $y(n)-ky(n-1)=f(n)$

(2) 系统频率响应为

$$H(e^{j\omega}) = H(z)|_{z=e^{j\omega}} = \frac{e^{j\omega}}{e^{j\omega}-k} = \frac{1}{(1-k\cos\omega)+jk\sin\omega}$$

故幅度响应 $|H(e^{j\omega})|=\frac{1}{\sqrt{1+k^2-2k\cos\omega}}$

相位响应 $\varphi(\omega)=-\tan^{-1}\frac{k\sin\omega}{1-k\cos\omega}$

当 $k=0$ 时，$|H(e^{j\omega})|=1, \varphi(\omega)=0$

当 $k=0.5$ 时，$|H(e^{j\omega})|=\frac{1}{\sqrt{1.25-\cos\omega}}, \varphi(\omega)=-\tan^{-1}\frac{\sin\omega}{2-\cos\omega}$

当 $k=1$ 时，$|H(e^{j\omega})|=\frac{1}{\sqrt{2(1-\cos\omega)}}=\frac{1}{2|\sin 0.5\omega|}$

$\varphi(\omega)=-\tan^{-1}\frac{\sin\omega}{2-\cos\omega}=\frac{\omega-\pi}{2}$

5.25

(1) $H(z)=\dfrac{Y(z)}{F(z)}=\dfrac{1}{1-\frac{1}{3}z^{-1}}=\dfrac{z}{z-\frac{1}{3}}\left(|z|>\dfrac{1}{3}\right),h(n)=\left(\dfrac{1}{3}\right)^{n}\varepsilon(n)$

(2) $h(n)=\left(\dfrac{1}{2}\right)^{n}\varepsilon(n-1)$

(3) 零、极点分布图略。

(4) 系统频率响应为 $H(\mathrm{e}^{\mathrm{j}\omega})=\dfrac{\mathrm{e}^{\mathrm{j}\omega}}{\mathrm{e}^{\mathrm{j}\omega}-\frac{1}{3}}$,幅频响应图略。

5.26 (1) $H(z)=\dfrac{1+0.9z^{-1}}{1-0.9z^{-1}}$; $h(n)=2\cdot 0.9^{n}\varepsilon(n-1)+\delta(n)$

(2) 图略,$H(\mathrm{e}^{\mathrm{j}\omega})=\dfrac{1+0.9\mathrm{e}^{-\mathrm{j}\omega}}{1-0.9\mathrm{e}^{-\mathrm{j}\omega}}$;

(3) $y(n)=\mathrm{e}^{\mathrm{j}\omega_0 n}H(\mathrm{e}^{\mathrm{j}\omega_0})=\mathrm{e}^{\mathrm{j}\omega_0 n}\dfrac{1+0.9\mathrm{e}^{-\mathrm{j}\omega_0}}{1-0.9\mathrm{e}^{-\mathrm{j}\omega_0}}$

5.27 $H(\mathrm{e}^{\mathrm{j}\omega})=\dfrac{1}{a}$

5.28 (1)

$$H(z)=\frac{z^2-(2a\cos\omega_0)z+a^2}{z^2-(2a^{-1}\cos\omega_0)z+a^{-2}}=\frac{(z-a\mathrm{e}^{\mathrm{j}\omega_0})(z-a\mathrm{e}^{-\mathrm{j}\omega_0})}{(z-a^{-1}\mathrm{e}^{\mathrm{j}\omega_0})(z-a^{-1}\mathrm{e}^{-\mathrm{j}\omega_0})},(a>1)$$

零、极点分布图略。

(2) s-z 平面的映射关系为 $z=\mathrm{e}^{sT}$ 或 $s=\dfrac{1}{T}\ln z$

令 $T=1$,则 z 平面上的零,极点在 s 平面上分别为

零点 $s_{z1}=\ln a+\mathrm{j}\omega,s_{z2}=\ln a-\mathrm{j}\omega$

极点 $s_{p1}=-\ln a+\mathrm{j}\omega,s_{p2}=-\ln a-\mathrm{j}\omega$

s 平面上零、极点关于虚轴对称,所以系统全通。

5.29 不稳定

5.30 稳定

第6章

6.1

(1) $X(k)=\sum\limits_{n=0}^{N-1}\delta(n)W_N^{kn}=\sum\limits_{n=0}^{N-1}\delta(n)=1\quad(k=0,1,\cdots,N-1)$

(2) $X(k)=\sum\limits_{n=0}^{m-1}W_N^{kn}=\dfrac{1-W_N^{km}}{1-W_N^{k}}=\mathrm{e}^{-\mathrm{j}\frac{\pi}{N}(m-1)k}\dfrac{\sin\left(\frac{\pi}{N}mk\right)}{\sin\left(\frac{\pi}{N}k\right)}R_N(k)$

(3) $X(k)=\sum\limits_{n=0}^{N-1}\cos\left(\dfrac{2\pi}{N}mn\right)\cdot W_N^{kn}=\sum\limits_{n=0}^{N-1}\dfrac{1}{2}(\mathrm{e}^{\mathrm{j}\frac{2\pi}{N}mn}+\mathrm{e}^{-\mathrm{j}\frac{2\pi}{N}mn})\mathrm{e}^{-\mathrm{j}\frac{2\pi}{N}kn}$

$=\dfrac{1}{2}\sum\limits_{n=0}^{N-1}\mathrm{e}^{\mathrm{j}\frac{2\pi}{N}(m-k)n}+\dfrac{1}{2}\sum\limits_{n=0}^{N-1}\mathrm{e}^{-\mathrm{j}\frac{2\pi}{N}(m+k)n}$

$$= \frac{1}{2}\left[\frac{1-e^{j\frac{2\pi}{N}(m-k)N}}{1-e^{j\frac{2\pi}{N}(m-k)}} + \frac{1-e^{-j\frac{2\pi}{N}(m+k)N}}{1-e^{-j\frac{2\pi}{N}(m+k)}}\right]$$

(4) $x_8(n) = \sin(\omega_0 n) \cdot R_N(n) = \frac{1}{2j}[e^{j\omega_0 n} - e^{-j\omega_0 n}]R_N(n)$

$$X_8(n) = \sum_{n=0}^{N-1} x_8(n)W_N^{kn} = \frac{1}{2j}\sum_{n=0}^{N-1}[e^{j\omega_0 n} - e^{-j\omega_0 n}]e^{-j\frac{2\pi}{N}kn}$$

$$= \frac{1}{2j}\left[\sum_{n=0}^{N-1} e^{j(\omega_0 - \frac{2\pi}{N}k)n} - \sum_{n=0}^{N-1} e^{-j(\omega_0 + \frac{2\pi}{N}k)n}\right]$$

(5) $k=0$ 时，$X(k) = \sum_{n=0}^{N-1} n = \frac{N(N-1)}{2}$

$k \neq 0$ 时

$X(k) = 0 + W_N^k + 2W_N^{2k} + 3W_N^{3k} + \cdots + (N-1)W_N^{(N-1)k}$

$W_N^k X(k) = 0 + W_N^{2k} + 2W_N^{3k} + 3W_N^{4k} + \cdots + (N-2)W_N^{(N-1)k} + (N-1)$

$$X(k) - W_N^k X(k) = \sum_{m=1}^{N-1} W_N^{km} - (N-1)$$

$$= \sum_{n=0}^{N-1} W_N^{kn} - 1 - (N-1) = -N$$

6.2

(1) $x(n) = \text{IDFT}[X(k)] = \frac{1}{N}\sum_{k=0}^{N-1} X(k)W_N^{-kn}$

$$= \frac{1}{N}\left[\frac{N}{2}e^{j\theta}e^{j\frac{2\pi}{N}mn} + \frac{N}{2}e^{-j\theta}e^{j\frac{2\pi}{N}(N-m)n}\right]$$

$$= \frac{1}{2}[e^{j(\frac{2\pi}{N}mn+\theta)} + e^{-j(\frac{2\pi}{N}mn+\theta)}]$$

$$= \cos\left(\frac{2\pi}{N}mn + \theta\right), \quad n = 0,1,\cdots,N-1$$

(2) $x(n) = \frac{1}{N}\left[-\frac{N}{2}je^{j\theta}W_N^{-mn} + \frac{N}{2}je^{-j\theta}W_N^{-(N-m)n}\right]$

$$= \frac{1}{2j}[e^{j(\frac{2\pi}{N}mn+\theta)} - e^{-j(\frac{2\pi}{N}mn+\theta)}]$$

$$= \sin\left(\frac{2\pi}{N}mn + \theta\right), \quad n=0, 1, \cdots, N-1$$

6.3　$x_1(n)$、$x_2(n)$和 $y(n)=x_1(n)\circledast x_2(n)$分别如图(a)、(b)、(c)所示。

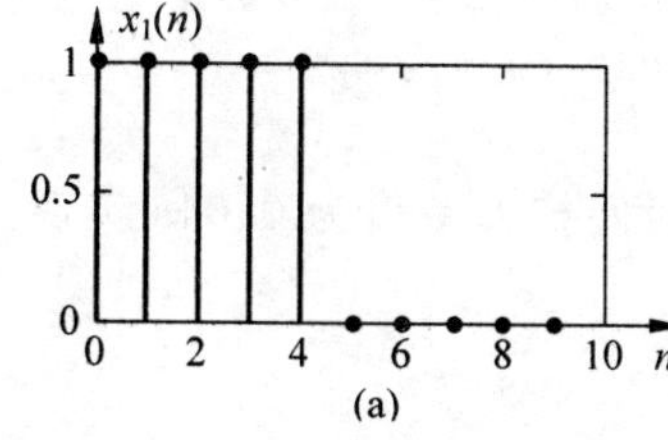

(a)

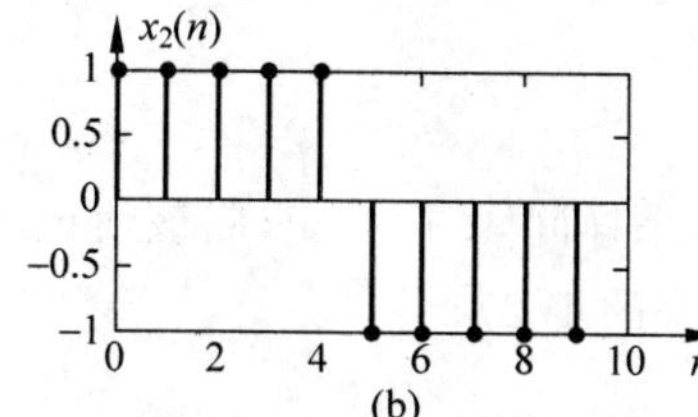

(b)

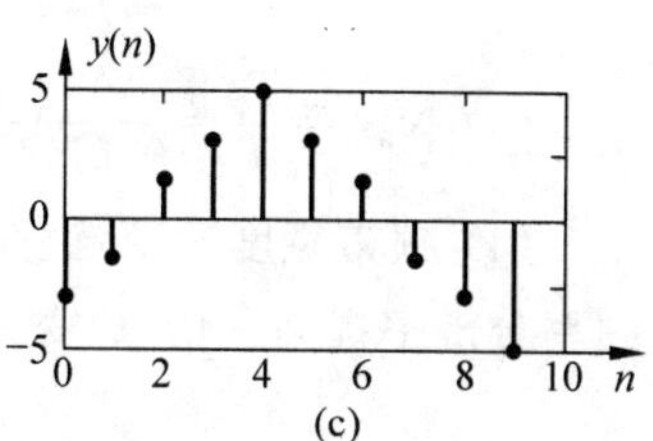

(c)

6.4　用 MATLAB 解答

(1) `x1 = [1,2,2,1],x2 = [1, - 1, - 1,1];`

```
x3 = conv(x1,x2)
x3 = 1     1     -1     -2     -1     1     1
```

x3(n)={1 1 −1 −2 −1 1 1},是7点序列。

(2) 由上面分析可知,N≥7,取N=7,有

```
>> x4 = circonvt(x1,x2,7)
   x4 =
       1     1     -1     -2     -1     1     1
```

6.5 由式得

$$\widetilde{X}(k)=\sum_{n=0}^{10-1}\widetilde{x}(n)W_{10}^{nk}=\sum_{n=0}^{4}\mathrm{e}^{-\mathrm{j}\frac{2\pi}{10}nk}$$

这一有限求和有闭合形式

$$\widetilde{X}(k)=\sum_{n=0}^{10-1}\widetilde{x}(n)W_{10}^{nk}=\sum_{n=0}^{4}\mathrm{e}^{-\mathrm{j}\frac{2\pi}{10}nk}$$

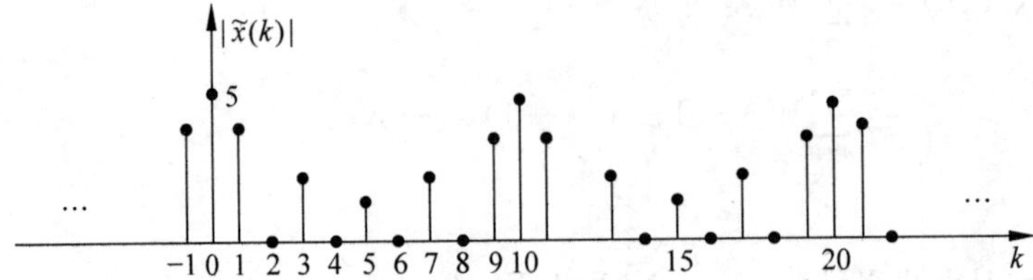

如图所示序列的傅里叶级数系数的幅值 。

6.6 如前所示,记 $f(n)=x(n)*y(n)$,而 $f(n)=\mathrm{IDFT}[F(k)]=x(n)\otimes y(n)$。$f_l(n)$长度为27,$f(n)$长度为20。已推出两者的关系为

$$f(n)=\sum_{m=-\infty}^{\infty}f_l(n+20m)\cdot R_{20}(n)$$

只有在如上周期延迟序列中无混叠的点上,才满足 $f(n)=f_l(n)$所以

$$f(n)=f_l(n)=x(n)*y(n),\quad 7\leqslant n\leqslant 19$$

6.7

(1) 已知 $f=50\mathrm{HZ}$

$$T_{p\min}=\frac{1}{F}=\frac{1}{50}=0.02\mathrm{s}$$

(2) $T_{\max}=\dfrac{1}{f_{\min}}=\dfrac{1}{2f_{\max}}=\dfrac{1}{2\times10^3}=0.5\mathrm{ms}$

(3) $N_{\min}=\dfrac{T_\mathrm{p}}{T}=\dfrac{0.02\mathrm{s}}{0.5\times10^{-3}}=40$

(4) 频带宽度不变就意味着采样间隔 T 不变,应该使记录时间扩大一倍为0.04s实现频率分辨率提高一倍(F 变为原来的1/2)。

$$N_{\min}=\frac{0.04\mathrm{s}}{0.5\mathrm{ms}}=80$$

6.8 为了便于叙述,规定循环卷积的输出序列 $y_\mathrm{m}(n)$的序列标号为0,1,2,…,127。先以 $h(n)$与各段输入的线性卷积 $y_\mathrm{lm}(n)$考虑,$y_\mathrm{lm}(n)$中,第0点到48点(共49个点)不

正确,不能作为滤波输出,第 49 点到第 99 点(共 51 个点)为正确的滤波输出序列 $y(n)$的一段,即 $B=51$。所以,为了去除前面 49 个不正确点,取出 51 个正确的点连续得到不间断又无多余点的 $y(n)$,必须重叠 $100-51=49$ 个点,即 $V=49$。

下面说明,对 128 点的循环卷积 $y_m(n)$,上述结果也是正确的。我们知道

$$y_m(n) = \sum_{r=-\infty}^{\infty} y_{lm}(n+128r) \cdot R_{128}(n)$$

因为 $y_{lm}(n)$长度为

$$N+M-1 = 50+100-1 = 149$$

所以从 $n=20$ 到 127 区域,$y_m(n)=y_{lm}(n)$,当然,第 49 点到第 99 点两者亦相等,所以,所取出的第 51 点为从第 49 到 99 点的 $y_m(n)$。

综上所述,总结所得结论。

$$V = 49, B = 51$$

选取 $y_m(n)$中第 49~99 点作为滤波输出。

6.9　$f_s=10Hz\geqslant(3\sim6)f_s=3\times2.07$,不会发生混叠问题。

$$F = \frac{f_s}{N} = \frac{10}{256} = 0.0390625\text{Hz}$$

$f_2-f_1=0.02<F$ 不能分辨出由 f_2产生的正弦分量。

$f_3-f_1=0.07>F$ 能分辨出由 f_3产生的正弦分量。

6.10　证明如下:

$$\begin{aligned}\frac{1}{N}\sum_{k=0}^{N-1}|X(k)|^2 &= \frac{1}{N}\sum_{k=0}^{N-1}X(k)X^*(k)\\ &= \frac{1}{N}\sum_{k=0}^{N-1}X(k)\Big(\sum_{n=0}^{N-1}x(n)W_N^{kn}\Big)^*\\ &= \sum_{n=0}^{N-1}x^*(n)\frac{1}{N}\sum_{k=0}^{N-1}X(k)W_N^{-kn}\\ &= \sum_{n=0}^{N-1}x^*(n)x(n) = \sum_{n=0}^{N-1}|x(n)|^2\end{aligned}$$

6.11

(1) 差分方程两边同时进行 Z 变换:

$$Y(z)+z^{-1}Y(z) = X(z)$$

$$H(z) = \frac{Y(z)}{X(z)} = \frac{1}{1+z^{-1}} = \frac{z}{z+1}$$

$$h[n] = (-1)^n\varepsilon[n]$$

系统的收敛域不包括单位圆,所以不稳定。

(2) $X(z)=\dfrac{10z}{z-1}, |z|>1$

$$Y(z)=X(z)H(z)=\frac{10z^2}{(z-1)(z+1)}=\frac{5z}{z-1}+\frac{5z}{z+1}$$

$$y[n]=5[1+(-1)^n]\varepsilon[n]$$

6.12

(1) 由欧拉方程知

$$H(z)=\frac{z^2-(2a\cos\omega_0)z+a^2}{z^2-(2a^{-1}\cos\omega_0)z+a^{-2}}$$
$$=\frac{(z-a\mathrm{e}^{\mathrm{j}\omega_0})(z-a\mathrm{e}^{-\mathrm{j}\omega_0})}{(z-a^{-1}\mathrm{e}^{\mathrm{j}\omega_0})(z-a^{-1}\mathrm{e}^{-\mathrm{j}\omega_0})}$$

零点：$z_1=a\mathrm{e}^{\mathrm{j}\omega_0}, z_2=a\mathrm{e}^{-\mathrm{j}\omega_0}$

极点：$p_1=a^{-1}\mathrm{e}^{\mathrm{j}\omega_0}, p_2=a^{-1}\mathrm{e}^{-\mathrm{j}\omega_0}$

由 Z 域和 S 域的映射关系：$z=\mathrm{e}^{sT}\Rightarrow s=\frac{1}{T}\ln z$

得 S 域零极点对应为

零点：$z_1'=\ln a+\mathrm{j}\omega_0, z_2'=\ln a-\mathrm{j}\omega_0$

极点：$p_1'=-\ln a+\mathrm{j}\omega_0, p_2'=-\ln a-\mathrm{j}\omega_0$

图示为

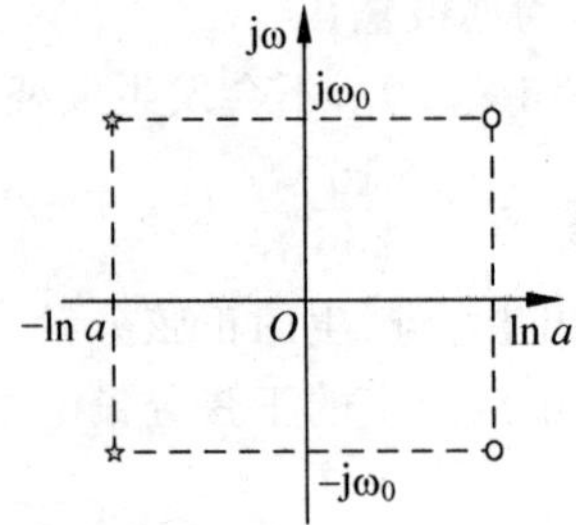

零极点分布虚轴两边，并关于虚轴镜像对称，因此该系统为全通网络系统。

第 7 章

7.1

(a) $$\begin{bmatrix}\frac{\mathrm{d}i_L}{\mathrm{d}t}\\ \frac{\mathrm{d}u_C}{\mathrm{d}t}\end{bmatrix}=\begin{bmatrix}\frac{-R_1}{L} & \frac{-1}{L}\\ \frac{1}{C} & \frac{-1}{R_2C}\end{bmatrix}\begin{bmatrix}i_L\\ u_C\end{bmatrix}+\begin{bmatrix}\frac{R_1}{L} & 0\\ 0 & \frac{1}{R_2C}\end{bmatrix}\begin{bmatrix}i_s\\ u_s\end{bmatrix}$$

$$\begin{bmatrix}y_1\\ y_2\end{bmatrix}=\begin{bmatrix}-R_1 & 0\\ 0 & 1\end{bmatrix}\begin{bmatrix}i_L\\ u_C\end{bmatrix}+\begin{bmatrix}R_1 & 0\\ 0 & -1\end{bmatrix}\begin{bmatrix}i_s\\ u_s\end{bmatrix}$$

(b) $$\begin{bmatrix}\frac{\mathrm{d}u_{C1}}{\mathrm{d}t}\\ \frac{\mathrm{d}u_{C2}}{\mathrm{d}t}\end{bmatrix}=\begin{bmatrix}\frac{-(R_1+R_2)}{C_1R_1R_2} & \frac{-1}{R_2C_1}\\ \frac{-1}{R_2C_2} & \frac{-1}{R_2C_2}\end{bmatrix}\begin{bmatrix}u_{C_1}\\ u_{C_2}\end{bmatrix}+\begin{bmatrix}\frac{R_1+R_2}{C_1R_1R_2} & \frac{-1}{C_1}\\ \frac{1}{R_2C_2} & \frac{-1}{C_2}\end{bmatrix}\begin{bmatrix}u_s\\ i_s\end{bmatrix}$$

$$\begin{bmatrix}y_1\\ y_2\end{bmatrix}=\begin{bmatrix}-1 & 0\\ -1 & -1\end{bmatrix}\begin{bmatrix}u_{C_1}\\ u_{C_2}\end{bmatrix}+\begin{bmatrix}1 & 0\\ 1 & 0\end{bmatrix}\begin{bmatrix}u_s\\ i_s\end{bmatrix}$$

(c) $$\begin{bmatrix}\frac{\mathrm{d}i_{L1}}{\mathrm{d}t}\\ \frac{\mathrm{d}u_{C2}}{\mathrm{d}t}\\ \frac{\mathrm{d}i_{L3}}{\mathrm{d}t}\end{bmatrix}=\begin{bmatrix}-1 & -1 & 0\\ \frac{1}{2} & 0 & \frac{-1}{2}\\ 1 & 0 & -1\end{bmatrix}\begin{bmatrix}i_{L1}\\ u_{C2}\\ i_{L3}\end{bmatrix}+\begin{bmatrix}1\\ 0\\ 0\end{bmatrix}u_s$$

$$y=\begin{bmatrix}0 & 0 & 1\end{bmatrix}\begin{bmatrix}i_{L1}\\ u_{C2}\\ i_{L3}\end{bmatrix}$$

(d) $$\begin{bmatrix}\frac{\mathrm{d}u_{C1}}{\mathrm{d}t}\\ \frac{\mathrm{d}i_{L2}}{\mathrm{d}t}\\ \frac{\mathrm{d}u_{C3}}{\mathrm{d}t}\end{bmatrix}=\begin{bmatrix}-2 & 1 & -2\\ -2 & 0 & 0\\ -2 & 0 & -2\end{bmatrix}\begin{bmatrix}u_{C1}\\ i_{L2}\\ u_{C3}\end{bmatrix}+\begin{bmatrix}1\\ 2\\ 1\end{bmatrix}\begin{bmatrix}u_s\end{bmatrix}$$

$$y=\begin{bmatrix}-1 & 0 & -1\end{bmatrix}\begin{bmatrix}u_{C1}\\ i_{L2}\\ u_{C3}\end{bmatrix}+u_s$$

7.2

$$\begin{bmatrix}\dot{x}_1\\ \dot{x}_2\\ \dot{x}_3\end{bmatrix}=\begin{bmatrix}0 & 0 & 1\\ -2 & -3 & 0\\ 0 & 2 & -3\end{bmatrix}\begin{bmatrix}x_1\\ x_2\\ x_3\end{bmatrix}+\begin{bmatrix}0\\ 2\\ 0\end{bmatrix}u$$

$$y=x_1=\begin{bmatrix}1 & 0 & 0\end{bmatrix}\begin{bmatrix}x_1\\ x_2\\ x_3\end{bmatrix}$$

7.3

(a) $$\dot{x}=\begin{bmatrix}0 & 1\\ -3 & -2\end{bmatrix}x+\begin{bmatrix}0\\ 1\end{bmatrix}\begin{bmatrix}f\end{bmatrix}$$

$$y=\begin{bmatrix}-2 & -2\end{bmatrix}x+f$$

(b) $$\dot{x}=\begin{bmatrix}-3 & 1\\ -1 & -3\end{bmatrix}x+\begin{bmatrix}0\\ 1\end{bmatrix}\begin{bmatrix}f\end{bmatrix}$$

$$y=\begin{bmatrix}1 & -1\end{bmatrix}x$$

7.4

(a) $$\dot{x}=\begin{bmatrix}-1 & 1\\ 3 & -1\end{bmatrix}x+\begin{bmatrix}1 & -1\\ 0 & 1\end{bmatrix}f$$

$$y=\begin{bmatrix}1 & 2\end{bmatrix}x$$

(b) $$\dot{x}=\begin{bmatrix}-3 & 0 & 1\\ 0 & 0 & 1\\ 3 & -3 & -2\end{bmatrix}x+\begin{bmatrix}1 & 0\\ 0 & 0\\ 0 & 3\end{bmatrix}f$$

$$y=\begin{bmatrix}2 & 0 & -1\\ 0 & 1 & 0\end{bmatrix}x$$

7.5 设 $x_1=y(t)$，$x_2=\frac{\mathrm{d}}{\mathrm{d}t}y(t)$，$x_3=\frac{\mathrm{d}^2}{\mathrm{d}t^2}y(t)$

则有

$$\dot{x}_1=x_2$$
$$\dot{x}_2=x_3$$
$$\dot{x}_3=-12x_1-19x_2-8x_3+10f$$

故系统状态方程为

$$\begin{bmatrix}\dot{x}_1\\ \dot{x}_2\\ \dot{x}_3\end{bmatrix}=\begin{bmatrix}0 & 1 & 0\\ 0 & 0 & 1\\ -12 & -19 & -8\end{bmatrix}\begin{bmatrix}x_1\\ x_2\\ x_3\end{bmatrix}+\begin{bmatrix}0\\ 0\\ 10\end{bmatrix}f(t)$$

系统输出方程为

$$y(t)=x_1=[1\ 0\ 0]\begin{bmatrix}x_1\\ x_2\\ x_3\end{bmatrix}$$

7.6

(1) $\dot{x}=\begin{bmatrix}0 & 1 & 0\\ 0 & 0 & 1\\ 3 & -7 & -5\end{bmatrix}x+\begin{bmatrix}0\\ 0\\ 1\end{bmatrix}[f]$

$y=[1\quad 0\quad 0]x$

(2) $\dot{x}=\begin{bmatrix}0 & 1\\ -4 & 0\end{bmatrix}x+\begin{bmatrix}0\\ 1\end{bmatrix}[f]$

$y=[1\quad 0]x$

(3) $\dot{x}=\begin{bmatrix}0 & 1\\ -3 & -4\end{bmatrix}x+\begin{bmatrix}0\\ 1\end{bmatrix}[f]$

$y=[1\quad 1]x$

(4) $\dot{x}=\begin{bmatrix}0 & 1 & 0\\ 0 & 0 & 1\\ -2 & -1 & -5\end{bmatrix}x+\begin{bmatrix}0\\ 0\\ 1\end{bmatrix}[f]$

$y=[2\quad 1\quad 0]x$

(5) $\dot{x}=\begin{bmatrix}0 & 1 & 0\\ 0 & 0 & 1\\ -1 & -2 & -3\end{bmatrix}x+\begin{bmatrix}0\\ 0\\ 1\end{bmatrix}[f]$

$y=[1\quad 2\quad 1]x$

7.7

依题意，各方程可改写为

$$x_2(t)=\dot{x}_1(t)+\frac{b}{a}x_1(t)$$

$$x_3(t)=\dot{x}_2(t)+\frac{c}{a}x_1(t)$$

$$\dot{x}_3(t)+\frac{d}{a}x_1(t)=0$$

故系统状态方程为

$$\begin{bmatrix}\dot{x}_1(t)\\ \dot{x}_2(t)\\ x_3(t)\end{bmatrix}=\begin{bmatrix}-\frac{b}{a} & 1 & 0\\ -\frac{c}{a} & 0 & 1\\ -\frac{d}{a} & 0 & 0\end{bmatrix}\begin{bmatrix}x_1(t)\\ x_2(t)\\ x_3(t)\end{bmatrix}$$

系统输出方程为

$$
\begin{aligned}
y(t) &= \frac{d}{dt}y_1(t) \\
&= \frac{1}{a}\left[a\frac{d}{dt}y_1(t) + by_1(t) - by_1(t)\right] \\
&= -\frac{b}{a^2}x_1(t) + \frac{1}{a}x_2(t)
\end{aligned}
$$

7.8 图略

(1) $\dot{x} = \begin{bmatrix} 0 & 1 \\ -6 & -3 \end{bmatrix} x + \begin{bmatrix} 0 \\ 1 \end{bmatrix} f$

$y = [5 \quad 3] x$

(2) $\dot{x} = \begin{bmatrix} 0 & 1 \\ -12 & -4 \end{bmatrix} x + \begin{bmatrix} 0 \\ 1 \end{bmatrix} f$

$y = [-24 \quad 1] x + [2] f$

(3) $\dot{x} = \begin{bmatrix} 0 & 1 & 0 \\ 0 & 0 & 1 \\ -2 & -5 & -4 \end{bmatrix} x + \begin{bmatrix} 0 \\ 0 \\ 1 \end{bmatrix} f$

$y = [0 \quad 3 \quad 1] x$

(4) $\dot{x} = \begin{bmatrix} 0 & 1 & 0 \\ 0 & 0 & 1 \\ -1 & -2 & -2 \end{bmatrix} x + \begin{bmatrix} 0 \\ 0 \\ 1 \end{bmatrix} f$

$y = [2 \quad 0 \quad 1] x$

7.9

(1) 函数化为积分器形式

$$
\begin{aligned}
H(s) &= \frac{5s+10}{s^2+7s+12} = \frac{5s+10}{s+3} \cdot \frac{1}{s+4} \\
&= \frac{5+\frac{10}{s}}{1+\frac{3}{s}} \cdot \frac{\frac{1}{s}}{1+\frac{4}{s}}
\end{aligned}
$$

画出其信号流图

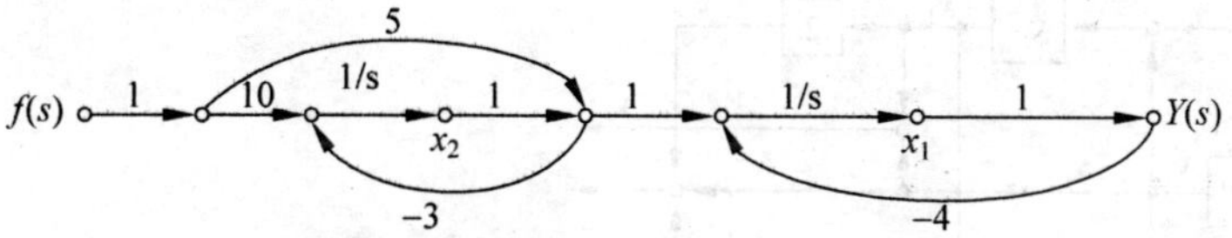

$$\dot{x}_1 = -4x_1 + x_2 + 5f(t)$$

$$\dot{x}_2 = -3[x_2 + 5f(t)] + 10f(t) = -3x_2 - 5f(t)$$

写成矩阵形式,系统状态方程为

$$
\begin{bmatrix} \dot{x}_1 \\ \dot{x}_2 \end{bmatrix} = \begin{bmatrix} -4 & 1 \\ 0 & -3 \end{bmatrix} \begin{bmatrix} x_1 \\ x_2 \end{bmatrix} + \begin{bmatrix} 5 \\ -5 \end{bmatrix} f(t)
$$

系统输出方程为

$$y(t)=x_1$$

(2) 将系统函数化为积分器形式

$$H(s)=\frac{s+5}{s^2+10s+2}=\frac{\dfrac{1}{s}+\dfrac{5}{s^2}}{1+\dfrac{10}{s}+\dfrac{2}{s^2}}$$

画出其信号流图

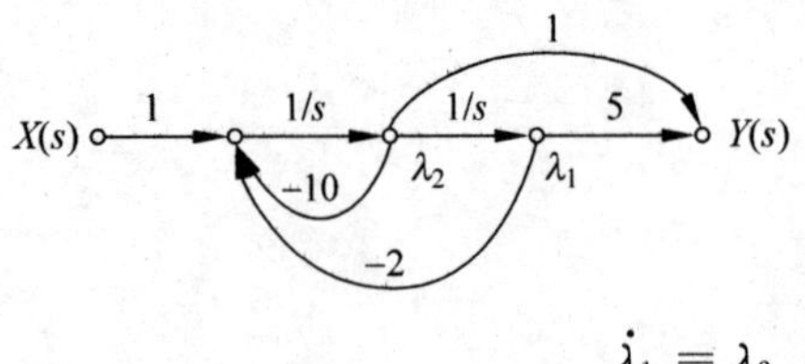

$$\dot{\lambda}_1=\lambda_2$$

$$\dot{\lambda}_2=-2\lambda_1-10\lambda_2+x(t)$$

故系统状态方程为

$$\begin{bmatrix}\dot{\lambda}_1\\ \dot{\lambda}_2\end{bmatrix}=\begin{bmatrix}0 & 1\\ -2 & -10\end{bmatrix}\begin{bmatrix}\lambda_1\\ \lambda_2\end{bmatrix}+\begin{bmatrix}0\\ 1\end{bmatrix}x(t)$$

系统输出方程为

$$y(t)=5\lambda_1+\lambda_2=\begin{bmatrix}5 & 1\end{bmatrix}\begin{bmatrix}\lambda_1\\ \lambda_2\end{bmatrix}$$

7.10

由题中给定方程可列写出动态方程

$$\begin{bmatrix}\dot{x}_1\\ \dot{x}_2\\ \dot{x}_3\end{bmatrix}=\begin{bmatrix}0 & 1 & 0\\ 0 & 0 & 1\\ -6 & -11 & -6\end{bmatrix}\begin{bmatrix}x_1\\ x_2\\ x_3\end{bmatrix}+\begin{bmatrix}1 & 0\\ 2 & -1\\ 0 & 2\end{bmatrix}\begin{bmatrix}f_1\\ f_2\end{bmatrix}$$

$$\begin{bmatrix}y_1\\ y_2\end{bmatrix}=\begin{bmatrix}1 & -1 & 0\\ 2 & 1 & -1\end{bmatrix}\begin{bmatrix}x_1\\ x_2\\ x_3\end{bmatrix}$$

状态变量图如下

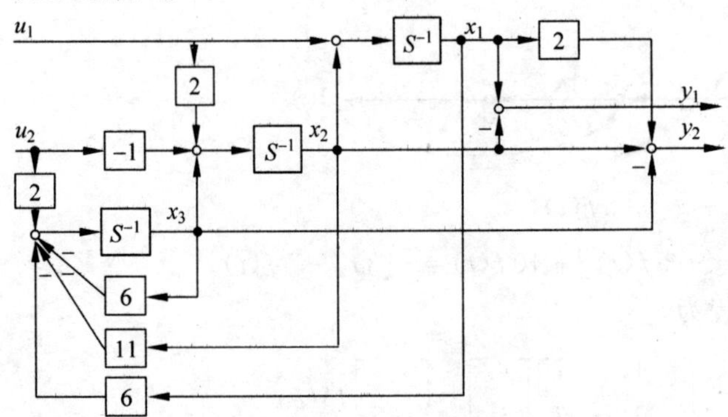

7.11

(a) $x(n+1)=\begin{bmatrix}0 & 1\\ b & a\end{bmatrix}x(n)+\begin{bmatrix}0 & 0\\ 1 & 0\end{bmatrix}\begin{bmatrix}f_1(n)\\ f_2(n)\end{bmatrix}$

$y(n)=[1 \quad 0]x(n)+[0 \quad 1]\begin{bmatrix}f_1(n)\\ f_2(n)\end{bmatrix}$

(b) $x(n+1)=\begin{bmatrix}a & 0\\ 0 & b\end{bmatrix}x(n)+\begin{bmatrix}1\\ 1\end{bmatrix}f(n)$

$y(n)=\begin{bmatrix}1 & 1\\ 1 & -1\end{bmatrix}x(n)$

(c) $x(n+1)=\begin{bmatrix}0 & 1 & 0 & 0\\ a & 0 & 1 & 0\\ 0 & 0 & 0 & 1\\ b(a-1) & -a & 0 & 0\end{bmatrix}x(n)+\begin{bmatrix}0\\ 0\\ 0\\ 1\end{bmatrix}f(n)$

$y(n)=[1 \quad 0 \quad 0 \quad 0]x(n)$

7.12

(a) $x(n+1)=\begin{bmatrix}0 & 1\\ -2 & -1\end{bmatrix}x(n)+\begin{bmatrix}3\\ 2\end{bmatrix}f(n)$

$y(n)=[2 \quad 0]x(n)+[1]f(n)$

(b) $x(n+1)=\begin{bmatrix}1 & 1\\ -4 & 4\end{bmatrix}x(n)+\begin{bmatrix}0\\ 2\end{bmatrix}f(n)$

$y(n)=[1 \quad 2]x(n)$

(c) $x(n+1)=\begin{bmatrix}0 & 1 & 0\\ -3 & -2 & -3\\ 2 & 0 & 5\end{bmatrix}x(n)+\begin{bmatrix}0 & 0\\ 1 & -2\\ 0 & 2\end{bmatrix}f(n)$

$y(n)=\begin{bmatrix}1 & 0 & 0\\ 1 & 0 & 2\end{bmatrix}x(n)$

7.13

解

$$G(s)=C[(s\boldsymbol{I}-\boldsymbol{A})^{-1}]B=[0 \quad 0 \quad 1]\begin{bmatrix}s & -1 & 0\\ 2 & s+3 & 0\\ 1 & -1 & s-3\end{bmatrix}\begin{bmatrix}0\\ 1\\ 2\end{bmatrix}$$

$$=\frac{1}{s^3-7s-6}[-s-5 \quad s-1 \quad s^2+3s+2]\begin{bmatrix}0\\ 1\\ 2\end{bmatrix}=\frac{2s^2+7s+3}{s^3-7s-6}$$

7.14

解　转移矩阵应满足$\dot{\boldsymbol{\Phi}}=A\boldsymbol{\Phi}$，$\boldsymbol{\Phi}(0)=I$

$$\boldsymbol{\Phi}_1(0)=\begin{pmatrix}1 & 0\\ 0 & 1\end{pmatrix}=I \quad \boldsymbol{\Phi}_2(0)=\begin{bmatrix}1 & 0\\ 0 & 1\end{bmatrix}$$

假设$\boldsymbol{\Phi}_1(t)$，$\boldsymbol{\Phi}_2(t)$为转移矩阵则

$$\boldsymbol{A}_1=\dot{\boldsymbol{\Phi}}_1(t)\big|_{t=0}=\begin{bmatrix}-6e^{-t}+10e^{-2t} & -4e^{-t}+8e^{-2t}\\ 3e^{-t}-6e^{-2t} & 2e^{-t}-6e^{-2t}\end{bmatrix}\Bigg|_{t=0}=\begin{bmatrix}4 & 4\\ -3 & -4\end{bmatrix}$$

$$\boldsymbol{A}_2=\dot{\boldsymbol{\Phi}}_2(t)\big|_{t=0}=\begin{bmatrix}-2e^{-t}+2e^{-2t} & -e^{-t}+2e^{-2t}\\ 2e^{-t}-4e^{-2t} & e^{-t}-4e^{-2t}\end{bmatrix}\Bigg|_{t=0}=\begin{bmatrix}0 & 1\\ -2 & -3\end{bmatrix}$$

则

$$\boldsymbol{A}_1\boldsymbol{\Phi}_1(t)=\begin{bmatrix}12e^{-t}-8e^{-2t} & 8e^{-t}-4e^{-2t}\\ -9e^{-t}+8e^{-2t} & -6e^{-t}+4e^{-2t}\end{bmatrix}\neq\dot{\boldsymbol{\Phi}}_1(t)$$

$$\boldsymbol{A}_2\boldsymbol{\Phi}_2(t)=\begin{bmatrix}-2e^{-t}+2e^{-2t} & -e^{-t}+2e^{-2t}\\ 2e^{-t}-4e^{-2t} & e^{-t}-4e^{-2t}\end{bmatrix}=\dot{\boldsymbol{\Phi}}_2(t)=\boldsymbol{\Phi}_2(t)\boldsymbol{A}_2$$

所以$\boldsymbol{\Phi}_1(t)$不是转移矩阵，$\boldsymbol{\Phi}_2(t)$是转移矩阵，其状态阵为$\begin{bmatrix}0 & 1\\ -2 & -3\end{bmatrix}$。

7.15

$$\boldsymbol{A}=\begin{bmatrix}0 & -2\\ 1 & -3\end{bmatrix}$$

7.16

(1) $\begin{bmatrix}1 & -1\\ 2 & 4\end{bmatrix}$

(2) $\begin{bmatrix}0 & 1\\ -1 & -2\end{bmatrix}$

7.17

(1) $\begin{bmatrix}2e^{-t}-e^{-2t} & 2e^{-t}-2e^{-2t}\\ -e^{-t}+e^{-2t} & -e^{-t}+2e^{-2t}\end{bmatrix},t\geqslant 0$

(2) $\begin{bmatrix}0 & 2\\ -1 & -3\end{bmatrix}$

7.18

(1) $x(t)=\begin{bmatrix}-e^{t}+2e^{-2t}\\ 2e^{t}-e^{-2t}\end{bmatrix}\varepsilon(t)$

(2) $x(t)=\begin{bmatrix}3-e^{t}\\ -3+2e^{t}\end{bmatrix}\varepsilon(t)$

7.19

$$H(s)=\begin{bmatrix}\dfrac{2s+3}{(s+1)(s+3)} & \dfrac{s+2}{(s+1)(s+3)}\\ \dfrac{s-3}{(s+1)(s+3)} & \dfrac{-(s+5)}{(s+1)(s+3)}\\ \dfrac{s+2}{s+1} & \dfrac{s+2}{s+1}\end{bmatrix}$$

$$h(t)=\begin{bmatrix}\dfrac{1}{2}e^{-t}+\dfrac{3}{2}e^{-3t} & \dfrac{1}{2}e^{-t}+\dfrac{1}{2}e^{-3t}\\ -2e^{-t}+3e^{-3t} & -2e^{-t}+e^{-3t}\\ \delta(t)+e^{-t} & \delta(t)+e^{-t}\end{bmatrix},t\geqslant 0$$

7.20

(1) $\begin{bmatrix} 2\left(\frac{1}{2}\right)^n-\left(\frac{1}{3}\right)^n \\ \left(\frac{1}{3}\right)^n \end{bmatrix}\varepsilon(n)$

(2) $\begin{bmatrix} \frac{1}{2}-2\left(\frac{1}{2}\right)^n+\frac{5}{2}\left(\frac{1}{3}\right)^n \\ \frac{3}{2}-\frac{5}{2}\left(\frac{1}{3}\right)^n \end{bmatrix}\varepsilon(n)$

7.21

(1) $h(n)=4\left[\left(\frac{1}{2}\right)^n-\left(\frac{1}{4}\right)^n\right]\varepsilon(n), H(z)=\dfrac{z}{\left(z-\frac{1}{2}\right)\left(z-\frac{1}{4}\right)}$

(2) $x(n)=\begin{bmatrix} \frac{2}{3}-2\left(\frac{1}{2}\right)^n+\frac{7}{3}\left(\frac{1}{4}\right)^n \\ \frac{8}{3}-\frac{5}{3}\left(\frac{1}{4}\right)^n \end{bmatrix}\varepsilon(n)$

$y(n)=\left[\frac{8}{3}-\frac{5}{3}\left(\frac{1}{4}\right)^n\right]\varepsilon(n)$

7.22

(1) $\boldsymbol{P}_c=[\boldsymbol{B}\quad \boldsymbol{AB}\quad \boldsymbol{A}^2\boldsymbol{B}]=\begin{bmatrix} 0 & -1 & 2 \\ 0 & 0 & 0 \\ 1 & 0 & -1 \end{bmatrix}$

rank$\boldsymbol{P}_c=2<n=3$　　该系统不可控

(2) $\boldsymbol{P}_c=[\boldsymbol{B}\quad \boldsymbol{AB}\quad \boldsymbol{A}^2\boldsymbol{B}]=\begin{bmatrix} 0 & 1 & 2 \\ 1 & 1 & 1 \\ 0 & 1 & 2 \end{bmatrix}$

rank$\boldsymbol{P}_c=2<n=3$　　该系统不可控。

(3) $\boldsymbol{P}_c=\begin{bmatrix} 0 & 1 & 0 & 1 & 0 & 2 \\ 0 & 1 & 0 & 1 & 0 & 1 \\ 1 & 1 & 1 & 1 & 1 & 2 \end{bmatrix}$

rank$\boldsymbol{P}_c=3=n$　　该系统可控。

(4) $\boldsymbol{P}_c=\begin{bmatrix} 1 & -4 & 16 \\ 2 & -8 & 32 \\ 1 & 1 & 1 \end{bmatrix}$

rank$\boldsymbol{P}_c=2<n=3$　　该系统不可控。

(5) $\dot{\boldsymbol{x}}=\begin{bmatrix} \lambda_1 & 1 & 0 & 0 \\ 0 & \lambda_1 & 0 & 0 \\ 0 & 0 & \lambda_1 & 0 \\ 0 & 0 & 0 & \lambda_1 \end{bmatrix}\boldsymbol{x}+\begin{bmatrix} 0 \\ 1 \\ 1 \\ 1 \end{bmatrix}u$

解

$$\boldsymbol{P}_c=[\boldsymbol{B}\quad \boldsymbol{AB}\quad \boldsymbol{A}^2\boldsymbol{B}\quad \boldsymbol{A}^3\boldsymbol{B}]=\begin{bmatrix}0 & 1 & 2\lambda_1 & 3\lambda_1\\ 1 & \lambda_1 & \lambda_1^2 & \lambda_1^2\\ 1 & \lambda_1 & \lambda_1^2 & \lambda_1^3\\ 1 & \lambda_1 & \lambda_1^2 & \lambda_1^3\end{bmatrix}$$

矩阵不满秩,该系统不可控。

(6) $\dot{\boldsymbol{x}}=\begin{bmatrix}\lambda_1 & 1 & 0 & 0\\ 0 & \lambda_1 & 1 & 0\\ 0 & 0 & \lambda_1 & 0\\ 0 & 0 & 0 & \lambda_1\end{bmatrix}x+\begin{bmatrix}0\\0\\1\\1\end{bmatrix}u$

解 $\boldsymbol{P}_c=[\boldsymbol{B}\quad \boldsymbol{AB}\quad \boldsymbol{A}^2\boldsymbol{B}\quad \boldsymbol{A}^3\boldsymbol{B}]=\begin{bmatrix}0 & 0 & 1 & 3\lambda_1\\ 0 & 1 & 2\lambda_1 & 3\lambda_1^2\\ 1 & \lambda_1 & \lambda_1^2 & \lambda_1^3\\ 1 & \lambda_1 & \lambda_1^2 & \lambda_1^3\end{bmatrix}$

矩阵不满秩,该系统不可控。

7.23

解

$$\boldsymbol{P}_c=[\boldsymbol{B}\quad \boldsymbol{AB}]=\begin{bmatrix}1 & b\\ b & ab-1\end{bmatrix}$$

令 $|\boldsymbol{P}_c|=ab-1-b^2\neq 0\Rightarrow a\neq b+\dfrac{1}{b}$ 时,即可满足可控性条件。

附录 A

A.1 (a) $H(s)=\dfrac{b_2s^2+b_1s+b_0}{s^2+a_1s+a_0}$ (b) $H(z)=\dfrac{b_2z^2+b_1z+b_0}{z^2+a_1z+a_0}$

(c) $H(s)=\dfrac{2s^2-1}{s^3+4s^2+5s+6}$ (d) $H(z)=\dfrac{3z+2}{z^3+3z^2+2z}$;

(e) 4 (f) $H(z)=\dfrac{1+0.25z^{-1}}{1-z^{-1}-3/8z^{-2}}$

A.2

(a) $H(s)=\dfrac{3s+4}{s^2+5s+6}$;

(b) $H(s)=\dfrac{(s+1)}{(s^2+5s+6)(s+4)}=\dfrac{(s+1)}{(s^2+5s+6)}\cdot\dfrac{1}{(s+4)}=H_1(s)\cdot H_2(s)$

(c) $H(s)=\dfrac{s+5}{(s+1)(s+2)(s+3)}=\dfrac{2}{s+1}+\dfrac{-3}{s+2}+\dfrac{1}{s+3}$

(d) $\dfrac{2z^2+5z+7}{z^3+3z^2+5z+3}$

(e)

$$\begin{aligned}\Delta&=1-\sum_j L_j+\sum_{m,n}L_mL_n-\sum_{p,q,r}L_pL_qL_r+\cdots\\&=1-(-H_1G_1-H_2G_2-H_3G_3-H_4G_1G_2G_3)+H_1G_1H_3G_3\end{aligned}$$

$$m=2: p_1=H_4H_5, \Delta_1=1-(-H_2G_2)$$
$$p_2=H_1H_2H_3H_5, \Delta_2=1$$
$$H(s)=\frac{\sum_{i=1}^{2}p_1\Delta_1}{\Delta}=\frac{p_1\Delta_1+p_2\Delta_2}{\Delta}$$

A. 3 图略

$$U_2(S)=\frac{U_1(S)}{1+\frac{1}{s}}\cdot\frac{1}{s}-\frac{U_1(S)}{\frac{1}{s}+1}\cdot 1=\frac{s-1}{s+1}U_1(S)$$

故得 $H(S)=\dfrac{U_2(S)}{U_1(S)}=-\dfrac{s-1}{s+1}$

A. 4 略

A. 5 略

A. 6

$$H(s)=\frac{Y(s)}{F(s)}=\frac{5(s+1)}{(s+10)(s+2)(s+1)}=\frac{5s+5}{s^3+13s^2+32s+25}$$

A. 7

$$H_1(s)=\frac{-(3s+9-K)}{2(s+3-K)}$$

A. 8

由梅森公式求得的传递函数为

$$\frac{Y(s)}{F(s)}=\frac{1}{\Delta}(p_1\Delta_1+p_2\Delta_2)=\frac{G_1G_2G_3+G_1G_4}{1+G_1G_2H_1+G_2G_3H_2+G_1G_2G_3+G_4H_2+G_1G_4}$$

A. 9

由梅森公式求得的传递函数为

$$\frac{Y(s)}{F(s)}=\frac{p_1\Delta_1+p_2\Delta_2+p_3\Delta_3+p_4\Delta_4}{\Delta}$$
$$=\frac{G_2G_3K(1+G_1)+G_1G_3K(1+G_2)}{1+G_1+G_2+G_3+2G_1G_2+G_1G_3+G_2G_3+2G_1G_2G_3}$$

A. 10

(1) $H(s)=H_1(s)+H_2(s)=\dfrac{3+3s}{s^2+2s+2}-3=\dfrac{-3(s^2+s+1)}{s^2+2s+2}$

(2) 微分方程为 $y''(t)+2y'(t)+2y(t)=-3f''(t)-3f'(t)-3f(t)$

(3) 系统稳定。

A. 11

(1) $H(z)=\dfrac{p_1\Delta_1+p_2\Delta_2}{\Delta}=\dfrac{2z^{-2}+10z^{-1}}{5+5z^{-1}+2z^{-2}}$

(2) 差分方程为 $5y(n)+5y(n-1)+2y(n-2)=2f(n-2)+10f(n-1)$

(3) 系统稳定。

参 考 文 献

[1] 吴大正. 信号与线性系统分析[M].4 版. 北京：高等教育出版社，2005.
[2] 郑君里，应启珩，杨为理. 信号与系统[M].2 版. 北京：高等教育出版社，2000.
[3] 奥本海姆 A V，等. 信号与系统[M]. 2 版. 刘树棠译. 西安：西安交通大学出版社，2002.
[4] 管致中，夏恭恪，孟桥. 信号与线性系统[M]. 北京：高等教育出版社，2004.
[5] 徐守时. 信号与系统[M]. 北京：清华大学出版社，2008.
[6] 张维玺. 信号与系统[M].2 版. 北京：电子工业出版社，2011.
[7] 熊庆旭，刘锋，常青. 信号与系统[M]. 北京：高等教育出版社，2011.
[8] 陈后金. 信号与系统学习指导及习题精解[M]. 北京：清华大学出版社，2005.
[9] 徐天成，谷亚林，钱玲. 信号与系统[M]. 3 版. 北京：电子工业出版社，2008.
[10] 程耕国. 信号与系统[M]. 北京：机械工业出版社，2009.
[11] 乐正友. 信号与系统例题分析[M]. 北京：清华大学出版社，2008.
[12] 谷源涛，应启珩，郑君里. 信号与系统 MATLAB 综合实验[M]. 北京：高等教育出版社，2008.
[13] 王文渊. 信号与系统[M]. 北京：清华大学出版社，2008.
[14] 吕幼新，张明友. 信号与系统分析[M]. 北京：电子工业出版社，2004.
[15] 杨林耀，王松林. 信号与系统习题精解[M]. 北京：科学出版社，2003.
[16] Charles L Phillips, John M Parr, Eve A Riskin. 信号、系统和变换(原书第 4 版)[M]. 陈从颜译. 北京：机械工业出版社，2009.
[17] 宋琪. 信号与线性系统分析习题全解[M]. 北京：华中科技大学出版社，2007.
[18] 甘俊英，胡异丁. 基于 MATLAB 的信号与系统实验指导[M]. 北京：清华大学出版社，2007.
[19] 解培中，周波. 信号与系统分析[M]. 北京：人民邮电出版社，2011.
[20] 刘长征，叶瑰昀. 信号与系统分析[M].2 版. 北京：清华大学出版社，2012.
[21] 聂小燕，杜娥，任璧蓉. 信号与系统分析[M]. 北京：人民邮电出版社，2014.
[22] 胡钋. 信号与系统分析[M]. 北京：机械工业出版社，2015.